U0862645

双时空相对论及其应用

张声溪　著

暨南大學出版社
JINAN UNIVERSITY PRESS

中国・广州

图书在版编目(CIP)数据

双时空相对论及其应用/张声溪著. —广州：暨南大学出版社，2016. 9
ISBN 978 - 7 - 5668 - 1871 - 3

Ⅰ. ①双… Ⅱ. ①张… Ⅲ. ①相对论—研究 Ⅳ. ①O412 ②O412. 1

中国版本图书馆 CIP 数据核字(2016)第 125179 号

双时空相对论及其应用
SHUANGSHIKONG XIANGDUILUN JIQI YINGYONG
著　者：张声溪

策划编辑： 刘慧玲
责任编辑： 方　敏　崔思远
责任校对： 黄　颖
责任印制： 汤慧君　王雅琪

出版发行： 暨南大学出版社（510630）
电　　话： 总编室（8620）85221601
营销部（8620）85225284　85228291　85228292（邮购）
传　　真： （8620）85221583（办公室）　85223774（营销部）
网　　址： http：//www. jnupress. com　http：//press. jnu. edu. cn
排　　版： 广州市天河星辰文化发展部照排中心
印　　刷： 深圳市新联美术印刷有限公司
开　　本： 787mm × 1092mm　1/16
印　　张： 12
字　　数： 238 千
版　　次： 2016 年 9 月第 1 版
印　　次： 2016 年 9 月第 1 次
定　　价： 32. 00 元

（暨大版图书如有印装质量问题，请与出版社总编室联系调换）

内容简介

双时空相对论包含了只适用于亚光速正质量物质世界(正世界)的狭义相对论,并且把它发展成适用于正世界和满足因果律的超光速负质量物质世界(反世界)的新理论。书中严格论证了双时空相对论是个严密的数理逻辑体系,符合了正确理论的要求。它的应用从微观到宇观解决了理论物理学上的许多“老大难”问题,进一步证实了它的正确性。它解决了奇点疑难和宇宙模式两大难题,“认为宇宙由正世界(宇宙热源)和围绕正世界运转的反世界(宇宙冷源)组成”,还证明了反星体飞来和离去的光学多普勒效应都是红移且符合哈勃定律(可惜被错误地当做宇宙膨胀的证据),并强调指出宇宙冷、热源互相调制,很自然地解决了奥伯斯(*H. W. Olbers*)佯谬问题且给出微波辐射背景,无须牵强地引进不可思议的宇宙膨胀论。它向宇宙膨胀论和大爆炸理论提出的挑战,有信心会成功。宇宙冷热源永远并存还轻易推翻了长期困扰着物理学的热寂说。最后,作者论证了目前国外已经有实验可以用来证实超光速负质量星体(反星体)和超光速负质量粒子(反粒子)的存在。在引言中,作者指出,反粒子除有超光速和负质量外还有其他反粒子特征,反世界的反粒子跑到正世界极容易被亚光速正质量物质环境亚光速正质量化(其他反粒子特征不变),而亚光速正质量化的反粒子就是正世界量子场论描述的反粒子。

序

双时空相对论提出了解决百年来困扰着狭义相对论的奇点疑难问题的方法。

近百年来狭义相对论无法摆脱$\frac{v^2}{c^2}=1$的奇点疑难的追击，只说明它是个不完善的理论，并非说明它是个错误的理论。现在双时空相对论终于提出了解决奇点疑难的方法。双时空相对论用c代表亚光速区和超光速区双方都不能占有的分界线，它作为亚光速区的上极限速度和超光速区的下极限速度而独立存在，被称为极限光速c。极限光速c的存在等于宣称，宇宙间不存在具有极限光速c的物质。广义光速不变原理中的光速就是这个极限光速c，因为唯有它才有资格成为普适的宇宙恒量(因为将不是物质的东西放到任何惯性系，它会绝对地保持住不是物质)。双时空相对论中的亚光速和超光速分别指小于和大于极限光速c。切勿将极限光速c与亚光速区的真空中光速c混淆起来。极限光速c与两区光子速度值有点差异，如果在建立新生理论之始便急着斤斤计较这么一点差异，就是因小失大。为了顾全整个新生理论架构的大局，只要做点速度延拓，令两区光子速度无限趋近极限光速c，就可以将两区在分界线处衔接起来，建立起一个新生的简洁优美的把整个狭义相对论作为特殊部分包含在内的双区统一理论，能够对几乎所有有关的物理现象和规律做出正确的描述，过去亚光速区的有关实验已经证实了这一点，我深信未来超光速区的有关实验也将证实这一点。光子的真实速度问题可以放到个别对光子真实速度敏感的具体问题中去考虑，例如在解决奇点疑难问题时可以令$v\neq c$，$\frac{v^2}{c^2}\neq 1$。在处理个别对光子真实速度敏感的具体问题时回过头来考虑光子的真实速度，可以使理论更为完善($v\neq c$对应光子静止质量不等于零)。

“双区分界线上不容许物质状态存在”极为重要，它保证了由正世界(绝对温度$T>0$的宇宙热源)过渡到反世界($T<0$的宇宙冷源)时不违反热力学第三定律。

张声溪

2011 年 3 月于广州

前　言

作者在大学物理系任教期间，喜欢研究物理学出现“带根本性质的严重困难”的物理根源及解决办法。（用物理学旧理论无法解决的严重困难，称为“带根本性质的严重困难”。在物理学发展史上，每当出现带根本性质的严重困难时，就预示着物理学将要发生革命。）

物理学史证明，物理学发展规律是，革命性新理论并非推翻了旧理论，而是全面继承并且突破性发展了旧理论（新理论全面继承旧理论是指，新理论在特殊条件下可以突变过渡到或近似过渡到整个旧理论）。物理学史上两次革命性飞跃发展（相对论和量子论面世）都是如此，因为其中的旧理论都是久经实践考验的相对真理，绝对不能推翻。旧理论必须在特殊条件下整个保留下来，否则物理学不可能有新的发展。

时空问题是物理学的根本问题。伟大的理论物理学家爱因斯坦在其狭义相对论中进行了自然科学史上第一次时空观念革命，为物理学带来了革命性飞跃发展。旧的牛顿时空理论是新的爱因斯坦时空理论在低速情况下的近似结果。然而，爱因斯坦时空仍像牛顿时空那样是亚光速区时空，只能描述亚光速这半个物质世界的物质运动，不能描述超光速的另一半物质世界的物质运动。靠过去的本源基础理论（过去的相对论）只能认识半个物质世界，而相对论又长期停滞在爱因斯坦相对论时代，没有突破性发展，这就是过去物理学界长期无法令人信服地从理论上解决“超光速物质是否存在”“因果律是否不再成立”等理论物理学“老大难”问题的根源。本书进行了自然科学上最新的时空观念革命，把爱因斯坦的亚光速区时空发展为包含亚光速区时空和超光速区时空的双时空。这两类时空的实时空度规张量分量相互突变，即它们的时空性质相互突变，故运动于它们之中的两类物质的性质也相互突变并且分别被称为正物质和反物质。本书严格定量证明了下列内容成立：①双时空相对论在特殊条件下可突变过渡到整个狭义相对论，还增加了突破性新内容。②双时空相对论研究超光速问题得出的结论是：超光速物质客观存在，其超光速运动满足因果律。③双时空相对论提出了解决理论物理学其他“老大难”问题的方法。④从理论上导出了反氢原子的能级。⑤论证了在加拿大和日本等国探测太阳中微子振荡的实验结果就是证实了超光速负质量粒子存在的实验结果。⑥证明了环绕我们公转的超光速星体飞来和离去的光学多普勒效应都是红移并且符合哈勃定律（这是超光速星体奇特的光学观测效应，本是用来证实超光速星体存在的物理现象，但是可惜被错误地用来证实宇宙在膨胀），为此，本书提出了一个“新宇宙论纲要”，并且预言“宇宙膨胀论”和“大爆炸理论”将会被“超光速星体存在论”和“新宇宙论纲要”取代（靠过去的本源基础理论只能认识半个物质世界，不可能认识整个宇宙）。从上述种种严格定量论证可以清楚看到，双时空相对论全面继承并且突破性发展了爱因斯坦狭义相对论，因而解决了过去无法解决的各种“老大难”问题，并且能预言新事物。值得注意的是，双时空相对论的预言将极有可能得到实验证实，它将极有可能为物理学带来新的革命性飞跃发展。

本书中的正物质是指亚光速正质量物质，反物质是指超光速负质量物质。但对正、反粒子来讲，除速度、质量相互突变外，还有其他性质（电荷、磁矩……）也相互突变。其中超光速负质量的反粒子在正物质世界环境中会迅速变成亚光速正质量化的反粒子，而亚光速正质量化反粒子就是过去正物质世界量子场论中描述的反粒子。

张声溪

2011 年 3 月于广州

目 录

引　言

我一直深信有超光速质点存在。物理学界长期未能令人信服地从理论上论证有超光速质点存在，我认为其基本困难有两个，一个来自物理学本身，另一个来自数学。

先讲来自物理学本身的基本困难。以爱因斯坦为首的许多杰出的理论物理学家认为自然界只存在正质量质点，于是由狭义相对论得出结论：自然界的一切质点都不能超光速。我认为这个结论已经成为建立超光速理论的障碍。而不少超光速论者则站在狭义相对论框架内谈论超光速，认为正质量质点可以超光速，或认为虚质量质点可以超光速，其后果是全盘否定了狭义相对论，这当然是更为严重的错误。我认为出现这种困难局面的原因是，物理学界长期以来对狭义相对论没有正确的认识。其实，自然界除存在正质量质点外，还存在负质量质点，狭义相对论是个只适用于正质量质点的理论，它的正确结论本来是：①自然界不存在虚质量质点；②在正质量物质世界中或真空中，正质量质点只能亚光速，不能超光速。为了避免在谈论超光速时犯推翻这些正确结论（即推翻狭义相对论）的严重错误，我们就要避免站在狭义相对论框架内谈论超光速。这就唯有从扩大狭义相对论的物理基础方面入手来解决，而不可能还会有别的什么解决方法。为此，我提出了两个基本假设，把狭义相对论的两个只适用于亚光速区的基本原理（狭义相对论的物理基础），从亚光速区推广到亚光速区（简称亚区）和超光速区（简称超区）。这两个基本假设克服了来自物理学本身的基本困难，成为建立双时空（亚区时空和超区时空）相对论的物理基础。这里的“光速 c”是亚区和超区双方都不能占有的分界线，它是两区的极限光速，与两区光子速度值有点差异，切勿将它和亚区的真空中光速 c 混淆。

再来讲来自数学方面的基本困难。当惯性系 K' 相对于惯性系 K 的速度为超光速时，按照我在上面提出的基本假设，要求亚区实时空坐标与超区实时空坐标之间的变换满足 $x'^2+y'^2+z'^2-(ct')^2=(ct)^2-x^2-y^2-z^2$ 和 $(ct')^2-x'^2-y'^2-z'^2=x^2+y^2+z^2-(ct)^2$ 等描述实时空度规张量分量突变的方程（其中，第一式左边描述亚区质点，包括亚区光子；右边描述超区质点，包括超区光子。第二式左边描述超区质点，包括超区光子；右边描述亚区质点，包括亚区光子）。显然，利用实时空根本不可能求得满足这些方程的时空变换。困难的实质在于找不到能够反映这些度规张量分量突变的数学。为此，我于 1983 年年初写了一篇数学论文，建立了一个对于乘法既结合又交换的四元数代数（除单位元外，其余三个基元都是虚数），利用它建立了合适的空间坐标和时间坐标都是虚数的非实的双时空。而传统习惯则使我只致力于解决特殊变换中（x'，ct'）与（x，ct）之间的变换。我以为问题已经得到解决，便将精力转移到其他问题上。后来我才发现，这个代数只能保证特殊变换中（x'，ct'）与（x，ct）之间的变换满足度规张量突变关系 $x'^2-(ct')^2=(ct)^2-x^2$ 和 $(ct')^2-x'^2=x^2-(ct)^2$，不能保证（y'，z'）与（y，z）之间的变换 $y'=y$，$z'=z$ 满足度规张量突变关系 $y'^2=-y^2$，$z'^2=-z^2$ 和 $-y'^2=y^2$，$-z'^2=z^2$。我估计有很多人会认为 $y'=y$，$z'=z$ 与 $y'^2=-y^2$，$z'^2=-z^2$ 或 $-y'^2=y^2$，$-z'^2=z^2$ 是不可能相容的。我只想再强调一句，想利用实四维时空来解决上述度规张量突变问题，是行不通的。由此可见，来自数学方面的基本困难也是个很难攻克的大难题。为此，我于 1990 年年底又写了一篇数学论文，建立了一个将上述四元数代数作为特殊组成部分包含在内的八元数代数（除单位元外，其余七个基元都是虚数），利用其中的 B 代数能够保证上述特殊变换中的所有变换都满足度规张量突变关系。这两篇数学论文克服了来自数学方面的基本困难，成为建立双时空相对论的数学基础，而且对于近世代数来讲也是极有意义的。

在克服了上述两个基本困难的基础上，我建立了双时空相对论，每个亚光速惯性系或超光速惯性系的时空都含有亚区时空和超区时空，它们的空间坐标和时间坐标都是虚数。虽然这两类时空的性质截然不同，但我已经证明，双时空变换全体构成了群论数学中的一个大群——双时空变换群。与洛伦兹变换是双时空变换的特殊组成部分相对应（K'相对于 K 的速度为亚光速时的双时空变换中含有改写成双时空变换形式的洛伦兹变换），洛伦兹变换群是双时空变换群的特殊组成部分（它是双时空变换群的子群内部的亚区子群）；还导出了一个贯穿于亚区和超区的同向速度相加公式，虽然它的形式与狭义相对论中的同向速度相加公式的形式完全相同，但适用范围更加宽广。这个速度相加公式的重大意义在于：在狭义相对论中，它回过头来以定量形式有力地表述了狭义相对论两个基本原理的正确性，因而同样地，在双时空相对论中，它回过头来以定量形式有力地表述了两个基本假设的正确性。双时空相对论给出了下列三个结论：①自然界不存在虚质量质点，只存在正质量质点和负质量质点；②在正质量物质世界中或真空中，正质量质点只能亚光速，不能超光速；③在负质量物质世界中或真空中，负质量质点只能超光速，不能亚光速。狭义相对论变成了双时空相对论的一个特殊组成部分。亚光速正质量物质的世界是正世界，超光速负质量物质的世界是反世界，亚光速正质量的质点是正质点，超光速负质量的质点是反质点，质点包括正、反质点。双时空就是正世界时空和反世界时空。本书的正、反粒子取代了过去狭义相对论性量子场论中的正粒子、反粒子，于是必须将上述结论中后两条明确地表述为：在正世界物质环境中或真空中，正质点只能亚光速，不能超光速；在反世界物质环境中或真空中，反质点只能超光速，不能亚光速。

过去曾有不少人根据狭义相对论认为超光速运动违反因果律。我认为这一看法是错误的，因为狭义相对论不适用于描述超光速质点的运动。把狭义相对论不能反映超光速运动的因果律说成超光速运动违反了因果律，这是过去物理学界认识上的严重错误。我已经证明双时空相对论满足因果律——正、反质点的运动都满足因果律。并且利用其中给出的因果关系导出了发光反星体的光学多普勒效应的公式。利用这些公式对环绕我们旋转的发光反星体进行计算，给出各组具体数据，它们表明：当反星体飞离我们时它的多普勒效应固然是用红移来显示出它飞离我们，但当它飞向我们时它的多普勒效应也是用红移来显示出它飞离我们。这是反星体由于超光速而产生的独有的奇特的光测效应。而且我已经证明，反星体飞来和离去的红移量 Z 都满足公式 $Z=\frac{1}{C}H_0R_0$，其中 R_0 是反星体与观测者之间的距离，而 H_0 则并非真正的常量。于是我们有一个问题需要认真对待：天文学界会不会错误地将环绕我们旋转的反星体的奇特的光测效应当做宇宙膨胀现象？这将是对宇宙膨胀论的严峻挑战。我深信，宇宙膨胀论必将被反星体光测效应论取代。为此，我已经提出了一个“新宇宙论纲要”，我期望它将会对宇宙学的发展产生极为深远的影响。

我已将狭义相对论性量子力学（或波动方程）和量子场论发展成为双时空相对论性量子力学（或波动方程）和量子场论。在双时空相对论性量子力学中，正世界自由电子波动方程和反世界自由电子波动方程的正质量解代表正电子，负质量解代表反电子。量子论当然必须服从相对论的上述三个结论。故在正世界中，正电子被禁止用任何方式（包括跃迁方式）变成反电子；在反世界中，反电子被禁止用任何方式（包括跃迁方式）变成正电子。也就是说，在正世界中，正电子被禁止占据负质量解的态；在反世界中，反电子被禁止占据正质量解的态。因此，狄拉克真空概念所描述的真空是不存在的。正世界中的正氢原子被禁止变成反氢原子，反世界中的反氢原子被禁止变成正氢原子。正世界中的正物体或正粒子力图使自己的能量最低，但被禁止变成反物体和反粒子；反世界中的反物体或反粒子力图使自己的能量最高，但被禁止变成正物体或正粒子——这才是普遍的自然定律，这才是正世界中的正原子和反世界中的反原子都能够成为稳定原子的物理根源。

现在，对于双时空相对论性量子理论来讲，不但负质量将会由过去的所谓困难问题变成具有重大意义的客观存在，而且已经证明，负几率不但不再是什么困难问题，它还会在迫切需要它出现的场合大显身手，因而已经成为理论结构中不可缺少的重要组成部分。这将使相对论性量子理论的面目为之一新。我们将会看到，在自由场量子理论中，采用负几率概念，已经使一些用传统几率概念处理起来异常牵强、困难和复杂的问题变得自然和简单起来，就足以证明负几率是一种有效的科学的几率概念。但最具有原则性意义的因而最值得重视的是，负几率只出现在迫切需要它出现的场合，绝不会出现在强烈反对它出现的场合。在双时空相对论性量子力学中，负几率只局限在坐标表象中，在其他表象中不存在负几率，例如在动量表象中，正粒子和反粒子的几率都是取正值；在双时空相对论性量子场论中，负几率只局限在自由场理论，但在场的相互作用理论中，无论是正粒子还是反粒子，它们参与各种物理过程的几率都是取正值。这正是我们所期望的。双时空相对论的建立，负质量困难和负几率困难的消除，使反粒子的概念不仅可以提前在双时空相对论量子力学中出现，甚至必须提前在双时空相对论力学中出现。

要强调的是，正世界的物质环境会迫使反粒子亚光速正质量化，反世界的物质环境会迫使正粒子超光速负质量化，详见第七章第三节的§1和§2以及第四章第二节§1的2。正世界物质环境中的反粒子大多已亚光速正质量化，反世界物质环境中的正粒子大多已超光速负质量化。亚光速正质量化和超光速负质量化是两个非常重要的物理现象。但是在双时空相对论性理论（主要是量子理论）中，存在两类极不一样的理论结构，第一类能够反映出这两个物理现象的存在（第三章第三节§1的4、§3的3，正、反世界量子场论属于第一类），第二类则不能够反映出这两个物理现象的存在（正、反世界相对论量子力学属于第二类，详见第四章第二节§1的2）。第三章第三节§3的3的反映方式是如实的顺时描述。第三章第三节§1的4和量子场论的反映方式是等效的逆时描述（逆时描述是个非常重要的概念，详见第二章第三节§1的2、第三章第三节§1的4和第四章第二节§1的2）：在正世界量子场论中将顺时运动的亚光速正质量化反粒子当做逆时运动的正粒子，在反世界量子场论中将顺时运动的超光速负质量化正粒子当做逆时运动的反粒子。因此，正世界量子场论中的反粒子都已亚光速正质量化，反世界量子场论中的正粒子都已超光速负质量化。但是，正世界相对论量子力学中描述的反粒子都是尚未亚光速正质量化的反粒子，反世界相对论量子力学中描述的正粒子都是尚未超光速负质量化的正粒子。值得注意的是，正世界相对论量子力学中反粒子尚未亚光速正质量化，就是产生Klein佯谬的物理根源（详见第四章第二节§3）。需要强调的是，正世界物质环境中的反粒子，只有当它们回到自由真空或反世界物质环境中，自动地摆脱了亚光速正质量化后，才能恢复其超光速负质量的本来面目。在它们未摆脱亚光速正质量化时测量它们的速度和质量，测得的结果就是亚光速和正质量。这就是长期未能从实验上在正世界物质环境中发现超光速粒子的根本原因。

笔者在本书第四章中已经建立了一种新方法来解决自由场量子理论中真空零点能的发散问题（详见第四章第四节中的总结性论述）。在相互作用场的量子理论中，发散困难一直成为量子场论发展中的主要障碍。虽然处理发散困难的重正化方法对量子场论的发展曾有很大的鼓舞、促进作用，但即使在发展得最好的狭义相对论性量子电动力学中，发散困难仍未真正得到解决。重正化方法只不过是绕过了发散困难，即巧妙地回避了它，并非与它正面交锋，将它消灭，因而不能令人满意。杰出的理论物理学家理·费曼说得好："重正化在数学上是不合法的，我们还没有一种好的数学方法描述量子电动力学。"这一看法很明确、很尖锐，最好再补充一点："或者由于还没有一种好的量子场论。"发散困难原样出现在双时空相对论性量子电动力学中，本书第七章第二节将采用非重正化方法消除它，希望在与它正面交锋中将它消灭。能否达到这个目的，双时空相对论性量子电动力学中消除发散困难的方法是不是一种好的数学方法，或者说它是不是一种好的量子场论，则由物理学界去评论。

由于双时空相对论容许超光速负质量质点（反质点）与亚光速正质量质点（正质点）并存于自然界，因而不但解决了超光速问题这样一个带有根本性质的重大疑难问题，还将成为解决物理学史上其余许多带有根本性质的重大疑难问题的理论基础。如果没有双时空相对论，这些重大疑难问题根本不可能得到解决。这些重大疑难问题还包括时空本质之谜，引力起源之谜（爱因斯坦的广义相对论并没有揭开引力起源之谜的谜底，它只是对引力场做出了相对论性的几何描述——引力几何化），电磁力起源之谜，强、弱作用力起源之谜（各种力的起源问题，实质上就是涉及将各种力着重于从物理根源上而不是从数学形式上统一起来的问题），波性粒子（特别是其中的所谓点粒子）的内部结构之谜，波性粒子的波性起源之谜[爱因斯坦与玻尔在对量子力学的统计性质的看法上（涉及确定论是否不再成立的问题）之所以展开了长期论战，物理学界之所以普遍觉得量子力学玄妙深奥到令人难以捉摸（杰出的理论物理学家理·费曼的话“没有人懂量子力学”客观、果断、尖锐、正确），根本原因是物理学界尚未揭开波性粒子的波性起源之谜的谜底——这实质上也是量子论与相对论能否统一起来之谜的谜底]等。总之，过去的物理学基础理论极不完整（只拥有亚光速正质量世界这一半，缺少了超光速负质量世界的另一半），才产生出这许多重大疑难问题。这正是我在退休后，下定决心，不畏万难，为建立双时空相对论而不惜耗尽自己心血的根本原因——毁灭自己，照亮人间。这些重大疑难问题都是物理学的根本问题，意义重大，影响深远。怎样解决这些问题，我已经有了构思或草稿，它们将是本书下集的内容。

从实验上证实超光速负质量粒子（反粒子）存在，或证实超光速负质量星体（反星体）存在，将会成为当代重大的实验科学课题。本书的第六章讨论了实验方面的问题。我深信宇宙并没有在膨胀，故过去用来证实宇宙在膨胀的那些星体光学多普勒效应的证据，可能都是证实超光速负质量星体存在的有力证据。而太阳中微子振荡的实验结果则很有可能就是证实超光速负质量粒子存在的有力证据。实验方面早已露出了胜利的曙光。然而，我们宁可预计这些实验工作仍然不会一帆风顺，因为它们本来就是极其困难、艰苦的工作。但我深信许多实验科学家的杰出才华和崇高的历史使命感，会使他们攻克一个又一个难关，在取得现有成就的基础上乘胜追击，最终必定会取得划时代的伟大成就。

早在1980年，我在发表于《暨南大学学报》（自然科学版）上的论文《狭义相对论的自然推广》中，就已经初步提出了上述作为双时空相对论物理基础的两个基本假设，还提出了上述四元数代数的基本模式，提出了双时空概念和给出了双时空坐标的定义，并且已经得出了结论：正质量质点只能亚光速，不能超光速；负质量质点只能超光速，不能亚光速。对这篇论文的内容做重要修正后，已被本书的第一章，第二章第一节§1、§2的（2.1）和（2.2）式及第二节§1等内容取代。文中无须应用到双时空变换公式。

让我稍述我一直坚持使用虚量 k 的由来。我发现，一个满足 $k^2=1$ 的虚量 $k=\sqrt{-1}$对于建立双时空相对论、解决超光速问题非常重要，因为如果没有它，双时空相对论就不能建立，超光速问题就不能得到解决。但传统代数学中并不存在这种虚量。因为在传统代数学中，虽然对于正实数 a 的指数运算规则有 $(\sqrt{a})^2=a^{\frac{1}{2}}a^{\frac{1}{2}}=a^{\frac{1}{2}+\frac{1}{2}}=a$ 和 $(\sqrt{a})^2=a^{\frac{1}{2}}a^{\frac{1}{2}}=(aa)^{\frac{1}{2}}=a$，但对于负实数（$-1$）来说，只存在 $(\sqrt{-1})^2=(-1)^{\frac{1}{2}}(-1)^{\frac{1}{2}}=(-1)^{\frac{1}{2}+\frac{1}{2}}=-1$，而 $(\sqrt{-1})^2=(-1)^{\frac{1}{2}}(-1)^{\frac{1}{2}}=[(-1)(-1)]^{\frac{1}{2}}=1$ 则被禁止。这种指数运算规则对正、负实数的不一致性，起源于一种错误的人为限制：虚量 $\sqrt{-1}$ 的平方只能等于 -1 不能等于 $+1$，唯有实数的平方才可以是正实数或零。但如果只满足于局限在上述指数运算规则的小圈子范围内来解决这种不一致性问题，显然不能扩充代数学的视野，因而使解决上述不一致性问题的做法毫无意义。我们应当进一步从代数学“用实数对代替复数”的观念中寻求解决办法，因为它可以扩充代数学的视野，在解决上述不一致性问题的同时，可以扩充成为近世代数学中前所未有的崭新的多元数代数——本书的八元数代数和对于乘法既结合又交换的四元数代数——因而具有极为重大和深远的意义。我们熟知，在代数学中可以把复数 $a+bi$ 或 $a+bj$ 写成实数对，即可以令 $a+bi$（或 $a+bj$）$=(a,b)=a(1,0)+b(0,1)$，并且引进下列实数对的乘法来表示复数的乘法：$(a,b)\cdot(c,d)=(ac-bd,ad+bc)$。于是有 i^2（或 j^2）$=(0,1)\cdot(0,1)=(-1,0)=-1$。仿此，如果我们对于数 $a+bk=(a,b)=a(1,0)+b(0,1)$ 引进乘法 $(a,b)\cdot(c,d)=(ac+bd,ad+bc)$，则有 $k^2=(0,1)\cdot(0,1)=(1,0)=1$。这种处理方法原本就是为了解决 $\sqrt{-1}$ 的运算意义（运算规则）问题而进入代数学的。现在，它把 $(\sqrt{-1})^2=1$ 和 $(\sqrt{-1})^2=-1$ 统一起来了，确认了具有上述一致性意义的 $(\sqrt{-1})^2=\pm1$ 的正确性，其中的（$\sqrt{-1}$）$^2=1$ 的意义重大（因为涉及数的概念的重大突破）。这种处理方法及由它得到的结果 $i^2=j^2=-1$ 和 $k^2=+1$ 可以扩充而融入本书的四元数代数中。重要的是，由此建立起来的本书的四元数代数在乘法上青出于蓝而胜于蓝，覆盖范围超过上述指数乘法，而且发生了质的变化，既能计算出能用上述指数乘法来计算的 $i^2=j^2=-1$ 和 $k^2=+1$，又能计算出不能用上述指数乘法来计算的积 $ij=ji=-k$，$ik=ki=j$，$jk=kj=i$。再进一步扩充而建立起来的本书的八元数代数的乘法规则所覆盖的范围就更加宽广了，而且更进一步发生了质的变化。这个八元数代数的所有基元（单位元除外）也都是虚量（包括（$\sqrt{-1}$）$^2=\pm1$ 两类虚量），它们以类似于虚量基元 i、j、k 融入四元数代数的方式融入八元数代数之中，因而达到了在乘法上青出于蓝而胜于蓝，覆盖范围更进一步超过上述指数乘法，而且更进一步发生了质的变化的目的。如果没有（$\sqrt{-1}$）$^2=+1$ 这类虚量，本书的四元数代数和八元数代数将无法建立起来，即双时空相对论的数学基础将无法建立起来。杰出的理论物理学家海森堡在他的物质统一理论中倡议的（$\sqrt{\pm1}$）$^2=\pm1$ 的虚量（他称为虚量），被这里倡议的（$\sqrt{-1}$）$^2=\pm1$ 的虚量取代，我们将会看到，数的概念的发展对于提高数学解决实际问题的能力具有多么重大和深远的意义。

第一章　双时空相对论的数学基础

第一节　对于乘法既结合又交换的四元数代数

记 G 为四维实向量空间（即线性空间）。在四维向量之间定义乘法：

$$\gamma=\alpha\cdot\beta=(a_0, a_1, a_2, a_3)\cdot(b_0, b_1, b_2, b_3)=(c_0, c_1, c_2, c_3),$$

其中

$$c_0=a_0b_0-a_1b_1-a_2b_2+a_3b_3,$$
$$c_1=a_0b_1+a_1b_0+a_2b_3+a_3b_2,$$
$$c_2=a_0b_2+a_2b_0+a_1b_3+a_3b_1,$$
$$c_3=a_0b_3+a_3b_0-a_1b_2-a_2b_1.$$

G 对于这样定义的乘法来说显然是闭的。下面来证明 G 是实数域上的代数。

首先，由乘法的定义有

$$(a\alpha+a'\alpha')\beta=a(\alpha\beta)+a'(\alpha'\beta),$$
$$\beta(a\alpha+a'\alpha')=a(\beta\alpha)+a'(\beta\alpha').$$

其中 α、α'、β 是任意向量，a、a'是任意实数。这两个等式表示的性质称为双线性性。为了证明 G 是实数域上的代数，只需要证明 G 关于向量的加法及上面定义的乘法构成环。在 G 中取一组基向量（或称为基元）

$$e=(1, 0, 0, 0), i=(0, 1, 0, 0),$$
$$j=(0, 0, 1, 0), k=(0, 0, 0, 1).$$

由乘法定义可以写出这四个基元之间的乘法表：

$$e^2=e, ei=ie=i, ej=je=j, ek=ke=k,$$
$$i^2=j^2=-e, k^2=e, ij=ji=-k, jk=kj=i,$$
$$ki=ik=j.$$

于是，G 中的任意向量可用基元来表示：

$$\alpha=(a_0, a_1, a_2, a_3)=a_0e+a_1i+a_2j+a_3k.$$

任意两向量的和可被唯一确定是显然的，利用乘法表和乘法的双线性性不难证明它们的积也是可以唯一确定的。又因为 G 是线性空间，所以 G 中的加法适合环的定义中的其余条件：①加法结合律；②加法交换律；③存在一个零元素；④对G 中的每个元素 α，存在负元素 $-\alpha$。另外，由双线性性可知左分配律及右分配律都成立。所以 G 是环。为了证明 G 是结合环，只要证明 G 的乘法适合结合律就行了，这由乘法定义直接验证即可。为此，在 G 中任取向量：

$$\alpha = a_0 e + a_1 i + a_2 j + a_3 k,$$

$$\alpha' = a_0' e + a_1' i + a_2' j + a_3' k,$$

$$\beta = b_0 e + b_1 i + b_2 j + b_3 k,$$

不难证明

$$\begin{aligned}(\alpha\alpha')\beta &= (A_0 b_0 - A_1 b_1 - A_2 b_2 + A_3 b_3) e + (A_0 b_1 + A_1 b_0 + A_2 b_3 + A_3 b_2) i + \\ &\quad (A_0 b_2 + A_2 b_0 + A_1 b_3 + A_3 b_1) j + (A_0 b_3 + A_3 b_0 - A_1 b_2 - A_2 b_1) k \\ &= \alpha(\alpha'\beta),\end{aligned}$$

其中

$$A_0 = a_0 a_0' - a_1 a_1' - a_2 a_2' + a_3 a_3',$$

$$A_1 = a_0 a_1' + a_1 a_0' + a_2 a_3' + a_3 a_2',$$

$$A_2 = a_0 a_2' + a_2 a_0' + a_1 a_3' + a_3 a_1',$$

$$A_3 = a_0 a_3' + a_3 a_0' - a_1 a_2' - a_2 a_1'.$$

于是证明了 G 是结合环。线性空间 G 既是环，又适合双线性性条件，故它是一个代数。由乘法表知，环的乘法具有单位元 e（显然可以用普通的整数 1 来表示它），并且适合交换律。故这个代数是一个对于乘法既结合又交换的具有单位元 1 的四元数代数。

在不破坏乘法表的前提下，可以给出虚数基元的复共轭定义为 $i^* = -i$，$j^* = -j$，$k^* = k$，还可以由 $i^2 = j^2 = -1$，$k^2 = 1$ 得出 $\frac{1}{i} = -i$，$\frac{1}{j} = -j$，$\frac{1}{k} = k$.

第二节　八元数代数

记 A 为八维实向量空间（即线性空间）。在八维向量之间定义乘法：

$$\begin{aligned}\gamma = \alpha \cdot \beta &= (a_0, a_1, a_2, a_3, a_4, a_5, a_6, a_7) \cdot (b_0, b_1, b_2, b_3, b_4, b_5, b_6, b_7) \\ &= (c_0, c_1, c_2, c_3, c_4, c_5, c_6, c_7),\end{aligned}$$

其中

$$c_0 = a_0 b_0 - a_1 b_1 - a_2 b_2 + a_3 b_3 - a_4 b_4 + a_5 b_5 - a_6 b_6 + a_7 b_7,$$

$$c_1 = a_0 b_1 + a_1 b_0 + a_2 b_3 + a_3 b_2 + a_4 b_5 + a_5 b_4 + a_6 b_7 + a_7 b_6,$$

$$c_2 = a_0 b_2 + a_2 b_0 + a_1 b_3 + a_3 b_1 - a_4 b_6 + a_6 b_4 + a_5 b_7 - a_7 b_5,$$

$$c_3 = a_0 b_3 + a_3 b_0 - a_1 b_2 - a_2 b_1 - a_4 b_7 + a_7 b_4 - a_5 b_6 + a_6 b_5,$$

$$c_4 = a_0 b_4 + a_4 b_0 + a_1 b_5 + a_5 b_1 + a_2 b_6 - a_6 b_2 - a_3 b_7 + a_7 b_3,$$

$$c_5 = a_0 b_5 + a_5 b_0 - a_1 b_4 - a_4 b_1 + a_2 b_7 - a_7 b_2 + a_3 b_6 - a_6 b_3,$$

$$c_6 = a_0 b_6 + a_6 b_0 + a_1 b_7 + a_7 b_1 - a_2 b_4 + a_4 b_2 + a_3 b_5 - a_5 b_3,$$

$$c_7 = a_0 b_7 + a_7 b_0 - a_1 b_6 - a_6 b_1 - a_2 b_5 + a_5 b_2 - a_3 b_4 + a_4 b_3.$$

A 对于这样定义的乘法来说显然是闭的。

由乘法定义有：

$$(a\alpha + a'\alpha')\beta = a(\alpha\beta) + a'(\alpha'\beta),$$
$$\beta(a\alpha + a'\alpha') = a(\beta\alpha) + a'(\beta\alpha'),$$

其中 α、α'、β 是任意向量，a、a' 是任意实数。这两个等式表示的性质称为双线性性。

在 A 中任取一组基向量（或称为基元）

$e=(1,0,0,0,0,0,0,0)$，$i=(0,1,0,0,0,0,0,0)$，$j=(0,0,1,0,0,0,0,0)$，
$k=(0,0,0,1,0,0,0,0)$，$i_1=(0,0,0,0,1,0,0,0)$，$i_2=(0,0,0,0,0,1,0,0)$，
$i_3=(0,0,0,0,0,0,1,0)$，$i_4=(0,0,0,0,0,0,0,1)$。

e 显然是单位元且可用普通的整数 1 来表示。由乘法定义可写出其余七个基元之间的乘法表：

$$i^2=j^2=i_1^2=i_3^2=-1,$$
$$k^2=i_2^2=i_4^2=1,$$

$$①\begin{cases} ij=ji=-k \\ ik=ki=j \\ jk=kj=i \end{cases} \quad ②\begin{cases} ii_1=i_1i=-i_2 \\ ii_2=i_2i=i_1 \\ i_1i_2=i_2i_1=i \end{cases} \quad ③\begin{cases} ii_3=i_3i=-i_4 \\ ii_4=i_4i=i_3 \\ i_3i_4=i_4i_3=i \end{cases}$$

$$④\begin{cases} ki_3=-i_3k=i_2 \\ i_3i_2=-i_2i_3=k \\ ki_2=-i_2k=i_3 \end{cases} \quad ⑤\begin{cases} i_4i_1=-i_1i_4=k \\ i_1k=-ki_1=i_4 \\ i_4k=-ki_4=i_1 \end{cases} \quad ⑥\begin{cases} i_2j=-ji_2=i_4 \\ ji_4=-i_4j=i_2 \\ i_2i_4=-i_4i_2=j \end{cases}$$

$$⑦\begin{cases} i_1j=-ji_1=i_3 \\ ji_3=-i_3j=i_1 \\ i_1i_3=-i_3i_1=-j \end{cases}$$

A 中任意向量可用基元来表示：

$$\alpha=(a_0,a_1,a_2,a_3,a_4,a_5,a_6,a_7)=a_0+a_1i+a_2j+a_3k+a_4i_1+a_5i_2+a_6i_3+a_7i_4$$

首先，任意两向量的和可被唯一确定是显然的，利用乘法表和乘法的双线性性不难证明它们的积也是可以唯一确定的。又因为 A 是线性空间，所以 A 的加法适合环的定义条件中的其余条件：①加法结合律；②加法交换律；③存在一个零元素；④对 A 中每一元素 α 存在负元素 $-\alpha$。另外，由双线性性可知左分配律及右分配律都成立。所以 A 是一个环。线性空间 A 既是环，又适合双线性性，故它是一个代数，称为 A 代数。

由乘法表可知，A 代数由七个相互交叠着（即共用一些基元）的子代数组成，并构成了一个异常有趣的图形（我用“相互交叠着的子代数”来形容这个异常有趣的图形）。图中心的 1、i 分别与三个风扇页相结合，构成乘法表①、②、③三个相同的子代数，每个都是对于乘法既结合又交换的四元数环（与前面第一章第一节所建立的那个对于乘法既结合又交换的四元数环相同）。图中最大的圆与图中心的 1 相结合，构成乘法表⑦描述的第四个子代数，它就是 B. P. Hamilton 在 1843 年创建的那个对于乘法结合但不交换的四元数体。图中其余的圆(图中心的小圆除外)，与图中心的 1 相结合，构成乘法表④、⑤、⑥另外三个相同的子

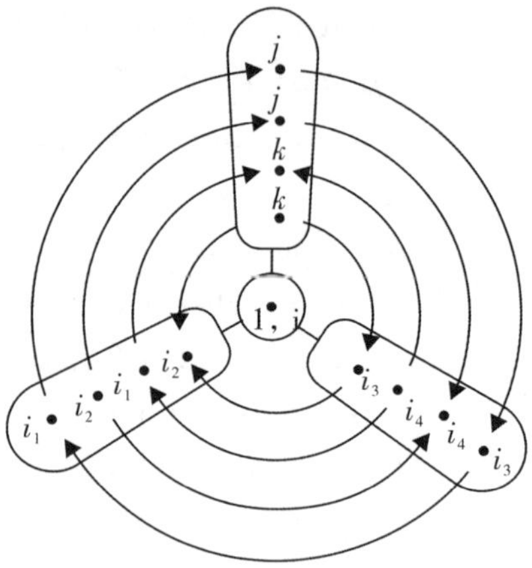

代数，它们都是对于乘法结合但不交换的四元数环（适合结合律，见下面证明）。利用图形，可帮助记忆非交换子代数的乘法表。圆上的点 j、k、i_1、i_2、i_3、i_4 分别表示八元数 j、k、i_1、i_2、i_3、i_4。这些八元数中任意相邻两个的乘积等于第三个，当第一个因子到第二个因子是按照箭头方向旋转时，作为乘积的第三个八元数取正号，反之取负号。

为了证明 A 环和 A 代数是结合的，只要证明乘法表④描述的子代数的乘法适合结合律就行了，这由乘法直接验证即可。为此任取向量

$$\alpha = a_0 + a_3k + a_5i_2 + a_6i_3,$$

$$\alpha' = a_0' + a_3'k + a_5'i_2 + a_6'i_3,$$

$$\beta = b_0 + b_3k + b_5i_2 + b_6i_3,$$

不难证明

$$(\alpha\alpha')\beta = (A_0b_0 + A_3b_3 + A_5b_5 - A_6b_6) + (A_0b_3 + A_3b_0 - A_5b_6 + A_6b_5)k +$$
$$(A_0b_5 + A_5b_0 + A_3b_6 - A_6b_3)i_2 + (A_0b_6 + A_6b_0 + A_3b_5 - A_5b_3)i_3 = \alpha(\alpha'\beta),$$

其中

$$A_0 = a_0a_0' + a_3a_3' + a_5a_5' - a_6a_6',$$

$$A_3 = a_0a_3' - a_3a_0' - a_5a_6' + a_6a_5',$$

$$A_5 = a_0a_5' + a_5a_0' + a_3a_6' - a_6a_3',$$

$$A_6 = a_0a_6' + a_6a_0' + a_3a_5' - a_5a_3'.$$

所以，A 环和 A 代数是结合的。

如果只把 A 代数乘法表中的 $i_2^2=1$ 改为 $i_2^2=-1$，而乘法表的其余内容都保持不变——这相当于只将表示乘法的 c_0 表示式中的（$+a_5b_5$）项改为（$-a_5b_5$），而 c_1 至 c_7 的表示式都保持不变——就可以产生另一个面目崭新的极有价值的逻辑体系：当用整数 1 表示单位元 e，取 $i^2=j^2=i_1^2=i_2^2=i_3^2=-1$，$k^2=i_4^2=1$ 时，不但不含 i_2 的乘法表①、③、⑤、⑦的形式可保持不变，而且用容许含 i_2 的乘法表②、④、⑥不再满足乘法结合律作为代价，可换取乘法表②、④、⑥的形式保持不变。这样产生的这个崭新的八元数代数除 $i_2^2=-1$ 和乘法表②、④、⑥不再满足乘法结合律之外，其余内容都与 A 代数相同，与 A 代数联系最为紧密，又极有价值，称为八元数 B 代数。然而，在 B 代数中，虽然乘法表①、③、⑤、⑦仍然满足乘法结合律，但是乘法表②、④、⑥不再满足乘法结合律，故 B 代数不是结合代数。

让我们举一些应用乘法表②、④、⑥进行计算的简单例子，看看从 B 代数算得的结果与从 A 代数算得的结果有什么异同。例如计算 $i_1i_2i_1i_2$，从 B 代数算得 $i_1i_2i_1i_2=(i_1i_2)(i_1i_2)=ii=-1$ 和 $i_1i_2i_1i_2=(i_1i_1)(i_2i_2)=(-1)(-1)=1$，从 A 代

数算得 $i_1i_2i_1i_2=(i_1i_2)(i_1i_2)=ii=-1$ 和 $i_1i_2i_1i_2=(i_1i_1)(i_2i_2)=(-1)(+1)=-1$；用 i 左乘 $i=i_1i_2$ 两边，从 B 代数算得 $ii=ii_1i_2=(ii_1)i_2=-i_2i_2$ 即 $-1=1$ 和 $ii=ii_1i_2=i_1(ii_2)=i_1i_1$ 即 $-1=-1$，从 A 代数算得 $ii=ii_1i_2=(ii_1)i_2=-i_2i_2$ 即 $-1=-1$ 和 $ii=ii_1i_2=i_1(ii_2)=i_1i_1$ 即 $-1=-1$；用 k 左乘 $k=i_3i_2$ 两边，从 B 代数算得 $kk=(ki_3)i_2=i_2i_2$ 即 $1=-1$ 和 $kk=-i_3(ki_2)=-i_3i_3$ 即 $1=1$，从 A 代数算得 $kk=(ki_3)i_2=i_2i_2$ 即 $1=1$ 和 $kk=-i_3(ki_2)=-i_3i_3$ 即 $1=1$；计算用 j 左乘 $j=i_2i_4$ 两边，从 B 代数算得 $jj=(ji_2)i_4=-i_4i_4$ 即 $-1=-1$ 和 $jj=-i_2(ji_4)=-i_2i_2$ 即 $-1=1$，从 A 代数算得 $jj=(ji_2)i_4=-i_4i_4$ 即 $-1=-1$ 和 $jj=-i_2(ji_4)=-i_2i_2$ 即 $-1=-1$。由此可见，应用乘法表②、④、⑥进行计算，从 A 代数算得的结果都是 $1=1$ 型等式，从 B 代数算得的结果则兼有 $1=1$ 型等式和 $1=-1$ 型等式。显然，应用乘法表①、③、⑤、⑦进行计算时，从 A 代数算得的结果和从 B 代数算得的结果完全相同，即都是 $1=1$ 型等式。

从 B 代数算得的 $1=1$ 和 $1=-1$ 并不矛盾，因为它们分别来自非结合代数的不同的乘法结合方式，即它们是两类性质上截然不同的互相独立的等式。怎样将它们联系实际？大体上可以这样说，$1=1$ 中的两个 1 分别代表量值相同性质也相同的两个事物；$1=-1$ 中的 1 和 -1 分别代表量值相同但性质相反（即性质相互突变）的两个事物。

$1=1$ 型等式可以自由移项（性质相同的事物可以相减），但 $1=-1$ 型等式则被严格禁止移项（性质不相同的事物不可以相减）。亚光速电子（本书称为正电子）与超光速电子（本书称为反电子）之间的质量变换和电荷变换分别是 $m_0=-m_0$ 和 $e=-e$，这些等式都具有重大的物理意义，它们分别表述了当电子速度越过作为正、反世界分界线的光速时，它的质量性质发生了突变和它的电荷性质发生了突变。但如果将它们移项写成 $m_0+m_0=0$ 和 $e+e=0$，则都变成了极端荒谬的事情了。适用于 $1=1$ 型关系的其他一些运算规则也被严格禁止照搬到 $1=-1$ 型关系中，如果这些运算规则会破坏 $1=-1$ 型等式的固有性质的话。这表明，$1=1$ 型关系和 $1=-1$ 型关系是两类性质上极不一样的互相独立的代数关系，既不可能由前者导出后者，也不可能由后者导出前者，故它们之间在逻辑上并不存在矛盾。一个解决实际问题的能力很强的数学，应当同时拥有 $1=1$ 型和 $1=-1$ 型这两类等式，上面按照异常方式建立起来的八元数 B 代数就是同时拥有这两个类型等式的数学。杰出的理论物理学家狄拉克当年发明的 δ 函数，曾被人质疑其合法性，但其促使物理学发展的许多事实，终于使人不再质疑。一个新生的数学，如果能解决物理学上的重大问题，它必定是个好的、正确的数学。

第三节　八元数代数中的 *B* 代数是建立双时空相对论的数学基础

为保证双时空变换是正交变换，必须使用 *B* 代数中对于乘法既结合又交换的乘法表①。乘法表①还保证了（x'，ct'）与（x，ct）之间的变换满足实时空度规张量突变关系。对于乘法非结合的乘法表只存在两种结合方式：①i_2 优先与其他基元相结合；②其他基元优先与别的基元相结合——它们给出的结果只差个负号，因而解决了（y'，z'）与（y，z）之间的变换满足实时空度规张量突变关系的问题。*B* 代数中的乘法表①和对于乘法非结合的乘法表，在解决实时空度规张量分量突变问题上都是不可缺少的。本书已经证实，*B* 代数是建立双时空相对论的数学基础，因而也是解决本书其他重大问题的数学基础。这里只简略介绍一下 *B* 代数怎样使变换 $y'=y$，$z'=z$ 满足度规张量分量突变关系 $y'^2=-y^2$，$z'^2=-z^2$——此两式的度规张量分量，左边是（1，1），右边是（-1，-1）。

如果我们用$\underset{\cdot}{x}'_1=kx'$，$\underset{\cdot}{x}'_2=ky'$，$\underset{\cdot}{x}'_3=kz'$和$\underset{\cdot}{x}'_4=jct'$表示惯性系 K' 中亚光速区的空间坐标和时间坐标，用$\underset{\cdot\cdot}{x}_1=jx$，$\underset{\cdot\cdot}{x}_2=jy$，$\underset{\cdot\cdot}{x}_3=jz$ 和 $\underset{\cdot\cdot}{x}_4=kct$ 表示惯性系 K 中超光速区的空间坐标和时间坐标，而 K' 相对于 K 以超光速运动，则特殊的双时空变换中将含有

$$\underset{\cdot}{x}'_2=-i_1i_2\underset{\cdot\cdot}{x}_2,\tag{1.1}$$

$$\underset{\cdot}{x}'_3=-i_1i_2\underset{\cdot\cdot}{x}_3.\tag{1.2}$$

不难求出（1.1）、（1.2）两式的实数形式，由（1.1）式有

$$ky'=-i_1i_2jy=-ijy=ky,$$

因而有

$$y'=y.\tag{1.3}$$

同样，由（1.2）式得 $kz'=kz$，因而有

$$z'=z.\tag{1.4}$$

不难求出变换（1.3）和（1.4）式满足的度规张量分量突变关系，由（1.1）式有

$$\underset{\cdot}{x}'_2\underset{\cdot}{x}'_2=-i_1i_2\underset{\cdot\cdot}{x}_2(-i_1i_2\underset{\cdot\cdot}{x}_2)=i_1i_2i_1i_2\underset{\cdot\cdot}{x}_2\underset{\cdot\cdot}{x}_2=(i_1i_1)(i_2i_2)\underset{\cdot\cdot}{x}_2\underset{\cdot\cdot}{x}_2=$$
$$(-1)(-1)\underset{\cdot\cdot}{x}_2\underset{\cdot\cdot}{x}_2=\underset{\cdot\cdot}{x}_2\underset{\cdot\cdot}{x}_2 \text{即 } k^2y'^2=j^2y^2,$$

因而有

$$y'^2=-y^2.\tag{1.5}$$

同样，由（1.2）式得$\underset{\cdot}{x}'_3\underset{\cdot}{x}'_3=\underset{\cdot\cdot}{x}_3\underset{\cdot\cdot}{x}_3$即 $k^2z'^2=j^2z^2$，因而有

$$z'^2=-z^2.\tag{1.6}$$

其中用到将在下面给出的交换规则$\underset{\cdot\cdot}{x}_2i_1i_2=i_1i_2\underset{\cdot\cdot}{x}_2$和$\underset{\cdot\cdot}{x}_3i_1i_2=i_1i_2\underset{\cdot\cdot}{x}_3$。

不难求出变换（1.1）、(1.2）式的逆变换，以 i_1i_2 左乘（1.1）式两边，得

$i_1i_2\underset{\cdot}{x}'_2=-i_1i_2i_1i_2\underset{\cdot\cdot}{x}_2=-(i_1i_2)(i_1i_2)\underset{\cdot\cdot}{x}_2=-ii\underset{\cdot\cdot}{x}_2=\underset{\cdot\cdot}{x}_2$，

因而有

$$\underset{\cdot\cdot}{x}_2=i_1i_2\underset{\cdot}{x}'_2. \tag{1.7}$$

同样，以 i_1i_2 左乘(1.2)式两边，可得

$$\underset{\cdot\cdot}{x}_3=i_1i_2\underset{\cdot}{x}'_3. \tag{1.8}$$

将（1.5）、(1.6）式与后面求得的（x'，ct'）与（x，ct）［即（$\underset{\cdot}{x}'_1$，$\underset{\cdot}{x}'_4$）与（$\underset{\cdot\cdot}{x}_1$，$\underset{\cdot\cdot}{x}_4$）］之间的变换满足的度规张量分量突变关系

$$x'^2-(ct')^2=(ct)^2-x^2 \tag{1.9}$$

相加，得

$$x'^2+y'^2+z'^2-(ct')^2=(ct)^2-x^2-y^2-z^2. \tag{1.10}$$

由（1.5）、(1.6）式给出的 $y'^2+z'^2=-(y^2+z^2)$ 是 $1=-1$ 型关系，但它们的坐标变换（1.3）、(1.4）式则是 $1=1$ 型关系；对于光子来讲，(1.9）式是 $-1=1$ 型关系，但（x'，ct'）与（x，ct）之间的变换则是 $1=1$ 型关系。由(1.5)、(1.6）式与（1.9）式相加得到的（1.10）式对于光子来讲是 $0=0$ 关系(它是 $1=1$ 型关系的特例）。本书用到的所有 $1=-1$（亦可写成 $-1=1$）型关系都是建立新的 $1=1$ 型关系的前提条件，因为只有当 $1=-1$ 型成分融入亚光速区的 $1=1$ 型规律之中时，它才能转变为新的超光速区的 $1=1$ 型规律。虽然本书用到 $1=-1$ 型关系的机会不多，但极为重要，因为如果没有它们，双时空相对论就无法建立起来。

上面（1.1）、(1.2）式的变换系数含因子 i_1i_2，而后面（$\underset{\cdot}{x}'_1$，$\underset{\cdot}{x}'_4$）与（$\underset{\cdot\cdot}{x}_1$，$\underset{\cdot\cdot}{x}_4$）之间的变换的非实变换系数则含因子 i。故下列交换规则很重要：由 $i_1i_2k=-i_1ki_2=ki_1i_2$，$i_1i_2j=-i_1ji_2=ji_1i_2$(也可用乘法表①证明它们，因为 $i_1i_2=i_2i_1=i$)和乘法表①，有 $i_1i_2\underset{\cdot\cdot}{x}_2=\underset{\cdot\cdot}{x}_2i_1i_2$，$i_1i_2\underset{\cdot\cdot}{x}_3=\underset{\cdot\cdot}{x}_3i_1i_2$，$i\underset{\cdot}{x}_1=\underset{\cdot}{x}_1i$，$i\underset{\cdot\cdot}{x}_1=\underset{\cdot\cdot}{x}_1i$，$i\underset{\cdot}{x}_4=\underset{\cdot}{x}_4i$，$i\underset{\cdot\cdot}{x}_4=\underset{\cdot\cdot}{x}_4i$，$\underset{\cdot}{x}_1\underset{\cdot}{x}_4=\underset{\cdot}{x}_4\underset{\cdot}{x}_1$，$\underset{\cdot\cdot}{x}_1\underset{\cdot\cdot}{x}_4=\underset{\cdot\cdot}{x}_4\underset{\cdot\cdot}{x}_1$，…

上面在导出（1.5）、(1.6）式时已经用到这些规则。这些规则之所以很重要，是因为它们保证了对于乘法来讲时空坐标之间可交换以及变换系数与时空坐标之间可交换。否则，满足正交要求的双时空变换将无法建立起来，双时空相对论也将无法建立起来。故 B 代数能给出这些交换规则与它能克服实时空度规张量分量突变困难相比较是同样重要的不可分割的两件事。这就是我一开始就决心建立一个对于乘法既结合又交换的四元数代数的根本原因。

第二章　双时空相对论

第一节　运动学部分

§1　基本假设

双时空相对论用 C 代表亚区（亚光速区）和超区（超光速区）双方都不能占有的分界线，它作为两区的极限光速而独立存在，切勿将它与亚区的真空中光速 C 混淆起来。它与两区光子速度有点差异，为了顾全整个新生理论架构的大局可以不考虑这点差异，令两区光子速度无限趋近于极限光速 C，这点差异可以放到个别对光子真实速度敏感的具体问题中去考虑。

假设（1）：无论惯性参考系 K'对惯性参考系 K 的速度 v 大于或小于 c，对 K 有速度 c 的一道光线（或一束光子）对 K'仍有相同的速度。而当 $v<c$ 时，在 K 观测是亚区光子，在 K'观测也是亚区光子；在 K 观测是超区光子，在 K'观测也是超区光子。但当 $v>c$ 时，在 K 观测是亚区光子，在 K'观测则是超区光子；在 K 观测是超区光子，在 K'观测则是亚区光子。

假设（2）：无论 K'对 K 的速度 v 大于或小于 c，自然定律在所有惯性系都是一样的，或者说，表示自然定律的各种方程的形式对于由 K 到 K'的各种时空变换来说是不变的。

假设（1）实质上包含了关于一般非零静止质量质点的下述内容：当 K'对 K 的速度是 $v<c$ 时，在 K 观测是亚区质点，在 K'观测也是亚区质点；在 K 观测是超区质点，在 K'观测也是超区质点。但当 $v>c$ 时，在 K 观测是亚区质点，在 K'观测则是超区质点；在 K 观测是超区质点，在 K'观测则是亚区质点。

§2　双时空与基本假设的数学表示·整体观念

任一惯性坐标系都具有两套时空坐标（亚区时空坐标和超区时空坐标，统称双时空）。利用八元数代数中 B 代数的基元 j 和 k，定义 $\underset{\cdot}{x}_1=kx$，$\underset{\cdot}{x}_2=ky$，$\underset{\cdot}{x}_3=kz$ 和 $\underset{\cdot}{x}_4=jct$ 为亚区的空间坐标和时间坐标，定义 $\underset{\cdot\cdot}{x}_1=jx$，$\underset{\cdot\cdot}{x}_2=jy$，$\underset{\cdot\cdot}{x}_3=jz$ 和 $\underset{\cdot\cdot}{x}_4=kct$ 为超区的空间坐标和时间坐标。可以将上述的时空坐标定义简写为 $\underset{\cdot}{x}_\mu=(k\vec{r},$

jct)和 $\underset{\cdot\cdot}{x}_\mu=(j\vec{r},\ kct)$ 。亚区时空和超区时空的实时空坐标 t、x、y、z 是共用的，故双时空共用三个实空间坐标轴和一个实时间坐标轴。

设在起始时刻，惯性系 K'与惯性系 K 在空间内相重合并且从坐标原点发出光信号，K'相对于 K 以速度 v 运动，则基本假设的数学表示可写为：

$$\left.\begin{aligned}\underset{\cdot}{x}'_\mu\underset{\cdot}{x}'_\mu&=\underset{\cdot}{x}_\mu\underset{\cdot}{x}_\mu\\ \underset{\cdot\cdot}{x}'_\mu\underset{\cdot\cdot}{x}'_\mu&=\underset{\cdot\cdot}{x}_\mu\underset{\cdot\cdot}{x}_\mu\end{aligned}\right\}(0\leqslant v<c) \tag{2.1}$$

$$\left.\begin{aligned}\underset{\cdot}{x}'_\mu\underset{\cdot}{x}'_\mu&=\underset{\cdot\cdot}{x}_\mu\underset{\cdot\cdot}{x}_\mu\\ \underset{\cdot\cdot}{x}'_\mu\underset{\cdot\cdot}{x}'_\mu&=\underset{\cdot}{x}_\mu\underset{\cdot}{x}_\mu\end{aligned}\right\}(v>c) \tag{2.2}$$

$\mu=1,\ 2,\ 3,\ 4$，而指标重复是指从 1 到 4 求和的意思。（2.2）式表明亚区时空与超区时空不可分割。在双时空相对论中，不仅时间与空间构成了不可分割的整体，亚区时空与超区时空也构成了不可分割的整体，亚区的自然定律与超区的自然定律也构成了不可分割的整体。按照这种整体观念，不仅（2.1）式左边两个式子的形式与右边两个式子的形式被认为是相同的，（2.2）式左边两个式子的形式与右边两个式子的形式也被认为是相同的。这些式子可以等于零(应用于光子)，也可以不等于零（应用于一般质点)。当它们等于零时，则不仅从（2.1）式左边得到的两个光速不变方程的形式与从（2.1）式右边得到的两个光速不变方程的形式被认为是相同的，从（2.2）式左边得到的两个光速不变方程的形式与从（2.2）式右边得到的两个光速不变方程的形式也被认为是相同的。假设（2）就是建立在这种整体观念上面的。

满足（2.1）和（2.2）式的双时空变换可依次写为：

$$\left.\begin{aligned}\underset{\cdot}{x}'_\mu&=a^{(1)}_{\mu\nu}\underset{\cdot}{x}_\nu\\ \underset{\cdot\cdot}{x}'_\mu&=a^{(2)}_{\mu\nu}\underset{\cdot\cdot}{x}_\nu\end{aligned}\right\}(0\leqslant v<c) \tag{2.3}$$

$$\left.\begin{aligned}\underset{\cdot}{x}'_\mu&=a^{(4)}_{\mu\nu}\underset{\cdot\cdot}{x}_\nu\\ \underset{\cdot\cdot}{x}'_\mu&=a^{(3)}_{\mu\nu}\underset{\cdot}{x}_\nu\end{aligned}\right\}(v>c) \tag{2.4}$$

它们满足正交条件

$$\left.\begin{aligned}a^{(1)}_{\mu\nu}a^{(1)}_{\mu\rho}&=\delta_{\nu\rho}\\ a^{(2)}_{\mu\nu}a^{(2)}_{\mu\rho}&=\delta_{\nu\rho}\end{aligned}\right\} \tag{2.5}$$

$$\left.\begin{aligned}a^{(3)}_{\mu\nu}a^{(3)}_{\mu\rho}&=\delta_{\nu\rho}\\ a^{(4)}_{\mu\nu}a^{(4)}_{\mu\rho}&=\delta_{\nu\rho}\end{aligned}\right\} \tag{2.6}$$

$\mu,\ \nu,\ \rho=1,\ 2,\ 3,\ 4$，而 $\delta_{\nu\rho}$ 则是克隆尼格符号。我称(2.3)式为非对调变换，称（2.4）式为对调变换。

为了更好地反映双时空及其变换的整体性，我建议采用下面的矩阵表述形式(它还可以令篇幅简缩和运算简便)：引进八行二列的准对角矩阵

$$\begin{bmatrix} \underset{\cdot}{x} & O \\ O & \underset{\cdot\cdot}{x} \end{bmatrix},$$

用它表示双时空的四维位置矢量，其中$\underset{\cdot}{x}$和$\underset{\cdot\cdot}{x}$都是四元单列矩阵，而 O 则是四元单列零矩阵，即

$$\underset{\cdot}{x}=\begin{bmatrix} \underset{\cdot}{x}_1 \\ \underset{\cdot}{x}_2 \\ \underset{\cdot}{x}_3 \\ \underset{\cdot}{x}_4 \end{bmatrix},\qquad \underset{\cdot\cdot}{x}=\begin{bmatrix} \underset{\cdot\cdot}{x}_1 \\ \underset{\cdot\cdot}{x}_2 \\ \underset{\cdot\cdot}{x}_3 \\ \underset{\cdot\cdot}{x}_4 \end{bmatrix},\qquad O=\begin{bmatrix} 0 \\ 0 \\ 0 \\ 0 \end{bmatrix}.$$

因此，双时空变换的变换矩阵是 8×8 的准对角矩阵：

$$\begin{bmatrix} A^{(i)} & O \\ O & A^{(j)} \end{bmatrix},$$

其中$A^{(i)}$和$A^{(j)}$都是 4×4 矩阵，O 是 4×4 零矩阵。为简便计，$\begin{bmatrix} A^{(i)} & O \\ O & A^{(j)} \end{bmatrix}$和$\begin{bmatrix} \underset{\cdot}{x} & O \\ O & \underset{\cdot\cdot}{x} \end{bmatrix}$可依次用简缩符号$[A^{(i)},\ A^{(j)}]$和$[\underset{\cdot}{x},\ \underset{\cdot\cdot}{x}]$来表示。在矩阵顶上画个符号"—"表示对它进行转置运算，再引进一个过去没有的我称为"对调运算"的符号"$\neq$"：$[A^{(i)},\ A^{(j)}]^{\neq}=[A^{(j)},\ A^{(i)}]$，$[\underset{\cdot}{x},\ \underset{\cdot\cdot}{x}]^{\neq}=[\underset{\cdot\cdot}{x},\ \underset{\cdot}{x}]$。则不难证明下列公式成立：

$$([A^{(i)},\ A^{(j)}]^{\neq})^{\neq}=[A^{(i)},\ A^{(j)}],$$
$$([A^{(i)},\ A^{(j)}][A^{(k)},\ A^{(l)}])^{\neq}=[A^{(i)},\ A^{(j)}]^{\neq}[A^{(k)},\ A^{(l)}]^{\neq},$$
$$\overline{[A^{(i)},\ A^{(j)}]}^{\neq}=\overline{[A^{(i)},\ A^{(j)}]^{\neq}},$$
$$\overline{[A^{(i)},\ A^{(j)}]^{\neq}[A^{(k)},\ A^{(l)}]^{\neq}}=\overline{[A^{(k)},\ A^{(l)}]}^{\neq}\,\overline{[A^{(i)},\ A^{(j)}]}^{\neq}.$$

于是（2.1）和（2.2）式可依次写为

$$\overline{[\underset{\cdot}{x}',\ \underset{\cdot\cdot}{x}']}[\underset{\cdot}{x}',\ \underset{\cdot\cdot}{x}']=\overline{[\underset{\cdot}{x},\ \underset{\cdot\cdot}{x}]}[\underset{\cdot}{x},\ \underset{\cdot\cdot}{x}]\qquad(0\leqslant v<c),\tag{2.7}$$

$$\overline{[\underset{\cdot}{x}',\ \underset{\cdot\cdot}{x}']}[\underset{\cdot}{x}',\ \underset{\cdot\cdot}{x}']=\overline{[\underset{\cdot}{x},\ \underset{\cdot\cdot}{x}]}^{\neq}[\underset{\cdot}{x},\ \underset{\cdot\cdot}{x}]^{\neq}\qquad(v>c).\tag{2.8}$$

（2.3）和（2.4）式可依次写为

$$[\underset{\cdot}{x}',\ \underset{\cdot\cdot}{x}']=[A^{(1)},\ A^{(2)}][\underset{\cdot}{x},\ \underset{\cdot\cdot}{x}]\qquad(0\leqslant v<c),\tag{2.9}$$

$$[\underset{\cdot}{x}',\ \underset{\cdot\cdot}{x}']=[A^{(3)},\ A^{(4)}]^{\neq}[\underset{\cdot}{x},\ \underset{\cdot\cdot}{x}]^{\neq}\qquad(v>c).\tag{2.10}$$

其中$A^{(1)}=[a_{\mu\nu}^{(1)}]$，$A^{(2)}=[a_{\mu\nu}^{(2)}]$，$A^{(3)}=[a_{\mu\nu}^{(3)}]$，$A^{(4)}=[a_{\mu\nu}^{(4)}]$等都是 4×4 矩阵。（2.5）和（2.6）式可依次写为

$$\overline{[A^{(1)},\ A^{(2)}]}[A^{(1)},\ A^{(2)}]=[E,\ E]\tag{2.11}$$

$$\overline{[A^{(3)},\ A^{(4)}]^{\neq}}[A^{(3)},\ A^{(4)}]^{\neq}=[E,\ E]\tag{2.12}$$

其中 E 是 4×4 单位矩阵。将（2.9）和（2.10）式代入（2.7）和（2.8）

式亦可立即得到（2.11）和（2.12）式。

利用（2.11）和（2.12）式，即可求得（2.9）和（2.10）式的逆变换：

$$[\underset{\cdot}{x},\ \underset{\cdot\cdot}{x}] = \overline{[A^{(1)},\ A^{(2)}]}[\underset{\cdot}{x}',\ \underset{\cdot\cdot}{x}'] \qquad (0 \leqslant v < c) \tag{2.13}$$

$$[\underset{\cdot}{x},\ \underset{\cdot\cdot}{x}] = \overline{[A^{(4)},\ A^{(3)}]}^{\neq}[\underset{\cdot}{x}',\ \underset{\cdot\cdot}{x}']^{\neq} \qquad (v > c) \tag{2.14}$$

将（2.13）和（2.14）式代入（2.7）和（2.8）式即可求得逆变换满足的正交条件。下一节我们将会看到，不但（2.13）式的形式与（2.9）式的形式相同，在整体观念下（2.14）式的形式与（2.10）式的形式也是相同的。

§3　双时空变换

设惯性参考系 K' 以速度 v 沿着惯性参考系 K 的 x 轴正向运动，并且当 $t = t' = 0$ 时，K' 与 K 在空间内相重合，同时从坐标原点发出光信号。在这种特殊情况下的变换(特殊变换)，含有普遍变换的全部特征。

1. 对调变换

先求指标为 1、4 的变换和逆变换。时空的均匀性要求它们取线性方程的形式：

$$\left.\begin{aligned} (kx') &= -ia(jx) - \frac{b}{c}(kct) \\ (jx') &= ia(kx) - \frac{b}{c}(jct) \end{aligned}\right\} \tag{2.15}$$

$$\left.\begin{aligned} (kx) &= -\left[-ia(jx') + \frac{b}{c}(kct')\right] \\ (jx) &= -\left[ia(kx') + \frac{b}{c}(jct')\right] \end{aligned}\right\} \tag{2.16}$$

其中，i、j、k 是八元数代数中的 B 代数的基元，a 和 b 是待求的正实数，c 是极限光速。

（2.15）式的形式合理，是因为无论令它第一式左边的 x' 为零或令它第二式左边的 x' 为零，都可以得到 K' 坐标原点相对于 K 的速度为 v，并且满足条件：

$$\left(\frac{x}{t}\right)_{x'=0} = v = \frac{b}{a} \tag{2.17}$$

（2.16）式的形式合理，是因为：①它满足了 §2 给出的变换（2.10）式 $\begin{cases} \underset{\cdot}{x}'_1 = a_{11}^{(4)}\underset{\cdot\cdot}{x}_1 + a_{14}^{(4)}\underset{\cdot\cdot}{x}_4 \\ \underset{\cdot\cdot}{x}'_1 = a_{11}^{(3)}\underset{\cdot}{x}_1 + a_{14}^{(3)}\underset{\cdot}{x}_4 \\ \vdots \end{cases}$ 与逆变换（2.14）式 $\begin{cases} \underset{\cdot}{x}_1 = a_{11}^{(3)}\underset{\cdot\cdot}{x}'_1 + a_{41}^{(3)}\underset{\cdot\cdot}{x}'_4 \\ \underset{\cdot\cdot}{x}_1 = a_{11}^{(4)}\underset{\cdot}{x}'_1 + a_{41}^{(4)}\underset{\cdot}{x}'_4 \\ \vdots \end{cases}$ 之间的相互关系的如下要求，（2.14）式第一式右边第一项的系数与（2.10）式第二式右边第一项的系数相同，（2.14）式第二式右边第一项的系数与（2.10）式第一式右边第一项的系数相同。②无论令它第一式左边的 x 为零或令它第二式左边的 x 为

零，都可以得到 K 坐标原点相对于 K' 的速度为 $-v$，并且满足条件：

$$\left(\frac{x'}{t'}\right)_{x=0} = -v = -\frac{b}{a} \tag{2.18}$$

（2.16）式的形式与（2.15）式的形式不相同，不满足假设（2）的要求。为此，我依照上述方法再给出另一个满足条件（2.17）式的变换和另一个满足条件（2.18）式的相应的逆变换：

$$\left.\begin{aligned}(kx') &= -\left[-ia(jx) - \frac{b}{c}(kct)\right]\\(jx') &= -\left[ia(kx) - \frac{b}{c}(jct)\right]\end{aligned}\right\} \tag{2.19}$$

$$\left.\begin{aligned}(kx) &= -ia(jx') + \frac{b}{c}(kct')\\(jx) &= ia(kx') + \frac{b}{c}(jct')\end{aligned}\right\} \tag{2.20}$$

变换（2.15）与（2.19）式构成了不可分割的整体，逆变换（2.16）与（2.20）式也构成了不可分割的整体。按照整体观念，变换整体的形式与逆变换整体的形式相同，满足了假设（2）的要求。

考虑光波沿着 x 轴和 x' 轴传播，则有：

$$\left.\begin{aligned}x &= ct\\x' &= ct'\end{aligned}\right\} \tag{2.21}$$

将（2.21）式代入（2.15）第一式和（2.16）第二式，得

$$ct' = (ac - b)t, \qquad ct = -(ac + b)t'$$

消去上面两式中的 t' 和 t，再利用（2.17）式，得

$$c^2 = a^2(v^2 - c^2),$$

于是有

$$a = \left(\frac{v^2}{c^2} - 1\right)^{-\frac{1}{2}} \tag{2.22}$$

由(2.17)式即可求得 b。

利用（2.22）和（2.17）式，令 $\gamma = \left(\frac{v^2}{c^2} - 1\right)^{-\frac{1}{2}}$，可以将（2.15）、（2.16）、（2.19）和（2.20）式依次写为：

$$\left.\begin{aligned}\underset{\cdot}{x}'_1 &= \gamma\left(-i\,\underset{\cdot\cdot}{x}_1 - \frac{v}{c}\underset{\cdot\cdot}{x}_4\right)\\\underset{\cdot\cdot}{x}'_1 &= \gamma\left(i\,\underset{\cdot}{x}_1 - \frac{v}{c}\underset{\cdot}{x}_4\right)\end{aligned}\right\} \tag{2.23}$$

$$\left.\begin{aligned}\underset{\cdot}{x}_1 &= -\gamma\left(-i\,\underset{\cdot\cdot}{x}'_1 + \frac{v}{c}\underset{\cdot\cdot}{x}'_4\right)\\\underset{\cdot\cdot}{x}_1 &= -\gamma\left(i\,\underset{\cdot}{x}'_1 + \frac{v}{c}\underset{\cdot}{x}'_4\right)\end{aligned}\right\} \tag{2.24}$$

$$\left.\begin{aligned}\underset{\cdot}{x}'_1 &= -\gamma\left(-i\,\underset{\cdot\cdot}{x}_1 - \frac{v}{c}\underset{\cdot\cdot}{x}_4\right)\\ \underset{\cdot\cdot}{x}'_1 &= -\gamma\left(i\,\underset{\cdot}{x}_1 - \frac{v}{c}\underset{\cdot}{x}_4\right)\end{aligned}\right\}\tag{2.25}$$

$$\left.\begin{aligned}\underset{\cdot}{x}_1 &= \gamma\left(-i\,\underset{\cdot\cdot}{x}'_1 + \frac{v}{c}\underset{\cdot\cdot}{x}'_4\right)\\ \underset{\cdot\cdot}{x}_1 &= \gamma\left(i\,\underset{\cdot}{x}'_1 + \frac{v}{c}\underset{\cdot}{x}'_4\right)\end{aligned}\right\}\tag{2.26}$$

只要做些简单的代数运算，即可由（2.23）~（2.26）式得到下列公式：

$$\left.\begin{aligned}\underset{\cdot}{x}'_4 &= \gamma\left(-\frac{v}{c}\underset{\cdot\cdot}{x}_1 + i\,\underset{\cdot\cdot}{x}_4\right)\\ \underset{\cdot\cdot}{x}'_4 &= \gamma\left(-\frac{v}{c}\underset{\cdot}{x}_1 - i\,\underset{\cdot}{x}_4\right)\end{aligned}\right\}\tag{2.27}$$

$$\left.\begin{aligned}\underset{\cdot}{x}_4 &= -\gamma\left(\frac{v}{c}\underset{\cdot\cdot}{x}'_1 + i\,\underset{\cdot\cdot}{x}'_4\right)\\ \underset{\cdot\cdot}{x}_4 &= -\gamma\left(\frac{v}{c}\underset{\cdot}{x}'_1 - i\,\underset{\cdot}{x}'_4\right)\end{aligned}\right\}\tag{2.28}$$

$$\left.\begin{aligned}\underset{\cdot}{x}'_4 &= -\gamma\left(-\frac{v}{c}\underset{\cdot\cdot}{x}_1 + i\,\underset{\cdot\cdot}{x}_4\right)\\ \underset{\cdot\cdot}{x}'_4 &= -\gamma\left(-\frac{v}{c}\underset{\cdot}{x}_1 - i\,\underset{\cdot}{x}_4\right)\end{aligned}\right\}\tag{2.29}$$

$$\left.\begin{aligned}\underset{\cdot}{x}_4 &= \gamma\left(\frac{v}{c}\underset{\cdot\cdot}{x}'_1 + i\,\underset{\cdot\cdot}{x}'_4\right)\\ \underset{\cdot\cdot}{x}_4 &= \gamma\left(\frac{v}{c}\underset{\cdot}{x}'_1 - i\,\underset{\cdot}{x}'_4\right)\end{aligned}\right\}\tag{2.30}$$

其中，由（2.23）、（2.24）式得（2.27）、（2.28）式，由（2.25）、（2.26）式得（2.29）、（2.30）式。变换（2.23）、（2.27）式的右边与自己的逆变换（2.24）、（2.28）式的右边差个负号，变换（2.25）、（2.29）式的右边与自己的逆变换（2.26）、（2.30）式的右边也差个负号，注意到这些特点，再参照第一章第三节的做法，不难求得关于指标 2 和 3 的下列变换和逆变换：

$$\left.\begin{aligned}\underset{\cdot}{x}'_2 &= -i_1 i_2\,\underset{\cdot\cdot}{x}_2, &\quad \underset{\cdot}{x}'_3 &= -i_1 i_2\,\underset{\cdot\cdot}{x}_3\\ \underset{\cdot\cdot}{x}'_2 &= i_1 i_2\,\underset{\cdot}{x}_2, &\quad \underset{\cdot\cdot}{x}'_3 &= i_1 i_2\,\underset{\cdot}{x}_3\end{aligned}\right\}\tag{2.31}$$

$$\left.\begin{aligned}\underset{\cdot}{x}_2 &= i_1 i_2\,\underset{\cdot\cdot}{x}'_2, &\quad \underset{\cdot}{x}_3 &= i_1 i_2\,\underset{\cdot\cdot}{x}'_3\\ \underset{\cdot\cdot}{x}_2 &= -i_1 i_2\,\underset{\cdot}{x}'_2, &\quad \underset{\cdot\cdot}{x}_3 &= -i_1 i_2\,\underset{\cdot}{x}'_3\end{aligned}\right\}\tag{2.32}$$

$$\left.\begin{aligned}\underset{\cdot}{x}'_2 &= i_1 i_2\,\underset{\cdot\cdot}{x}_2, &\quad \underset{\cdot}{x}'_3 &= i_1 i_2\,\underset{\cdot\cdot}{x}_3\\ \underset{\cdot\cdot}{x}'_2 &= -i_1 i_2\,\underset{\cdot}{x}_2, &\quad \underset{\cdot\cdot}{x}'_3 &= -i_1 i_2\,\underset{\cdot}{x}_3\end{aligned}\right\}\tag{2.33}$$

$$\left.\begin{aligned} \underset{\cdot}{x}_2 &= -i_1 i_2\, \underset{\cdot\cdot}{x}'_2, \quad \underset{\cdot}{x}_3 = -i_1 i_2\, \underset{\cdot\cdot}{x}'_3 \\ \underset{\cdot\cdot}{x}_2 &= i_1 i_2\, \underset{\cdot}{x}'_2, \quad \underset{\cdot\cdot}{x}_3 = i_1 i_2\, \underset{\cdot}{x}'_3 \end{aligned}\right\} \tag{2.34}$$

其中，（2.31）和（2.23）、（2.27）式属于同一个变换，（2.32）与（2.24）、（2.28）式属于同一个逆变换，（2.33）与（2.25）、（2.29）式属于同一个变换，（2.34）和（2.26）、（2.30）式属于同一个逆变换。

将上面导出的所有变换和逆变换集中起来写成下列矩阵形式：

$$[\underset{\cdot}{x}',\ \underset{\cdot\cdot}{x}'] = [A^{(3)},\ A^{(4)}]^{\neq}[\underset{\cdot}{x},\ \underset{\cdot\cdot}{x}]^{\neq} \qquad (v>c) \tag{2.35}$$

$$[\underset{\cdot}{x},\ \underset{\cdot\cdot}{x}] = \overline{[A^{(4)},\ A^{(3)}]^{\neq}}[\underset{\cdot}{x}',\ \underset{\cdot\cdot}{x}']^{\neq} \qquad (v>c) \tag{2.36}$$

$$[\underset{\cdot}{x}',\ \underset{\cdot\cdot}{x}'] = -[A^{(3)},\ A^{(4)}]^{\neq}[\underset{\cdot}{x},\ \underset{\cdot\cdot}{x}]^{\neq} \qquad (v>c) \tag{2.37}$$

$$[\underset{\cdot}{x},\ \underset{\cdot\cdot}{x}] = -\overline{[A^{(4)},\ A^{(3)}]^{\neq}}[\underset{\cdot}{x}',\ \underset{\cdot\cdot}{x}']^{\neq} \qquad (v>c) \tag{2.38}$$

其中，将（2.23）、（2.27）、（2.31）式写成（2.35）式，将（2.24）、（2.28）、（2.32）式写成（2.36）式，将（2.25）、（2.29）、（2.33）式写成（2.37）式，将（2.26）、（2.30）、（2.34）式写成（2.38）式，而$A^{(3)}$和$A^{(4)}$则分别为：

$$A^{(3)} = \begin{bmatrix} i\gamma & 0 & 0 & -\lambda\gamma \\ 0 & i_1 i_2 & 0 & 0 \\ 0 & 0 & i_1 i_2 & 0 \\ -\lambda\gamma & 0 & 0 & -i\gamma \end{bmatrix}, \quad A^{(4)} = \begin{bmatrix} -i\gamma & 0 & 0 & -\lambda\gamma \\ 0 & -i_1 i_2 & 0 & 0 \\ 0 & 0 & -i_1 i_2 & 0 \\ -\lambda\gamma & 0 & 0 & i\gamma \end{bmatrix}$$

其中$\lambda = \dfrac{v}{c}$，$\gamma = (\lambda^2 - 1)^{-\frac{1}{2}}$。（2.36）式是（2.35）式的逆变换，（2.38）式是（2.37）式的逆变换。不难验证，变换（2.35）和（2.37）式满足了正交条件

$$\overline{[A^{(3)},\ A^{(4)}]^{\neq}}[A^{(3)},\ A^{(4)}]^{\neq} = [E,\ E],$$

逆变换(2.36)和(2.38)满足了正交条件

$$[A^{(4)},\ A^{(3)}]^{\neq}\overline{[A^{(4)},\ A^{(3)}]^{\neq}} = [E,\ E],$$

其中用到$i_1 i_2 i_1 i_2 = (i_1 i_1)(i_2 i_2) = (-1)(-1) = 1$。当利用上述正交条件来验证，例如验证变换（2.35）式满足§2 的（2.8）式时，要用到$\overline{[\underset{\cdot}{x}',\ \underset{\cdot\cdot}{x}']} = \overline{[A^{(3)},\ A^{(4)}]^{\neq}[\underset{\cdot}{x},\ \underset{\cdot\cdot}{x}]^{\neq}} = \overline{[\underset{\cdot}{x},\ \underset{\cdot\cdot}{x}]^{\neq}}\ \overline{[A^{(3)},\ A^{(4)}]^{\neq}}$，但唯有使用八元数代数$B$代数中对于乘法既结合又交换的乘法表①，才能保证此式成立，我们已经在第一章第三节中讨论过这个问题。

单个变换（2.35）或（2.37）式不满足假设（2）的要求，一对变换（2.35）与（2.37）式才满足假设（2）的要求，我称这样的一对变换为一对互补变换。互补变换（2.35）、（2.37）式的形式与互补逆变换（2.36）、（2.38）式的形式相同（因为$[A^{(3)},\ A^{(4)}]^{\neq}$与$-\overline{[A^{(4)},\ A^{(3)}]^{\neq}}$形式相同，$-[A^{(3)},\ A^{(4)}]^{\neq}$与$\overline{[A^{(4)},\ A^{(3)}]^{\neq}}$形式相同)，满足了假设（2）的要求。互补变换互补不足，才能对自然规律做出完全的反映，例如它还保证了四维动量矢量与四维位置矢量有

相同的变换形式，特别是保证了双时空相对论完全满足因果律。互补变换的出现是双时空相对论的重大特征之一，没有它就没有双时空相对论。

2. 非对调变换

非对调变换满足§2的（2.1）式。满足（2.1）式第一式的变换就是洛伦兹变换及其逆变换，不过现在要把它们改写为如下形式：

$$\left.\begin{aligned} \underset{\cdot}{x}_1' &= \beta\left(\underset{\cdot}{x}_1 + i\frac{v}{c}\underset{\cdot}{x}_4\right) \\ \underset{\cdot}{x}_2' &= \underset{\cdot}{x}_2,\quad \underset{\cdot}{x}_3' = \underset{\cdot}{x}_3 \\ \underset{\cdot}{x}_4' &= \beta\left(-i\frac{v}{c}\underset{\cdot}{x}_1 + \underset{\cdot}{x}_4\right) \end{aligned}\right\} \tag{2.39}$$

$$\left.\begin{aligned} \underset{\cdot}{x}_1 &= \beta\left(\underset{\cdot}{x}_1' - i\frac{v}{c}\underset{\cdot}{x}_4'\right) \\ \underset{\cdot}{x}_2 &= \underset{\cdot}{x}_2',\quad \underset{\cdot}{x}_3 = \underset{\cdot}{x}_3' \\ \underset{\cdot}{x}_4 &= \beta\left(i\frac{v}{c}\underset{\cdot}{x}_1' + \underset{\cdot}{x}_4'\right) \end{aligned}\right\} \tag{2.40}$$

其中$\beta = \left(1 - \frac{v^2}{c^2}\right)^{-\frac{1}{2}}$.

下面来求满足（2.1）式第二式的指标为1、4的变换和逆变换。时空的均匀性要求它们取线性方程的形式：

$$(jx') = a(jx) - i\frac{b}{c}(kct), \tag{2.41}$$

$$(jx) = a(jx') + i\frac{b}{c}(kct'). \tag{2.42}$$

（2.41）式的形式合理，是因为令它左边的x'为零时可以得到K'坐标原点相对于K的速度为v，并且满足条件：

$$\left(\frac{x}{t}\right)_{x'=0} = v = \frac{b}{a} \tag{2.43}$$

（2.42）式的形式合理，是因为：①它满足了§2给出的变换（2.9）式和逆变换（2.13）式之间的相互关系的要求，即它右边第一项的系数与（2.41）式右边第一项的系数相同。②令它左边的x为零时可以得到K坐标原点相对于K'的速度为$-v$，并且满足条件：

$$\left(\frac{x'}{t'}\right)_{x=0} = -v = -\frac{b}{a} \tag{2.44}$$

考虑光波沿着x轴和x'轴传播，则有

$$\left.\begin{aligned} x &= ct \\ x' &= ct' \end{aligned}\right\} \tag{2.45}$$

将（2.45）式代入（2.41）和（2.42）式，得

$$ct' = (ac - b)t, \qquad ct = (ac + b)t'.$$

消去上面两式中的t'和t，再利用（2.43）式，得

$$c^2 = a^2(c^2 - v^2),$$

于是有

$$a = \left(1 - \frac{v^2}{c^2}\right)^{-\frac{1}{2}}. \tag{2.46}$$

利用（2.46）和（2.43）式，令 $\beta = \left(1 - \frac{v^2}{c^2}\right)^{-\frac{1}{2}}$，可以将（2.41）和（2.42）式写成

$$\underset{\cdot\cdot}{x}'_1 = \beta\left(\underset{\cdot\cdot}{x}_1 - i\frac{v}{c}\underset{\cdot\cdot}{x}_4\right) \tag{2.47}$$

$$\underset{\cdot\cdot}{x}_1 = \beta\left(\underset{\cdot\cdot}{x}'_1 + i\frac{v}{c}\underset{\cdot\cdot}{x}'_4\right) \tag{2.48}$$

只要做些简单的代数运算，即可由（2.47）和（2.48）式得到

$$\underset{\cdot\cdot}{x}'_4 = \beta\left(i\frac{v}{c}\underset{\cdot\cdot}{x}_1 + \underset{\cdot\cdot}{x}_4\right) \tag{2.49}$$

$$\underset{\cdot\cdot}{x}_4 = \beta\left(-i\frac{v}{c}\underset{\cdot\cdot}{x}'_1 + \underset{\cdot\cdot}{x}'_4\right) \tag{2.50}$$

指标为 2、3 的变换和逆变换则显然是

$$\underset{\cdot\cdot}{x}'_2 = \underset{\cdot\cdot}{x}_2,\quad \underset{\cdot\cdot}{x}'_3 = \underset{\cdot\cdot}{x}_3 \tag{2.51}$$

$$\underset{\cdot\cdot}{x}_2 = \underset{\cdot\cdot}{x}'_2,\quad \underset{\cdot\cdot}{x}_3 = \underset{\cdot\cdot}{x}'_3 \tag{2.52}$$

将（2.39）、（2.40）式和上面导出的所有变换和逆变换集中起来写成下列矩阵形式：

$$[\underset{\cdot}{x}', \underset{\cdot\cdot}{x}'] = [A^{(1)}, A^{(2)}][\underset{\cdot}{x}, \underset{\cdot\cdot}{x}] \qquad (0 \leqslant v < c) \tag{2.53}$$

$$[\underset{\cdot}{x}, \underset{\cdot\cdot}{x}] = \overline{[A^{(1)}, A^{(2)}]}[\underset{\cdot}{x}', \underset{\cdot\cdot}{x}'] \qquad (0 \leqslant v < c) \tag{2.54}$$

其中，将（2.39）、（2.47）、（2.49）、（2.51）式写成（2.53）式，将（2.40）、（2.48）、（2.50）、（2.52）式写成（2.54）式，而 $A^{(1)}$ 和 $A^{(2)}$ 则分别为

$$A^{(1)} = \begin{bmatrix} \beta & 0 & 0 & i\lambda\beta \\ 0 & 1 & 0 & 0 \\ 0 & 0 & 1 & 0 \\ -i\lambda\beta & 0 & 0 & \beta \end{bmatrix} \qquad A^{(2)} = \begin{bmatrix} \beta & 0 & 0 & -i\lambda\beta \\ 0 & 1 & 0 & 0 \\ 0 & 0 & 1 & 0 \\ i\lambda\beta & 0 & 0 & \beta \end{bmatrix}$$

其中 $\lambda = \frac{v}{c}$，$\beta = (1 - \lambda^2)^{-\frac{1}{2}}$。不难验证，变换（2.53）式满足了正交条件

$$\overline{[A^{(1)}, A^{(2)}]}[A^{(1)}, A^{(2)}] = [E, E]$$

逆变换（2.54）式满足了正交条件

$$[A^{(1)}, A^{(2)}]\overline{[A^{(1)}, A^{(2)}]} = [E, E]$$

依照上述方法，还可以得到另一个变换及其逆变换：

$$[\underset{\cdot}{x}', \underset{\cdot\cdot}{x}'] = -[A^{(1)}, A^{(2)}][\underset{\cdot}{x}, \underset{\cdot\cdot}{x}] \tag{2.55}$$

$$[\underset{\cdot}{x}, \underset{\cdot\cdot}{x}] = -\overline{[A^{(1)}, A^{(2)}]}[\underset{\cdot}{x}', \underset{\cdot\cdot}{x}'] \tag{2.56}$$

虽然（2.53）式的形式与其逆变换（2.54）式的形式相同，已经满足了假设

（2）的要求。但是，由于对调变换中出现了互补变换，故要求非对调变换也要有相应的互补变换形式。因为如果缺少了（2.55）和（2.56）式，则由非对调变换和对调变换组成的全体变换不可能构成群论数学中的一个大群（双时空变换群）。

不难证明下列规则成立：从非对调变换得出的以亚光速 $v(0\leqslant v<c)$ 运动的杆和钟的行为是：运动的杆缩短，运动的钟走慢，这些效应随 v 增大而增大。从对调变换得出的以超光速 v 运动的杆和钟的行为是：当 v 在范围 $(c,\ \sqrt{2}c]$ 时，运动的杆缩短，运动的钟变慢，这些效应随 v 减小而增大，当 $v=\sqrt{2}c$ 时，运动的杆和静止的杆长度相同，运动的钟与静止的钟时率相同；当 $v>\sqrt{2}c$ 时，运动的杆伸长，运动的钟变快。其中最值得我们重视的是，杆和钟在 $v=0$ 时的行为与在 $v=\sqrt{2}c$ 时的行为相同，这对宇宙学来讲将会产生极为深远的影响。

§4　双时空变换群·同向速度相加公式

对调变换：

$$[\underset{\cdot}{x}',\ \underset{\cdot\cdot}{x}'] = [A^{(3)},\ A^{(4)}]^{\neq}[\underset{\cdot}{x},\ \underset{\cdot\cdot}{x}]^{\neq} \qquad (v>c) \tag{2.57}$$

$$[\underset{\cdot}{x}',\ \underset{\cdot\cdot}{x}'] = -[A^{(3)},\ A^{(4)}]^{\neq}[\underset{\cdot}{x},\ \underset{\cdot\cdot}{x}]^{\neq} \qquad (v>c) \tag{2.58}$$

非对调变换：

$$[\underset{\cdot}{x}',\ \underset{\cdot\cdot}{x}'] = [A^{(1)},\ A^{(2)}][\underset{\cdot}{x},\ \underset{\cdot\cdot}{x}] \qquad (0\leqslant v<c) \tag{2.59}$$

$$[\underset{\cdot}{x}',\ \underset{\cdot\cdot}{x}'] = -[A^{(1)},\ A^{(2)}][\underset{\cdot}{x},\ \underset{\cdot\cdot}{x}] \qquad (0\leqslant v<c) \tag{2.60}$$

前面§3已经证明，逆变换存在，而且与变换有相同形式；存在一个恒等变换 $[A^{(1)},\ A^{(2)}]=[E,\ E]$（当 $v=0$ 时），其中 E 是 4×4 单位矩阵。

1. 将变换之积化为普通的矩阵之积

非对调变换 $[\underset{\cdot}{x}'',\ \underset{\cdot\cdot}{x}''] = [A_2^{(1)},\ A_2^{(2)}][\underset{\cdot}{x}',\ \underset{\cdot\cdot}{x}']$ 与非对调变换 $[\underset{\cdot}{x}',\ \underset{\cdot\cdot}{x}'] = [A_1^{(1)},\ A_1^{(2)}][\underset{\cdot}{x},\ \underset{\cdot\cdot}{x}]$ 之积为

$$[\underset{\cdot}{x}'',\ \underset{\cdot\cdot}{x}''] = [A_2^{(1)},\ A_2^{(2)}][A_1^{(1)},\ A_1^{(2)}][\underset{\cdot}{x},\ \underset{\cdot\cdot}{x}];$$

对调变换 $[\underset{\cdot}{x}'',\ \underset{\cdot\cdot}{x}''] = [A_2^{(3)},\ A_2^{(4)}]^{\neq}[\underset{\cdot}{x}',\ \underset{\cdot\cdot}{x}']^{\neq}$ 与对调变换 $[\underset{\cdot}{x}',\ \underset{\cdot\cdot}{x}'] = [A_1^{(3)},\ A_1^{(4)}]^{\neq}[\underset{\cdot}{x},\ \underset{\cdot\cdot}{x}]^{\neq}$ 之积为

$$\begin{aligned}[\underset{\cdot}{x}'',\ \underset{\cdot\cdot}{x}''] &= [A_2^{(3)},\ A_2^{(4)}]^{\neq}[A_1^{(3)},\ A_1^{(4)}][\underset{\cdot}{x},\ \underset{\cdot\cdot}{x}]\\ &= [A_2^{(4)},\ A_2^{(3)}][A_1^{(3)},\ A_1^{(4)}][\underset{\cdot}{x},\ \underset{\cdot\cdot}{x}];\end{aligned}$$

非对调变换 $[\underset{\cdot}{x}'',\ \underset{\cdot\cdot}{x}''] = [A_2^{(1)},\ A_2^{(2)}][\underset{\cdot}{x}',\ \underset{\cdot\cdot}{x}']$ 与对调变换 $[\underset{\cdot}{x}',\ \underset{\cdot\cdot}{x}'] = [A_1^{(3)},\ A_1^{(4)}]^{\neq}[\underset{\cdot}{x},\ \underset{\cdot\cdot}{x}]^{\neq}$ 之积为

$$\begin{aligned}[\underset{\cdot}{x}'',\ \underset{\cdot\cdot}{x}''] &= [A_2^{(1)},\ A_2^{(2)}][A_1^{(3)},\ A_1^{(4)}]^{\neq}[\underset{\cdot}{x},\ \underset{\cdot\cdot}{x}]^{\neq}\\ &= ([A_2^{(2)},\ A_2^{(1)}][A_1^{(3)},\ A_1^{(4)}])^{\neq}[\underset{\cdot}{x},\ \underset{\cdot\cdot}{x}]^{\neq};\end{aligned}$$

对调变换$[\underset{\cdot}{x}'', \underset{\cdot\cdot}{x}''] = [A_2^{(3)}, A_2^{(4)}]^{\neq}[\underset{\cdot}{x}', \underset{\cdot\cdot}{x}']^{\neq}$与非对调变换$[\underset{\cdot}{x}', \underset{\cdot\cdot}{x}'] = [A_1^{(1)}, A_1^{(2)}][\underset{\cdot}{x}, \underset{\cdot\cdot}{x}]$之积为

$$[\underset{\cdot}{x}'', \underset{\cdot\cdot}{x}''] = [A_2^{(3)}, A_2^{(4)}]^{\neq}[A_1^{(1)}, A_1^{(2)}]^{\neq}[\underset{\cdot}{x}, \underset{\cdot\cdot}{x}]^{\neq} = ([A_2^{(3)}, A_2^{(4)}][A_1^{(1)}, A_1^{(2)}])^{\neq}[\underset{\cdot}{x}, \underset{\cdot\cdot}{x}]^{\neq}.$$

简记$[A^{(3)}, A^{(4)}]^{\neq}$为对调变换，$[A^{(1)}, A^{(2)}]$为非对调变换，$[A_2^{(1)}, A_2^{(2)}]\mathrm{o}[A_1^{(1)}, A_1^{(2)}]$为两个非对调变换之积，$[A_2^{(3)}, A_2^{(4)}]^{\neq}\mathrm{o}[A_1^{(3)}, A_1^{(4)}]^{\neq}$为两个对调变换之积，$[A_2^{(1)}, A_2^{(2)}]\mathrm{o}[A_1^{(3)}, A_1^{(4)}]^{\neq}$为一个非对调变换与一个对调变换之积，$[A_2^{(3)}, A_2^{(4)}]^{\neq}\mathrm{o}[A_1^{(1)}, A_1^{(2)}]$为一个对调变换和一个非对调变换之积，便可将上述关于变换之积的公式简写为

$$[A_2^{(1)}, A_2^{(2)}]\mathrm{o}[A_1^{(1)}, A_1^{(2)}] = [A_2^{(1)}, A_2^{(2)}][A_1^{(1)}, A_1^{(2)}] \tag{2.61}$$

$$[A_2^{(3)}, A_2^{(4)}]^{\neq}\mathrm{o}[A_1^{(3)}, A_1^{(4)}]^{\neq} = [A_2^{(4)}, A_2^{(3)}][A_1^{(3)}, A_1^{(4)}] \tag{2.62}$$

$$[A_2^{(1)}, A_2^{(2)}]\mathrm{o}[A_1^{(3)}, A_1^{(4)}]^{\neq} = ([A_2^{(2)}, A_2^{(1)}][A_1^{(3)}, A_1^{(4)}])^{\neq} \tag{2.63}$$

$$[A_2^{(3)}, A_2^{(4)}]^{\neq}\mathrm{o}[A_1^{(1)}, A_1^{(2)}] = ([A_2^{(3)}, A_2^{(4)}][A_1^{(1)}, A_1^{(2)}])^{\neq} \tag{2.64}$$

(2.61)、(2.62)、(2.63)、(2.64) 式的右边都是普通的矩阵之积。

2. 变换之积适合结合律

因为普通矩阵之积满足结合律，以及不难证明

$$[A_1^{(3)}, A_1^{(4)}]^{\neq}\mathrm{o}([A_2^{(3)}, A_2^{(4)}]^{\neq}\mathrm{o}[A_3^{(3)}, A_3^{(4)}]^{\neq}) = [A_1^{(3)}(A_2^{(4)}A_3^{(3)}), A_1^{(4)}(A_2^{(3)}A_3^{(4)})]^{\neq},$$

$$([A_1^{(3)}, A_1^{(4)}]^{\neq}\mathrm{o}[A_2^{(3)}, A_2^{(4)}]^{\neq})\mathrm{o}[A_3^{(3)}, A_3^{(4)}]^{\neq} = [(A_1^{(3)}A_2^{(4)})A_3^{(3)}, (A_1^{(4)}A_2^{(3)})A_3^{(4)}]^{\neq},$$

故有

$$[A_1^{(3)}, A_1^{(4)}]^{\neq}\mathrm{o}([A_2^{(3)}, A_2^{(4)}]^{\neq}\mathrm{o}[A_3^{(3)}, A_3^{(4)}]^{\neq}) = ([A_1^{(3)}, A_1^{(4)}]^{\neq}\mathrm{o}[A_2^{(3)}, A_2^{(4)}]^{\neq})\mathrm{o}[A_3^{(3)}, A_3^{(4)}]^{\neq};$$

由于

$$[A_1^{(1)}, A_1^{(2)}]\mathrm{o}([A_2^{(3)}, A_2^{(4)}]^{\neq}\mathrm{o}[A_3^{(3)}, A_3^{(4)}]^{\neq}) = [A_1^{(1)}(A_2^{(4)}A_3^{(3)}), A_1^{(2)}(A_2^{(3)}A_3^{(4)})],$$

$$([A_1^{(1)}, A_1^{(2)}]\mathrm{o}[A_2^{(3)}, A_2^{(4)}]^{\neq})\mathrm{o}[A_3^{(3)}, A_3^{(4)}]^{\neq} = [(A_1^{(1)}A_2^{(4)})A_3^{(3)}, (A_1^{(2)}A_2^{(3)})A_3^{(4)}],$$

故有

$$[A_1^{(1)}, A_1^{(2)}]\mathrm{o}([A_2^{(3)}, A_2^{(4)}]^{\neq}\mathrm{o}[A_3^{(3)}, A_3^{(4)}]^{\neq}) = ([A_1^{(1)}, A_1^{(2)}]\mathrm{o}[A_2^{(3)}, A_2^{(4)}]^{\neq})\mathrm{o}[A_3^{(3)}, A_3^{(4)}]^{\neq};$$

由于

$$[A_1^{(1)}, A_1^{(2)}]\mathrm{o}([A_2^{(1)}, A_2^{(2)}]\mathrm{o}[A_3^{(3)}, A_3^{(4)}]^{\neq}) = [A_1^{(2)}(A_2^{(2)}A_3^{(3)}), A_1^{(1)}(A_2^{(1)}A_3^{(4)})]^{\neq},$$

$$([A_1^{(1)}, A_1^{(2)}]\mathrm{o}[A_2^{(1)}, A_2^{(2)}])\mathrm{o}[A_3^{(3)}, A_3^{(4)}]^{\neq} = [(A_1^{(2)}A_2^{(2)})A_3^{(3)}, (A_1^{(1)}A_2^{(1)})A_3^{(4)}]^{\neq},$$

故有

$$[A_1^{(1)}, A_1^{(2)}]\mathrm{o}([A_2^{(1)}, A_2^{(2)}]\mathrm{o}[A_3^{(3)}, A_3^{(4)}]^{\neq}) = ([A_1^{(1)}, A_1^{(2)}]\mathrm{o}[A_2^{(1)}, A_2^{(2)}])\mathrm{o}[A_3^{(3)}, A_3^{(4)}]^{\neq};$$

同样可以证明

$$[A_1^{(1)}, A_1^{(2)}]\mathrm{o}([A_2^{(1)}, A_2^{(2)}]\mathrm{o}[A_3^{(1)}, A_3^{(2)}]) = ([A_1^{(1)}, A_1^{(2)}]\mathrm{o}[A_2^{(1)}, A_2^{(2)}])\mathrm{o}[A_3^{(1)}, A_3^{(2)}].$$

3. 任两个非对调变换之积是一个非对调变换

依照（2.61）式，一个 $v=v_2(\lambda_2=\frac{v_2}{c})$ 的变换$[A_2^{(1)}, A_2^{(2)}]$与一个 $v=v_1(\lambda_1=\frac{v_1}{c})$ 的变换$[A_1^{(1)}, A_1^{(2)}]$之积为：

$$[A_2^{(1)}, A_2^{(2)}]\mathrm{o}[A_1^{(1)}, A_1^{(2)}]=[A_2^{(1)}A_1^{(1)}, A_2^{(2)}A_1^{(2)}]=\left[\begin{bmatrix}\beta_2 & 0 & 0 & i\lambda_2\beta_2\\ 0 & 1 & 0 & 0\\ 0 & 0 & 1 & 0\\ -i\lambda_2\beta_2 & 0 & 0 & \beta_2\end{bmatrix}\right.$$

$$\left.\begin{bmatrix}\beta_1 & 0 & 0 & i\lambda_1\beta_1\\ 0 & 1 & 0 & 0\\ 0 & 0 & 1 & 0\\ -i\lambda_1\beta_1 & 0 & 0 & \beta_1\end{bmatrix}, \begin{bmatrix}\beta_2 & 0 & 0 & -i\lambda_2\beta_2\\ 0 & 1 & 0 & 0\\ 0 & 0 & 1 & 0\\ i\lambda_2\beta_2 & 0 & 0 & \beta_2\end{bmatrix}\begin{bmatrix}\beta_1 & 0 & 0 & -i\lambda_1\beta_1\\ 0 & 1 & 0 & 0\\ 0 & 0 & 1 & 0\\ i\lambda_1\beta_1 & 0 & 0 & \beta_1\end{bmatrix}\right]=$$

$$\left[\begin{bmatrix}\frac{1+\lambda_2\lambda_1}{[(1-\lambda_2^2)(1-\lambda_1^2)]^{\frac{1}{2}}} & 0 & 0 & \frac{i(\lambda_2+\lambda_1)}{[(1-\lambda_2^2)(1-\lambda_1^2)]^{\frac{1}{2}}}\\ 0 & 1 & 0 & 0\\ 0 & 0 & 1 & 0\\ \frac{-i(\lambda_2+\lambda_1)}{[(1-\lambda_2^2)(1-\lambda_1^2)]^{\frac{1}{2}}} & 0 & 0 & \frac{1+\lambda_2\lambda_1}{[(1-\lambda_2^2)(1-\lambda_1^2)]^{\frac{1}{2}}}\end{bmatrix},\right.$$

$$\left.\begin{bmatrix}\frac{1+\lambda_2\lambda_1}{[(1-\lambda_2^2)(1-\lambda_1^2)]^{\frac{1}{2}}} & 0 & 0 & \frac{-i(\lambda_2+\lambda_1)}{[(1-\lambda_2^2)(1-\lambda_1^2)]^{\frac{1}{2}}}\\ 0 & 1 & 0 & 0\\ 0 & 0 & 1 & 0\\ \frac{i(\lambda_2+\lambda_1)}{[(1-\lambda_2^2)(1-\lambda_1^2)]^{\frac{1}{2}}} & 0 & 0 & \frac{1+\lambda_2\lambda_1}{[(1-\lambda_2^2)(1-\lambda_1^2)]^{\frac{1}{2}}}\end{bmatrix}\right].$$

引进一个新的量

$$v_3=\frac{v_1+v_2}{1+\frac{v_1v_2}{c^2}}$$

令 $\lambda_3=\frac{v_3}{c}$，$\beta_3=(1-\lambda_3^2)^{-\frac{1}{2}}$，利用$(1-\lambda_1^2)(1-\lambda_2^2)=(1+\lambda_2\lambda_1)^2-(\lambda_2+\lambda_1)^2$，不难验算出下列恒等式为正确：

$$\frac{1+\lambda_2\lambda_1}{[(1-\lambda_2^2)(1-\lambda_1^2)]^{\frac{1}{2}}}=\beta_3,\quad \frac{\lambda_2+\lambda_1}{[(1-\lambda_2^2)(1-\lambda_1^2)]^{\frac{1}{2}}}=\lambda_3\beta_3.$$

因而可以将上面之积写为：

$$[A_2^{(1)},\ A_2^{(2)}]\,o\,[A_1^{(1)},\ A_1^{(2)}]=\left[\begin{bmatrix}\beta_3 & 0 & 0 & i\lambda_3\beta_3\\ 0 & 1 & 0 & 0\\ 0 & 0 & 1 & 0\\ -i\lambda_3\beta_3 & 0 & 0 & \beta_3\end{bmatrix},\ \begin{bmatrix}\beta_3 & 0 & 0 & -i\lambda_3\beta_3\\ 0 & 1 & 0 & 0\\ 0 & 0 & 1 & 0\\ i\lambda_3\beta_3 & 0 & 0 & \beta_3\end{bmatrix}\right]=$$

$$[A_3^{(1)},\ A_3^{(2)}].$$

重复上述步骤可以证明：

$[A_1^{(1)},\ A_1^{(2)}]\ o\ [A_2^{(1)},\ A_2^{(2)}]=[A_1^{(1)}A_2^{(1)},\ A_1^{(2)}A_2^{(2)}]=[A_3^{(1)},\ A_3^{(2)}]$，即 $[A_1^{(1)},\ A_1^{(2)}]o[A_2^{(1)},\ A_2^{(2)}]=[A_2^{(1)},\ A_2^{(2)}]o[A_1^{(1)},\ A_1^{(2)}]$.

因此，两个非对调变换（2. 59）之积是一个非对调变换（2. 59），两个非对调变换（2. 60）之积是一个非对调变换（2. 59），一个非对调变换（2. 59）与一个非对调变换（2. 60）之积是一个非对调变换（2. 60），而且所有这些积都服从乘法交换律。

4. 任两个对调变换之积是一个非对调变换

依照（2. 62）式，一个 $v=v_2$ 的变换 $[A_2^{(3)},\ A_2^{(4)}]^{\neq}$ 与一个 $v=v_1$ 的变换 $[A_1^{(3)},\ A_1^{(4)}]^{\neq}$ 之积为：

$$[A_2^{(3)},\ A_2^{(4)}]^{\neq}o[A_1^{(3)},\ A_1^{(4)}]^{\neq}=[A_2^{(4)},\ A_2^{(3)}][A_1^{(3)},\ A_1^{(4)}]=$$

$$\left[\begin{bmatrix}-i\gamma_2 & 0 & 0 & -\lambda_2\gamma_2\\ 0 & -i_1i_2 & 0 & 0\\ 0 & 0 & -i_1i_2 & 0\\ -\lambda_2\gamma_2 & 0 & 0 & i\gamma_2\end{bmatrix}\begin{bmatrix}i\gamma_1 & 0 & 0 & -\lambda_1\gamma_1\\ 0 & i_1i_2 & 0 & 0\\ 0 & 0 & i_1i_2 & 0\\ -\lambda_1\gamma_1 & 0 & 0 & -i\gamma_1\end{bmatrix},\right.$$

$$\left.\begin{bmatrix}i\gamma_2 & 0 & 0 & -\lambda_2\gamma_2\\ 0 & i_1i_2 & 0 & 0\\ 0 & 0 & i_1i_2 & 0\\ -\lambda_2\gamma_2 & 0 & 0 & -i\gamma_2\end{bmatrix}\begin{bmatrix}-i\gamma_1 & 0 & 0 & -\lambda_1\gamma_1\\ 0 & -i_1i_2 & 0 & 0\\ 0 & 0 & -i_1i_2 & 0\\ -\lambda_1\gamma_1 & 0 & 0 & i\gamma_1\end{bmatrix}\right]=$$

$$\left[\begin{bmatrix}\dfrac{1+\lambda_2\lambda_1}{[(\lambda_2^2-1)(\lambda_1^2-1)]^{\frac{1}{2}}} & 0 & 0 & \dfrac{i(\lambda_2+\lambda_1)}{[(\lambda_2^2-1)(\lambda_1^2-1)]^{\frac{1}{2}}}\\ 0 & 1 & 0 & 0\\ 0 & 0 & 1 & 0\\ \dfrac{-i(\lambda_2+\lambda_1)}{[(\lambda_2^2-1)(\lambda_1^2-1)]^{\frac{1}{2}}} & 0 & 0 & \dfrac{1+\lambda_2\lambda_1}{[(\lambda_2^2-1)(\lambda_1^2-1)]^{\frac{1}{2}}}\end{bmatrix},\right.$$

$$\begin{bmatrix} \dfrac{1+\lambda_2\lambda_1}{[(\lambda_2^2-1)(\lambda_1^2-1)]^{\frac{1}{2}}} & 0 & 0 & \dfrac{-i(\lambda_2+\lambda_1)}{[(\lambda_2^2-1)(\lambda_1^2-1)]^{\frac{1}{2}}} \\ 0 & 1 & 0 & 0 \\ 0 & 0 & 1 & 0 \\ \dfrac{i(\lambda_2+\lambda_1)}{[(\lambda_2^2-1)(\lambda_1^2-1)]^{\frac{1}{2}}} & 0 & 0 & \dfrac{1+\lambda_2\lambda_1}{[(\lambda_2^2-1)(\lambda_1^2-1)]^{\frac{1}{2}}} \end{bmatrix}\Bigg].$$

其中用到 $-i_1i_2i_1i_2=-(i_1i_2)(i_1i_2)=-ii=1$。引进一个新的量

$$v_3=\frac{v_1+v_2}{1+\dfrac{v_1v_2}{c^2}}$$

令 $\lambda_3=\dfrac{v_3}{c}$，$\beta_3=(1-\lambda_3^2)^{-\frac{1}{2}}$，利用 $(\lambda_2^2-1)(\lambda_1^2-1)=(1+\lambda_1\lambda_2)^2-(\lambda_1+\lambda_2)^2$，不难验算出下列恒等式为正确：

$$\frac{1+\lambda_2\lambda_1}{[(\lambda_2^2-1)(\lambda_1^2-1)]^{\frac{1}{2}}}=\beta_3,\quad \frac{\lambda_2+\lambda_1}{[(\lambda_2^2-1)(\lambda_1^2-1)]^{\frac{1}{2}}}=\lambda_3\beta_3.$$

因而可以将上面之积写为

$$[A_2^{(3)},\ A_2^{(4)}]^{\neq}\mathrm{o}[A_1^{(3)},\ A_1^{(4)}]^{\neq}=\left[\begin{bmatrix} \beta_3 & 0 & 0 & i\lambda_3\beta_3 \\ 0 & 1 & 0 & 0 \\ 0 & 0 & 1 & 0 \\ -i\lambda_3\beta_3 & 0 & 0 & \beta_3 \end{bmatrix}\right.,$$

$$\left.\begin{bmatrix} \beta_3 & 0 & 0 & -i\lambda_3\beta_3 \\ 0 & 1 & 0 & 0 \\ 0 & 0 & 1 & 0 \\ i\lambda_3\beta_3 & 0 & 0 & \beta_3 \end{bmatrix}\right]=[A_3^{(1)},\quad A_3^{(2)}].$$

重复上述步骤可以证明：

$[A_1^{(3)},\ A_1^{(4)}]^{\neq}\mathrm{o}[A_2^{(3)},\ A_2^{(4)}]^{\neq}=[A_1^{(4)},\ A_1^{(3)}][A_2^{(3)},\ A_2^{(4)}]=[A_3^{(1)},\ A_3^{(2)}]$，

即 $[A_1^{(3)},\ A_1^{(4)}]^{\neq}\mathrm{o}[A_2^{(3)},\ A_2^{(4)}]^{\neq}=[A_2^{(3)},\ A_2^{(4)}]^{\neq}\mathrm{o}[A_1^{(3)},\ A_1^{(4)}]^{\neq}$.

因此，两个对调变换（2.57）之积是一个非对调变换（2.59），两个对调变换（2.58）之积是一个非对调变换（2.59），一个对调变换（2.57）与一个对调变换（2.58）之积是一个非对调变换（2.60），而且所有这些积都服从乘法交换律。

5. 任一个非对调变换与任一个对调变换之积是一个对调变换

依照（2.63）式，一个 $v=v_2$ 的非对调变换 $[A_2^{(1)},\ A_2^{(2)}]$ 与一个 $v=v_1$ 的对调变换 $[A_1^{(3)},\ A_1^{(4)}]^{\neq}$ 之积为

$[A_2^{(1)},\ A_2^{(2)}]\mathrm{o}[A_1^{(3)},\ A_1^{(4)}]^{\neq}=([A_2^{(2)},\ A_2^{(1)}][A_1^{(3)},\ A_1^{(4)}])^{\neq}=$

$$\left[\begin{bmatrix} \beta_2 & 0 & 0 & -i\lambda_2\beta_2 \\ 0 & 1 & 0 & 0 \\ 0 & 0 & 1 & 0 \\ i\lambda_2\beta_2 & 0 & 0 & \beta_2 \end{bmatrix} \begin{bmatrix} i\gamma_1 & 0 & 0 & -\lambda_1\gamma_1 \\ 0 & i_1i_2 & 0 & 0 \\ 0 & 0 & i_1i_2 & 0 \\ -\lambda_1\gamma_1 & 0 & 0 & -i\gamma_1 \end{bmatrix},\right.$$

$$\left.\begin{bmatrix} \beta_2 & 0 & 0 & i\lambda_2\beta_2 \\ 0 & 1 & 0 & 0 \\ 0 & 0 & 1 & 0 \\ -i\lambda_2\beta_2 & 0 & 0 & \beta_2 \end{bmatrix} \begin{bmatrix} -i\gamma_1 & 0 & 0 & -\lambda_1\gamma_1 \\ 0 & -i_1i_2 & 0 & 0 \\ 0 & 0 & -i_1i_2 & 0 \\ -\lambda_1\gamma_1 & 0 & 0 & i\gamma_1 \end{bmatrix}\right]^{\neq} =$$

$$\left[\begin{bmatrix} \frac{i(1+\lambda_2\lambda_1)}{[(1-\lambda_2^2)(\lambda_1^2-1)]^{\frac{1}{2}}} & 0 & 0 & \frac{-(\lambda_2+\lambda_1)}{[(1-\lambda_2^2)(\lambda_1^2-1)]^{\frac{1}{2}}} \\ 0 & i_1i_2 & 0 & 0 \\ 0 & 0 & i_1i_2 & 0 \\ \frac{-(\lambda_2+\lambda_1)}{[(1-\lambda_2^2)(\lambda_1^2-1)]^{\frac{1}{2}}} & 0 & 0 & \frac{-i(1+\lambda_2\lambda_1)}{[(1-\lambda_2^2)(\lambda_1^2-1)]^{\frac{1}{2}}} \end{bmatrix},\right.$$

$$\left.\begin{bmatrix} \frac{-i(1+\lambda_2\lambda_1)}{[(1-\lambda_2^2)(\lambda_1^2-1)]^{\frac{1}{2}}} & 0 & 0 & \frac{-(\lambda_2+\lambda_1)}{[(1-\lambda_2^2)(\lambda_1^2-1)]^{\frac{1}{2}}} \\ 0 & -i_1i_2 & 0 & 0 \\ 0 & 0 & -i_1i_2 & 0 \\ \frac{-(\lambda_2+\lambda_1)}{[(1-\lambda_2^2)(\lambda_1^2-1)]^{\frac{1}{2}}} & 0 & 0 & \frac{i(1+\lambda_2\lambda_1)}{[(1-\lambda_2^2)(\lambda_1^2-1)]^{\frac{1}{2}}} \end{bmatrix}\right]^{\neq}$$

引进一个新的量

$$v_3 = \frac{v_1 + v_2}{1 + \frac{v_1 v_2}{c^2}}$$

令 $\lambda_3 = \frac{v_3}{c}$，$\gamma_3 = (\lambda_3^2 - 1)^{-\frac{1}{2}}$，利用 $(1-\lambda_2^2)(\lambda_1^2-1) = (\lambda_2+\lambda_1)^2 - (1+\lambda_2\lambda_1)^2$，不难验算出下列恒等式为正确：

$$\frac{1+\lambda_2\lambda_1}{[(1-\lambda_2^2)(\lambda_1^2-1)]^{\frac{1}{2}}} = \gamma_3, \quad \frac{\lambda_2+\lambda_1}{[(1-\lambda_2^2)(\lambda_1^2-1)]^{\frac{1}{2}}} = \lambda_3\gamma_3.$$

因而可以将上面之积写为

$$[A_2^{(1)},\ A_2^{(2)}]\mathrm{o}[A_1^{(3)},\ A_1^{(4)}]^{\neq} = \left[\begin{bmatrix} i\gamma_3 & 0 & 0 & -\lambda_3\gamma_3 \\ 0 & i_1i_2 & 0 & 0 \\ 0 & 0 & i_1i_2 & 0 \\ -\lambda_3\gamma_3 & 0 & 0 & -i\gamma_3 \end{bmatrix},\right.$$

$$\begin{bmatrix} -i\gamma_3 & 0 & 0 & -\lambda_3\gamma_3 \\ 0 & -i_1 i_2 & 0 & 0 \\ 0 & 0 & -i_1 i_2 & 0 \\ -\lambda_3\gamma_3 & 0 & 0 & i\gamma_3 \end{bmatrix}^{\neq} = [A_3^{(3)},\quad A_3^{(4)}]^{\neq}.$$

依照（2.64）式，重复上述步骤可以证明

$[A_1^{(3)}, A_1^{(4)}]^{\neq}\text{o}[A_2^{(1)}, A_2^{(2)}] = ([A_1^{(3)}, A_1^{(4)}][A_2^{(1)}, A_2^{(2)}])^{\neq} = [A_3^{(3)}, A_3^{(4)}]^{\neq}$，即$[A_2^{(1)}, A_2^{(2)}]\text{o}[A_1^{(3)}, A_1^{(4)}]^{\neq} = [A_1^{(3)}, A_1^{(4)}]^{\neq}\text{o}[A_2^{(1)}, A_2^{(2)}]$.

因此，一个非对调变换（2.59）与一个对调变换（2.57）之积是一个对调变换（2.57），一个非对调变换（2.59）与一个对调变换（2.58）之积是一个对调变换（2.58），一个非对调变换（2.60）与一个对调变换(2.58）之积是一个对调变换（2.57），一个非对调变换（2.60）与一个对调变换（2.57）之积是一个对调变换（2.58），而且所有这些积都服从乘法交换律。

6. 特殊双时空变换全体对于乘法组成一个交换群

综上所述，特殊双时空变换全体的情况是：逆变换存在，而且与变换有相同形式；存在一个恒等变换$[A^{(1)}, A^{(2)}] = [E, E]$；变换的乘法适合结合律和交换律；任意两个特殊双时空变换之积仍是一个特殊双时空变换。因此，特殊双时空变换全体对于乘法组成了一个交换群——双时空变换群。由于特殊非对调变换与特殊非对调变换之积仍是特殊非对调变换，而且特殊非对调变换中包含了恒等变换，故特殊非对调变换全体组成了双时空变换群的子群。这子群含有亚区部分和超区部分，而亚区部分就是洛伦兹变换群。

7. 贯穿于亚区和超区的同向速度相加公式

上面得到了一个贯穿于亚区和超区的同向速度相加公式

$$v_3 = \frac{v_1 + v_2}{1 + \dfrac{v_1 v_2}{c^2}} \tag{2.65}$$

为了能直接从（2.65）式看出可以从它得出哪些结论，可以采用下述简单运算。

令 $v_1 = (1-\xi_1)c < c$，$v_2 = (1-\xi_2)c < c$，$(0<\xi_1<1,\ 0<\xi_2<1)$，代入（2.65）式得

$$v_3 = \frac{2-\xi_1-\xi_2}{2-\xi_1-\xi_2+\xi_1\xi_2}c，即\ v_3 < c,$$

故得结论（1）：两个亚光速相加得到的总速度是亚光速。

令 $v_1 = (1+\xi_1)c > c$，$v_2 = (1+\xi_2)c > c$，$(\xi_1>0,\ \xi_2>0)$，代入(2.65)式得

$$v_3 = \frac{2+\xi_1+\xi_2}{2+\xi_1+\xi_2+\xi_1\xi_2}c，即\ v_3 < c,$$

故得结论（2）：两个超光速相加得到的总速度是亚光速。

令 $v_1 = (1+\xi_1)c > c$，$v_2 = (1-\xi_2)c < c$，$(\xi_1>0,\ 0<\xi_2<1)$，代入(2.65)

式得

$$v_3=\frac{2+\xi_1-\xi_2}{2+\xi_1-\xi_2-\xi_1\xi_2}c,\ \text{即}\ v_3>c.$$

[同样，令 $v_1=(1-\xi_1)c$，$v_2=(1+\xi_2)c$，$(0<\xi_1<1,\ \xi_2>0)$，亦可得到 $v_3>c$]，故得结论（3）：超光速与亚光速相加得到的总速度是超光速。

如果在得出结论（1）之前，令 $\xi_2\to0$（相当于令 $v_2\to$亚区的上限速度 c），则有 $v_3\to$亚区的上限速度 c，故得结论（4）：亚光速与亚区的上限速度 c 相加得到的总速度是亚区的上限速度 c。

在得出结论（2）之前，令 $\xi_2\to0$（相当于令 $v_2\to$超区的下限速度 c），则有 $v_3\to$亚区的上限速度 c，故得结论（5）：超光速与超区的下限速度 c 相加得到的总速度是亚区的上限速度 c。

在得出结论（3）之前，令 $\xi_1\to0$（相当于令 $v_1\to$超区的下限速度 c），则有 $v_3\to$超区的下限速度 c，故得结论（6）：亚光速与超区的下限速度 c 相加得到的总速度是超区的下限速度 c。

在得出结论（3）之前，令 $\xi_2\to0$（相当于令 $v_2\to$亚区的上限速度 c），则有 $v_3\to$超区的下限速度 c，故得结论（7）：超光速与亚区的上限速度 c 相加得到的总速度是超区的下限速度 c。

上述结论（1）至结论（7）与第二章第一节§1的基本假设相吻合。值得注意的是，其中极限光速 c 不仅在与亚光速相加时具有无限大速度的性质，而且在与超光速相加时也具有无限大速度的性质。

狭义相对论得到的同向速度相加公式的形式，和这里得到的同向速度相加公式的形式相同。狭义相对论认为它只适用于亚区，而这里则证明了它适用于亚区和超区。狭义相对论从它得出的结论与狭义相对论的两个基本原理相一致，有力地证明了狭义相对论两个基本原理的正确性。同样，双时空相对论从它得出的结论也与双时空相对论的两个基本假设相一致，因而有力地证明了双时空相对论两个基本假设的正确性。狭义相对论是双时空相对论的特殊组成部分。

第二节　动力学部分

正质点不能超光速，反质点不能亚光速。正质点的质量取正值，反质点的质量取负值——质量突变。

§1　正质点与反质点

1. 质点原时间隔

$$\left.\begin{aligned}\mathrm{d}\,\underset{\cdot}{x}'_{\mu}\mathrm{d}\,\underset{\cdot}{x}'_{\mu}&=\mathrm{d}\,\underset{\cdot}{x}_{\mu}\mathrm{d}\,\underset{\cdot}{x}_{\mu}\\ \mathrm{d}\,\underset{\cdot\cdot}{x}'_{\mu}\mathrm{d}\,\underset{\cdot\cdot}{x}'_{\mu}&=\mathrm{d}\,\underset{\cdot\cdot}{x}_{\mu}\mathrm{d}\,\underset{\cdot\cdot}{x}_{\mu}\end{aligned}\right\}\qquad(0\leqslant v<c)\qquad(2.66)$$

$$\left.\begin{aligned}&\mathrm{d}\underset{.}{x}'_{\mu}\mathrm{d}\underset{.}{x}'_{\mu}=\mathrm{d}\underset{..}{x}_{\mu}\mathrm{d}\underset{..}{x}_{\mu}\\&\mathrm{d}\underset{..}{x}'_{\mu}\mathrm{d}\underset{..}{x}'_{\mu}=\mathrm{d}\underset{.}{x}_{\mu}\mathrm{d}\underset{.}{x}_{\mu}\end{aligned}\right\}\qquad(v>c)\tag{2.67}$$

其中 v 是惯性系 K' 相对于惯性系 K 运动的速度。从（2.66）第一式和（2.67）第一式就可以得出质点的原时间隔，把它们写为：

$$\mathrm{d}x'^2+\mathrm{d}y'^2+\mathrm{d}z'^2-c^2\mathrm{d}t'^2=\mathrm{d}x^2+\mathrm{d}y^2+\mathrm{d}z^2-c^2\mathrm{d}t^2\qquad(0\leqslant v<c)\tag{2.68}$$

$$\mathrm{d}x'^2+\mathrm{d}y'^2+\mathrm{d}z'^2-c^2\mathrm{d}t'^2=c^2\mathrm{d}t^2-(\mathrm{d}x^2+\mathrm{d}y^2+\mathrm{d}z^2)\qquad(v>c)\tag{2.69}$$

后面对一些物理量，用符号ˆ表示属于亚光速质点，用符号ˇ表示属于超光速质点。对其他物理量，无须（或不宜）写出ˆ、ˇ就尽量不写。

按照（2.68）式，一个静止于 $K'(\mathrm{d}x'=\mathrm{d}y'=\mathrm{d}z'=0)$ 的质点对 K 来说是亚光速质点，故不变量

$$\mathrm{d}\underset{\wedge}{\tau}=\mathrm{d}t'=\mathrm{d}t\left(1-\frac{u^2}{c^2}\right)^{\frac{1}{2}}\tag{2.70}$$

是亚光速质点的原时间隔，式中 $u=\left(\frac{\mathrm{d}x^2+\mathrm{d}y^2+\mathrm{d}z^2}{\mathrm{d}t^2}\right)^{\frac{1}{2}}$ 是亚光速质点的速度。

按照（2.69）式，一个静止于 $K'(\mathrm{d}x'=\mathrm{d}y'=\mathrm{d}z'=0)$ 的质点对 K 来说是超光速质点，故不变量

$$\mathrm{d}\underset{\vee}{\tau}=\mathrm{d}t'=\mathrm{d}t\left(\frac{u^2}{c^2}-1\right)^{\frac{1}{2}}\tag{2.71}$$

是超光速质点的原时间隔，式中 $u=\left(\frac{\mathrm{d}x^2+\mathrm{d}y^2+\mathrm{d}z^2}{\mathrm{d}t^2}\right)^{\frac{1}{2}}$ 是超光速质点的速度。

同样，在（2.66）式和（2.67）第二式中令 $\mathrm{d}x=\mathrm{d}y=\mathrm{d}z=0$，可分别得到 $\mathrm{d}\underset{\wedge}{\tau}'$ 和 $\mathrm{d}\underset{\vee}{\tau}'$。故由（2.66）和（2.67）式得

$$\left.\begin{aligned}&\mathrm{d}\underset{\wedge}{\tau}'=\mathrm{d}\underset{\wedge}{\tau}\\&\mathrm{d}\underset{\vee}{\tau}'=\mathrm{d}\underset{\vee}{\tau}\end{aligned}\right\}\qquad(0\leqslant v<c)\tag{2.72}$$

$$\left.\begin{aligned}&\mathrm{d}\underset{\wedge}{\tau}'=\mathrm{d}\underset{\vee}{\tau}\\&\mathrm{d}\underset{\vee}{\tau}'=\mathrm{d}\underset{\wedge}{\tau}\end{aligned}\right\}\qquad(v>c)\tag{2.73}$$

2. 质点的质量、动量和能量·正质点与反质点

一个静止质量为 m_0 的自由亚光速质点的作用量积分和拉格朗日函数分别为：

$$\underset{\wedge}{S}=-m_0c^2\int_a^b\mathrm{d}\underset{\wedge}{\tau}=\int_{t_1}^{t_2}\underset{\wedge}{L}\mathrm{d}t\tag{2.74}$$

$$\underset{\wedge}{L}=-m_0c^2\left(1-\frac{u^2}{c^2}\right)^{\frac{1}{2}}\tag{2.75}$$

其中 $\int_a^b$ 表示沿着质点在两个特定事件间的四维曲线的积分，这两个特定事

件就是质点在 t_1 瞬间到达初位置和在 t_2 瞬间到达末位置。

由于质点原时间隔在对调变换下是不变量，故一个自由超光速质点的作用量积分和拉格朗日函数应分别为

$$\underset{\vee}{S} = -m_0c^2\int_a^b \mathrm{d}\underset{\vee}{\tau} = \int_{t_1}^{t_2} \underset{\vee}{L}\mathrm{d}t \tag{2.76}$$

$$\underset{\vee}{L} = -m_0c^2\left(\frac{u^2}{c^2}-1\right)^{\frac{1}{2}} \tag{2.77}$$

利用（2.75）式，令 $\beta=\left(1-\frac{u^2}{c^2}\right)^{-\frac{1}{2}}$，按照 $\vec{P}=\frac{\partial \underset{\wedge}{L}}{\partial \vec{u}}$（$\frac{\partial \underset{\wedge}{L}}{\partial \vec{u}}$ 是代表一个矢量的符号，这个矢量的分量是 $\underset{\wedge}{L}$ 对 $\vec{u}$ 的相应分量的导数）得亚光速质点的动量

$$\vec{P}=m\,\vec{u}\,(m=m_0\beta) \tag{2.78}$$

再按照 $E=\vec{P}\cdot\vec{u}-\underset{\wedge}{L}$，得亚光速质点的能量

$$E=mc^2(m=m_0\beta) \tag{2.79}$$

根据（2.79）式，亚光速质点能量的任何改变 ΔE 将引起它的质量的改变 Δm，而且有

$$\Delta m=\frac{\Delta E}{c^2} \tag{2.80}$$

同样，利用（2.77）式，令 $\gamma=\left(\frac{u^2}{c^2}-1\right)^{-\frac{1}{2}}$，按照 $\vec{P}=\frac{\partial \underset{\vee}{L}}{\partial \vec{u}}$ 得超光速质点的动量

$$\vec{P}=m\,\vec{u}\,(m=-m_0\gamma) \tag{2.81}$$

再按照 $E=\vec{P}\cdot\vec{u}-\underset{\vee}{L}$ 得超光速质点的能量

$$E=mc^2(m=-m_0\gamma) \tag{2.82}$$

根据（2.82）式，超光速质点能量的任何改变 ΔE 将引起它的质量的改变 Δm，而且有

$$\Delta m=\frac{\Delta E}{c^2} \tag{2.83}$$

（2.79）和（2.82）式表明，质点的惯性质量就是它的能量的量度。

下面来求光子的质量、动量和能量的表示式。在某一惯性系 K 中使 $u\to c$ 和 $m_0\to 0$，并且使 $m_0\beta=K$ 和 $-m_0\gamma=-K$ 保持不变（即对于速度越来越接近极限光速 c 和 m_0 接近零的亚区粒子序列或超区粒子序列来说，它们的 K 和 $-K$ 是相同的。这种序列的极限为极限粒子，称为极限光子）。于是（2.78）、（2.79）式和（2.81）、（2.82）式可以取下列形式：

$$\vec{P}=K\,\vec{c},\ E=Kc^2$$
$$\vec{P}=-K\,\vec{c},\ E=-Kc^2$$

只要令 $K=\frac{h\nu}{c^2}$（h 是普朗克常数，ν 是光波频率），就可以使光子的动量和能

量的变换与其光波的变换（关于传播方向和振动频率的变换）完全相同。因而，如果在一个惯性系中将光子与光波相联系，则在所有惯性系中，这种联系将保持为有效，于是得到

$$\left.\begin{aligned}\vec{P}&=\frac{h\nu}{c^2}\vec{c}\\E&=h\nu\\m&=\frac{h\nu}{c^2}\end{aligned}\right\}(\text{亚区光子})\qquad(2.84)$$

$$\left.\begin{aligned}\vec{P}&=-\frac{h\nu}{c^2}\vec{c}\\E&=-h\nu\\m&=-\frac{h\nu}{c^2}\end{aligned}\right\}(\text{超区光子})\qquad(2.85)$$

从（2.78）至（2.85）式可以得出下列结论：①由于质量、动量和能量等物理量都不容许取虚值，故自然界不存在虚质量质点，只存在正质量质点和负质量质点；②在正质量物质世界中或真空中，正质量质点只能亚光速，不能超光速；③在负质量物质世界中或真空中，负质量质点只能超光速，不能亚光速。

亚光速正质量物质的世界是正世界，超光速负质量物质的世界是反世界，亚光速正质量的质点是正质点，超光速负质量的质点是反质点，质点包括了正、反质点。双时空就是正世界时空和反世界时空。本书的正、反粒子就是过去狭义相对论性量子场论中的正粒子、反粒子。

于是必须将上述结论中后两条明确表述为：在正世界物质环境中或真空中，正质点只能亚光速，不能超光速；在反世界物质环境中或真空中，反质点只能超光速，不能亚光速。

§2　双时空四维动量的变换·正、反质点的能量—动量关系式

对调变换：

$$[\underset{\cdot}{x}',\ \underset{\cdot\cdot}{x}']=[A^{(3)},\ A^{(4)}]^{\neq}[\underset{\cdot}{x},\ \underset{\cdot\cdot}{x}]^{\neq}\qquad(v>c)\qquad(2.86)$$

$$[\underset{\cdot}{x}',\ \underset{\cdot\cdot}{x}']=-[A^{(3)},\ A^{(4)}]^{\neq}[\underset{\cdot}{x},\ \underset{\cdot\cdot}{x}]^{\neq}\qquad(v>c)\qquad(2.87)$$

非对调变换：

$$[\underset{\cdot}{x}',\ \underset{\cdot\cdot}{x}']=[A^{(1)},\ A^{(2)}][\underset{\cdot}{x},\ \underset{\cdot\cdot}{x}]\qquad(0\leqslant v<c)\qquad(2.88)$$

$$[\underset{\cdot}{x}',\ \underset{\cdot\cdot}{x}']=-[A^{(1)},\ A^{(2)}][\underset{\cdot}{x},\ \underset{\cdot\cdot}{x}]\qquad(0\leqslant v<c)\qquad(2.89)$$

将（2.87）式左边左乘以 2×2 准对角矩阵$\left[m_0\dfrac{\mathrm{d}}{\mathrm{d}\underset{\wedge}{\tau}'},\ m_0\dfrac{\mathrm{d}}{\mathrm{d}\underset{\vee}{\tau}'}\right]$和右边左乘以 2×2 准对角矩阵$\left[m_0\dfrac{\mathrm{d}}{\mathrm{d}\underset{\wedge}{\tau}},\ m_0\dfrac{\mathrm{d}}{\mathrm{d}\underset{\vee}{\tau}}\right]^{\neq}$，得

$$\left[m_0\frac{\mathrm{d}\,\underset{\cdot}{x}'}{\mathrm{d}\,\underset{\wedge}{\tau}'},\ m_0\frac{\mathrm{d}\,\underset{\cdot\cdot}{x}'}{\mathrm{d}\,\underset{\vee}{\tau}'}\right]=-\left[A^{(3)},\ A^{(4)}\right]^{\neq}\left[m_0\frac{\mathrm{d}\,\underset{\cdot}{x}}{\mathrm{d}\,\underset{\wedge}{\tau}},\ m_0\frac{\mathrm{d}\,\underset{\cdot\cdot}{x}}{\mathrm{d}\,\underset{\vee}{\tau}}\right]^{\neq}$$

此式可写成：

$$\left[m_0\frac{\mathrm{d}\,\underset{\cdot}{x}'}{\mathrm{d}\,\underset{\wedge}{\tau}'},\ -m_0\frac{\mathrm{d}\,\underset{\cdot\cdot}{x}'}{\mathrm{d}\,\underset{\vee}{\tau}'}\right]=\left[A^{(3)},\ A^{(4)}\right]^{\neq}\left[m_0\frac{\mathrm{d}\,\underset{\cdot}{x}}{\mathrm{d}\,\underset{\wedge}{\tau}},\ -m_0\frac{\mathrm{d}\,\underset{\cdot\cdot}{x}}{\mathrm{d}\,\underset{\vee}{\tau}}\right]^{\neq}，\text{即}$$

$$[\underset{\cdot}{P}',\ \underset{\cdot\cdot}{P}']=[A^{(3)},\ A^{(4)}]^{\neq}[\underset{\cdot}{P},\ \underset{\cdot\cdot}{P}]^{\neq}\qquad(v>c)\tag{2.90}$$

其中

$$\underset{\cdot}{P}=\begin{bmatrix}\underset{\cdot}{P}_1\\ \underset{\cdot}{P}_2\\ \underset{\cdot}{P}_3\\ \underset{\cdot}{P}_4\end{bmatrix}=m_0\begin{bmatrix}\underset{\cdot}{u}_1\\ \underset{\cdot}{u}_2\\ \underset{\cdot}{u}_3\\ \underset{\cdot}{u}_4\end{bmatrix}=\begin{bmatrix}kmu_x\\ kmu_y\\ kmu_z\\ j\dfrac{E}{c}\end{bmatrix}=\begin{bmatrix}kP_x\\ kP_y\\ kP_z\\ jP_0\end{bmatrix}\left(\text{其中}\underset{\cdot}{u}_\mu=\frac{\mathrm{d}\,\underset{\cdot}{x}_\mu}{\mathrm{d}\,\underset{\wedge}{\tau}},\ m=m_0\beta\right),$$

$$\underset{\cdot\cdot}{P}=\begin{bmatrix}\underset{\cdot\cdot}{P}_1\\ \underset{\cdot\cdot}{P}_2\\ \underset{\cdot\cdot}{P}_3\\ \underset{\cdot\cdot}{P}_4\end{bmatrix}=-m_0\begin{bmatrix}\underset{\cdot\cdot}{u}_1\\ \underset{\cdot\cdot}{u}_2\\ \underset{\cdot\cdot}{u}_3\\ \underset{\cdot\cdot}{u}_4\end{bmatrix}=\begin{bmatrix}jmu_x\\ jmu_y\\ jmu_z\\ k\dfrac{E}{c}\end{bmatrix}=\begin{bmatrix}jP_x\\ jP_y\\ jP_z\\ kP_0\end{bmatrix}\left(\text{其中}\underset{\cdot\cdot}{u}_\mu=\frac{\mathrm{d}\,\underset{\cdot\cdot}{x}_\mu}{\mathrm{d}\,\underset{\vee}{\tau}},\ m=-m_0\gamma\right)$$

分别是正质点的四维动量矢量和反质点的四维动量矢量。

将(2.86) 式左边左乘以 2×2 准对角矩阵$\left[m_0\dfrac{\mathrm{d}}{\mathrm{d}\,\underset{\wedge}{\tau}'},\ m_0\dfrac{\mathrm{d}}{\mathrm{d}\,\underset{\vee}{\tau}'}\right]$和右边左乘以准对角矩阵$\left[m_0\dfrac{\mathrm{d}}{\mathrm{d}\,\underset{\wedge}{\tau}},\ m_0\dfrac{\mathrm{d}}{\mathrm{d}\,\underset{\vee}{\tau}}\right]^{\neq}$，得

$$\left[m_0\frac{\mathrm{d}\,\underset{\cdot}{x}'}{\mathrm{d}\,\underset{\wedge}{\tau}'},\ m_0\frac{\mathrm{d}\,\underset{\cdot\cdot}{x}'}{\mathrm{d}\,\underset{\vee}{\tau}'}\right]=\left[A^{(3)},\ A^{(4)}\right]^{\neq}\left[m_0\frac{\mathrm{d}\,\underset{\cdot}{x}}{\mathrm{d}\,\underset{\wedge}{\tau}},\ m_0\frac{\mathrm{d}\,\underset{\cdot\cdot}{x}}{\mathrm{d}\,\underset{\vee}{\tau}}\right]^{\neq},$$

此式可写成

$$\left[m_0\frac{\mathrm{d}\underset{\cdot}{x}'}{\mathrm{d}\underset{\wedge}{\tau}'},\ -m_0\frac{\mathrm{d}\,\underset{\cdot\cdot}{x}'}{\mathrm{d}\underset{\vee}{\tau}'}\right]=-\left[A^{(3)},\ A^{(4)}\right]^{\neq}\left[m_0\frac{\mathrm{d}\underset{\cdot}{x}}{\mathrm{d}\underset{\wedge}{\tau}},\ -m_0\frac{\mathrm{d}\,\underset{\cdot\cdot}{x}}{\mathrm{d}\underset{\vee}{\tau}}\right]^{\neq}，\text{即}$$

$$[\underset{\cdot}{P}',\ \underset{\cdot\cdot}{P}']=-[A^{(3)},\ A^{(4)}]^{\neq}[\underset{\cdot}{P},\ \underset{\cdot\cdot}{P}]^{\neq}\qquad(v>c)\tag{2.91}$$

(2.90) 式来自 (2.87) 式，但它的形式与 (2.87) 式差个负号，却与 (2.86) 式相同；(2.91) 式来自 (2.86) 式，但它的形式与 (2.86) 式差个负号，却与 (2.87) 式相同。但按整体观念，(2.86)、(2.87) 式的整体形式与从它们导出的 (2.90)、(2.91) 式的整体形式是相同的。由此可见，如果没有互补变换，四维动量矢量与四维位置矢量不可能有相同的变换形式。

(2.90) 式满足因果律的情况与 (2.87) 式满足因果律的情况相同，(2.91) 式满足因果律的情况与 (2.86) 式满足因果律的情况相同，但要等到后面讲完因果律之后才能讲清楚。

依照上述同样方法，可由 (2.88) 式得

$$[\underset{\cdot}{P}',\ \underset{\cdot\cdot}{P}'] = [A^{(1)},\ A^{(2)}][\underset{\cdot}{P},\ \underset{\cdot\cdot}{P}] \qquad (0 \leqslant v < c) \tag{2.92}$$

由 (2.89) 式得

$$[\underset{\cdot}{P}',\ \underset{\cdot\cdot}{P}'] = -[A^{(1)},\ A^{(2)}][\underset{\cdot}{P},\ \underset{\cdot\cdot}{P}] \qquad (0 \leqslant v < c) \tag{2.93}$$

(2.88)、(2.89) 式的形式分别与 (2.92)、(2.93) 式的形式相同。

不难证明下式成立：

$$\left.\begin{aligned} \underset{\cdot}{u}_\mu \underset{\cdot}{u}_\mu &= \underset{\cdot\cdot}{u}_\mu \underset{\cdot\cdot}{u}_\mu = -c^2 \\ \underset{\cdot}{P}_\mu \underset{\cdot}{P}_\mu &= \underset{\cdot\cdot}{P}_\mu \underset{\cdot\cdot}{P}_\mu = -m_0^2 c^2 \end{aligned}\right\} \tag{2.94}$$

由 (2.94) 第二式可得正质点和反质点的能量—动量关系式：

$$E^2 - P^2c^2 = m_0^2c^4 \qquad (正质点) \tag{2.95}$$

$$E^2 - P^2c^2 = -m_0^2c^4 \qquad (反质点) \tag{2.96}$$

令 (2.95) 和 (2.96) 式中的 $m_0 \to 0$ 便得到光子的能量—动量关系式：

$$E^2 - P^2c^2 = 0 \qquad (正、反光子) \tag{2.97}$$

§3　正、反质点运动方程 · 正、反质点的静止态和静止质量

$u=0$ 时 $m=m_0$，$u=\sqrt{2}c$ 时 $m=-m_0$，以及在这两种速度下尺长度相同，钟时率也相同。基于这些物理性质上的考虑，以及为了语言上的简洁，我将 $u=0$ 和 $u=\sqrt{2}c$ 的质点状态分别称为正世界的静态和反世界的静态，而 m_0 和 $-m_0$ 则分别称为正质点的静止质量和反质点的静止质量。

不难将 K 系正质点的

$$\frac{\mathrm{d}}{\mathrm{d}t} \frac{m_0 \vec{u}}{\left(1-\frac{u^2}{c^2}\right)^{\frac{1}{2}}} = \vec{f}$$

写成

$$\left.\begin{aligned} \frac{\mathrm{d}}{\mathrm{d}\underset{\wedge}{\tau}}(m_0 \underset{\cdot}{u}_1) &= \underset{\cdot}{g}_1 \\ \frac{\mathrm{d}}{\mathrm{d}\underset{\wedge}{\tau}}(m_0 \underset{\cdot}{u}_2) &= \underset{\cdot}{g}_2 \\ \frac{\mathrm{d}}{\mathrm{d}\underset{\wedge}{\tau}}(m_0 \underset{\cdot}{u}_3) &= \underset{\cdot}{g}_3 \end{aligned}\right\} \tag{2.98}$$

其中，$\underset{\cdot}{g}_1 = \beta \underset{\cdot}{f}_1$，$\underset{\cdot}{g}_2 = \beta \underset{\cdot}{f}_2$，$\underset{\cdot}{g}_3 = \beta \underset{\cdot}{f}_3$，$\beta = \left(1-\frac{u^2}{c^2}\right)^{-\frac{1}{2}}$，而 $\mathrm{d}\underset{\wedge}{\tau}$ 和 $\underset{\cdot}{u}_1$、$\underset{\cdot}{u}_2$、$\underset{\cdot}{u}_3$

的定义则见第二章第二节 §1 和 §2，因而第四分量的方程应当写为

$$\frac{\mathrm{d}}{\mathrm{d}\underset{\wedge}{\tau}}(m_0\underset{\cdot}{u}_4)=\underset{\cdot}{g}_4 \tag{2.99}$$

其中$\underset{\cdot}{g}_4=\beta\underset{\cdot}{f}_4=j\beta f_0=jg_0$。分别用$\underset{\cdot}{u}_1$、$\underset{\cdot}{u}_2$、$\underset{\cdot}{u}_3$、$\underset{\cdot}{u}_4$乘（2.98）和（2.99）式，然后相加，得到

$$\underset{\cdot}{u}_1\underset{\cdot}{g}_1+\underset{\cdot}{u}_2\underset{\cdot}{g}_2+\underset{\cdot}{u}_3\underset{\cdot}{g}_3+\underset{\cdot}{u}_4\underset{\cdot}{g}_4=\frac{m_0}{2}\cdot\frac{\mathrm{d}}{\mathrm{d}\underset{\wedge}{\tau}}(\underset{\cdot}{u}_\mu\underset{\cdot}{u}_\mu)=\frac{m_0}{2}\cdot\frac{\mathrm{d}}{\mathrm{d}\underset{\wedge}{\tau}}(-c^2)=0$$

由此式即可求得

$$g_0=\frac{1}{c}\beta\vec{f}\cdot\vec{u} \tag{2.100}$$

$$f_0=\frac{1}{c}\vec{f}\cdot\vec{u} \tag{2.101}$$

将（2.98）和（2.99）式合起来写成四维矢的形式：

$$\frac{\mathrm{d}}{\mathrm{d}\underset{\wedge}{\tau}}\left(m_0\frac{\mathrm{d}\underset{\cdot}{x}}{\mathrm{d}\underset{\wedge}{\tau}}\right)=\underset{\cdot}{g} \tag{2.102}$$

（2.102）式就是 K 中正质点的运动方程。在以超光速相对于惯性系 K 运动的惯性系 K'中，正质点运动方程的形式当然与（2.102）式相同。考虑到在对调变换下正质点运动方程变为反质点运动方程，便可立即写出 K 系中反质点的运动方程：

$$\frac{\mathrm{d}}{\mathrm{d}\underset{\vee}{\tau}}\left(-m_0\frac{\mathrm{d}\underset{\cdot\cdot}{x}}{\mathrm{d}\underset{\vee}{\tau}}\right)=\underset{\cdot\cdot}{g} \tag{2.103}$$

其中$\underset{\cdot\cdot}{g}_1=\gamma\underset{\cdot\cdot}{f}_1$，$\underset{\cdot\cdot}{g}_2=\gamma\underset{\cdot\cdot}{f}_2$，$\underset{\cdot\cdot}{g}_3=\gamma\underset{\cdot\cdot}{f}_3$，$\underset{\cdot\cdot}{g}_4=\gamma\underset{\cdot\cdot}{f}_4=k\gamma f_0=kg_0$，$\gamma=\left(\frac{u^2}{c^2}-1\right)^{-\frac{1}{2}}$，同样有

$$g_0=\frac{1}{c}\gamma\vec{f}\cdot\vec{u} \tag{2.104}$$

$$f_0=\frac{1}{c}\vec{f}\cdot\vec{u} \tag{2.105}$$

将（2.102）和（2.103）式合起来写成双时空四维矢的形式（即准对角矩阵形式）：

$$\left[\frac{\mathrm{d}}{\mathrm{d}\underset{\wedge}{\tau}}\left(m_0\frac{\mathrm{d}\underset{\cdot}{x}}{\mathrm{d}\underset{\wedge}{\tau}}\right),\ \frac{\mathrm{d}}{\mathrm{d}\underset{\vee}{\tau}}\left(-m_0\frac{\mathrm{d}\underset{\cdot\cdot}{x}}{\mathrm{d}\underset{\vee}{\tau}}\right)\right]=[\underset{\cdot}{g},\ \underset{\cdot\cdot}{g}]，即$$

$$\left[\frac{\mathrm{d}\underset{\cdot}{P}}{\mathrm{d}\underset{\wedge}{\tau}},\ \frac{\mathrm{d}\underset{\cdot\cdot}{P}}{\mathrm{d}\underset{\vee}{\tau}}\right]=[\underset{\cdot}{g},\ \underset{\cdot\cdot}{g}] \tag{2.106}$$

这就是双时空相对论的运动方程，其中

$$\underset{\cdot}{g}=\begin{bmatrix}\underset{\cdot}{g}_1\\ \underset{\cdot}{g}_2\\ \underset{\cdot}{g}_3\\ \underset{\cdot}{g}_4\end{bmatrix}=\begin{bmatrix}kg_x\\ kg_y\\ kg_z\\ jg_0\end{bmatrix}=\begin{bmatrix}k\beta f_x\\ k\beta f_y\\ k\beta f_z\\ j\beta f_0\end{bmatrix},\quad \underset{\cdot\cdot}{g}=\begin{bmatrix}\underset{\cdot\cdot}{g}_1\\ \underset{\cdot\cdot}{g}_2\\ \underset{\cdot\cdot}{g}_3\\ \underset{\cdot\cdot}{g}_4\end{bmatrix}=\begin{bmatrix}jg_x\\ jg_y\\ jg_z\\ kg_0\end{bmatrix}=\begin{bmatrix}j\gamma f_x\\ j\gamma f_y\\ j\gamma f_z\\ k\gamma f_0\end{bmatrix}.$$

$\underset{\cdot}{g}$和$\underset{\cdot\cdot}{g}$分别被称为正世界和反世界的闵可夫斯基四维力矢量。由（2.106）式有

$$\left.\begin{aligned}&\frac{\mathrm{d}}{\mathrm{d}t}(m_0\beta\vec{u})=\vec{f}\\ &\frac{\mathrm{d}}{\mathrm{d}t}(m_0\beta c^2)=cf_0\end{aligned}\right\}\quad（正质点）\tag{2.107}$$

$$\left.\begin{aligned}&\frac{\mathrm{d}}{\mathrm{d}t}(-m_0\gamma\vec{u})=\vec{f}\\ &\frac{\mathrm{d}}{\mathrm{d}t}(-m_0\gamma c^2)=cf_0\end{aligned}\right\}\quad（反质点）\tag{2.108}$$

§4　能量和动量守恒

在狭义相对论中，已经用碰撞法证明了两个正质点相碰撞时能量和动量守恒，因而也就等于证明了两个反质点相碰撞时能量和动量守恒，因为变换到超光速惯性系时两个正质点相碰撞便变换为两个反质点相碰撞。其中，前者还适用于一个正质点与一个亚光速正质量化反质点（亚光速正质量化见第七章第三节§1和§2）相碰撞时的能量、动量守恒，后者还适用于一个反质点与一个超光速负质量化正质点（超光速负质量化见第七章第三节§1和§2）相碰撞时的能量、动量守恒。故下面只需讨论一个正质点与一个反质点相互作用时能量和动量守恒。

设在K系中速度$u=0$的正质点a作用于速度$u=\sqrt{2}c$的反质点b的闵可夫斯基力分量的实数值为（$\vec{g}_{ab}$，0），b作用于a的闵可夫斯基力分量的实数值为（$\vec{g}_{ba}$，0），$\vec{g}_{ab}=-\vec{g}_{ba}$，则通过一个特殊非对调变换（用特殊对调变换也可以），可以将它们变换到以亚光速v相对于K系运动的K'系：

$$\left.\begin{aligned}&(g'_{ab})_{x'}=\beta(g_{ab})_x\\ &(g'_{ab})_{y'}=(g_{ab})_y\\ &(g'_{ab})_{z'}=(g_{ab})_z\\ &(g'_{ab})_0=-\frac{v}{c}\beta(g_{ab})_x\end{aligned}\right\}\quad\left[\beta=\left(1-\frac{v^2}{c^2}\right)^{-\frac{1}{2}}\right]\tag{2.109}$$

$$\left.\begin{aligned}(g'_{ba})_{x'} &= \beta(g_{ba})_x\\(g'_{ba})_{y'} &= (g_{ba})_y\\(g'_{ba})_{z'} &= (g_{ba})_z\\(g'_{ba})_0 &= -\frac{v}{c}\beta(g_{ba})_x\end{aligned}\right\}\tag{2.110}$$

由于在 K 系中有$\vec{g}_{ab}=-\vec{g}_{ba}$和$(g_{ab})_0=-(g_{ba})_0=0$，即四维反作用定律成立，故根据（2.109）和（2.110）式有

$$\left.\begin{aligned}\vec{g}'_{ab} &= -\vec{g}'_{ba}\\(g'_{ab})_0 &= -(g'_{ba})_0\end{aligned}\right\}\tag{2.111}$$

故在 K'系中四维反作用定律仍然成立。

由于在 K 系中对 $u=0$ 的质点 a 和 $u=\sqrt{2}c$ 的质点 b 有 $\mathrm{d}\tau_a=\mathrm{d}\tau_b$，故在 K'系中有 $\mathrm{d}\tau'_a=\mathrm{d}\tau'_b=\mathrm{d}\tau'$。于是利用第二章第二节 §3 的（2.106）式可得

$$\frac{\mathrm{d}\vec{P}'_a}{\mathrm{d}\tau'}=\vec{g}'_{ba}\tag{2.112}$$

$$\frac{\mathrm{d}\vec{P}'_b}{\mathrm{d}\tau'}=\vec{g}'_{ab}\tag{2.113}$$

$$\frac{\mathrm{d}E'_a}{\mathrm{d}\tau'}=c(\vec{g}'_{ba})_0\tag{2.114}$$

$$\frac{\mathrm{d}E'_b}{\mathrm{d}\tau'}=c(\vec{g}'_{ab})_0\tag{2.115}$$

（2.112）与（2.113）式相加，（2.114）与（2.115）式相加，利用（2.111）式，便得

$$\frac{\mathrm{d}}{\mathrm{d}\tau'}(\vec{P}'_a+\vec{P}'_b)=0,\quad \frac{\mathrm{d}}{\mathrm{d}\tau'}(E'_a+E'_b)=0,$$

因而有

$\vec{P}'_a+\vec{P}'_b$为常量，$E'_a+E'_b$为常量。

§5 正、反质点的动能和静能

在第二章第二节 §3 中，将（2.101）式代入（2.107）式第二式，将（2.105）式代入（2.108）式第二式，得

$$\mathrm{d}(mc^2)=\vec{f}\cdot\vec{u}\mathrm{d}t \qquad \text{（正、反质点）}\tag{2.116}$$

将(2.116)式积分，得

$$mc^2+A=\int_{t_0}^{t}\vec{f}\cdot\vec{u}\mathrm{d}t \qquad \text{（正、反质点）}\tag{2.117}$$

其中，A 是积分常数，式中右边的积分则代表外力对质点所做的功。设 W 为外力对质点做功后质点所增加的能量，则（2.117）式可写为

$$mc^2+A=W \qquad \text{（正、反质点）}\tag{2.118}$$

其中 W 被称为质点的动能，可以利用曾经在第二章第二节 §4 中用到的 $u=\sqrt{2}c$ 的反质点与 $u=0$ 的正质点相互作用时不交换能量（即它们的 g_0 都等于零）的特殊情况来求出积分常数 A，因为其间对于正、反质点都有 $W=0$。

因为对于 $u=0$ 的正质点有 $W=0$ 和 $mc^2=m_0c^2$，故有 $A=-m_0c^2$，因而可将(2.118)式写为

$$mc^2=W+m_0c^2 \qquad （正质点：m=m_0\beta） \tag{2.119}$$

故在普遍情况下，正质点的全部能量 mc^2 等于动能 W 与静能 m_0c^2 之和，其中$W\geqslant 0$。正质点的速度不能等于或大于 c，无论它的 W 有多大。

因为对于 $u=\sqrt{2}c$ 的反质点有 $W=0$ 和 $mc^2=-m_0c^2$，故有 $A=m_0c^2$，因而可将(2.118)式写为

$$mc^2=W+(-m_0c^2) \qquad （反质点：m=-m_0\gamma） \tag{2.120}$$

故在普遍情况下，反质点的全部能量 mc^2 等于动能 W 与静能 $-m_0c^2$ 之和。其中的动能 W 可取负值也可取正值。当反质点获得负功因而使它的速度小于$\sqrt{2}c$，即能量 mc^2 小于静能 $-m_0c^2$ 时 W 取负值；当反质点获得正功因而使它的速度大于$\sqrt{2}c$，亦即能量 mc^2 大于静能 $-m_0c^2$ 时 W 取正值。反质点的速度不能等于或小于 c，无论它的负值 $W(W\leqslant 0)$ 的绝对值$|W|$有多大。由于反质点的能量 mc^2 不能等于或大于零，故它的正值 W 必须满足条件 $0\leqslant W<m_0c^2$，此条件表明，自然界不存在动量和能量都等于零的物质，动量和能量都等于零的状态是非物质状态，反质点的状态趋于非物质状态时接受外界正能量的能力趋于零，外界无法将正能量输送给它。

第三节　双时空相对论满足因果律

为了下面叙述简便，先约定几个词和符号。某些运动方向上的质点运动只有一部分情况满足因果律称为劣满，某些运动方向上的质点运动的全部情况都满足因果律称为优满。x 轴上的“x 值较大处”称为“东”，“x 值较小处”称为“西”，如：西$\rightarrow x$ 东。而符号^和ˇ则见本章第二节 §1 的1（注意，这里的“东”和“西”并不是什么固定的方位，而是为了叙述方便而引入的两个词）。

过去有不少人根据狭义相对论的洛伦兹变换，认为反世界的反质点的超光速运动违反了因果律。这一看法显然是错误的，因为洛伦兹变换不能描述反世界的反质点的超光速运动，因而不能反映它的因果律，并不是它违反了因果律。将洛伦兹变换不能反映它的因果律说成它违反了因果律，这是过去物理学界认识上的严重错误。双时空变换中任一个变换都不能描述所有运动情况，因而都不能反映所有运动情况的因果律，其中的洛伦兹变换也不例外，它只能描述正世界中的正质点的运动，因而只能反映正世界的正质点运动的因果律。经常（特别是涉及反质点的超光速运动时）会出现这样的情况：A 变换只能描述 A 情况的运动而不能

描述其他情况的运动，因而只能反映 A 情况的因果律而不能反映其他情况的因果律。但总会有其他变换不能描述 A 情况的运动而只能描述其他情况的运动，因而不能反映 A 情况的因果律而只能反映其他情况的因果律（其中重要的是，切勿将“不能反映它的因果律”当做“它违反了因果律”）。因此，唯有依靠全体双时空变换的整体性和互补性，才能描述所有运动情况，因而才能反映所有运动情况的因果律。

§1　双时空相对论满足因果律

1. 对调变换满足因果律·互补性和整体性

$\mu=1$、4 分量特殊对调变换的实数形式：

$$\left.\begin{aligned}\underset{\wedge}{x}'&=(\underset{\vee}{x}-v\underset{\vee}{t})\gamma\\ \underset{\wedge}{t}'&=(\underset{\vee}{t}-\frac{v}{c^2}\underset{\vee}{x})\gamma\\ \underset{\vee}{x}'&=(\underset{\wedge}{x}-v\underset{\wedge}{t})\gamma\\ \underset{\vee}{t}'&=(\underset{\wedge}{t}-\frac{v}{c^2}\underset{\wedge}{x})\gamma\end{aligned}\right\}\quad(v>c)\qquad(2.121)$$

$$\left.\begin{aligned}\underset{\wedge}{x}&=(-\underset{\vee}{x}'-v\underset{\vee}{t}')\gamma\\ \underset{\wedge}{t}&=(-\underset{\vee}{t}'-\frac{v}{c^2}\underset{\vee}{x}')\gamma\\ \underset{\vee}{x}&=(-\underset{\wedge}{x}'-v\underset{\wedge}{t}')\gamma\\ \underset{\vee}{t}&=(-\underset{\wedge}{t}'-\frac{v}{c^2}\underset{\wedge}{x}')\gamma\end{aligned}\right\}\quad[(2.121)\text{ 式的逆变换}]\qquad(2.122)$$

$$\left.\begin{aligned}\underset{\wedge}{x}'&=(-\underset{\vee}{x}+v\underset{\vee}{t})\gamma\\ \underset{\wedge}{t}'&=(-\underset{\vee}{t}+\frac{v}{c^2}\underset{\vee}{x})\gamma\\ \underset{\vee}{x}'&=(-\underset{\wedge}{x}+v\underset{\wedge}{t})\gamma\\ \underset{\vee}{t}'&=(-\underset{\wedge}{t}+\frac{v}{c^2}\underset{\wedge}{x})\gamma\end{aligned}\right\}\quad(v>c)\qquad(2.123)$$

$$\left.\begin{aligned}\underset{\wedge}{x}&=(\underset{\vee}{x}'+v\underset{\vee}{t}')\gamma\\ \underset{\wedge}{t}&=(\underset{\vee}{t}'+\frac{v}{c^2}\underset{\vee}{x}')\gamma\\ \underset{\vee}{x}&=(\underset{\wedge}{x}'+v\underset{\wedge}{t}')\gamma\\ \underset{\vee}{t}&=(\underset{\wedge}{t}'+\frac{v}{c^2}\underset{\wedge}{x}')\gamma\end{aligned}\right\}\quad[(2.123)\text{ 式的逆变换}]\qquad(2.124)$$

其中（2.121）式来自（2.35）式，（2.122）式来自（2.36）式，（2.123）式来自（2.37）式，（2.124）式来自（2.38）式。

（1）（2.121）式满足因果律的情况。

$$\underset{\wedge}{t'_2}-\underset{\wedge}{t'_1}=(\underset{\vee}{t_2}-\underset{\vee}{t_1})(1-\frac{\underset{\vee}{u}v}{c^2})\gamma \tag{2.125}$$

$$\underset{\wedge}{x'_2}-\underset{\wedge}{x'_1}=(\underset{\vee}{x_2}-\underset{\vee}{x_1})(1-\frac{v}{\underset{\vee}{u}})\gamma \tag{2.126}$$

$$\underset{\vee}{t'_2}-\underset{\vee}{t'_1}=(\underset{\wedge}{t_2}-\underset{\wedge}{t_1})(1-\frac{\underset{\wedge}{u}v}{c^2})\gamma \tag{2.127}$$

$$\underset{\vee}{x'_2}-\underset{\vee}{x'_1}=(\underset{\wedge}{x_2}-\underset{\wedge}{x_1})(1-\frac{v}{\underset{\wedge}{u}})\gamma \tag{2.128}$$

在上面四式中，$v>c$，$\underset{\vee}{u}=\dfrac{\underset{\vee}{x_2}-\underset{\vee}{x_1}}{\underset{\vee}{t_2}-\underset{\vee}{t_1}}$，$\underset{\wedge}{u}=\dfrac{\underset{\wedge}{x_2}-\underset{\wedge}{x_1}}{\underset{\wedge}{t_2}-\underset{\wedge}{t_1}}$。

（2.125）式指出，由 $\underset{\vee}{t_2}-\underset{\vee}{t_1}>0$ 得出$\underset{\wedge}{t'_2}-\underset{\wedge}{t'_1}>0$ 的条件是

$$c^2>\underset{\vee}{u}v \tag{2.129}$$

全部 $\underset{\vee}{u}<0$ 满足（2.129）式，全部$\underset{\vee}{u}>0$ 不满足（2.129）式。（2.126）式指出，由全部 $\underset{\vee}{u}<0$（即全部 $\underset{\vee}{x_2}-\underset{\vee}{x_1}<0$）只能得出全部 $\underset{\wedge}{x'_2}-\underset{\wedge}{x'_1}<0$。

（2.127）式指出，由$\underset{\wedge}{t_2}-\underset{\wedge}{t_1}>0$ 得出 $\underset{\vee}{t'_2}-\underset{\vee}{t'_1}>0$ 的条件是

$$c^2>\underset{\wedge}{u}v \tag{2.130}$$

全部 $\underset{\wedge}{u}<0$ 满足（2.130）式，只有一部分 $\underset{\wedge}{u}>0$ 满足（2.130）式。（2.128）式指出，由全部 $\underset{\wedge}{u}<0$（即全部 $\underset{\wedge}{x_2}-\underset{\wedge}{x_1}<0$）只能得出全部 $\underset{\vee}{x'_2}-\underset{\vee}{x'_1}<0$；由$\underset{\wedge}{u}>0$（即$\underset{\wedge}{x_2}-\underset{\wedge}{x_1}>0$）只能得出 $\underset{\vee}{x'_2}-\underset{\vee}{x'_1}<0$。

故（2.121）式描述的满足因果律的质点运动情况是：K 中自东向西运动的反质点→K'中自东向西运动的正质点（优满）；K 中自东向西运动的正质点→K'中自东向西运动的反质点（优满）；K 中自西向东运动的正质点→K'中自东向西运动的反质点（劣满）。

（2）（2.123）式满足因果律的情况。

$$\underset{\wedge}{t'_2}-\underset{\wedge}{t'_1}=(\underset{\vee}{t_2}-\underset{\vee}{t_1})(-1+\frac{\underset{\vee}{u}v}{c^2})\gamma \tag{2.131}$$

$$\underset{\wedge}{x'_2}-\underset{\wedge}{x'_1}=(\underset{\vee}{x_2}-\underset{\vee}{x_1})(-1+\frac{v}{\underset{\vee}{u}})\gamma \tag{2.132}$$

$$\underset{\vee}{t'_2}-\underset{\vee}{t'_1}=(\underset{\wedge}{t_2}-\underset{\wedge}{t_1})(-1+\frac{\underset{\wedge}{u}v}{c^2})\gamma \tag{2.133}$$

$$\underset{\vee}{x}'_2-\underset{\vee}{x}'_1=(\underset{\wedge}{x}_2-\underset{\wedge}{x}_1)\left(-1+\frac{v}{\underset{\wedge}{u}}\right)\gamma \tag{2.134}$$

在上面四式中，$v>c$，$\underset{\vee}{u}$与$\underset{\wedge}{u}$见上文(1)。

（2.131）式指出，由 $\underset{\vee}{t}_2-\underset{\vee}{t}_1>0$ 得出 $\underset{\wedge}{t}'_2-\underset{\wedge}{t}'_1>0$ 的条件是

$$c^2<\underset{\vee}{u}v \tag{2.135}$$

全部 $\underset{\vee}{u}>0$ 满足（2.135）式，全部 $\underset{\vee}{u}<0$ 则不满足（2.135）式。（2.132）式指出，由$\underset{\vee}{u}>0$（即$\underset{\vee}{x}_2-\underset{\vee}{x}_1>0$）得出$\underset{\wedge}{x}'_2-\underset{\wedge}{x}'_1>0$ 的条件是$\underset{\vee}{u}<v$，由$\underset{\vee}{u}>0$ 得出 $\underset{\wedge}{x}'_2-\underset{\wedge}{x}'_1<0$ 的条件是$\underset{\vee}{u}>v$。

（2.133）式指出，由$\underset{\wedge}{t}_2-\underset{\wedge}{t}_1>0$ 得出 $\underset{\vee}{t}'_2-\underset{\vee}{t}'_1>0$ 的条件是

$$c^2<\underset{\wedge}{u}v \tag{2.136}$$

只有一部分$\underset{\wedge}{u}>0$ 满足（2.136）式，全部$\underset{\wedge}{u}<0$ 都不满足（2.136）式。（2.134）式指出，由$\underset{\wedge}{u}>0$（即$\underset{\wedge}{x}_2-\underset{\wedge}{x}_1>0$）只能得出 $\underset{\vee}{x}'_2-\underset{\vee}{x}'_1>0$。

故（2.123）式描述的满足因果律的质点运动情况是：K 中自西向东运动的反质点→K'中自西向东或自东向西运动的正质点（优满）；K 中自西向东运动的正质点→K'中自西向东运动的反质点（劣满）。

（3）（2.122）式满足因果律的情况。

$$\underset{\wedge}{t}_2-\underset{\wedge}{t}_1=(\underset{\vee}{t}'_2-\underset{\vee}{t}'_1)\left(-1-\frac{\underset{\vee}{u}'v}{c^2}\right)\gamma \tag{2.137}$$

$$\underset{\wedge}{x}_2-\underset{\wedge}{x}_1=(\underset{\vee}{x}'_2-\underset{\vee}{x}'_1)\left(-1-\frac{v}{\underset{\vee}{u}'}\right)\gamma \tag{2.138}$$

$$\underset{\vee}{t}_2-\underset{\vee}{t}_1=(\underset{\wedge}{t}'_2-\underset{\wedge}{t}'_1)\left(-1-\frac{\underset{\wedge}{u}'v}{c^2}\right)\gamma \tag{2.139}$$

$$\underset{\vee}{x}_2-\underset{\vee}{x}_1=(\underset{\wedge}{x}'_2-\underset{\wedge}{x}'_1)\left(-1-\frac{v}{\underset{\wedge}{u}'}\right)\gamma \tag{2.140}$$

在上面四式中，$v>c$，$\underset{\vee}{u}'=\frac{\underset{\vee}{x}'_2-\underset{\vee}{x}'_1}{\underset{\vee}{t}'_2-\underset{\vee}{t}'_1}$，$\underset{\wedge}{u}'=\frac{\underset{\wedge}{x}'_2-\underset{\wedge}{x}'_1}{\underset{\wedge}{t}'_2-\underset{\wedge}{t}'_1}$。

（2.137）式指出，由$\underset{\vee}{t}'_2-\underset{\vee}{t}'_1>0$ 得出 $\underset{\wedge}{t}_2-\underset{\wedge}{t}_1>0$ 的条件是

$$c^2<-\underset{\vee}{u}'v \tag{2.141}$$

全部 $\underset{\vee}{u}'<0$ 满足（2.141）式，全部 $\underset{\vee}{u}'>0$ 则不满足（2.141）式。（2.138）式指出，由 $\underset{\vee}{u}'<0$（即$\underset{\vee}{x}'_2-\underset{\vee}{x}'_1<0$）得出 $\underset{\wedge}{x}_2-\underset{\wedge}{x}_1<0$ 的条件是 $\underset{\vee}{u}'>-v$；由 $\underset{\vee}{u}'<0$ 得

出 $\underset{\wedge}{x}_2-\underset{\wedge}{x}_1>0$ 的条件是 $\underset{\vee}{u}'<-v$。

（2.139）式指出，由 $\underset{\wedge}{t}_2'-\underset{\wedge}{t}_1'>0$ 得出 $\underset{\vee}{t}_2-\underset{\vee}{t}_1>0$ 的条件是

$$c^2<-\underset{\wedge}{u}'v \tag{2.142}$$

只有一部分 $\underset{\wedge}{u}'<0$ 满足（2.142）式，全部 $\underset{\wedge}{u}'>0$ 都不满足（2.142）式。（2.140）式指出，由 $\underset{\wedge}{u}'<0$（即 $\underset{\wedge}{x}_2'-\underset{\wedge}{x}_1'<0$）只能得出 $\underset{\vee}{x}_2-\underset{\vee}{x}_1<0$。

故（2.122）式描述的满足因果律的质点运动情况是：K'中自东向西运动的反质点→K中自东向西或自西向东运动的正质点（优满）；K'中自东向西运动的正质点→K中自东向西运动的反质点（劣满）。

（4）（2.124）式满足因果律的情况。

$$\underset{\wedge}{t}_2-\underset{\wedge}{t}_1=(\underset{\vee}{t}_2'-\underset{\vee}{t}_1')\left(1+\frac{\underset{\vee}{u}'v}{c^2}\right)\gamma \tag{2.143}$$

$$\underset{\wedge}{x}_2-\underset{\wedge}{x}_1=(\underset{\vee}{x}_2'-\underset{\vee}{x}_1')\left(1+\frac{v}{\underset{\vee}{u}'}\right)\gamma \tag{2.144}$$

$$\underset{\vee}{t}_2-\underset{\vee}{t}_1=(\underset{\wedge}{t}_2'-\underset{\wedge}{t}_1')\left(1+\frac{\underset{\wedge}{u}'v}{c^2}\right)\gamma \tag{2.145}$$

$$\underset{\vee}{x}_2-\underset{\vee}{x}_1=(\underset{\wedge}{x}_2'-\underset{\wedge}{x}_1')\left(1+\frac{v}{\underset{\wedge}{u}'}\right)\gamma \tag{2.146}$$

在上面四式中，$v>c$，$\underset{\vee}{u}'$与$\underset{\wedge}{u}'$见上文(3)。

（2.143）式指出，由 $\underset{\vee}{t}_2'-\underset{\vee}{t}_1'>0$ 得出 $\underset{\wedge}{t}_2-\underset{\wedge}{t}_1>0$ 的条件是

$$c^2>-\underset{\vee}{u}'v \tag{2.147}$$

全部 $\underset{\vee}{u}'>0$ 满足（2.147）式，全部 $\underset{\vee}{u}'<0$ 则不满足（2.147）式。（2.144）式指出，全部 $\underset{\vee}{u}'>0$（即全部 $\underset{\vee}{x}_2'-\underset{\vee}{x}_1'>0$）只能得出全部 $\underset{\wedge}{x}_2-\underset{\wedge}{x}_1>0$。

（2.145）式指出，由 $\underset{\wedge}{t}_2'-\underset{\wedge}{t}_1'>0$ 得出 $\underset{\vee}{t}_2-\underset{\vee}{t}_1>0$ 的条件是

$$c^2>-\underset{\wedge}{u}'v \tag{2.148}$$

全部 $\underset{\wedge}{u}'>0$ 满足（2.148）式，只有一部分 $\underset{\wedge}{u}'<0$ 满足（2.148）式。（2.146）式指出，由全部 $\underset{\wedge}{u}'>0$（即全部 $\underset{\wedge}{x}_2'-\underset{\wedge}{x}_1'>0$）只能得出全部 $\underset{\vee}{x}_2-\underset{\vee}{x}_1>0$；由 $\underset{\wedge}{u}'<0$（即 $\underset{\wedge}{x}_2'-\underset{\wedge}{x}_1'<0$）只能得出 $\underset{\vee}{x}_2-\underset{\vee}{x}_1>0$。

故（2.124）式描述的满足因果律的质点运动情况是：K'中自西向东运动的反质点→K中自西向东运动的正质点（优满）；K'中自西向东运动的正质点→K中自西向东运动的反质点（优满）；K'中自东向西运动的正质点→K中自西向东运动的反质点（劣满）。

从以上讨论看出，对调变换中每个变换只能反映属于它们描述的情况中的一部分情况的因果律，但通过全体对调变换互相配合，互补不足，能够反映所有属于它们描述的情况的因果律。这是它们的整体性和互补性的又一重要表现。

2. 非对调变换满足因果律・互补性和整体性・逆时描述满足因果律

$\mu=1$、4 分量特殊非对调变换的实数形式：

$$\left.\begin{aligned} \underset{\vee}{x}' &= (\underset{\vee}{x} - v\underset{\vee}{t})\beta \\ \underset{\vee}{t}' &= (\underset{\vee}{t} - \frac{v}{c^2}\underset{\vee}{x})\beta \end{aligned}\right\} \quad (0 \leqslant v < c) \tag{2.149}$$

$$\left.\begin{aligned} \underset{\vee}{x} &= (\underset{\vee}{x}' + v\underset{\vee}{t}')\beta \\ \underset{\vee}{t} &= (\underset{\vee}{t}' + \frac{v}{c^2}\underset{\vee}{x}')\beta \end{aligned}\right\} \quad (0 \leqslant v < c) \tag{2.150}$$

$$\left.\begin{aligned} \underset{\vee}{x}' &= (-\underset{\vee}{x} + v\underset{\vee}{t})\beta \\ \underset{\vee}{t}' &= (-\underset{\vee}{t} + \frac{v}{c^2}\underset{\vee}{x})\beta \end{aligned}\right\} \quad (0 \leqslant v < c) \tag{2.151}$$

$$\left.\begin{aligned} \underset{\vee}{x} &= (-\underset{\vee}{x}' - v\underset{\vee}{t}')\beta \\ \underset{\vee}{t} &= (-\underset{\vee}{t}' - \frac{v}{c^2}\underset{\vee}{x}')\beta \end{aligned}\right\} \quad (0 \leqslant v < c) \tag{2.152}$$

$$\left.\begin{aligned} \underset{\wedge}{x}' &= (\underset{\wedge}{x} - v\underset{\wedge}{t})\beta \\ \underset{\wedge}{t}' &= (\underset{\wedge}{t} - \frac{v}{c^2}\underset{\wedge}{x})\beta \end{aligned}\right\} \quad (0 \leqslant v < c) \tag{2.153}$$

$$\left.\begin{aligned} \underset{\wedge}{x} &= (\underset{\wedge}{x}' + v\underset{\wedge}{t}')\beta \\ \underset{\wedge}{t} &= (\underset{\wedge}{t}' + \frac{v}{c^2}\underset{\wedge}{x}')\beta \end{aligned}\right\} \quad (0 \leqslant v < c) \tag{2.154}$$

$$\left.\begin{aligned} \underset{\wedge}{x}' &= (-\underset{\wedge}{x} + v\underset{\wedge}{t})\beta \\ \underset{\wedge}{t}' &= (-\underset{\wedge}{t} + \frac{v}{c^2}\underset{\wedge}{x})\beta \end{aligned}\right\} \quad (0 \leqslant v < c) \tag{2.155}$$

$$\left.\begin{aligned} \underset{\wedge}{x} &= (-\underset{\wedge}{x}' - v\underset{\wedge}{t}')\beta \\ \underset{\wedge}{t} &= (-\underset{\wedge}{t}' - \frac{v}{c^2}\underset{\wedge}{x}')\beta \end{aligned}\right\} \quad (0 \leqslant v < c) \tag{2.156}$$

(2.150)、(2.152)、(2.154)、(2.156) 式依次是 (2.149)、(2.151)、(2.153)、(2.155) 式的逆变换。其中，(2.149) 和 (2.153) 式来自 (2.53) 式，(2.151) 和 (2.155) 式来自 (2.55) 式，而逆变换则分别来自 (2.54) 和 (2.56) 式。

(1) (2.149) 和 (2.151) 式满足因果律的情况。

$$\underset{\vee}{t}_2' - \underset{\vee}{t}_1' = (\underset{\vee}{t}_2 - \underset{\vee}{t}_1)\left(1 - \frac{\underset{\vee}{u}v}{c^2}\right)\beta \tag{2.157}$$

$$\underset{\vee}{x}_2' - \underset{\vee}{x}_1' = (\underset{\vee}{x}_2 - \underset{\vee}{x}_1)\left(1 - \frac{v}{\underset{\vee}{u}}\right)\beta \tag{2.158}$$

$$\underset{\vee}{t}_2' - \underset{\vee}{t}_1' = (\underset{\vee}{t}_2 - \underset{\vee}{t}_1)\left(-1 + \frac{\underset{\vee}{u}v}{c^2}\right)\beta \tag{2.159}$$

$$\underset{\vee}{x}_2' - \underset{\vee}{x}_1' = (\underset{\vee}{x}_2 - \underset{\vee}{x}_1)\left(-1 + \frac{v}{\underset{\vee}{u}}\right)\beta \tag{2.160}$$

在上面四式中，$0 \leqslant v < c$，$\underset{\vee}{u} = \dfrac{\underset{\vee}{x}_2 - \underset{\vee}{x}_1}{\underset{\vee}{t}_2 - \underset{\vee}{t}_1}$。其中，由 (2.149) 式得 (2.157)、(2.158) 式，由 (2.151) 式得 (2.159)、(2.160) 式。

(2.157) 式指出，由$\underset{\vee}{t}_2 - \underset{\vee}{t}_1 > 0$ 得出 $\underset{\vee}{t}_2' - \underset{\vee}{t}_1' > 0$ 的条件是

$$c^2 > \underset{\vee}{u}v \tag{2.161}$$

全部$\underset{\vee}{u} < 0$ 满足 (2.161) 式，只有一部分$\underset{\vee}{u} > 0$ 满足 (2.161) 式。(2.158) 式指出，由全部$\underset{\vee}{u} < 0$（即全部$\underset{\vee}{x}_2 - \underset{\vee}{x}_1 < 0$）只能得出全部$\underset{\vee}{x}_2' - \underset{\vee}{x}_1' < 0$；由$\underset{\vee}{u} > 0$（即$\underset{\vee}{x}_2 - \underset{\vee}{x}_1 > 0$）只能得出 $\underset{\vee}{x}_2' - \underset{\vee}{x}_1' > 0$。

故 (2.149) 式描述的满足因果律的反质点运动情况是：*K* 中自东向西运动的反质点→*K*′中自东向西运动的反质点（优满）；*K* 中自西向东运动的反质点→*K*′中自西向东运动的反质点（劣满）。

(2.159)式指出，由$\underset{\vee}{t}_2 - \underset{\vee}{t}_1 > 0$ 得出 $\underset{\vee}{t}_2' - \underset{\vee}{t}_1' > 0$ 的条件是

$$c^2 < \underset{\vee}{u}v \tag{2.162}$$

全部 $\underset{\vee}{u} < 0$ 不满足(2.162)式，只有一部分$\underset{\vee}{u} > 0$ 满足(2.162)式。(2.160)式指出，由$\underset{\vee}{u} > 0$(即$\underset{\vee}{x}_2 - \underset{\vee}{x}_1 > 0$)只能得出 $\underset{\vee}{x}_2' - \underset{\vee}{x}_1' < 0$。

故 (2.151) 式描述的满足因果律的反质点运动情况是：*K* 中自西向东运动的反质点→*K*′中自东向西运动的反质点（劣满）。

(2)（2.150）和（2.152）式满足因果律的情况。

$$\underset{\vee}{t}_2-\underset{\vee}{t}_1=(\underset{\vee}{t}'_2-\underset{\vee}{t}'_1)\left(1+\frac{\underset{\vee}{u}'v}{c^2}\right)\beta \tag{2.163}$$

$$\underset{\vee}{x}_2-\underset{\vee}{x}_1=(\underset{\vee}{x}'_2-\underset{\vee}{x}'_1)\left(1+\frac{v}{\underset{\vee}{u}'}\right)\beta \tag{2.164}$$

$$\underset{\vee}{t}_2-\underset{\vee}{t}_1=(\underset{\vee}{t}'_2-\underset{\vee}{t}'_1)\left(-1-\frac{\underset{\vee}{u}'v}{c^2}\right)\beta \tag{2.165}$$

$$\underset{\vee}{x}_2-\underset{\vee}{x}_1=(\underset{\vee}{x}'_2-\underset{\vee}{x}'_1)\left(-1-\frac{v}{\underset{\vee}{u}'}\right)\beta \tag{2.166}$$

在上面四式中，$0\leqslant v<c$，$\underset{\vee}{u}'=\dfrac{\underset{\vee}{x}'_2-\underset{\vee}{x}'_1}{\underset{\vee}{t}'_2-\underset{\vee}{t}'_1}$。其中，由（2.150）式得（2.163）、（2.164）式，由（2.152）式得（2.165）、（2.166）式。

（2.163）式指出，由$\underset{\vee}{t}'_2-\underset{\vee}{t}'_1>0$得出 $\underset{\vee}{t}_2-\underset{\vee}{t}_1>0$ 的条件是

$$c^2>-\underset{\vee}{u}'v \tag{2.167}$$

全部$\underset{\vee}{u}'>0$满足（2.167）式，只有一部分$\underset{\vee}{u}'<0$满足（2.167）式。（2.164）式指出，由全部$\underset{\vee}{u}'>0$（即全部$\underset{\vee}{x}'_2-\underset{\vee}{x}'_1>0$）只能得出全部$\underset{\vee}{x}_2-\underset{\vee}{x}_1>0$；由$\underset{\vee}{u}'<0$(即$\underset{\vee}{x}'_2-\underset{\vee}{x}'_1<0$)只能得出 $\underset{\vee}{x}_2-\underset{\vee}{x}_1<0$。

故（2.150）式描述的满足因果律的反质点运动情况是：K'中自西向东运动的反质点→K中自西向东运动的反质点（优满）；K'中自东向西运动的反质点→K中自东向西运动的反质点（劣满）。

（2.165）式指出，由$\underset{\vee}{t}'_2-\underset{\vee}{t}'_1>0$得出 $\underset{\vee}{t}_2-\underset{\vee}{t}_1>0$ 的条件是

$$c^2<-\underset{\vee}{u}'v \tag{2.168}$$

全部$\underset{\vee}{u}'>0$不满足（2.168）式，只有一部分$\underset{\vee}{u}'<0$满足（2.168）式。（2.166）式指出，由$\underset{\vee}{u}'<0$（即$\underset{\vee}{x}'_2-\underset{\vee}{x}'_1<0$）只能得出 $\underset{\vee}{x}_2-\underset{\vee}{x}_1>0$。

故（2.152）式描述的满足因果律的反质点运动情况是：K'中自东向西运动的反质点→K中自西向东运动的反质点（劣满）。（2.152）式的劣满与（2.150）式的劣满合起来便是一个优满。（2.151）式的劣满与（2.149）式的劣满合起来也是一个优满。

（2.149）、（2.151）式和（2.150）、（2.152）式中每一个变换，都只能反映属于它们描述的情况中的一部分情况的因果律，但通过它们之间互相配合、互补不足，能够反映所有属于它们描述的情况的因果律。这是它们的整体性和互补性的又一重要表现。

（2.153）和（2.154）式描述的满足因果律的正质点运动情况，在狭义相对

论中有详细讨论，已为人们所熟知，这里无须再讨论。

（3）（2.155）和（2.156）式满足因果律的情况·逆时描述满足因果律。

$$\underset{\wedge}{t_2'}-\underset{\wedge}{t_1'}=(\underset{\wedge}{t_2}-\underset{\wedge}{t_1})\left(-1+\frac{\underset{\wedge}{u}v}{c^2}\right)\beta \tag{2.169}$$

$$\underset{\wedge}{x_2'}-\underset{\wedge}{x_1'}=(\underset{\wedge}{x_2}-\underset{\wedge}{x_1})\left(-1+\frac{v}{\underset{\wedge}{u}}\right)\beta \tag{2.170}$$

$$\underset{\wedge}{t_2}-\underset{\wedge}{t_1}=(\underset{\wedge}{t_2'}-\underset{\wedge}{t_1'})\left(-1-\frac{\underset{\wedge}{u'}v}{c^2}\right)\beta \tag{2.171}$$

$$\underset{\wedge}{x_2}-\underset{\wedge}{x_1}=(\underset{\wedge}{x_2'}-\underset{\wedge}{x_1'})\left(-1-\frac{v}{\underset{\wedge}{u'}}\right)\beta \tag{2.172}$$

在上面四式中，$0\leqslant v<c$，$\underset{\wedge}{u}=\dfrac{\underset{\wedge}{x_2}-\underset{\wedge}{x_1}}{\underset{\wedge}{t_2}-\underset{\wedge}{t_1}}$，$\underset{\wedge}{u'}=\dfrac{\underset{\wedge}{x_2'}-\underset{\wedge}{x_1'}}{\underset{\wedge}{t_2'}-\underset{\wedge}{t_1'}}$。其中，由（2.155）式得（2.169）、（2.170）式，由（2.156）式得（2.171）、（2.172）式。

（2.169）式指出，由$\underset{\wedge}{t_2}-\underset{\wedge}{t_1}>0$得出$\underset{\wedge}{t_2'}-\underset{\wedge}{t_1'}>0$的条件是

$$c^2<\underset{\wedge}{u}v \tag{2.173}$$

（2.171）式指出，由$\underset{\wedge}{t_2'}-\underset{\wedge}{t_1'}>0$得出$\underset{\wedge}{t_2}-\underset{\wedge}{t_1}>0$的条件是

$$c^2<-\underset{\wedge}{u'}v \tag{2.174}$$

没有任何$\underset{\wedge}{u}$和$\underset{\wedge}{u'}$的数值会满足（2.173）和（2.174）式，这说明（2.155）和（2.156）式完全不适用于描述K中正世界正质点的顺时运动。双时空变换全体既然已经组成了群论数学中的一个大群，就必然是每个变换都能派上用场，绝对不会容许其中有一个变换是没有意义的或是多余的。让我们将（2.155）和（2.156）式改写成下列形式再来验算一下：

$$\left.\begin{aligned}\underset{\wedge}{x'}&=[(-\underset{\wedge}{x})-v(-\underset{\wedge}{t})]\beta\\ \underset{\wedge}{t'}&=\left[(-\underset{\wedge}{t})-\frac{v}{c^2}(-\underset{\wedge}{x})\right]\beta\end{aligned}\right\} \tag{2.155$'$}$$

$$\left.\begin{aligned}(-\underset{\wedge}{x})&=(\underset{\wedge}{x'}+v\underset{\wedge}{t'})\beta\\ (-\underset{\wedge}{t})&=\left(\underset{\wedge}{t'}+\frac{v}{c^2}\underset{\wedge}{x'}\right)\beta\end{aligned}\right\} \tag{2.156$'$}$$

于是应将（2.169）式至（2.172）式改写成下列形式：

$$\underset{\wedge}{t_2'}-\underset{\wedge}{t_1'}=[(-\underset{\wedge}{t_2})-(-\underset{\wedge}{t_1})]\left(1-\frac{\underset{\wedge}{u}v}{c^2}\right)\beta \tag{2.175}$$

$$\underset{\wedge}{x_2'}-\underset{\wedge}{x_1'}=[(-\underset{\wedge}{x_2})-(-\underset{\wedge}{x_1})]\left(1-\frac{v}{\underset{\wedge}{u}}\right)\beta \tag{2.176}$$

$$(-\underset{\wedge}{t_2})-(-\underset{\wedge}{t_1})=(\underset{\wedge}{t_2'}-\underset{\wedge}{t_1'})(1+\frac{\underset{\wedge}{u'}v}{c^2})\beta \tag{2.177}$$

$$(-\underset{\wedge}{x_2})-(-\underset{\wedge}{x_1})=(\underset{\wedge}{x_2'}-\underset{\wedge}{x_1'})(1+\frac{v}{\underset{\wedge}{u'}})\beta \tag{2.178}$$

在上面四式中，v 和$\underset{\wedge}{u'}$与上面相同，而$\underset{\wedge}{u}$则改写为$\underset{\wedge}{u}=\dfrac{(-\underset{\wedge}{x_2})-(-\underset{\wedge}{x_1})}{(-\underset{\wedge}{t_2})-(-\underset{\wedge}{t_1})}$。

（2.175）式指出，由$(-\underset{\wedge}{t_2})-(-\underset{\wedge}{t_1})>0$得出$\underset{\wedge}{t_2'}-\underset{\wedge}{t_1'}>0$的条件是

$$c^2>\underset{\wedge}{u}v \tag{2.179}$$

全部$\underset{\wedge}{u}>0$和全部$\underset{\wedge}{u}<0$都满足（2.179）式。（2.176）式指出，由$\underset{\wedge}{u}>0$［即$(-\underset{\wedge}{x_2})-(-\underset{\wedge}{x_1})>0$］得出$\underset{\wedge}{x_2'}-\underset{\wedge}{x_1'}>0$的条件是$\underset{\wedge}{u}>v$，得出$\underset{\wedge}{x_2'}-\underset{\wedge}{x_1'}<0$的条件是$\underset{\wedge}{u}<v$；由全部$\underset{\wedge}{u}<0$［即全部$(-\underset{\wedge}{x_2})-(-\underset{\wedge}{x_1})<0$］只能得出全部$\underset{\wedge}{x_2'}-\underset{\wedge}{x_1'}<0$。

故（2.155）′式［即（2.155）式］描述的满足因果律的质点运动情况是：K中逆时自东向西运动的正质点→K'中自西向东或自东向西运动的正质点（优满）；K中逆时自西向东运动的正质点→K'中自东向西运动的正质点（优满）。

（2.177）式指出，由$\underset{\wedge}{t_2'}-\underset{\wedge}{t_1'}>0$得出$(-\underset{\wedge}{t_2})-(-\underset{\wedge}{t_1})>0$的条件是

$$c^2>-\underset{\wedge}{u'}v \tag{2.180}$$

全部$\underset{\wedge}{u'}>0$和全部$\underset{\wedge}{u'}<0$都满足（2.180）式。（2.178）式指出，由全部$\underset{\wedge}{u'}>0$（即全部$\underset{\wedge}{x_2'}-\underset{\wedge}{x_1'}>0$）只能得出全部$(-\underset{\wedge}{x_2})-(-\underset{\wedge}{x_1})>0$；由$\underset{\wedge}{u'}<0$（即$\underset{\wedge}{x_2'}-\underset{\wedge}{x_1'}<0$）得出$(-\underset{\wedge}{x_2})-(-\underset{\wedge}{x_1})<0$的条件是$|\underset{\wedge}{u'}|>v$，得出$(-\underset{\wedge}{x_2})-(-\underset{\wedge}{x_1})>0$的条件是$|\underset{\wedge}{u'}|<v$。

故（2.156）′式［即（2.156）式］描述的满足因果律的质点运动情况是：K'中自西向东运动的正质点→K中逆时自东向西运动的正质点（优满）；K'中自东向西运动的正质点→K中逆时自西向东或自东向西运动的正质点（优满）。

$\underset{\wedge}{u}$的表示式$\underset{\wedge}{u}=\dfrac{(-\underset{\wedge}{x_2})-(-\underset{\wedge}{x_1})}{(-\underset{\wedge}{t_2})-(-\underset{\wedge}{t_1})}=\dfrac{\underset{\wedge}{x_2}-\underset{\wedge}{x_1}}{\underset{\wedge}{t_2}-\underset{\wedge}{t_1}}$左边自动地变成右边，左边代表（2.155）′、（2.156）′式［即代表（2.155）、（2.156）式］描述K中正质点满足因果律的逆时运动，右边代表（2.155）、（2.156）式描述K中正质点的逆时运动，左右两边相等价。

（2.155）和（2.156）式描述“K中逆时运动的正质点⇆K'中顺时运动的正质点”。将（2.155）、（2.156）式两边乘以-1，则变为描述“K中顺时运动的正质点⇆K'中逆时运动的正质点”。而在正世界量子场论中逆时运动的正粒子就是已经被亚光速正质量化了的反粒子（亚光速正质量化见第七章第三节的§1和

§2)。故(2.155)、(2.156) 式为正世界量子场论对反粒子的亚光速正质量化的等效的逆时描述满足因果律提供了理论依据。同样，(2.151)、(2.152) 式的另一个用途，就是为反世界量子场论对正粒子的超光速负质量化的等效的逆时描述满足因果律提供了理论依据，超光速负质量化见第七章第三节的§1 和§2。

§2　四维动量对调变换的互补性和整体性

讨论与下列对调变换和逆变换相对应的四维动量变换的互补性和整体性：

$$[\underset{\cdot}{x}', \underset{\cdot\cdot}{x}'] = [A^{(3)}, A^{(4)}]^{\neq}[\underset{\cdot}{x}, \underset{\cdot\cdot}{x}]^{\neq} \quad (v>c) \qquad (2.181)$$

$$[\underset{\cdot}{x}, \underset{\cdot\cdot}{x}] = \overline{[A^{(4)}, A^{(3)}]^{\neq}}[\underset{\cdot}{x}', \underset{\cdot\cdot}{x}']^{\neq} \quad [(2.181)\text{式的逆变换}] \qquad (2.182)$$

$$[\underset{\cdot}{x}', \underset{\cdot\cdot}{x}'] = -[A^{(3)}, A^{(4)}]^{\neq}[\underset{\cdot}{x}, \underset{\cdot\cdot}{x}]^{\neq} \quad (v>c) \qquad (2.183)$$

$$[\underset{\cdot}{x}, \underset{\cdot\cdot}{x}] = -\overline{[A^{(4)}, A^{(3)}]^{\neq}}[\underset{\cdot}{x}', \underset{\cdot\cdot}{x}']^{\neq} \quad [(2.183)\text{式的逆变换}] \qquad (2.184)$$

以 (2.181) 和 (2.183) 式为例做些讨论就可以了，其余两式照办。

第二章第二节§2 已经证明，(2.181) 式的四维动量变换是

$$[\underset{\cdot}{P}', \underset{\cdot\cdot}{P}'] = -[A^{(3)}, A^{(4)}]^{\neq}[\underset{\cdot}{P}, \underset{\cdot\cdot}{P}]^{\neq} \quad (v>c) \qquad (2.185)$$

但它的形式却与 (2.183) 式相同；(2.183) 式的四维动量变换是

$$[\underset{\cdot}{P}', \underset{\cdot\cdot}{P}'] = [A^{(3)}, A^{(4)}]^{\neq}[\underset{\cdot}{P}, \underset{\cdot\cdot}{P}]^{\neq} \quad (v>c) \qquad (2.186)$$

但它的形式却与 (2.181) 式相同。然而，(2.185) 式满足因果律的情况则与 (2.181) 式相同，(2.186) 式满足因果律的情况则与 (2.183) 式相同。现在，不但在变换式的形式方面互补，而且在反映因果律方面也互补。按照整体观念，(2.185)、(2.186) 式的整体形式与 (2.181)、(2.183) 式的整体形式是相同的，(2.185)、(2.186) 式整体反映因果律的情况与 (2.181)、(2.183) 式整体反映因果律的情况也是相同的。

§3　反星体的多普勒效应

约定：K 和 K' 标记惯性系。发光反星体的运动方向平行或反平行于观测者所处的 K（或 K'）的 x 轴（或 x'轴）。光子的运动方向是指它在 x 轴（或 x'轴）上的投影运动的方向。用符号^表示正光子，用符号ˇ表示反光子。反星体“飞来”“离去”是指它的视向运动。

1. 反星体的多普勒效应·飞来反星体的多普勒效应佯谬

(1)离开 O'点观测者向西飞去的发光反星体 K。

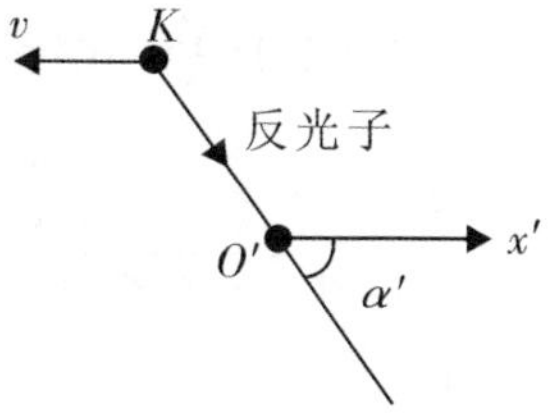

静止于 K 系的发光反星体 K 跟随 K 系一起以超光速 v 离开位于 K'系坐标原点 O'处的观测者向西飞去（为简便计，图中未画出 K 中的 x 轴和正光子的运动方向，只画出 K'中的 x'轴和反光子的运动方向）。描述图中满足

因果律的光子运动的合适的变换公式是

$$\left.\begin{aligned}\underset{\cdot}{x}_1 &= (-i\underset{\cdot\cdot}{x'_1}+\lambda\underset{\cdot\cdot}{x'_4})\gamma\\ \underset{\cdot}{x}_4 &= (\lambda\underset{\cdot\cdot}{x'_1}+i\underset{\cdot\cdot}{x'_4})\gamma\end{aligned}\right\}(v>c) \tag{2.187}$$

（2.187）式来自（2.38）式，其实数形式就是（2.124）式的第一式和第二式。（2.187）式描述的满足因果律的光子运动情况是：K'中自西向东运动的反光子→K中自西向东运动的正光子（优满）。

（2.187）式的四维动量变换是

$$\left.\begin{aligned}\underset{\cdot}{P}_1 &= (i\underset{\cdot\cdot}{P'_1}-\lambda\underset{\cdot\cdot}{P'_4})\gamma\\ \underset{\cdot}{P}_4 &= (-\lambda\underset{\cdot\cdot}{P'_1}-i\underset{\cdot\cdot}{P'_4})\gamma\end{aligned}\right\}(v>c) \tag{2.188}$$

将光子的四维动量分量$\underset{\cdot}{P}_4=j(\frac{h\underset{\wedge}{\nu}}{c})$，$\underset{\cdot\cdot}{P'_1}=j(-\frac{h\underset{\vee}{\nu}'}{c}\cos\alpha')$，$\underset{\cdot\cdot}{P'_4}=k(-\frac{h\underset{\vee}{\nu}'}{c})$代入（2.188）式的第二式，得

$$j(\frac{h\underset{\wedge}{\nu}}{c})=\left[-\lambda j(-\frac{h\underset{\vee}{\nu}'}{c}\cos\alpha')-ik(-\frac{h\underset{\vee}{\nu}'}{c})\right]\gamma=(j\lambda\frac{h\underset{\vee}{\nu}'}{c}\cos\alpha'+j\frac{h\underset{\vee}{\nu}'}{c})\gamma\text{，即}$$

$$\underset{\vee}{\nu}'=\underset{\wedge}{\nu}\frac{\sqrt{\lambda^2-1}}{1+\lambda\cos\alpha'}\qquad(0\leqslant\alpha'\leqslant\frac{\pi}{2}) \tag{2.189}$$

（2.189）式适用于$c<v<\sqrt{2}c$区和$v>\sqrt{2}c$区。但在$v>\sqrt{2}c$区内，运动的钟走快（$\underset{\vee}{\nu}'>\underset{\wedge}{\nu}$），与纵向多普勒效应（$\underset{\vee}{\nu}'<\underset{\wedge}{\nu}$）相反，故产生红移多普勒效应（$\underset{\vee}{\nu}'<\underset{\wedge}{\nu}$）需要满足一个条件：在（2.189）式中令$\underset{\vee}{\nu}'=\underset{\wedge}{\nu}$，得$1+\lambda\cos\alpha'=\sqrt{\lambda^2-1}$，即$\cos\alpha'=\frac{1}{\lambda}(-1+\sqrt{\lambda^2-1})$，故产生红移多普勒效应要满足条件

$$\cos\alpha'>\frac{1}{\lambda}(-1+\sqrt{\lambda^2-1}) \tag{2.190}$$

但在$c<v<\sqrt{2}c$区内，运动的钟走慢（$\underset{\vee}{\nu}'<\underset{\wedge}{\nu}$）与纵向多普勒效应相一致，故产生红移多普勒效应无须满足这类条件，取$0\leqslant\alpha'<\frac{\pi}{2}$中任何$\alpha'$值都能产生红移多普勒效应。

将（2.189）式代入红移量Z的定义式$Z=\frac{\underset{\vee}{\lambda}'-\underset{\wedge}{\lambda}}{\underset{\wedge}{\lambda}}=\frac{\underset{\wedge}{\nu}}{\underset{\vee}{\nu}'}-1$，整理后得

$$\frac{v}{c}=\frac{(Z+1)^2+\xi^2}{(Z+1)^2-\xi^2\cos\alpha'}, \tag{2.191}$$

其中

$$\xi = \left(\frac{1 + \frac{v}{c}\cos\alpha'}{1 + \frac{v}{c}} \right)^{\frac{1}{2}}.$$

在 $v > \sqrt{2}c$ 区，由（2.190）、（2.191）式可计算出 v、$\cos\alpha'$、$Z = 1.42c$、0.01、0.006；$1.42c$、0.7、0.977；$1.614c$、0.17、0.005；$4c$、0.721、0.003；$8c$、0.87、0.002 5 等组数值。在 $c < v < \sqrt{2}c$ 区，由（2.191）式可计算出 v、$\cos\alpha'$、$Z = 1.41c$、0.001、0.007 5；$1.41c$、0.7、0.997；$1.237c$、0.01、0.391；$1.13c$、0.01、0.92；$1.01c$、0.23、7.6914；$1.03c$、0.23、4.011；$1.05c$、0.6、4.091 等组数值。

（2）离开 O 点观测者向东飞去的发光反星体 K'。

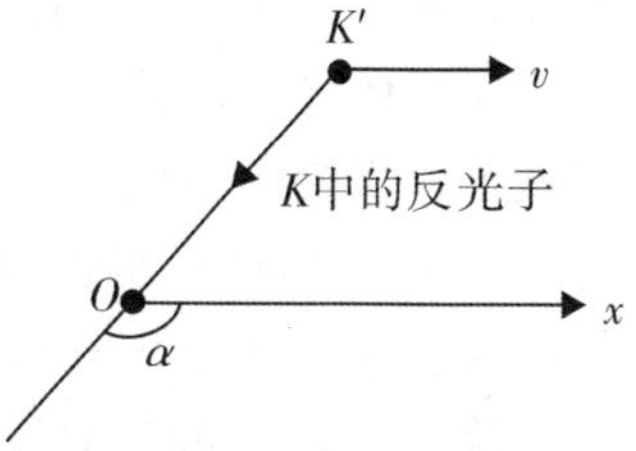

静止于 K' 系的反星体 K' 跟随 K' 系一起以超光速 v 离开位于 K 系坐标原点 O 处的观测者向东飞去。图中未画出 K' 中正光子的运动方向和 x' 轴。描述图中满足因果律的光子运动的合适变换公式是

$$\left.\begin{aligned} \underset{\cdot}{x}'_1 &= (-i\,\underset{\cdot\cdot}{x}_1 - \lambda\,\underset{\cdot\cdot}{x}_4)\gamma \\ \underset{\cdot}{x}'_4 &= (-\lambda\,\underset{\cdot\cdot}{x}_1 + i\,\underset{\cdot\cdot}{x}_4)\gamma \end{aligned}\right\} \quad (v > c) \qquad (2.192)$$

（2.192）式来自（2.35）式，其实数形式就是（2.121）式的第一式和第二式。（2.192）式描述的满足因果律的光子运动情况是：K 中自东向西运动的反光子→K' 中自东向西运动的正光子（优满）。

（2.192）式的四维动量变换是

$$\left.\begin{aligned} \underset{\cdot}{P}'_1 &= (i\,\underset{\cdot\cdot}{P}_1 + \lambda\,\underset{\cdot\cdot}{P}_4)\gamma \\ \underset{\cdot}{P}'_4 &= (\lambda\,\underset{\cdot\cdot}{P}_1 - i\,\underset{\cdot\cdot}{P}_4)\gamma \end{aligned}\right\} \quad (v > c) \qquad (2.193)$$

将光子的四维动量分量 $\underset{\cdot}{P}'_4 = j\left(\frac{h\underset{\wedge}{\nu'}}{c}\right)$，$\underset{\cdot\cdot}{P}_1 = j\left(-\frac{h\underset{\vee}{\nu}}{c}\cos\alpha\right)$，$\underset{\cdot\cdot}{P}_4 = k\left(-\frac{h\underset{\vee}{\nu}}{c}\right)$ 代入（2.193）式的第二式，得

$$j\left(\frac{h\underset{\wedge}{\nu'}}{c}\right) = \left[\lambda j\left(-\frac{h\underset{\vee}{\nu}}{c}\cos\alpha\right) - ik\left(-\frac{h\underset{\vee}{\nu}}{c}\right)\right]\gamma = \left(-j\lambda\frac{h\underset{\vee}{\nu}}{c}\cos\alpha + j\frac{h\underset{\vee}{\nu}}{c}\right)\gamma，即$$

$$\underset{\vee}{\nu} = \underset{\wedge}{\nu'}\frac{\sqrt{\lambda^2 - 1}}{1 - \lambda\cos\alpha} \qquad \left(\frac{\pi}{2} \leqslant \alpha \leqslant \pi\right) \qquad (2.194)$$

（2.194）式适用于 $c < v < \sqrt{2}c$ 区和 $v > \sqrt{2}c$ 区。但对于产生红移来讲，在 $v > \sqrt{2}c$ 区需要满足条件

$$\cos\alpha < \frac{1}{\lambda}\left(1 - \sqrt{\lambda^2 - 1}\right) \qquad (2.195)$$

在 $c<v<\sqrt{2}c$ 区则无须满足这类条件。

将（2.194）式代入红移量 Z 的定义式即可求得公式

$$\frac{v}{c}=\frac{(Z+1)^2+\xi^2}{(Z+1)^2+\xi^2\cos\alpha},\tag{2.196}$$

其中

$$\xi=\left(\frac{1-\frac{v}{c}\cos\alpha}{1+\frac{v}{c}}\right)^{\frac{1}{2}}.$$

（2.196）式中 v，$\cos\alpha$，Z 的取值情况与（2.191）式中 v，$\cos\alpha'$，Z 的取值情况相对称，无须重复计算。

反星体绕着正世界旋转的运动轨道本是大圆弧，但其中任一小段都可近似地看做匀速直线运动轨道。

（3）自西向东朝着 O 点观测者飞来的发光反星体 K' 的多普勒效应佯谬。

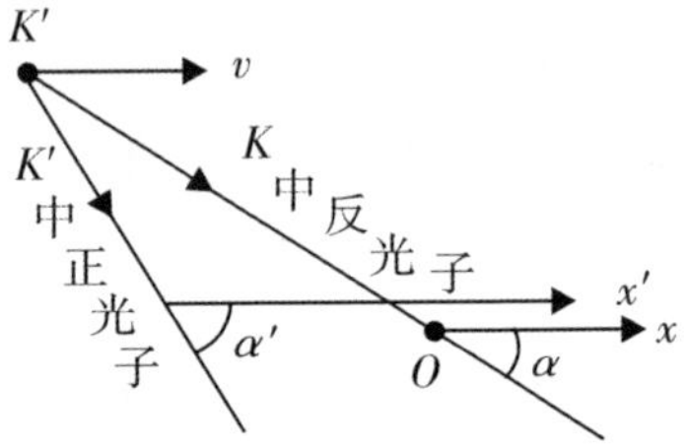

静止于 K' 系的发光反星体 K' 跟随 K' 系一起以超光速 v 自西向东，朝着 K 系坐标原点 O 处的观测者飞来。描述图中满足因果律的光子运动的合适变换公式是

$$\left.\begin{aligned}\underset{\cdot\cdot}{x}_1&=(i\,\underset{\cdot}{x}'_1+\lambda\,\underset{\cdot}{x}'_4)\gamma\\ \underset{\cdot\cdot}{x}_4&=(\lambda\,\underset{\cdot}{x}'_1-i\,\underset{\cdot}{x}'_4)\gamma\end{aligned}\right\}\quad(v>c)\tag{2.197}$$

（2.197）式来自（2.38）式，其实数形式就是（2.124）式的第三式和第四式。（2.197）式描述的满足因果律的光子运动情况是：K' 中自西向东运动的正光子→K 中自西向东运动的反光子（优满）。

（2.197）式的四维动量变换是

$$\left.\begin{aligned}\underset{\cdot\cdot}{P}_1&=(-i\,\underset{\cdot}{P}'_1-\lambda\,\underset{\cdot}{P}'_4)\gamma\\ \underset{\cdot\cdot}{P}_4&=(-\lambda\,\underset{\cdot}{P}'_1+i\,\underset{\cdot}{P}'_4)\gamma\end{aligned}\right\}(v>c)\tag{2.198}$$

将光子的四维动量分量 $\underset{\cdot\cdot}{P}_1=j(-\frac{h\underset{\vee}{\nu}}{c}\cos\alpha)$，$\underset{\cdot\cdot}{P}_4=k(-\frac{h\underset{\vee}{\nu}}{c})$，$\underset{\cdot}{P}'_1=k(\frac{h\underset{\wedge}{\nu}'}{c}\cos\alpha')$，$\underset{\cdot}{P}'_4=j(\frac{h\underset{\wedge}{\nu}'}{c})$ 代入（2.198）式中的两个式子，计算得到的结果为

$$\underset{\vee}{\nu}=\underset{\wedge}{\nu}'\frac{\sqrt{\lambda^2-1}}{\lambda\cos\alpha-1}\quad(0\leqslant\alpha\leqslant\frac{\pi}{2})\tag{2.199}$$

令 $\alpha=\frac{\pi}{2}$，由（2.199）式得出的横向多普勒效应为 $\underset{\vee}{\nu}=-\underset{\wedge}{\nu}'\sqrt{\lambda^2-1}$，$\underset{\vee}{\nu}$ 取负

值，是个没有物理意义的荒谬的结果，说明（2.199）式不能给出正确的横向多普勒效应。而且在 $\lambda\cos\alpha<1$ 即 $\cos\alpha<\frac{c}{v}$ 的 α 角范围内，$\underset{\vee}{\nu}$ 都取负值，这也是个荒谬的结果。$\cos\alpha=\frac{c}{v}$ 时 $\underset{\vee}{\nu}=\infty$，这又是个荒谬的结果。

公式（2.197）和（2.198）式描述一般质点的运动时是正确的，但不适用于描述向观测者飞来的发光反星体的光学多普勒效应，所以我称这一荒谬的结果为佯谬。

（4）自东向西朝着 O' 点观测者飞来的发光反星体 K 的多普勒效应佯谬。

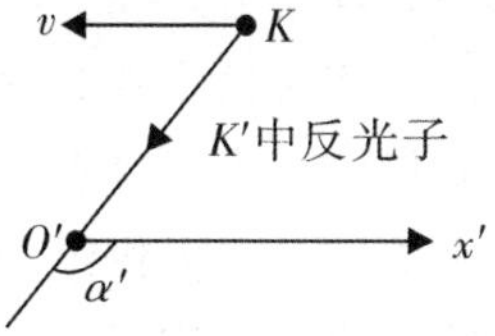

静止于 K 系的发光反星体 K 跟随 K 系一起以超光速 v 自东向西，朝着 K' 系坐标原点 O' 处的观测者飞来。描述图中满足因果律的光子运动的合适变换公式是

$$\left.\begin{aligned}\underset{\cdot}{x}_1&=(i\underset{\cdot\cdot}{x}'_1-\lambda\underset{\cdot\cdot}{x}'_4)\gamma\\ \underset{\cdot}{x}_4&=(-\lambda\underset{\cdot\cdot}{x}'_1-i\underset{\cdot\cdot}{x}'_4)\gamma\end{aligned}\right\}\quad(v>c)\tag{2.200}$$

（2.200）式来自（2.36）式，其实数形式就是（2.122）式的第一式和第二式。（2.200）式描述的满足因果律的光子运动情况是：K' 中自东向西运动的反光子→K 中自东向西运动的正光子（优满）。

（2.200）式的四维动量变换是

$$\left.\begin{aligned}\underset{\cdot}{P}_1&=(-i\underset{\cdot\cdot}{P}'_1+\lambda\underset{\cdot\cdot}{P}'_4)\gamma\\ \underset{\cdot}{P}_4&=(\lambda\underset{\cdot\cdot}{P}'_1+i\underset{\cdot\cdot}{P}'_4)\gamma\end{aligned}\right\}\quad(v>c)\tag{2.201}$$

将光子的四维动量分量 $\underset{\cdot}{P}_4=j\left(\frac{h\underset{\wedge}{\nu}}{c}\right)$，$\underset{\cdot\cdot}{P}'_1=j\left(-\frac{h\underset{\vee}{\nu}'}{c}\cos\alpha'\right)$，$\underset{\cdot\cdot}{P}'_4=k\left(-\frac{h\underset{\vee}{\nu}'}{c}\right)$ 代入（2.201）式的第二式，计算得到的结果为

$$\underset{\vee}{\nu}'=\underset{\wedge}{\nu}\frac{\sqrt{\lambda^2-1}}{-\lambda\cos\alpha'-1}\qquad\left(\frac{\pi}{2}\leqslant\alpha'\leqslant\pi\right)\tag{2.202}$$

令 $\alpha'=\frac{\pi}{2}$，由（2.202）式得出的横向多普勒效应为 $\underset{\vee}{\nu}'=-\underset{\wedge}{\nu}\sqrt{\lambda^2-1}$，$\underset{\vee}{\nu}'$ 取负值，是个荒谬的结果。在 $-\lambda\cos\alpha'<1$ 即 $\cos\alpha'>-\frac{c}{v}$ 的 α' 角范围内，$\underset{\vee}{\nu}'$ 都取负值，也是个荒谬的结果。$\cos\alpha'=-\frac{c}{v}$ 时，$\underset{\vee}{\nu}'=\infty$，这又是个荒谬的结果。

（2.200）和（2.201）式描述一般质点的运动时是正确的，但不适用于描述向观测者飞来的发光反星体的光学多普勒效应，所以我称这一荒谬的结果为佯谬。

2. 飞来反星体多普勒效应佯谬的物理根源及解决方法

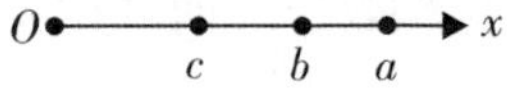

上述佯谬的物理根源是下述飞来的反星体的光测效应：某瞬时位于 a 点的发光反星体，以超光速 v 与它在 a 点发出的光线同时飞向位于 O 点的观测者。由于它比光线跑得快，经过 Δt 时间，它到达 c 点时，光线才到达 b 点，b 点与 c 点之间的距离为 $(v-c)\Delta t$。它在 c 点发出的光线比它在 a 点发出的光线提早一段时间 $\frac{(v-c)\Delta t}{c}$ 到达观测者处。观测者根据这一观测结果得出结论：发光星体以速度 $(v-c)$ 离开自己向 a 点飞去，先在 c 点发出光线，经过 Δt 时间才在 b 点发出光线。

我称这个在光学观测效应下以速度 $(v-c)$ 飞离观测者的发光星体为效应发光星体。为了计算它的多普勒效应，需要把光看做波。但必须强调指出，效应发光星体只能提供纵向多普勒效应，不能提供横向多普勒效应，横向多普勒效应必须由飞向观测者的发光反星体的超光速运动来提供。

(1) 自西向东朝着 O 点观测者飞来的发光反星体的纵向多普勒效应由它的离开 O 点观测者自东向西飞去的效应发光星体来提供。

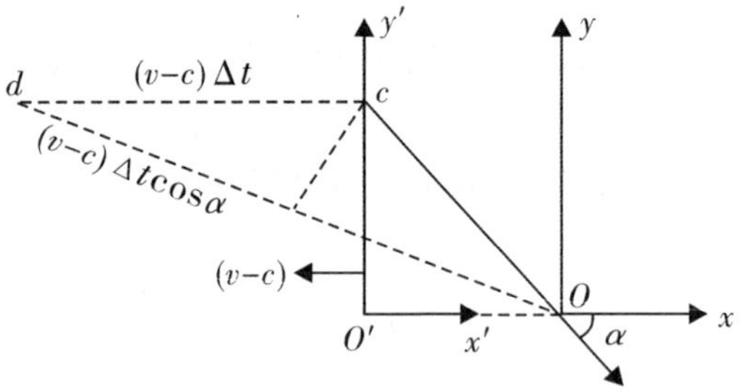

效应发光星体静止于 K' 系 y' 轴 c 点处，跟随 K' 系一起以速度 $(v-c)>0$ 离开 K 系 O 点处观测者向西飞去。从 K 系看来，$t=t_1$ 时，效应发光星体在 c 点，它在 c 点发出的光将于

$$t_1+\frac{\overline{cO}}{c}$$

时到达 O 点。在 $t_2=t_1+\Delta t$ 时，它跑过一段距离 $(v-c)\Delta t$ 到达 d 点，它在 d 点发出的光将于

$$t_2+\frac{\overline{dO}}{c}$$

时到达 O 点。

从 K' 系看来，发光反星体每秒发出的光波数为 $\underset{\wedge}{\nu}'$。但在 K 系看来，它每秒发出 $\underset{\wedge}{\nu}'\sqrt{\lambda^2-1}$ 个波，因为 O 点处观测者认为 K' 的钟走得慢（或走得快）。故就 K 系而言，从 t_1 到 t_2 这段 Δt 时间里，星体共发出 $\underset{\wedge}{\nu}'\sqrt{\lambda^2-1}\,\Delta t$ 个波。我们来计算，在 O 点处的观测者要花多少时间才能全部收到这些波。要花

$$\left(t_2+\frac{\overline{dO}}{c}\right)-\left(t_1+\frac{\overline{cO}}{c}\right)=t_2-t_1+\frac{\overline{dO}-\overline{cO}}{c}=\Delta t+\frac{(v-c)\Delta t\cos\alpha}{c}$$

这么长时间才能全部收到这些波。其中考虑到 Δt 很小，故 $(v-c)\Delta t$ 在 $\overline{cO}$ 方向的投影 $(v-c)\Delta t\cos\alpha$ 就是 $\overline{dO}$ 比 $\overline{cO}$ 长出的部分。所以在 O 点处的观测者每秒收到的光波数（即频率）为

$$\underset{\smile}{\nu}=\frac{\hat{\nu}'\sqrt{\lambda^2-1}\,\Delta t}{\Delta t+\dfrac{(v-c)\Delta t\cos\alpha}{c}}=\hat{\nu}'\frac{\sqrt{\lambda^2-1}}{1+(\lambda-1)\cos\alpha}\ (0\leqslant\alpha\leqslant\frac{\pi}{2})\tag{2.203}$$

（2.203）式适用于 $c<v<\sqrt{2}c$ 区和 $v>\sqrt{2}c$ 区。但对于产生红移来说，在 $v>\sqrt{2}c$ 区需要满足条件

$$\cos\alpha>\frac{1}{\lambda-1}(-1+\sqrt{\lambda^2-1})\tag{2.204}$$

而在 $c<v<\sqrt{2}c$ 区则无须满足这类条件。

将（2.203）式代入红移量 Z 的定义式 $Z=\dfrac{\underset{\smile}{\lambda}-\hat{\lambda}'}{\hat{\lambda}'}$ 即可求得公式

$$\frac{v}{c}-1=\frac{\zeta^2}{(Z+1)^2-\zeta^2\cos\alpha}\tag{2.205}$$

其中

$$\zeta=\left(\frac{1+(\dfrac{v}{c}-1)\cos\alpha}{\dfrac{v}{c}+1}\right)^{\frac{1}{2}}.$$

在 $v>\sqrt{2}c$ 区，由（2.204）、（2.205）式可计算出 v、$\cos\alpha$、$Z=1.42c$、0.025、0.095 5；$1.529c$、0.3、0.001 5；$1.6c$、0.426、0.005 4；$4c$、0.97、0.009 5；$8c$、1、0.008 等组数值。在 $c<v<\sqrt{2}c$ 区，由（2.205）式可计算出 v、$\cos\alpha$、$Z=1.41c$、0.001、0.006 5；$1.05c$、0.6、2.217；$1.05c$、0.23、2.159 4；$1.03c$、0.23、3.08；$1.01c$、0.23、6.069 6 等组数值。

(2) 自东向西朝着 O' 点观测者飞来的发光反星体的纵向多普勒效应由它的离开 O' 点观测者自西向东飞去的效应发光星体来提供。

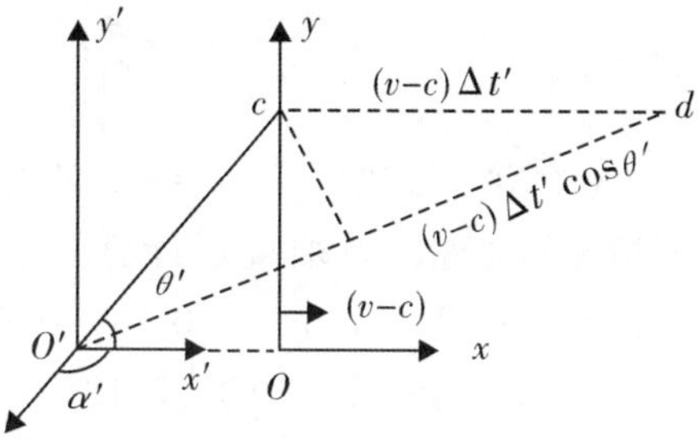

效应发光星体静止于 K 系 y 轴上 c 点处，跟随 K 系一起以速度 $(v-c)$ 离开 K' 系 O' 点处观测者向东飞去。从 K' 系看来，$t'=t_1'$ 时，效应发光星体在 c 点，它在 c 点发出的光将于

$$t_1'+\frac{\overline{cO'}}{c}$$

时到达 O' 点。在 $t_2'=t_1'+\Delta t'$ 时刻，它跑过一段距离 $(v-c)\Delta t'$ 到达 d 点，它在 d 点发出的光将于

$$t_2'+\frac{\overline{dO'}}{c}$$

时到达 O' 点。

从 K 系看来，发光反星体每秒发出的光波数为$\underset{\wedge}{\nu}$。但在 K'系看来，它每秒发出 $\underset{\wedge}{\nu}\sqrt{\lambda^2-1}$个波。故从 K'系而言，从 t_1'到 t_2'这段 $\Delta t'$时间里，它共发出 $\underset{\wedge}{\nu}\sqrt{\lambda^2-1}\,\Delta t'$个波。我们来计算，在 O'点处的观测者要花多少时间才能全部收到这些波。要花

$$\left(t_2'+\frac{\overline{dO'}}{c}\right)-\left(t_1'+\frac{\overline{cO'}}{c}\right)=t_2'-t_1'+\frac{\overline{dO'}-\overline{cO'}}{c}=\Delta t'+\frac{(v-c)\Delta t'\cos\theta'}{c}$$

这么长时间才能全部收到这些波。其中考虑到 $\Delta t'$很小，故（$v-c$）$\Delta t'$在$\overline{cO'}$方向的投影（$v-c$）$\Delta t'\cos\theta'$就是$\overline{dO'}$比$\overline{cO'}$长出的部分。所以在 O'点处的观测者每秒收到的光波数(即频率)为

$$\underset{\vee}{\nu}'=\frac{\underset{\wedge}{\nu}\sqrt{\lambda^2-1}\,\Delta t'}{\Delta t'+\frac{(v-c)\Delta t'\cos\theta'}{c}}=\underset{\wedge}{\nu}\frac{\sqrt{\lambda^2-1}}{1+(\lambda-1)\cos\theta'}$$

$$=\underset{\wedge}{\nu}\frac{\sqrt{\lambda^2-1}}{1-(\lambda-1)\cos\alpha'}\qquad\left(\frac{\pi}{2}\leqslant\alpha'\leqslant\pi\right)\tag{2.206}$$

（2.206）式适用于 $c<v<\sqrt{2}c$ 区和 $v>\sqrt{2}c$ 区。但对于产生红移来说，在 $v>\sqrt{2}c$ 区需要满足条件

$$\cos\alpha'<\frac{1}{\lambda-1}\left(1-\sqrt{\lambda^2-1}\right)\tag{2.207}$$

而在 $c<v<\sqrt{2}c$ 区则无须满足这类条件。

将（2.206）式代入红移量 Z 的定义式即可求得公式

$$\frac{v}{c}-1=\frac{\zeta^2}{(Z+1)^2+\zeta^2\cos\alpha'}\tag{2.208}$$

其中

$$\zeta=\left(\frac{1-\left(\frac{v}{c}-1\right)\cos\alpha'}{\frac{v}{c}+1}\right)^{\frac{1}{2}}.$$

（2.208）式中，v、$\cos\alpha'$、Z 的取值情况与（2.205）式中 v、$\cos\alpha$、Z 的取值情况相对称，无须重复计算。这里只补充两组数值：v、$\cos\alpha'$、$Z=1.237c$、-0.01、0.377；$1.3c$、-0.01、0.903。

第二章第三节§3 的（2.189）、（2.194）、（2.203）和（2.206）式在超光速区的各种速度下给出的横向多普勒效应相同，说明了它们都能给出正确的横向多普勒效应。因此，（2.189）与（2.206）式，（2.194）与（2.203）式，都可以在横向位置上连接起来。其中 $v=\sqrt{2}c$ 的情况更值得我们重视，因为当 $\alpha'=\frac{\pi}{2}$时，由（2.189）式或由（2.206）式都得到 $Z=0$，但在$\alpha'=\frac{\pi}{2}$邻近，由（2.189)式得

到 $Z=0.0014$（取 $\cos\alpha'=0.001$），由（2.206）式得到 $Z=0.0007$（取 $\cos\alpha'=-0.001$）。同样，当 $\alpha=\frac{\pi}{2}$时，由（2.194）式或由（2.203）式都得到 $Z=0$，但在 $\alpha=\frac{\pi}{2}$邻近，由（2.194）式得到 $Z=0.0014$（取 $\cos\alpha=-0.001$），由（2.203）式得到 $Z=0.0007$（取 $\cos\alpha=0.001$）。对应于 $v=\sqrt{2}c$ 的这两组情况共同的重要特征是，在横向位置上 $Z=0$，但在横向位置两邻侧的对称方位上的 Z 值不相同。(2.189)、(2.206) 式描述从横向位置的右侧运动到左侧的反星体，(2.194)、(2.203)式描述从横向位置的左侧运动到右侧的反星体。

第四节　是宇宙膨胀还是反星体的光测效应——新宇宙论纲要

设反世界的反星体环绕我们正世界旋转，就它们的视向速度而言，有的离我们而去，有的向我们飞来。这说的只是它们的真实情况，但我们的光学观测结果如何呢？上面已经证明，当它们离我们而去时，光学观测结果表明它们确实是离我们而去，因为它们给出的多普勒效应是红移的。但当它们向我们飞来时，光学观测结果出现了反常，表明它们也是离我们而去，因为它们给出的多普勒效应也是红移的。反星体的光测效应十分奇特，无论它向我们飞来或离我们而去，给出的多普勒效应都是红移（这会被错误地当做宇宙膨胀论的“有力证据”），而且在横向位置对称两邻侧的飞来和离去的红移量不相同（飞来的红移量比离去的红移量小，这会被错误地当做宇宙膨胀加速的“有力证据”，并且会被非常牵强地用没有人懂的“暗能量”理论或“天能”理论来解释）。作为上述反星体光测效应例子计算出来的具体数据还见本书第六章第二节。

从宇宙结构方面可以证明，反星体的光测效应还具有两个重大特征。后面的“新宇宙论纲要”将指出，宇宙由正世界和反世界组成，正世界总星群集中分布在正世界中心 O_1 周围的小范围内，反世界总星群集中分布在反世界中心 O_2 周围的小范围内，这两个总星群的线度都比 O_1 与 O_2 之间的距离$\overline{O_1O_2}$小得多。这两个总星群在宇宙力场作用下互相以超光速绕着对方旋转。而宇宙结构的对称性原则要求，正世界中心 O_1 处于正世界静态（$v=0$）应当与反世界中心 O_2 处于反世界静态（$v=\sqrt{2}c$）相对应（正、反世界静态见第二章第二节 §3 和 §5）。由经验知道所有正星体相对于正世界中心 O_1 的速度与光速相比较是很微小的，与超光速相比较更是可以忽略，可以近似地认为所有正星体都静止于正世界。于是根据宇宙结构的对称性原则，可以近似地认为所有反星体都静止于反世界，即所有反星体相对于正世界中心 O_1 的速度，分布在 $v=\sqrt{2}c$ 的邻近区域。因此，关于反星体的上述光测效应还具有如下两个重大特征：①将第二章第三节 §3 描述离去反星体多普勒效应的（2.189）式应用于 $c<v<\sqrt{2}c$ 中接近$\sqrt{2}c$ 的区域（此时可近似地令 $\sqrt{\frac{v^2}{c^2}-1}\approx 1$），可导出红移量公式 $Z(=\frac{\check{\lambda}'-\hat{\lambda}}{\hat{\lambda}})=\frac{1}{c}v\cos\alpha'(0\leqslant\alpha'\leqslant\frac{\pi}{2})$，其中 $v=\omega R$，ω 是反星体绕轴 I（通过正世界中心 O_1，与$\overline{O_1O_2}$垂直，见下文的“新宇宙论纲要”）旋转的角速度，R 是反星体与轴 I 的距离（当 $R=\overline{O_1O_2}$时，$v=\sqrt{2}c$）。在 $Z=\frac{1}{c}(\omega\cos\alpha')R$ 中，令 $(\omega\cos\alpha')R=H_0R_0$（$R_0$ 是反星体与观测者之间的距离），则有 $Z=\frac{1}{c}H_0R_0$。由于两个总星群的线度都比$\overline{O_1O_2}$小很多，故一般来说，α'角的变化范围很小，而且 R_0 与 R 的差异比 R_0 小很多，于是可以近似地认为 $R\approx R_0$，H_0（$=\omega\cos\alpha'$）$\approx$常量。若不采用近似，则当 $R>R_0$ 时有 $H_0>\omega\cos\alpha'$，当 $R<R_0$ 时有$H_0<\omega\cos\alpha'$。同样，将第二章第三节 §3（2.194）、（2.203）和（2.206）式应用于 $c<v<\sqrt{2}c$ 中接近$\sqrt{2}c$ 的区域，可得到类似的结果。例如由描述飞来反星体多普勒效应的（2.203）式可导出 $Z(=\frac{\check{\lambda}-\hat{\lambda}'}{\hat{\lambda}'})=\frac{1}{c}(v-c)\cos\alpha=\frac{1}{c}(\omega\cos\alpha)(R-R_c)(0\leqslant\alpha\leqslant\frac{\pi}{2},\ c=\omega R_c)$，令 $(\omega\cos\alpha)(R-R_c)=H_0R_0$，则有 $Z=\frac{1}{c}H_0R_0$，看来情况只能是 $R-R_c<R_0$ 即 $H_0<\omega\cos\alpha$。由此可见，H_0 并非常量，这又有可能被错误地解释为宇宙膨胀正在减速或加速。②正世界各处观测者近似静止于正世界，因而测得反星体的速度都是 $v=\omega R$，故他们都会观测到反星体的这类光测效应。

因此，到底是宇宙膨胀还是反星体的光测效应？这成为一个很值得我们深思和重视的问题。但我深信，宇宙膨胀论必将被反星体光测效应论取代，因为根据双时空相对论可以提出如下一个合理的“新宇宙论纲要”：

（1）宇宙应由两个互相对称的星体世界（世界Ⅰ与世界Ⅱ）组成。全宇宙有两个对称地分别存在于世界Ⅰ和世界Ⅱ的宇宙力场Ⅰ和Ⅱ，宇宙力场Ⅰ以世界Ⅰ的中心 O_1 为中心，宇宙力场Ⅱ以世界Ⅱ的中心 O_2 为中心。世界Ⅰ的星体和世界Ⅱ的星体在这两个力场的作用下互相以超光速绕着对方旋转。宇宙结构的对称性原则要求，中心 O_1 与中心 O_2 之间的相对转速应为 $v=\sqrt{2}c$。必须强调，双时空相对论不容许宇宙中存在绝对静止中心。而合理的宇宙结构应是，分布在 O_1 周围的世界Ⅰ总星群的线度或分布在 O_2 周围的世界Ⅱ总星群的线度都比两世界中心的距离$\overline{O_1O_2}$小很多。与此相对应，全宇宙只存在两个宇宙参照系Ⅰ和Ⅱ。宇宙参照系Ⅰ以 O_1 为坐标原点，宇宙参照系Ⅱ以 O_2 为坐标原点。参照系Ⅰ中任一点相对于参照系Ⅱ中任一点的速度都大于 c。站在宇宙参照系Ⅰ上看，世界Ⅱ总星群（严格来讲，是世界Ⅱ中心 O_2）同步跟随宇宙参照系Ⅱ绕通过 O_1 而相对 O_1 静止的轴Ⅰ旋转，世界Ⅰ星体亚光速，世界Ⅱ星体超光速。站在宇宙参照系Ⅱ上看，世界Ⅰ总星群（严格来讲，是世界Ⅰ中心 O_1）同步跟随宇宙参照系Ⅰ绕通过 O_2 而相对 O_2 静止的轴Ⅱ旋转，世界Ⅱ星体亚光速，世界Ⅰ星体超光速。轴Ⅰ与轴Ⅱ相平行而且都垂直于 $\overline{O_1O_2}$。故站在参照系Ⅰ的立场，世界Ⅰ是正世界，世界Ⅱ是反世界；站在参照系Ⅱ的立场，世界Ⅱ是正世界，世界Ⅰ是反世界。因此，世界Ⅰ与世界Ⅱ谁是里面谁是外面是相对的，如果我们认定亚光速物质世界是里面而超光速物质世界是外面的话。

（2）正世界的物质和星体是宇宙的热源，温度在绝对零度以上（正温度），但最低温度不能达到绝对零度。反世界的物质和星体是宇宙的冷源，温度在绝对零度以下（负温度），但最高温度不能达到绝对零度。正世界星体不会变成反世界星体，反世界星体也不会变成正世界星体，正、反世界星体（宇宙热、冷源）永远并存于宇宙，这是由于正、反星体受到它们之间的极为巨大的相对运动速度的严格约束，速度约束威力之妙就在这里。正、反世界（宇宙热、冷源）是相对的，世界Ⅰ与世界Ⅱ谁是里面谁是外面也是相对的，这与相对论中其他具有相对性意义的规律一样都是客观真实的，否定了这一点即否定了相对论。

（3）参照系Ⅰ以超光速绕轴Ⅱ旋转时，具有重要意义的是求出作用于反质点（世界Ⅰ的质点）上的惯性力场，为此必须将加速运动区分为纵质量运动和横质量运动。因为对于反质点来说，其纵质量取正值，故惯性力与加速度反向；其横质量取负值，故惯性力与加速度同向。由于参照系Ⅰ绕轴Ⅱ旋转属于横质量运动，故参照系Ⅰ中存在着一个作用于反质点（世界Ⅰ的质点）上的垂直而指向轴Ⅱ的惯性向心力场。同样，参照系Ⅱ中存在着一个作用于反质点（世界Ⅱ的质点）上的垂直而指向轴Ⅰ的惯性向心力场。由于每个世界的总星群的线度都比 $\overline{O_1O_2}$ 小很多，故世界Ⅱ的星体绕轴Ⅰ旋转时受到的惯性力是指向 O_1 的惯性向心力，世界Ⅰ的星体绕轴Ⅱ旋转时受到的惯性力是指向 O_2 的惯性向心力。前面已经指出，星体可近似看做静止于自己的宇宙参照系，故科里奥利力可忽略不计。

（4）宇宙力场Ⅰ以 O_1 为中心，在一定球半径范围内是引力场，超出此范围是斥力场，引力作用于正星体（世界Ⅰ的星体），斥力作用于反星体（世界Ⅱ的星体）。宇宙力场Ⅱ以 O_2 为中心，也划分为引力区和斥力区，引力作用于正星体（世界Ⅱ的星体），斥力作用于反星体（世界Ⅰ的星体）。世界Ⅰ的星体绕轴Ⅱ旋转时受到的惯性向心力与受到宇宙力场Ⅱ的斥力相平衡，世界Ⅱ的星体绕轴Ⅰ旋转时受到的惯性向心力与受到宇宙力场Ⅰ的斥力相平衡。关于上述两个宇宙力场都含有引、斥力区的问题，本书下集才能交代清楚。

（5）宇宙参照系Ⅰ以超光速绕轴Ⅱ旋转时会产生极强大的作用于反质点（世界Ⅰ的质点）的内向型惯性向心力场，宇宙参照系Ⅱ以超光速绕轴Ⅰ旋转时会产生极强大的作用于反质点（世界Ⅱ的质点）的内向型惯性向心力场。故站在宇宙参照系Ⅱ上看，世界Ⅰ的质点被防止逃离世界Ⅱ；站在宇宙参照系Ⅰ上看，世界Ⅱ的质点被防止逃离世界Ⅰ。

（6）宇宙冷、热源互相调制，很自然地解决了奥伯斯佯谬问题，无须牵强地引进宇宙膨胀论。

（7）宇宙冷、热源永远并存于宇宙，再加上宇宙参照系Ⅰ与宇宙参照系Ⅱ永远互相绕着对方旋转，便可以轻易地推翻那个长期困扰着物理学界的认为全宇宙各处的温度将会变成一样因而导致全宇宙热死亡的“热寂”说。

（8）宇宙冷、热源互相调制，最终必然达到平衡（此时宇宙冷、热源仍然保持并存于宇宙），从而保证了正、反世界的原子、分子维持在稳定状态，同时分别在宇宙参照系Ⅰ和宇宙参照系Ⅱ中产生了微波辐射背景，它们相对于自己的宇宙参照系是均匀的和各向同性的，但相对于自己宇宙参照系中的星系来说则并不是真正的各向同性，因为星系相对于自己宇宙参照系的速度并不为零。

（9）合理的宇宙结构模型应是分层次的阶梯旋转宇宙模型，其中最高层次的旋转结构就是上面讲的正、反世界星体互相以超光速绕着对方旋转的整个宇宙的旋转，其中正、反星体在速度上的极大差异使它们被分隔开极遥远的距离，根本不可能出现正、反星体相碰撞的现象。阶梯旋转宇宙模型是一种动态模型，它依靠旋转运动这种动态及合理的宇宙力场来维持宇宙结构的稳定性。

第三章　双时空相对论性波动方程

坐标表象中的负几率已经成为理论结构中不可缺少的重要组成部分。

约定：①正世界物理量符号有$\underset{.}{x}_\mu$、$\underset{.}{P}_\mu$、$\underset{.}{T}_{\mu\nu}$、$\underset{\wedge}{\varphi}(\underset{.}{x})$、$\underset{\wedge}{\psi}(\underset{.}{x})\cdots$；②反世界物理量符号有$\underset{..}{x}_\mu$、$\underset{..}{P}_\mu$、$\underset{..}{T}_{\mu\nu}$、$\underset{\vee}{\varphi}(\underset{..}{x})$、$\underset{\vee}{\psi}(\underset{..}{x})\cdots$；③常将粒子的静止质量 m_0 写成 m；④本书采用洛伦兹—亥维赛的电磁单位系统，并且除少数情况外采用 $\hbar=c=1$ 的自然单位制；⑤$\underset{.}{P}\,\underset{.}{x}=\underset{.}{P}_\mu\underset{.}{x}_\mu$，$\underset{..}{P}\,\underset{..}{x}=\underset{..}{P}_\mu\underset{..}{x}_\mu$；⑥为简便计，删去算符顶上的 ^ 符号。

第一节　标量粒子波动方程

§1　正世界标量粒子波动方程

正世界波动方程中的正、反粒子的四维动量算符相同，都是$\underset{.}{P}_\mu=-i\underset{.}{\partial}_\mu=-i\dfrac{\partial}{\partial\underset{.}{x}_\mu}=(-i\underset{.}{\nabla},\ -i\underset{.}{\partial}_4)$。因而有$\vec{\underset{.}{P}}=k(-i\underset{.}{\nabla})=-j\underset{.}{\nabla}$，$E=-j\underset{.}{P}_4=-j(-i\underset{.}{\partial}_4)=-k\underset{.}{\partial}_4$，其中 i、j、k 是本书的代数基元。代入（$E^2-\vec{P}^2-k^2m^2$）$\underset{\wedge}{\varphi}(\underset{.}{x})=0$ 即得波动方程

$$(\underset{.}{\partial}_\mu\underset{.}{\partial}_\mu-k^2m^2)\underset{\wedge}{\varphi}(\underset{.}{x})=0 \qquad (k\text{ 是本书的代数基元}) \tag{3.1}$$

双时空相对论容许正、反粒子并存于自然界，从此在相对论量子力学中，不但方程的负质量解（反粒子解）不再成为困难问题，而且在坐标表象中负几率也不再成为困难问题。一个粒子按照几率密度将它的全部质量涂抹在它运动的全部空间，使得正质量密度 = +1 与几率密度的乘积（其中 +1 代表 +1 个正质量粒子），负质量密度 = −1 与几率密度的乘积（其中 −1 代表 −1 个正质量粒子，即代表 +1 个负质量粒子）。质量密度拥有几率密度的全部信息，令我们可以毫无疑虑地说，质量密度 ρ 可以代表几率密度。使几率密度从只能取正值扩展到除了取正值还可以取负值。于是分别有

$$\left.\begin{aligned}&\int\rho\mathrm{d}V=+1\text{ 个正质量粒子，或简写为}\int\rho\mathrm{d}V=+1\\&\int\rho\mathrm{d}V=-1\text{ 个正质量粒子，或简写为}\int\rho\mathrm{d}V=-1\end{aligned}\right\} \tag{3.2}$$

因而比传统几率更具有活力。

将方程(3.1)左乘以$\underset{\wedge}{\varphi}^{+}(\underset{.}{x})$再减去它的共轭方程左乘以$\underset{\wedge}{\varphi}(\underset{.}{x})$(符号+表示厄米共轭运算，即转置加复共轭的运算，而对于本书的代数基元i、j、k来讲则有$i^{+}=-i$，$j^{+}=-j$，$k^{+}=k$)，得守恒定律

$$\left.\begin{aligned}&\partial_{\mu}\underset{.}{j}_{\mu}=0\\&\underset{.}{j}_{\mu}=i\,\underset{\wedge}{\varphi}^{+}\overset{\leftrightarrow}{\underset{.}{\partial}}_{\mu}\underset{\wedge}{\varphi}\end{aligned}\right\}\tag{3.3}$$

其中$\underset{.}{j}_{\mu}=(k\vec{j},\ j\rho)$，运算符号$\overset{\leftrightarrow}{\underset{.}{\partial}}_{\mu}$表示

$$a\overset{\leftrightarrow}{\underset{.}{\partial}}_{\mu}b=a\underset{.}{\partial}_{\mu}b-b\underset{.}{\partial}_{\mu}a.$$

(3.3) 式就是几率守恒定律。

方程 (3.1) 有正粒子的平面波解$\underset{\wedge}{f}_{\vec{k},+}(\underset{.}{x})=\dfrac{1}{\sqrt{2V\omega}}e^{i\underset{.}{k}\underset{.}{x}}=\dfrac{1}{\sqrt{2V\omega}}e^{i(\vec{k}\cdot\vec{r}-\omega t)}$和反粒子的平面波解$\underset{\wedge}{f}_{\vec{k},-}(\underset{.}{x})=\dfrac{1}{\sqrt{2V\omega}}e^{-i\underset{.}{k}\underset{.}{x}}$，其中$\omega=\sqrt{\vec{k}^{2}+m^{2}}$，$V$是归一化体积。这些平面波解满足下列正交、归一条件：

$$\left.\begin{aligned}&\int_{V}\underset{\wedge}{f}^{+}_{\vec{k},+}(\underset{.}{x})ii\overset{\leftrightarrow}{\underset{.}{\partial}}_{4}\underset{\wedge}{f}_{\vec{k}',+}(\underset{.}{x})\mathrm{d}\underset{.}{V}=\delta_{\vec{k}\vec{k}'}\\&\int_{V}\underset{\wedge}{f}^{+}_{\vec{k},-}(\underset{.}{x})ii\overset{\leftrightarrow}{\underset{.}{\partial}}_{4}\underset{\wedge}{f}_{\vec{k}',-}(\underset{.}{x})\mathrm{d}\underset{.}{V}=-\delta_{\vec{k}\vec{k}'}\\&\int_{V}\underset{\wedge}{f}^{+}_{\vec{k},+}(\underset{.}{x})ii\overset{\leftrightarrow}{\underset{.}{\partial}}_{4}\underset{\wedge}{f}_{\vec{k}',-}(\underset{.}{x})\mathrm{d}\underset{.}{V}=0\\&\int_{V}\underset{\wedge}{f}^{+}_{\vec{k},-}(\underset{.}{x})ii\overset{\leftrightarrow}{\underset{.}{\partial}}_{4}\underset{\wedge}{f}_{\vec{k}',+}(\underset{.}{x})\mathrm{d}\underset{.}{V}=0\end{aligned}\right\}\tag{3.4}$$

其中$\mathrm{d}\underset{.}{V}=\mathrm{d}\,\underset{.}{x}_{1}\mathrm{d}\,\underset{.}{x}_{2}\mathrm{d}\,\underset{.}{x}_{3}=k\mathrm{d}V=\mathrm{d}\underset{.}{S}_{4}$，$\mathrm{d}\underset{.}{S}_{4}$是$\underset{.}{x}_{4}=$常数的超平面上的面积元。不难证明，下列三个完备性条件成立：

$$\sum_{\vec{k}}\underset{\wedge}{f}^{+}_{\vec{k},+}(\underset{.}{x}')ii\overset{\leftrightarrow}{\underset{.}{\partial}}_{4}\underset{\wedge}{f}_{\vec{k},+}(\underset{.}{x})=\delta(\vec{r}-\vec{r}')\qquad(t'=t)\tag{3.5}$$

$$-\sum_{\vec{k}}\underset{\wedge}{f}^{+}_{\vec{k},-}(\underset{.}{x}')ii\overset{\leftrightarrow}{\underset{.}{\partial}}_{4}\underset{\wedge}{f}_{\vec{k},-}(\underset{.}{x})=\delta(\vec{r}-\vec{r}')\qquad(t'=t)\tag{3.6}$$

$$\sum_{\vec{k}}\underset{\wedge}{f}^{+}_{\vec{k},+}(\underset{.}{x}')ii\overset{\leftrightarrow}{\underset{.}{\partial}}_{4}\underset{\wedge}{f}_{\vec{k},+}(\underset{.}{x})-\sum_{\vec{k}}\underset{\wedge}{f}^{+}_{\vec{k},-}(\underset{.}{x}')ii\overset{\leftrightarrow}{\underset{.}{\partial}}_{4}\underset{\wedge}{f}_{\vec{k},-}(\underset{.}{x})=\delta(\vec{r}-\vec{r}')\qquad(t'=t)\tag{3.7}$$

这三个完备性条件分别与下列三个一般解相对应：

$$\underset{\wedge}{\varphi}_{+}(\underset{.}{x})=\sum_{\vec{k}}\underset{\wedge}{c}_{\vec{k}}\underset{\wedge}{f}_{\vec{k},+}(\underset{.}{x})\tag{3.8}$$

$$\underset{\wedge}{\varphi}_{-}(\underset{.}{x})=\sum_{\vec{k}}\underset{\wedge}{\mathrm{d}}_{\vec{k}}\underset{\wedge}{f}_{\vec{k},-}(\underset{.}{x})\tag{3.9}$$

$$\underset{\wedge}{\varphi}(\underset{\cdot}{x}) = \sum_{\vec{k}} [a_{\underset{\wedge}{\vec{k}}} \underset{\wedge}{f}_{\vec{k},+}(\underset{\cdot}{x}) + b^{+}_{\underset{\wedge}{\vec{k}}} \underset{\wedge}{f}_{\vec{k},-}(\underset{\cdot}{x})],\ (\underset{\wedge}{f}_{\vec{k},-} = \underset{\wedge}{f}^{+}_{\vec{k},+}) \tag{3.10}$$

其中

$$c_{\underset{\wedge}{\vec{k}}} = \int_V \underset{\wedge}{f}^{+}_{\vec{k},+}(\underset{\cdot}{x}) ii \overset{\leftrightarrow}{\underset{\cdot}{\partial}_4} \underset{\wedge}{\varphi}_{+}(\underset{\cdot}{x}) \mathrm{d}\underset{\cdot}{V}, \quad \mathrm{d}_{\underset{\wedge}{\vec{k}}} = -\int_V \underset{\wedge}{f}^{+}_{\vec{k},-}(\underset{\cdot}{x}) ii \overset{\leftrightarrow}{\underset{\cdot}{\partial}_4} \underset{\wedge}{\varphi}_{-}(\underset{\cdot}{x}) \mathrm{d}\underset{\cdot}{V},$$

$$a_{\underset{\wedge}{\vec{k}}} = \int_V \underset{\wedge}{f}^{+}_{\vec{k},+}(\underset{\cdot}{x}) ii \overset{\leftrightarrow}{\underset{\cdot}{\partial}_4} \underset{\wedge}{\varphi}(\underset{\cdot}{x}) \mathrm{d}\underset{\cdot}{V}, \quad b^{+}_{\underset{\wedge}{\vec{k}}} = -\int_V \underset{\wedge}{f}^{+}_{\vec{k},-}(\underset{\cdot}{x}) ii \overset{\leftrightarrow}{\underset{\cdot}{\partial}_4} \underset{\wedge}{\varphi}(\underset{\cdot}{x}) \mathrm{d}\underset{\cdot}{V}$$

$$= \int_V \underset{\wedge}{\varphi}(\underset{\cdot}{x}) ii \overset{\leftrightarrow}{\underset{\cdot}{\partial}_4} \underset{\wedge}{f}_{\vec{k},+}(\underset{\cdot}{x}) \mathrm{d}\underset{\cdot}{V}.$$

可将（3.2）式写为

$$\left.\begin{aligned} \int_V \underset{\wedge}{\varphi}^{+}_{+}(\underset{\cdot}{x}) ii \overset{\leftrightarrow}{\underset{\cdot}{\partial}_4} \underset{\wedge}{\varphi}_{+}(\underset{\cdot}{x}) \mathrm{d}\underset{\cdot}{V} &= 1 \\ \int_V \underset{\wedge}{\varphi}^{+}_{-}(\underset{\cdot}{x}) ii \overset{\leftrightarrow}{\underset{\cdot}{\partial}_4} \underset{\wedge}{\varphi}_{-}(\underset{\cdot}{x}) \mathrm{d}\underset{\cdot}{V} &= -1 \end{aligned}\right\} \tag{3.11}$$

处于正世界环境中的反粒子大抵都已被亚光速正质量化（见第七章第三节§1 和§2 以及第四章第二节§1 的 2）。正世界量子场论能够反映这种情况，故它描述的反粒子都已被亚光速正质量化。但正世界相对论性量子力学不能反映反粒子的亚光速正质量化（详见第四章第二节§1 的 2），故它描述的反粒子都是超光速负质量的反粒子。在上述的完备性条件和一般解中，（3.5）、（3.6）、（3.8）、（3.9）式只适用于正世界相对论性量子力学，（3.7）、（3.10）式则只适用于正世界量子场论。下文将要讲到的旋量粒子量子理论也有与这里相似的情况。

在正世界相对论性量子力学中，正粒子的物理量（例如 A）和反粒子的物理量（例如 B）的平均值分别用下列公式来计算：

$$\left.\begin{aligned} \overline{A} &= \int_V \underset{\wedge}{\varphi}^{+}_{+}(\underset{\cdot}{x}) [A ii \overset{\leftrightarrow}{\underset{\cdot}{\partial}_4} \underset{\wedge}{\varphi}_{+}(\underset{\cdot}{x})] \mathrm{d}\underset{\cdot}{V} \\ \overline{B} &= \int_V \underset{\wedge}{\varphi}^{+}_{-}(\underset{\cdot}{x}) [(-B) ii \overset{\leftrightarrow}{\underset{\cdot}{\partial}_4} \underset{\wedge}{\varphi}_{-}(\underset{\cdot}{x})] \mathrm{d}\underset{\cdot}{V} \end{aligned}\right\} \tag{3.12}$$

其中符号 $a(Aii \overset{\leftrightarrow}{\underset{\cdot}{\partial}_4} b)$ 表示 $a(Aii \overset{\leftrightarrow}{\underset{\cdot}{\partial}_4} b) = aAii\, \underset{\cdot}{\partial}_4 b - (Ab) ii\, \underset{\cdot}{\partial}_4 a$。（3.11）式第二式右边的 -1 有双重含义，$-1 = (+1)(-1)$ 右边的 $+1$ 表示按传统几率概念归一化为 $+1$，而 -1 则表示将 $-B$ 的平均值转换为 B 的平均值。

新几率概念不难理解，用起来也很方便。我们将会看到，将它的在特殊场合正、负几率可以共存的新思维搬到自由场量子理论，能使一些用传统几率概念处理起来异常牵强、困难和复杂的问题变得简单起来，就足以证明它是一种有效的、科学的几率概念。

值得注意的是，在双时空相对论性量子力学中，负几率只局限在坐标表象中，在其他表象中不存在负几率，例如在动量表象中，正粒子和反粒子的几率都是取正值，第三章第二节§2 的（3.62）、（3.85）式证明了这一点，这里将（3.9）式代入（3.11）式第二式也不难证明这一点。在双时空相对论性量子场论中，负几率只局限在自由场理论，但在场的相互作用理论中，无论是正粒子还是反粒子，它们参与各种物理过程的几率都是取正值（见第五章第二节§1和§2）。这正是我们所期望的。

§2　反世界标量粒子波动方程

反世界波动方程中的正、反粒子的四维动量算符相同，都是$\underset{\cdot\cdot}{P}_\mu = i\underset{\cdot\cdot}{\partial}_\mu = i\dfrac{\partial}{\partial \underset{\cdot\cdot}{x}_\mu} = (i\underset{\cdot\cdot}{\nabla},\ i\underset{\cdot\cdot}{\partial}_4)$。因而有$\vec{P} = -j(i\underset{\cdot\cdot}{\nabla}) = k\underset{\cdot\cdot}{\nabla}$，$E = k\underset{\cdot\cdot}{P}_4 = ki\underset{\cdot\cdot}{\partial}_4 = j\underset{\cdot\cdot}{\partial}_4$。代入$(E^2 - \vec{P}^2 + k^2m^2)\underset{\vee}{\varphi}(\underset{\cdot\cdot}{x}) = 0$，即得波动方程

$$(\underset{\cdot\cdot}{\partial}_\mu\underset{\cdot\cdot}{\partial}_\mu - k^2m^2)\underset{\vee}{\varphi}(\underset{\cdot\cdot}{x}) = 0 \tag{3.13}$$

将方程（3.13）左乘以$\underset{\vee}{\varphi}^+(\underset{\cdot\cdot}{x})$再减去它的共轭方程左乘以$\underset{\vee}{\varphi}(\underset{\cdot\cdot}{x})$，得守恒定律

$$\left.\begin{aligned} &\underset{\cdot\cdot}{\partial}_\mu\ \underset{\cdot\cdot}{j}_\mu = 0 \\ &\underset{\cdot\cdot}{j}_\mu = i\underset{\vee}{\varphi}^+\overset{\leftrightarrow}{\underset{\cdot\cdot}{\partial}}_\mu\underset{\vee}{\varphi} \end{aligned}\right\} \tag{3.14}$$

其中$\underset{\cdot\cdot}{j}_\mu = (j\vec{j},\ k\rho)$。(3.14）式就是几率守恒定律。

方程（3.13）有反粒子的平面波解$\underset{\vee}{f}_{-\vec{k},-}(\underset{\cdot\cdot}{x}) = \dfrac{1}{\sqrt{2V\omega}}e^{i\underset{\cdot\cdot}{k}\,\underset{\cdot\cdot}{x}} = \dfrac{1}{\sqrt{2V\omega}}e^{i(-\vec{k}\cdot\vec{r}+\omega t)}$和正粒子的平面波解$\underset{\vee}{f}_{-\vec{k},+}(\underset{\cdot\cdot}{x}) = \dfrac{1}{\sqrt{2V\omega}}e^{-i\underset{\cdot\cdot}{k}\,\underset{\cdot\cdot}{x}}$，其中$\omega = \sqrt{\vec{k}^2 - m^2}$，$V$是归一化体积。这些平面波解满足下列正交、归一条件：

$$\left.\begin{aligned} &\int_V \underset{\vee}{f}^+_{-\vec{k},-}(\underset{\cdot\cdot}{x})ii\overset{\leftrightarrow}{\underset{\cdot\cdot}{\partial}}_4\underset{\vee}{f}_{-\vec{k}',-}(\underset{\cdot\cdot}{x})\mathrm{d}\underset{\cdot\cdot}{V} = -\delta_{\vec{k}\vec{k}'} \\ &\int_V \underset{\vee}{f}^+_{-\vec{k},+}(\underset{\cdot\cdot}{x})ii\overset{\leftrightarrow}{\underset{\cdot\cdot}{\partial}}_4\underset{\vee}{f}_{-\vec{k}',+}(\underset{\cdot\cdot}{x})\mathrm{d}\underset{\cdot\cdot}{V} = \delta_{\vec{k}\vec{k}'} \\ &\int_V \underset{\vee}{f}^+_{-\vec{k},-}(\underset{\cdot\cdot}{x})ii\overset{\leftrightarrow}{\underset{\cdot\cdot}{\partial}}_4\underset{\vee}{f}_{-\vec{k}',+}(\underset{\cdot\cdot}{x})\mathrm{d}\underset{\cdot\cdot}{V} = 0 \\ &\int_V \underset{\vee}{f}^+_{-\vec{k},+}(\underset{\cdot\cdot}{x})ii\overset{\leftrightarrow}{\underset{\cdot\cdot}{\partial}}_4\underset{\vee}{f}_{-\vec{k}',-}(\underset{\cdot\cdot}{x})\mathrm{d}\underset{\cdot\cdot}{V} = 0 \end{aligned}\right\} \tag{3.15}$$

其中$\mathrm{d}\underset{\cdot\cdot}{V} = \mathrm{d}\underset{\cdot\cdot}{x}_1\mathrm{d}\underset{\cdot\cdot}{x}_2\mathrm{d}\underset{\cdot\cdot}{x}_3 = -j\mathrm{d}V = \mathrm{d}\underset{\cdot\cdot}{S}_4$，$\mathrm{d}\underset{\cdot\cdot}{S}_4$是$\underset{\cdot\cdot}{x}_4 =$常数的超平面上的面积元。

不难证明，下列三个完备性条件成立：

$$-\sum_{\vec{k}}\underset{\vee}{f}^+_{-\vec{k},-}(\underset{\cdot\cdot}{x}')ii\overset{\leftrightarrow}{\underset{\cdot\cdot}{\partial}}_4\underset{\vee}{f}_{-\vec{k},-}(\underset{\cdot\cdot}{x}) = \delta(\vec{r} - \vec{r}')\quad (t = t') \tag{3.16}$$

$$\sum_{\vec{k}} \underset{\vee}{f}^{+}_{-\vec{k},+}(\underset{\cdot\cdot}{x}')\, ii\overset{\leftrightarrow}{\underset{\cdot\cdot}{\partial}}_4 \underset{\vee}{f}_{-\vec{k},+}(\underset{\cdot\cdot}{x}) = \delta(\vec{r}-\vec{r}') \qquad (t=t') \tag{3.17}$$

$$-\sum_{\vec{k}} \underset{\vee}{f}^{+}_{-\vec{k},-}(\underset{\cdot\cdot}{x}')\, ii\overset{\leftrightarrow}{\underset{\cdot\cdot}{\partial}}_4 \underset{\vee}{f}_{-\vec{k},-}(\underset{\cdot\cdot}{x}) + \sum_{\vec{k}} \underset{\vee}{f}^{+}_{-\vec{k},+}(\underset{\cdot\cdot}{x}')\, ii\overset{\leftrightarrow}{\underset{\cdot\cdot}{\partial}}_4 \underset{\vee}{f}_{-\vec{k},+}(\underset{\cdot\cdot}{x})$$
$$= \delta(\vec{r}-\vec{r}') \qquad (t=t') \tag{3.18}$$

这三个完备性条件分别与下列三个一般解相对应：

$$\underset{\vee}{\varphi}_{-}(\underset{\cdot\cdot}{x}) = \sum_{\vec{k}} \underset{\vee}{d}_{-\vec{k}} \underset{\vee}{f}_{-\vec{k},-}(\underset{\cdot\cdot}{x}) \tag{3.19}$$

$$\underset{\vee}{\varphi}_{+}(\underset{\cdot\cdot}{x}) = \sum_{\vec{k}} \underset{\vee}{c}_{-\vec{k}} \underset{\vee}{f}_{-\vec{k},+}(\underset{\cdot\cdot}{x}) \tag{3.20}$$

$$\underset{\vee}{\varphi}(\underset{\cdot\cdot}{x}) = \sum_{\vec{k}} [\underset{\vee}{b}_{-\vec{k}} \underset{\vee}{f}_{-\vec{k},-}(\underset{\cdot\cdot}{x}) + \underset{\vee}{a}^{+}_{-\vec{k}} \underset{\vee}{f}_{-\vec{k},+}(\underset{\cdot\cdot}{x})], \quad (\underset{\vee}{f}_{-\vec{k},+} = \underset{\vee}{f}^{+}_{-\vec{k},-}) \tag{3.21}$$

其中

$$\underset{\vee}{d}_{-\vec{k}} = -\int_V \underset{\vee}{f}^{+}_{-\vec{k},-}(\underset{\cdot\cdot}{x})\, ii\overset{\leftrightarrow}{\underset{\cdot\cdot}{\partial}}_4 \underset{\vee}{\varphi}_{-}(\underset{\cdot\cdot}{x})\,\mathrm{d}\underset{\cdot\cdot}{V},$$

$$\underset{\vee}{c}_{-\vec{k}} = \int_V \underset{\vee}{f}^{+}_{-\vec{k},+}(\underset{\cdot\cdot}{x})\, ii\overset{\leftrightarrow}{\underset{\cdot\cdot}{\partial}}_4 \underset{\vee}{\varphi}_{+}(\underset{\cdot\cdot}{x})\,\mathrm{d}\underset{\cdot\cdot}{V},$$

$$\underset{\vee}{b}_{-\vec{k}} = -\int_V \underset{\vee}{f}^{+}_{-\vec{k},-}(\underset{\cdot\cdot}{x})\, ii\overset{\leftrightarrow}{\underset{\cdot\cdot}{\partial}}_4 \underset{\vee}{\varphi}(\underset{\cdot\cdot}{x})\,\mathrm{d}\underset{\cdot\cdot}{V},$$

$$\underset{\vee}{a}^{+}_{-\vec{k}} = \int_V \underset{\vee}{f}^{+}_{-\vec{k},+}(\underset{\cdot\cdot}{x})\, ii\overset{\leftrightarrow}{\underset{\cdot\cdot}{\partial}}_4 \underset{\vee}{\varphi}(\underset{\cdot\cdot}{x})\,\mathrm{d}\underset{\cdot\cdot}{V} = -\int_V \underset{\vee}{\varphi}(\underset{\cdot\cdot}{x})\, ii\overset{\leftrightarrow}{\underset{\cdot\cdot}{\partial}}_4 \underset{\vee}{f}_{-\vec{k},-}(\underset{\cdot\cdot}{x})\,\mathrm{d}\underset{\cdot\cdot}{V}.$$

于是可以写出

$$\left.\begin{aligned} &\int_V \underset{\vee}{\varphi}^{+}_{-}(\underset{\cdot\cdot}{x})\, ii\overset{\leftrightarrow}{\underset{\cdot\cdot}{\partial}}_4 \underset{\vee}{\varphi}_{-}(\underset{\cdot\cdot}{x})\,\mathrm{d}\underset{\cdot\cdot}{V} = -1 \\ &\int_V \underset{\vee}{\varphi}^{+}_{+}(\underset{\cdot\cdot}{x})\, ii\overset{\leftrightarrow}{\underset{\cdot\cdot}{\partial}}_4 \underset{\vee}{\varphi}_{+}(\underset{\cdot\cdot}{x})\,\mathrm{d}\underset{\cdot\cdot}{V} = 1 \end{aligned}\right\} \tag{3.22}$$

处于反世界物质环境中的正粒子大抵都已被超光速负质量化（详见第七章第三节§1和§2以及第四章第二节§1的2）。反世界量子场论能够反映这种情况，故它描述的正粒子都已被超光速负质量化。但反世界相对论性量子力学不能反映正粒子的超光速负质量化，故它描述的正粒子都是亚光速正质量的正粒子（详见第四章第二节§1的2）。在上述的完备性条件和一般解中，(3.16)、(3.17)、(3.19)、(3.20)式只适用于反世界相对论性量子力学，(3.18)、(3.21)式则只适用于反世界量子场论。将要讲到的反世界旋量粒子量子理论也有与这里相似的情况。

在反世界相对论性量子力学中，反粒子的物理量（例如B）和正粒子的物理量（例如A）的平均值分别用下列公式来计算：

$$\left.\begin{aligned} \overline{B} &= \int_V \underset{\vee}{\varphi}^{+}_{-}(\underset{\cdot\cdot}{x})[(-B)\, ii\overset{\leftrightarrow}{\underset{\cdot\cdot}{\partial}}_4 \underset{\vee}{\varphi}_{-}(\underset{\cdot\cdot}{x})]\,\mathrm{d}\underset{\cdot\cdot}{V} \\ \overline{A} &= \int_V \underset{\vee}{\varphi}^{+}_{+}(\underset{\cdot\cdot}{x})[A\, ii\overset{\leftrightarrow}{\underset{\cdot\cdot}{\partial}}_4 \underset{\vee}{\varphi}_{+}(\underset{\cdot\cdot}{x})]\,\mathrm{d}\underset{\cdot\cdot}{V} \end{aligned}\right\} \tag{3.23}$$

我们已经看到，正世界波动方程中的正、反粒子的动量、能量算符都是$\vec{P} = -j\underset{\cdot}{\nabla} = -jk\nabla = -i\nabla$，$E = -k\underset{\cdot}{\partial}_4 = -k(-j\partial_t) = i\partial_t$；反世界波动方程中的正、反粒子的动量、能量算符都是$\vec{P} = k\underset{\cdot\cdot}{\nabla} = k(-j\nabla) = -i\nabla$，$E = j\underset{\cdot\cdot}{\partial}_4 = jk\,\partial_t = i\,\partial_t$。故正、反世界波动方程中的正、反粒子的动量、能量算符在实时空中的形式相同，都是$\vec{P} = -i\nabla$，$E = i\partial_t$。

第二节　旋量粒子波动方程

§1　波动方程

1. 正世界波动方程

将$E^2 - \vec{P}^2 - k^2m^2 = 0$分解为两个线性因子，令$E^2 - \vec{P}^2 - k^2m^2 = (E + \sqrt{\vec{P}^2 + m^2})(E - \sqrt{\vec{P}^2 + m^2}) = (E + \vec{\alpha}\cdot\vec{P} + \beta m)(E - \vec{\alpha}\cdot\vec{P} - \beta m) = 0$，因而有

$$(E - \vec{\alpha}\cdot\vec{P} - \beta m)\underset{\wedge}{\psi}(\underset{\cdot}{x}) = 0 \tag{3.24}$$

其中$\vec{\alpha}$和β取下列矩阵形式：

$$\vec{\alpha} = \begin{bmatrix} 0 & \vec{\sigma} \\ \vec{\sigma} & 0 \end{bmatrix},\ \beta = \begin{bmatrix} I & 0 \\ 0 & -I \end{bmatrix}$$

其中$\vec{\sigma}$和I是2×2泡里自旋矩阵和单位矩阵，即

$$\sigma_1 = \begin{bmatrix} 0 & 1 \\ 1 & 0 \end{bmatrix},\ \sigma_2 = \begin{bmatrix} 0 & -i \\ i & 0 \end{bmatrix},\ \sigma_3 = \begin{bmatrix} 1 & 0 \\ 0 & -1 \end{bmatrix},\ I = \begin{bmatrix} 1 & 0 \\ 0 & 1 \end{bmatrix}.$$

将$\vec{P} = -j\underset{\cdot}{\nabla}$和$E = -k\underset{\cdot}{\partial}_4$代入（3.24）式，再左乘以$-\beta k$，并且令$-i\beta\alpha_i = \gamma_i$（脚标$i = 1, 2, 3$），令$\beta = \gamma_4$，即可得到正世界波动方程

$$(\gamma_\mu \underset{\cdot}{\partial}_\mu + km)\underset{\wedge}{\psi}(\underset{\cdot}{x}) = 0 \tag{3.25}$$

其中k是本书的代数基元，γ_μ矩阵是

$$\gamma_1 = \begin{bmatrix} 0 & -i\sigma_1 \\ i\sigma_1 & 0 \end{bmatrix},\ \gamma_2 = \begin{bmatrix} 0 & -i\sigma_2 \\ i\sigma_2 & 0 \end{bmatrix},\ \gamma_3 = \begin{bmatrix} 0 & -i\sigma_3 \\ i\sigma_3 & 0 \end{bmatrix},\ \gamma_4 = \begin{bmatrix} I & 0 \\ 0 & -I \end{bmatrix}. \tag{3.26}$$

γ_μ矩阵满足下列关系：

$$\gamma_\mu^2 = 1,\ \gamma_\mu^+ = \gamma_\mu,\ \gamma_\mu\gamma_\nu + \gamma_\nu\gamma_\mu = 2\delta_{\mu\nu} \tag{3.27}$$

若定义$\underset{\wedge}{\psi}(\underset{\cdot}{x})$的共轭波函数$\overline{\underset{\wedge}{\psi}}(\underset{\cdot}{x})$为

$$\overline{\underset{\wedge}{\psi}}(\underset{\cdot}{x}) = \underset{\wedge}{\psi}^+(\underset{\cdot}{x})(\pm\gamma_4) \tag{3.28}$$

注意到$k^+ = k$，$j^+ = -j$，即可证明方程（3.25）的共轭方程为

$$\bar{\underset{\wedge}{\psi}}(\underset{\cdot}{x})(\gamma_\mu \overleftarrow{\underset{\cdot}{\partial}_\mu} - km) = 0 \tag{3.29}$$

其中$\overleftarrow{\underset{\cdot}{\partial}_\mu}$表示$\underset{\cdot}{\partial}_\mu$向左作用于$\bar{\underset{\wedge}{\psi}}(\underset{\cdot}{x})$。(3.28) 式中取 $+\gamma_4$ 则适用于量子场论中的正、反粒子（其中的反粒子被描述为逆时运动的正粒子）和相对论性量子力学中的正粒子，取 $-\gamma_4$ 则只适用于相对论性量子力学中的反粒子。

把 (3.25) 式左乘以$\bar{\underset{\wedge}{\psi}}(\underset{\cdot}{x})$ 与 (3.29) 式右乘以$\underset{\wedge}{\psi}(\underset{\cdot}{x})$ 相加，得守恒定律

$$\underset{\cdot}{\partial}_\mu \underset{\cdot}{j}_\mu = 0,\quad \underset{\cdot}{j}_\mu = \bar{\underset{\wedge}{\psi}}(\underset{\cdot}{x})\gamma_\mu \underset{\wedge}{\psi}(\underset{\cdot}{x}) \tag{3.30}$$

主要用来描述正世界相对论量子力学中的正、负几率守恒。

2. 反世界波动方程

将 $E^2 - \vec{P}^2 + k^2m^2 = 0$ 分解为两个线性因子，令 $E^2 - \vec{P}^2 + k^2m^2 = (E + \sqrt{\vec{P}^2 - m^2})(E - \sqrt{\vec{P}^2 - m^2}) = (E + \vec{\alpha}\cdot\vec{P} + \beta im)(E - \vec{\alpha}\cdot\vec{P} - \beta im) = 0$，因而有

$$(E + \vec{\alpha}\cdot\vec{P} + \beta im)\underset{\vee}{\psi}(\underset{\cdot\cdot}{x}) = 0 \tag{3.31}$$

其中，$\vec{\alpha}$、β 就是上面方程 (3.24) 中的$\vec{\alpha}$、β。将$\vec{P} = k\underset{\cdot\cdot}{\nabla}$，$E = j\underset{\cdot\cdot}{\partial}_4$代入 (3.31)式，再左乘以 $-j\beta$（j 是本书的代数基元），即可得到反世界波动方程

$$(\gamma_\mu \underset{\cdot\cdot}{\partial}_\mu + km)\underset{\vee}{\psi}(\underset{\cdot\cdot}{x}) = 0 \tag{3.32}$$

其中，k 是本书的代数基元。

这里采用了最简单的纯数学逻辑操作，令正粒子的 $E^2 = \vec{P}^2 + m^2$ 中的 m^2 被 $(im)^2$ 取代，即可得到反粒子的 $E^2 = \vec{P}^2 - m^2$。故在第三章第二节 §2 中将会看到，方程 (3.31) 中 im 项的出现纯粹是纯数学逻辑技巧上的事情，并非表示超光速旋量粒子的质量是虚的，这与虚质量超光速理论中的虚质量有着本质上的差异。

自由粒子波动方程还有一个重要特征值得我们注意，正世界波动方程要求被它描述的正、反粒子都要服从正粒子的 $E^2 = \vec{P}^2 + m^2$，但其中的反粒子只接纳其负能解的负能量的量值 $E = -\sqrt{\vec{P}^2 + m^2}$，而实际上则服从反粒子的 $E^2 = \vec{P}^2 - m^2$，这叫做反粒子以双重身份客居于正世界相对论量子力学中；反世界波动方程要求被它描述的正、反粒子都要服从反粒子的 $E^2 = \vec{P}^2 - m^2$，但其中的正粒子只接纳其正能解的正能量的量值 $E = +\sqrt{\vec{P}^2 - m^2}$，而实际上则服从正粒子的 $E^2 = \vec{P}^2 + m^2$，这叫做正粒子以双重身份客居于反世界相对论量子力学中。我们在本书第六章第一节中讨论“太阳中微子振荡”时将会讲到：除太阳中微子振荡问题外，过去没有遇上对上述双重身份敏感（即对选取 $+m^2$ 或 $-m^2$ 敏感）的问题。

引进

$$\gamma_6 = -\sigma i\gamma_1\gamma_2\gamma_3 = \sigma i\begin{bmatrix} 0 & -I \\ I & 0 \end{bmatrix} \tag{3.33}$$

其中，$\sigma=\pm1$ 是$\vec{\sigma}$在粒子动量方向上的投影 σ_3 的本征值（本书为简便计，将 σ_3 简写成 σ），本征函数是 $\varphi_{+1}=\begin{bmatrix}1\\0\end{bmatrix}$，$\varphi_{-1}=\begin{bmatrix}0\\1\end{bmatrix}$。不难证明

$$\gamma_6^+=\gamma_6,\ \gamma_6^2=1,\ \gamma_i\gamma_6=\gamma_6\gamma_i(i=1,\ 2,\ 3),\ \gamma_4\gamma_6=-\gamma_6\gamma_4. \tag{3.34}$$

若定义 $\check{\psi}(\ddot{x})$ 的共轭波函数为

$$\bar{\check{\psi}}(\ddot{x})=\check{\psi}^+(\ddot{x})(\pm\gamma_6) \tag{3.35}$$

则方程（3.32）的共轭方程为

$$\bar{\check{\psi}}(\ddot{x})(\gamma_\mu\overleftarrow{\ddot{\partial}}_\mu-km)=0 \tag{3.36}$$

（3.35）式中取 $+\gamma_6$ 则适用于反世界量子场论中的正、反粒子（其中的正粒子被描述为逆时运动的反粒子）和反世界相对论量子力学中的反粒子，取 $-\gamma_6$ 则只适用于反世界相对论量子力学中的正粒子。

把（3.32）式左乘以$\bar{\check{\psi}}(\ddot{x})$与(3.36)式右乘以$\check{\psi}(\ddot{x})$ 相加，得守恒定律

$$\ddot{\partial}_\mu\ddot{j}_\mu=0,\ \ddot{j}_\mu=\bar{\check{\psi}}(\ddot{x})\gamma_\mu\check{\psi}(\ddot{x}), \tag{3.37}$$

主要用来描述反世界相对论量子力学中的正、负几率守恒。

§2 波动方程的平面波解和一般解

1. 正世界波动方程的平面波解和一般解

令$\hat{\psi}(\dot{x})=\hat{u}(\vec{P},\ E)e^{i\dot{P}\cdot\dot{x}}$，$\hat{u}(\vec{P},\ E)=\hat{A}\begin{bmatrix}\phi\\\chi\end{bmatrix}$（$\hat{A}$为归一化常数），可将方程（3.25）写成

$$\begin{bmatrix}-E+m & \vec{\sigma}\cdot\vec{P}\\ -\vec{\sigma}\cdot\vec{P} & E+m\end{bmatrix}\begin{bmatrix}\phi\\\chi\end{bmatrix}=0 \tag{3.38}$$

（3.38）式有非零解的条件是它的系数行列式等于零，从而求得 $E=\pm\sqrt{\vec{P}^2+m^2}$。将（3.38）式写为

$$\left.\begin{aligned}(-E+m)\phi+\vec{\sigma}\cdot\vec{P}\chi=0\\ -\vec{\sigma}\cdot\vec{P}\phi+(E+m)\chi=0\end{aligned}\right\} \tag{3.39}$$

当 $E>0$ 时，由（3.39）式第二式得正粒子解

$$\chi=\frac{\vec{\sigma}\cdot\vec{P}}{E+m}\phi,\ \hat{u}(\vec{P},\ E)=\hat{A}\begin{bmatrix}\phi\\ \dfrac{\vec{\sigma}\cdot\vec{P}}{E+m}\phi\end{bmatrix} \tag{3.40}$$

选取 $\phi=\varphi_\sigma$（$\sigma=\pm1$，本书为简便计，将 σ_3 简写成 σ），$\varphi_{+1}=\begin{bmatrix}1\\0\end{bmatrix}$，

$\varphi_{-1}=\begin{bmatrix}0\\1\end{bmatrix}$。

当 $E<0$ 时，由（3.39）式第一式得反粒子解

$$\phi=\frac{\vec{\sigma}\cdot\vec{P}}{E-m}\chi,\quad \underset{\wedge}{u}(\vec{P},\ E)=\underset{\wedge}{A}\begin{bmatrix}\dfrac{\vec{\sigma}\cdot\vec{P}}{E-m}\chi\\ \chi\end{bmatrix}(E=-\sqrt{\vec{P}^2+m^2})，即$$

$$\underset{\wedge}{u}(\vec{P},\ -E)=\underset{\wedge}{A}\begin{bmatrix}\dfrac{-\vec{\sigma}\cdot\vec{P}}{E+m}\chi\\ \chi\end{bmatrix}(E=+\sqrt{\vec{P}^2+m^2})\tag{3.41}$$

选取 $\chi=\varphi_6$。

写出 $\underset{\wedge}{A}=(\frac{E+m}{2m})^{\frac{1}{2}}$，并且将（3.41）式中的 $\vec{P}$ 换成 $-\vec{P}$，可将（3.40）、（3.41）式写成

$$\left.\begin{aligned}\underset{\wedge}{u}_{\vec{P},\sigma}&=\underset{\wedge}{u}(\vec{P},\ E)=(\frac{E+m}{2m})^{\frac{1}{2}}\begin{bmatrix}\varphi_\sigma\\ \dfrac{\vec{\sigma}\cdot\vec{P}}{E+m}\varphi_\sigma\end{bmatrix}\\ \underset{\wedge}{U}_{\vec{P},\sigma}&=\underset{\wedge}{u}(-\vec{P},\ -E)=(\frac{E+m}{2m})^{\frac{1}{2}}\begin{bmatrix}\dfrac{\vec{\sigma}\cdot\vec{P}}{E+m}\varphi_\sigma\\ \varphi_\sigma\end{bmatrix}\end{aligned}\right\}\tag{3.42}$$

正粒子的平面波解是

$$\underset{\wedge}{\psi}(\underset{\cdot}{x})=\underset{\wedge}{u}_{\vec{P},\sigma}e^{i\underset{\cdot}{P}\cdot\underset{\cdot}{x}}(其中\ E=+\sqrt{\vec{P}^2+m^2})\tag{3.43}$$

反粒子的平面波解是

$$\underset{\wedge}{\psi}(\underset{\cdot}{x})=\underset{\wedge}{U}_{\vec{P},\sigma}e^{-i\underset{\cdot}{P}\cdot\underset{\cdot}{x}}(其中\ E=+\sqrt{\vec{P}^2+m^2})\tag{3.44}$$

$\underset{\wedge}{u}_{\vec{P},\sigma}$ 和 $\underset{\wedge}{U}_{\vec{P},\sigma}$ 满足下列方程：

$$\left.\begin{aligned}(i\underset{\cdot}{\hat{P}}+km)\underset{\wedge}{u}_{\vec{P},\sigma}&=0\\ (-i\underset{\cdot}{\hat{P}}+km)\underset{\wedge}{U}_{\vec{P},\sigma}&=0\end{aligned}\right\}(\underset{\cdot}{\hat{P}}\equiv\gamma_\mu\underset{\cdot}{P}_\mu)\tag{3.45}$$

下面只讨论平面波解的旋量部分的正交归一性和完备性。不难证明下列公式成立：

$$\left.\begin{aligned}\bar{\underset{\wedge}{u}}_{\vec{P},\sigma}\underset{\wedge}{u}_{\vec{P},\sigma'}&=\delta_{\sigma\sigma'}\\ \bar{\underset{\wedge}{U}}_{\vec{P},\sigma}\underset{\wedge}{U}_{\vec{P},\sigma'}&=-\delta_{\sigma\sigma'}\end{aligned}\right\}(其中\ \bar{\underset{\wedge}{u}}_{\vec{P},\sigma}=\underset{\wedge}{u}^+_{\vec{P},\sigma}\gamma_4,\ \bar{\underset{\wedge}{U}}_{\vec{P},\sigma}=\underset{\wedge}{U}^+_{\vec{P},\sigma}\gamma_4)\tag{3.46}$$

$$\bar{\underset{\wedge}{u}}_{\vec{P},\sigma}\underset{\wedge}{U}_{\vec{P},\sigma'}=\bar{\underset{\wedge}{U}}_{\vec{P},\sigma}\underset{\wedge}{u}_{\vec{P},\sigma'}=0\quad[\bar{\underset{\wedge}{u}}_{\vec{P},\sigma}=\underset{\wedge}{u}^+_{\vec{P},\sigma}(\pm\gamma_4),\ \bar{\underset{\wedge}{U}}_{\vec{P},\sigma}=\underset{\wedge}{U}^+_{\vec{P},\sigma}(\pm\gamma_4)]\tag{3.47}$$

$$\overline{\underset{\wedge}{U}}_{\vec{P},\sigma}\underset{\wedge}{U}_{\vec{P},\sigma'}=\delta_{\sigma\sigma'}\quad\left[\overline{\underset{\wedge}{U}}_{\vec{P},\sigma}=\underset{\wedge}{U}^{+}_{\vec{P},\sigma}(-\gamma_4)\right]\tag{3.48}$$

$$\left.\begin{aligned}\overline{\underset{\wedge}{u}}_{\vec{P},\sigma}\gamma_4\underset{\wedge}{u}_{\vec{P},\sigma'}&=\frac{E}{m}\delta_{\sigma\sigma'}\\ \overline{\underset{\wedge}{U}}_{\vec{P},\sigma}\gamma_4\underset{\wedge}{U}_{\vec{P},\sigma'}&=\frac{E}{m}\delta_{\sigma\sigma'}\end{aligned}\right\}(\overline{\underset{\wedge}{u}}_{\vec{P},\sigma}=\underset{\wedge}{u}^{+}_{\vec{P},\sigma}\gamma_4,\ \overline{\underset{\wedge}{U}}_{\vec{P},\sigma}=\underset{\wedge}{U}^{+}_{\vec{P},\sigma}\gamma_4)\tag{3.49}$$

$$\overline{\underset{\wedge}{u}}_{\vec{P},\sigma}\gamma_4\underset{\wedge}{U}_{-\vec{P},\sigma'}=\overline{\underset{\wedge}{U}}_{\vec{P},\sigma}\gamma_4\underset{\wedge}{u}_{-\vec{P},\sigma'}=0\quad\left[\overline{\underset{\wedge}{u}}_{\vec{P},\sigma}=\underset{\wedge}{u}^{+}_{\vec{P},\sigma}(\pm\gamma_4),\ \overline{\underset{\wedge}{U}}_{\vec{P},\sigma}=\underset{\wedge}{U}^{+}_{\vec{P},\sigma}(\pm\gamma_4)\right],\tag{3.50}$$

$$\overline{\underset{\wedge}{U}}_{\vec{P},\sigma}\gamma_4\underset{\wedge}{U}_{\vec{P},\sigma'}=-\frac{E}{m}\delta_{\sigma\sigma'}\quad\left[\overline{\underset{\wedge}{U}}_{\vec{P},\sigma}=\underset{\wedge}{U}^{+}_{\vec{P},\sigma}(-\gamma_4)\right],\tag{3.51}$$

$$\left.\begin{aligned}\sum_{\sigma}\underset{\wedge}{u}_{\vec{P},\sigma}\overline{\underset{\wedge}{u}}_{\vec{P},\sigma}&=\frac{1}{2km}(-i\underset{\cdot}{\hat{P}}+km)\\ -\sum_{\sigma}\underset{\wedge}{U}_{\vec{P},\sigma}\overline{\underset{\wedge}{U}}_{\vec{P},\sigma}&=\frac{1}{2km}(i\underset{\cdot}{\hat{P}}+km)\end{aligned}\right\}(\overline{\underset{\wedge}{u}}_{\vec{P},\sigma}=\underset{\wedge}{u}^{+}_{\vec{P},\sigma}\gamma_4,\ \overline{\underset{\wedge}{U}}_{\vec{P},\sigma}=\underset{\wedge}{U}^{+}_{\vec{P},\sigma}\gamma_4)\tag{3.52}$$

$$\sum_{\sigma}\underset{\wedge}{U}_{\vec{P},\sigma}\overline{\underset{\wedge}{U}}_{\vec{P},\sigma}=\frac{1}{2km}(i\underset{\cdot}{\hat{P}}+km)\quad\left[\overline{\underset{\wedge}{U}}_{\vec{P},\sigma}=\underset{\wedge}{U}^{+}_{\vec{P},\sigma}(-\gamma_4)\right].\tag{3.53}$$

（3.52）式中两式相加，得到只适用于正世界量子场论的完备性条件

$$\sum_{\sigma}(\underset{\wedge}{u}_{\vec{P},\sigma}\overline{\underset{\wedge}{u}}_{\vec{P},\sigma}-\underset{\wedge}{U}_{\vec{P},\sigma}\overline{\underset{\wedge}{U}}_{\vec{P},\sigma})=1\tag{3.54}$$

由（3.52）式第一式与（3.45）式第一式，或只用（3.46）式第一式，即可得到只适用于正世界相对论量子力学中的正粒子的完备性条件：

$$\sum_{\sigma}\underset{\wedge}{u}_{\vec{P},\sigma}\overline{\underset{\wedge}{u}}_{\vec{P},\sigma}\underset{\wedge}{u}_{\vec{P},\sigma'}=\frac{1}{2km}(-i\underset{\cdot}{\hat{P}}+km)\underset{\wedge}{u}_{\vec{P},\sigma'}=\frac{1}{2km}(km+km)\underset{\wedge}{u}_{\vec{P},\sigma'}=\underset{\wedge}{u}_{\vec{P},\sigma'},$$

或

$$\sum_{\sigma}\underset{\wedge}{u}_{\vec{P},\sigma}\overline{\underset{\wedge}{u}}_{\vec{P},\sigma}\underset{\wedge}{u}_{\vec{P},\sigma'}=\sum_{\sigma}\underset{\wedge}{u}_{\vec{P},\sigma}\delta_{\sigma\sigma'}=\underset{\wedge}{u}_{\vec{P},\sigma'}\text{，因而有}$$

$$\sum_{\sigma}\underset{\wedge}{u}_{\vec{P},\sigma}\overline{\underset{\wedge}{u}}_{\vec{P},\sigma}=1.\tag{3.55}$$

由（3.53）式与（3.45）式第二式，或只用（3.48）式，即可得到只适用于正世界相对论量子力学中的反粒子的完备性条件：

$$\sum_{\sigma}\underset{\wedge}{U}_{\vec{P},\sigma}\overline{\underset{\wedge}{U}}_{\vec{P},\sigma}\underset{\wedge}{U}_{\vec{P},\sigma'}=\frac{1}{2km}(i\underset{\cdot}{\hat{P}}+km)\underset{\wedge}{U}_{\vec{P},\sigma'}=\frac{1}{2km}(km+km)\underset{\wedge}{U}_{\vec{P},\sigma'}=\underset{\wedge}{U}_{\vec{P},\sigma'},$$

或

$$\sum_{\sigma}\underset{\wedge}{U}_{\vec{P},\sigma}\overline{\underset{\wedge}{U}}_{\vec{P},\sigma}\underset{\wedge}{U}_{\vec{P},\sigma'}=\sum_{\sigma}\underset{\wedge}{U}_{\vec{P},\sigma}\delta_{\sigma\sigma'}=\underset{\wedge}{U}_{\vec{P},\sigma'},$$

因而有

$$\sum_{\sigma}\underset{\wedge}{U}_{\vec{P},\sigma}\overline{\underset{\wedge}{U}}_{\vec{P},\sigma}=1\tag{3.56}$$

与完备性条件（3.54）式相对应，一般应有只适用于正世界量子场论的一般解

$$\underset{\wedge}{\psi}(\underset{\cdot}{x}) = \sum_{\vec{P},\sigma}\sqrt{\frac{km}{VE}}\left(\underset{\wedge}{a}_{\vec{P},\sigma}\,\underset{\wedge}{u}_{\vec{P},\sigma}e^{i\underset{\cdot\cdot}{Px}} + \underset{\wedge}{b}^{+}_{\vec{P},\sigma}\,\underset{\wedge}{U}_{\vec{P},\sigma}e^{-i\underset{\cdot\cdot}{Px}}\right), \tag{3.57}$$

根号中的 k 是本书的代数基元，V 是归一化体积。与完备性条件（3.55）式相对应，应有只适用于正世界相对论量子力学中的正粒子的一般解

$$\underset{\wedge}{\psi}_{+}(\underset{\cdot}{x}) = \sum_{\vec{P},\sigma}\underset{\wedge}{a}_{\vec{P},\sigma}\sqrt{\frac{km}{VE}}\,\underset{\wedge}{u}_{\vec{P},\sigma}e^{i\underset{\cdot\cdot}{Px}} \tag{3.58}$$

与完备性条件（3.56）式相对应，应有只适用于正世界相对论量子力学中的反粒子的一般解

$$\underset{\wedge}{\psi}_{-}(\underset{\cdot}{x}) = \sum_{\vec{P},\sigma}\underset{\wedge}{b}_{\vec{P},\sigma}\sqrt{\frac{km}{VE}}\,\underset{\wedge}{U}_{\vec{P},\sigma}e^{-i\underset{\cdot\cdot}{Px}} \tag{3.59}$$

不难证明，（3.57）式的一般解满足归一化条件

$$\int_V \overline{\underset{\wedge}{\psi}}(\underset{\cdot}{x})\gamma_4\underset{\wedge}{\psi}(\underset{\cdot}{x})\,\mathrm{d}\underset{\cdot}{V} = \sum_{\vec{P},\sigma}\left(\underset{\wedge}{a}^{+}_{\vec{P},\sigma}\underset{\wedge}{a}_{\vec{P},\sigma} + \underset{\wedge}{b}_{\vec{P},\sigma}\underset{\wedge}{b}^{+}_{\vec{P},\sigma}\right) = 1, \tag{3.60}$$

其中用了（3.49）式。利用（3.49）式第一式，不难证明（3.58）式的一般解满足归一化条件

$$\int_V \overline{\underset{\wedge}{\psi}}_{+}(\underset{\cdot}{x})\gamma_4\underset{\wedge}{\psi}_{+}(\underset{\cdot}{x})\,\mathrm{d}\underset{\cdot}{V} = \sum_{\vec{P},\sigma}\underset{\wedge}{a}^{+}_{\vec{P},\sigma}\underset{\wedge}{a}_{\vec{P},\sigma} = 1\left(\overline{\underset{\wedge}{\psi}}_{+} = \underset{\wedge}{\psi}^{+}_{+}\gamma_4\right), \tag{3.61}$$

（3.61）式给出了坐标表象中的正几率和动量表象中的正几率。利用(3.51)式，不难证明（3.59）式的一般解满足归一化条件

$$\int_V \overline{\underset{\wedge}{\psi}}_{-}(\underset{\cdot}{x})\gamma_4\underset{\wedge}{\psi}_{-}(\underset{\cdot}{x})\,\mathrm{d}\underset{\cdot}{V} = \sum_{\vec{P},\sigma}\left(-\underset{\wedge}{b}^{+}_{\vec{P},\sigma}\underset{\wedge}{b}_{\vec{P},\sigma}\right) = -1\quad\left[\overline{\underset{\wedge}{\psi}}_{-} = \underset{\wedge}{\psi}^{+}_{-}(-\gamma_4)\right], \tag{3.62}$$

（3.62）式虽然给出了坐标表象中的负几率，却给出了动量表象中的正几率 $\sum_{\vec{P},\sigma}\underset{\wedge}{b}^{+}_{\vec{P},\sigma}\underset{\wedge}{b}_{\vec{P},\sigma} = 1$。

2. *反世界波动方程的平面波解和一般解*

令 $\underset{\vee}{\psi}(\underset{\cdot\cdot}{x}) = \underset{\vee}{U}(-\vec{P},\ -E)e^{i\underset{\cdot\cdot}{P}\underset{\cdot\cdot}{x}}$，$\underset{\vee}{U}(-\vec{P},\ -E) = \underset{\vee}{A}\begin{bmatrix}\phi\\ \chi\end{bmatrix}$（$\underset{\vee}{A}$ 为归一化常数），可将方程（3.32）写成

$$\begin{bmatrix} E - im & \vec{\sigma}\cdot\vec{P} \\ -\vec{\sigma}\cdot\vec{P} & -E - im \end{bmatrix}\begin{bmatrix}\phi\\ \chi\end{bmatrix} = 0. \tag{3.63}$$

(3.63)式有非零解的条件是它的系数行列式等于零，从而求得 $E = \pm\sqrt{\vec{P}^2 - m^2}$，这与第三章第二节 §1 中提到的用$(im)^2$ 取代 $E^2 = \vec{P}^2 + m^2$ 中的 m^2 相一致。将（3.63）式写成

$$\left.\begin{aligned}(E - im)\phi + \vec{\sigma}\cdot\vec{P}\chi = 0\\ \vec{\sigma}\cdot\vec{P}\phi + (E + im)\chi = 0\end{aligned}\right\} \tag{3.64}$$

注意，对正世界的 $\sim e^{i P \cdot \underset{\cdot\cdot}{x}} = \sim e^{i(\vec{P}\cdot\vec{r}-Et)}$ 来讲，$E>0$ 代表正粒子解，$E<0$ 代表反粒子解。但对反世界的 $\sim e^{i \underset{\cdot\cdot}{P} \cdot \underset{\cdot\cdot}{x}} = \sim e^{i(-\vec{P}\cdot\vec{r}+Et)}$ 来讲，$E>0$ 代表反粒子解，$E<0$ 代表正粒子解。

当 $E>0$ 时，由（3.64）式第二式得反粒子解

$$\chi = \frac{-\vec{\sigma}\cdot\vec{P}}{E+im}\phi,\quad \underset{\vee}{U}(-\vec{P},\ -E) = \underset{\vee}{A}\begin{bmatrix} \phi \\ \dfrac{-\vec{\sigma}\cdot\vec{P}}{E+im}\phi \end{bmatrix}, \tag{3.65}$$

选取 $\phi=\varphi_\sigma$（$\sigma=\pm 1$ 是 $\vec{\sigma}$ 在 $-\vec{P}$ 方向上的投影的本征值），$\varphi_{+1}=\begin{bmatrix}1\\0\end{bmatrix}$，$\varphi_{-1}=\begin{bmatrix}0\\1\end{bmatrix}$。

当 $E<0$ 时，由（3.64）式第一式得正粒子解

$$\phi = \frac{-\vec{\sigma}\cdot\vec{P}}{E-im}\chi,\quad \underset{\vee}{U}(-\vec{P},\ -E) = \underset{\vee}{A}\begin{bmatrix} \dfrac{-\vec{\sigma}\cdot\vec{P}}{E-im}\chi \\ \chi \end{bmatrix}\left(E=-\sqrt{\vec{P}^2-m^2}\right)，即$$

$$\underset{\vee}{U}(-\vec{P},\ E) = \underset{\vee}{A}\begin{bmatrix} \dfrac{\vec{\sigma}\cdot\vec{P}}{E+im}\chi \\ \chi \end{bmatrix}\left(E=+\sqrt{\vec{P}^2-m^2}\right), \tag{3.66}$$

选取 $\chi=\varphi_6$。

写出 $\underset{\vee}{A}=\left(\dfrac{|\vec{P}|}{2m}\right)^{\frac{1}{2}}$，并且将（3.66）式中的 $-\vec{P}$ 换为 $\vec{P}$，可将（3.65）、（3.66）式写成

$$\left.\begin{aligned} \underset{\vee}{U}_{-\vec{P},\sigma} &= \underset{\vee}{U}(-\vec{P},\ -E) = \left(\frac{|\vec{P}|}{2m}\right)^{\frac{1}{2}}\begin{bmatrix} \varphi_\sigma \\ \dfrac{-\vec{\sigma}\cdot\vec{P}}{E+im}\varphi_\sigma \end{bmatrix} \\ \underset{\vee}{u}_{-\vec{P},\sigma} &= \underset{\vee}{U}(\vec{P},\ E) = \left(\frac{|\vec{P}|}{2m}\right)^{\frac{1}{2}}\begin{bmatrix} \dfrac{-\vec{\sigma}\cdot\vec{P}}{E+im}\varphi_\sigma \\ \varphi_\sigma \end{bmatrix} \end{aligned}\right\} \tag{3.67}$$

反粒子的平面波解是

$$\underset{\vee}{\psi}(\underset{\cdot\cdot}{x}) = \underset{\vee}{U}_{-\vec{P},\sigma}e^{i\underset{\cdot\cdot}{P}\cdot\underset{\cdot\cdot}{x}}\ (其中\ E=+\sqrt{\vec{P}^2-m^2}), \tag{3.68}$$

正粒子的平面波解是

$$\underset{\vee}{\psi}(\underset{\cdot\cdot}{x}) = \underset{\vee}{u}_{-\vec{P},\sigma}e^{-i\underset{\cdot\cdot}{P}\cdot\underset{\cdot\cdot}{x}}\ (其中\ E=+\sqrt{\vec{P}^2-m^2}). \tag{3.69}$$

$\underset{\vee}{U}_{-\vec{P},\sigma}$ 和 $\underset{\vee}{u}_{-\vec{P},\sigma}$ 满足下列方程：

$$\left.\begin{aligned}&(i\underset{\cdot\cdot}{\hat{P}}+km)\underset{\vee}{U}_{-\vec{P},\sigma}=0\\&(-i\underset{\cdot\cdot}{\hat{P}}+km)\underset{\vee}{u}_{-\vec{P},\sigma}=0\end{aligned}\right\}(\underset{\cdot\cdot}{\hat{P}}\equiv\gamma_\mu\underset{\cdot\cdot}{P}_\mu)\tag{3.70}$$

下面只讨论平面波解的旋量部分的正交归一性和完备性。不难证明下列公式成立：

$$\left.\begin{aligned}&\underset{\vee}{\overline{U}}_{-\vec{P},\sigma}\underset{\vee}{U}_{-\vec{P},\sigma'}=\delta_{\sigma\sigma'}\\&\underset{\vee}{\overline{u}}_{-\vec{P},\sigma}\underset{\vee}{u}_{-\vec{P},\sigma'}=-\delta_{\sigma\sigma'}\end{aligned}\right\}(\underset{\vee}{\overline{U}}_{-\vec{P},\sigma}=\underset{\vee}{U}^{+}_{-\vec{P},\sigma}\gamma_6,\ \underset{\vee}{\overline{u}}_{-\vec{P},\sigma}=\underset{\vee}{u}^{+}_{-\vec{P},\sigma}\gamma_6)\tag{3.71}$$

$$\underset{\vee}{\overline{U}}_{-\vec{P},\sigma}\underset{\vee}{u}_{-\vec{P},\sigma'}=\underset{\vee}{\overline{u}}_{-\vec{P},\sigma}\underset{\vee}{U}_{-\vec{P},\sigma'}=0\quad[\underset{\vee}{\overline{U}}_{-\vec{P},\sigma}=\underset{\vee}{U}^{+}_{-\vec{P},\sigma}(\pm\gamma_6),\ \underset{\vee}{\overline{u}}_{-\vec{P},\sigma}=\underset{\vee}{u}^{+}_{-\vec{P},\sigma}(\pm\gamma_6)],\tag{3.72}$$

$$\underset{\vee}{\overline{u}}_{-\vec{P},\sigma}\underset{\vee}{u}_{-\vec{P},\sigma'}=\delta_{\sigma\sigma'}\quad[\underset{\vee}{\overline{u}}_{-\vec{P},\sigma}=\underset{\vee}{u}^{+}_{-\vec{P},\sigma}(-\gamma_6)]\tag{3.73}$$

$$\left.\begin{aligned}&\underset{\vee}{\overline{U}}_{-\vec{P},\sigma}\gamma_4\underset{\vee}{U}_{-\vec{P},\sigma'}=-i\frac{E}{m}\delta_{\sigma\sigma'}\\&\underset{\vee}{\overline{u}}_{-\vec{P},\sigma}\gamma_4\underset{\vee}{u}_{-\vec{P},\sigma'}=-i\frac{E}{m}\delta_{\sigma\sigma'}\end{aligned}\right\}(\underset{\vee}{\overline{U}}_{-\vec{P},\sigma}=\underset{\vee}{U}^{+}_{-\vec{P},\sigma}\gamma_6,\ \underset{\vee}{\overline{u}}_{-\vec{P},\sigma}=\underset{\vee}{u}^{+}_{-\vec{P},\sigma}\gamma_6)\tag{3.74}$$

$$\underset{\vee}{\overline{U}}_{-\vec{P},\sigma}\gamma_4\underset{\vee}{u}_{+\vec{P},\sigma'}=\underset{\vee}{\overline{u}}_{-\vec{P},\sigma}\gamma_4\underset{\vee}{U}_{+\vec{P},\sigma'}=0\quad[\underset{\vee}{\overline{U}}_{-\vec{P},\sigma}=\underset{\vee}{U}^{+}_{-\vec{P},\sigma}(\pm\gamma_6),\ \underset{\vee}{\overline{u}}_{-\vec{P},\sigma}=\underset{\vee}{u}^{+}_{-\vec{P},\sigma}(\pm\gamma_6)]\tag{3.75}$$

$$\underset{\vee}{\overline{u}}_{-\vec{P},\sigma}\gamma_4\underset{\vee}{u}_{-\vec{P},\sigma'}=i\frac{E}{m}\delta_{\sigma\sigma'}\quad[\underset{\vee}{\overline{u}}_{-\vec{P},\sigma}=\underset{\vee}{u}^{+}_{-\vec{P},\sigma}(-\gamma_6)]\tag{3.76}$$

$$\left.\begin{aligned}&\sum_\sigma\underset{\vee}{U}_{-\vec{P},\sigma}\underset{\vee}{\overline{U}}_{-\vec{P},\sigma}=\frac{1}{2km}(-i\underset{\cdot\cdot}{\hat{P}}+km)\\&-\sum_\sigma\underset{\vee}{u}_{-\vec{P},\sigma}\underset{\vee}{\overline{u}}_{-\vec{P},\sigma}=\frac{1}{2km}(i\underset{\cdot\cdot}{\hat{P}}+km)\end{aligned}\right\}(\underset{\vee}{\overline{U}}_{-\vec{P},\sigma}=\underset{\vee}{U}^{+}_{-\vec{P},\sigma}\gamma_6,\ \underset{\vee}{\overline{u}}_{-\vec{P},\sigma}=\underset{\vee}{u}^{+}_{-\vec{P},\sigma}\gamma_6)\tag{3.77}$$

$$\sum_\sigma\underset{\vee}{u}_{-\vec{P},\sigma}\underset{\vee}{\overline{u}}_{-\vec{P},\sigma}=\frac{1}{2km}(i\underset{\cdot\cdot}{\hat{P}}+km)\quad[\underset{\vee}{\overline{u}}_{-\vec{P},\sigma}=\underset{\vee}{u}^{+}_{-\vec{P},\sigma}(-\gamma_6)]\tag{3.78}$$

(3.77) 式中两式相加，得到只适用于反世界量子场论的完备性条件

$$\sum_\sigma(\underset{\vee}{U}_{-\vec{P},\sigma}\underset{\vee}{\overline{U}}_{-\vec{P},\sigma}-\underset{\vee}{u}_{-\vec{P},\sigma}\underset{\vee}{\overline{u}}_{-\vec{P},\sigma})=1\tag{3.79}$$

由 (3.77) 式第一式与 (3.70) 式第一式，或只用 (3.71) 式第一式，即可得到只适用于反世界相对论量子力学中的反粒子的完备性条件：

$$\sum_\sigma\underset{\vee}{U}_{-\vec{P},\sigma}\underset{\vee}{\overline{U}}_{-\vec{P},\sigma}\underset{\vee}{U}_{-\vec{P},\sigma'}=\frac{1}{2km}(-i\underset{\cdot\cdot}{\hat{P}}+km)\underset{\vee}{U}_{-\vec{P},\sigma'}=\frac{1}{2km}(km+km)\underset{\vee}{U}_{-\vec{P},\sigma'}=$$

$\underset{\vee}{U}_{-\vec{P},\sigma'}$，或

$$\sum_{\sigma}\underset{\vee}{U}_{-\vec{P},\sigma}\overline{\underset{\vee}{U}}_{-\vec{P},\sigma}\underset{\vee}{U}_{-\vec{P},\sigma'}=\sum_{\sigma}\underset{\vee}{U}_{-\vec{P},\sigma}\delta_{\sigma\sigma'}=\underset{\vee}{U}_{-\vec{P},\sigma'}\text{，因而有}$$

$$\sum_{\sigma}\underset{\vee}{U}_{-\vec{P},\sigma}\overline{\underset{\vee}{U}}_{-\vec{P},\sigma}=1 \tag{3.80}$$

由（3.78）式与（3.70）式第二式，或只用（3.73）式，即可得到只适用于反世界相对论量子力学中的正粒子的完备性条件：

$$\sum_{\sigma}\underset{\vee}{u}_{-\vec{P},\sigma}\overline{\underset{\vee}{u}}_{-\vec{P},\sigma}\underset{\vee}{u}_{-\vec{P},\sigma'}=\frac{1}{2km}(i\underset{\cdot\cdot}{\hat{P}}+km)\underset{\vee}{u}_{-\vec{P},\sigma'}=\frac{1}{2km}(km+km)\underset{\vee}{u}_{-\vec{P},\sigma'}=\underset{\vee}{u}_{-\vec{P},\sigma'},$$

或

$$\sum_{\sigma}\underset{\vee}{u}_{-\vec{P},\sigma}\overline{\underset{\vee}{u}}_{-\vec{P},\sigma}\underset{\vee}{u}_{-\vec{P},\sigma'}=\sum_{\sigma}\underset{\vee}{u}_{-\vec{P},\sigma}\delta_{\sigma\sigma'}=\underset{\vee}{u}_{-\vec{P},\sigma'}\text{，因而有}$$

$$\sum_{\sigma}\underset{\vee}{u}_{-\vec{P},\sigma}\overline{\underset{\vee}{u}}_{-\vec{P},\sigma}=1 \tag{3.81}$$

与完备性条件（3.79）式相对应，一般应有只适用于反世界量子场论的一般解

$$\underset{\vee}{\psi}(\underset{\cdot\cdot}{x})=\sum_{\vec{P},\sigma}\sqrt{\frac{km}{VE}}\left(\underset{\vee}{b}_{-\vec{P},\sigma}\underset{\vee}{U}_{-\vec{P},\sigma}e^{i\underset{\cdot\cdot}{P}\underset{\cdot\cdot}{x}}+\underset{\vee}{a}^{+}_{-\vec{P},\sigma}\underset{\vee}{u}_{-\vec{P},\sigma}e^{-i\underset{\cdot\cdot}{P}\underset{\cdot\cdot}{x}}\right) \tag{3.82}$$

与完备性条件（3.80）相对应，应有只适用于反世界相对论量子力学中的反粒子的一般解

$$\underset{\vee}{\psi}_{-}(\underset{\cdot\cdot}{x})=\sum_{\vec{P},\sigma}\underset{\vee}{b}_{-\vec{P},\sigma}\sqrt{\frac{km}{VE}}\underset{\vee}{U}_{-\vec{P},\sigma}e^{i\underset{\cdot\cdot}{P}\underset{\cdot\cdot}{x}} \tag{3.83}$$

与完备性条件（3.81）式相对应，应有只适用于反世界相对论量子力学中的正粒子的一般解

$$\underset{\vee}{\psi}_{+}(\underset{\cdot\cdot}{x})=\sum_{\vec{P},\sigma}\underset{\vee}{a}_{-\vec{P},\sigma}\sqrt{\frac{km}{VE}}\underset{\vee}{u}_{-\vec{P},\sigma}e^{-i\underset{\cdot\cdot}{P}\underset{\cdot\cdot}{x}} \tag{3.84}$$

利用（3.74）式，不难证明（3.82）式的一般解满足归一化条件

$$\int_V\overline{\underset{\vee}{\psi}}(\underset{\cdot\cdot}{x})\gamma_4\underset{\vee}{\psi}(\underset{\cdot\cdot}{x})\mathrm{d}\underset{\cdot\cdot}{V}=-\sum_{\vec{P},\sigma}\left(\underset{\vee}{b}^{+}_{-\vec{P},\sigma}\underset{\vee}{b}_{-\vec{P},\sigma}+\underset{\vee}{a}_{-\vec{P},\sigma}\underset{\vee}{a}^{+}_{-\vec{P},\sigma}\right)=-1 \tag{3.85}$$

利用（3.74）式第一式，不难证明（3.83）式的一般解满足归一化条件

$$\int_V\overline{\underset{\vee}{\psi}}_{-}(\underset{\cdot\cdot}{x})\gamma_4\underset{\vee}{\psi}_{-}(\underset{\cdot\cdot}{x})\mathrm{d}\underset{\cdot\cdot}{V}=-\sum_{\vec{P},\sigma}\underset{\vee}{b}^{+}_{-\vec{P},\sigma}\underset{\vee}{b}_{-\vec{P},\sigma}=-1\quad\left(\overline{\underset{\vee}{\psi}}_{-}=\underset{\vee}{\psi}^{+}_{-}\gamma_6\right) \tag{3.86}$$

（3.86）式虽然给出了坐标表象中的负几率，却给出了动量表象中的正几率 $\sum_{\vec{P},\sigma}\underset{\vee}{b}^{+}_{-\vec{P},\sigma}\underset{\vee}{b}_{-\vec{P},\sigma}=1$。利用（3.76）式，不难证明（3.84）式的一般解满足归一化条件

$$\int_V\overline{\underset{\vee}{\psi}}_{+}(\underset{\cdot\cdot}{x})\gamma_4\underset{\vee}{\psi}_{+}(\underset{\cdot\cdot}{x})\mathrm{d}\underset{\cdot\cdot}{V}=\sum_{\vec{P},\sigma}\underset{\vee}{a}^{+}_{-\vec{P},\sigma}\underset{\vee}{a}_{-\vec{P},\sigma}=1\quad\left[\overline{\underset{\vee}{\psi}}_{+}=\underset{\vee}{\psi}^{+}_{+}(-\gamma_6)\right] \tag{3.87}$$

（3.87）式给出了坐标表象中的正几率和动量表象中的正几率。

§3　波动方程的协变性

本节内容适用于$\overline{\underset{\wedge}{\psi}}(\underset{\cdot}{x})=\underset{\wedge}{\psi}^{+}(\underset{\cdot}{x})(\pm\gamma_4)$和$\overline{\underset{\vee}{\psi}}(\underset{\cdot\cdot}{x})=\underset{\vee}{\psi}^{+}(\underset{\cdot\cdot}{x})(\pm\gamma_6)$，但为了方便，只写出其中的$\overline{\underset{\wedge}{\psi}}(\underset{\cdot}{x})=\underset{\wedge}{\psi}^{+}(\underset{\cdot}{x})\gamma_4$和$\overline{\underset{\vee}{\psi}}(\underset{\cdot\cdot}{x})=\underset{\vee}{\psi}^{+}(\underset{\cdot\cdot}{x})\gamma_6$。本节将用到：$\gamma_5=\gamma_1\gamma_2\gamma_3\gamma_4=\begin{bmatrix}0 & -I\\ -I & 0\end{bmatrix}$，$\gamma_5\gamma_\mu+\gamma_\mu\gamma_5=0$，$\gamma_5^{+}=\gamma_5$，$\gamma_5^2=1$。

1. 正世界方程→正世界方程

在$\underset{\cdot}{x}_\mu\to\underset{\cdot}{x}'_\mu=a_{\mu\nu}^{(1)}\underset{\cdot}{x}_\nu$，$\underset{\cdot}{\partial}_\mu\to\underset{\cdot}{\partial}'_\mu=a_{\mu\nu}^{(1)}\underset{\cdot}{\partial}_\nu$和

$$\underset{\wedge}{\psi}(\underset{\cdot}{x})\to\underset{\wedge}{\psi}'(\underset{\cdot}{x}')=\Lambda_1\underset{\wedge}{\psi}(\underset{\cdot}{x})\tag{3.88}$$

等变换下，方程（3.25）变为

$$(\gamma_\mu\underset{\cdot}{\partial}'_\mu+km)\underset{\wedge}{\psi}'(\underset{\cdot}{x}')=(\gamma_\mu a_{\mu\nu}^{(1)}\underset{\cdot}{\partial}_\nu+km)\Lambda_1\underset{\wedge}{\psi}(\underset{\cdot}{x})=0,$$

方程的不变性要求

$$\Lambda_1^{-1}\gamma_\mu\Lambda_1a_{\mu\nu}^{(1)}=\gamma_\nu\ \text{或}\ \Lambda_1^{-1}\gamma_\mu\Lambda_1=a_{\mu\nu}^{(1)}\gamma_\nu\tag{3.89}$$

考虑一个无穷小转动变换$a_{\mu\nu}^{(1)}=\delta_{\mu\nu}+d\theta_{\mu\nu}^{(1)}$，不难求得$\Lambda_1=1+\frac{1}{2}\gamma_\mu\gamma_\nu d\theta_{\mu\nu}^{(1)}$。

$$\overline{\underset{\wedge}{\psi}'}(\underset{\cdot}{x}')=\underset{\wedge}{\psi}'^{+}(\underset{\cdot}{x}')\gamma_4=\underset{\wedge}{\psi}^{+}(\underset{\cdot}{x})\Lambda_1^{+}\gamma_4=\overline{\underset{\wedge}{\psi}}(\underset{\cdot}{x})\gamma_4\Lambda_1^{+}\gamma_4\tag{3.90}$$

考虑到$d\theta_{4i}^{(1)+}=-d\theta_{4i}^{(1)}$，$d\theta_{i4}^{(1)+}=-d\theta_{i4}^{(1)}$，$d\theta_{ij}^{(1)+}=d\theta_{ij}^{(1)}$，$(i,\ j=1,\ 2,\ 3)$，不难证明

$$\gamma_4\Lambda_1^{+}\gamma_4=(1-\frac{1}{2}\gamma_\mu\gamma_\nu d\theta_{\mu\nu}^{(1)})=\Lambda_1^{-1},$$

故（3.90）式可写为

$$\overline{\underset{\wedge}{\psi}'}(\underset{\cdot}{x}')=\overline{\underset{\wedge}{\psi}}(\underset{\cdot}{x})\Lambda_1^{-1}.\tag{3.91}$$

根据$\underset{\wedge}{\psi}(\underset{\cdot}{x})$和$\overline{\underset{\wedge}{\psi}}(\underset{\cdot}{x})$的变换性质，可构成五个独立的协变量：标量$\overline{\underset{\wedge}{\psi}}\underset{\wedge}{\psi}$，矢量$\overline{\underset{\wedge}{\psi}}\gamma_\mu\underset{\wedge}{\psi}$，反对称张量$\overline{\underset{\wedge}{\psi}}(\gamma_\mu\gamma_\nu-\gamma_\nu\gamma_\mu)\underset{\wedge}{\psi}$，赝矢量$\overline{\underset{\wedge}{\psi}}\gamma_\mu\gamma_5\underset{\wedge}{\psi}$，赝标量$\overline{\underset{\wedge}{\psi}}\gamma_5\underset{\wedge}{\psi}$。

2. 反世界方程→反世界方程

在$\underset{\cdot\cdot}{x}_\mu\to\underset{\cdot\cdot}{x}'_\mu=a_{\mu\nu}^{(2)}\underset{\cdot\cdot}{x}_\nu$，$\underset{\cdot\cdot}{\partial}_\mu\to\underset{\cdot\cdot}{\partial}'_\mu=a_{\mu\nu}^{(2)}\underset{\cdot\cdot}{\partial}_\nu$和

$$\underset{\vee}{\psi}(\underset{\cdot\cdot}{x})\to\underset{\vee}{\psi}'(\underset{\cdot\cdot}{x}')=\Lambda_2\underset{\vee}{\psi}(\underset{\cdot\cdot}{x})\tag{3.92}$$

等变换下，方程（3.32）变为

$$(\gamma_\mu\underset{\cdot\cdot}{\partial}'_\mu+km)\underset{\vee}{\psi}'(\underset{\cdot\cdot}{x}')=(\gamma_\mu a_{\mu\nu}^{(2)}\underset{\cdot\cdot}{\partial}_\nu+km)\Lambda_2\underset{\vee}{\psi}(\underset{\cdot\cdot}{x})=0,$$

方程的不变性要求

$$\Lambda_2^{-1}\gamma_\mu\Lambda_2a_{\mu\nu}^{(2)}=\gamma_\nu\ \text{或}\ \Lambda_2^{-1}\gamma_\mu\Lambda_2=a_{\mu\nu}^{(2)}\gamma_\nu.\tag{3.93}$$

考虑一个无穷小转动变换 $a_{\mu\nu}^{(2)}=\delta_{\mu\nu}+\mathrm{d}\theta_{\mu\nu}^{(2)}$，不难求得

$$\Lambda_2=1+\frac{1}{2}\gamma_\mu\gamma_\nu\mathrm{d}\theta_{\mu\nu}^{(2)},$$

$$\overline{\underset{\vee}{\psi}'}(\underset{\cdot\cdot}{x}')=\underset{\vee}{\psi}'^{+}(\underset{\cdot\cdot}{x}')\gamma_6=\underset{\vee}{\psi}^{+}(\underset{\cdot\cdot}{x})\Lambda_2^{+}\gamma_6=\overline{\underset{\vee}{\psi}}(\underset{\cdot\cdot}{x})\gamma_6\Lambda_2^{+}\gamma_6. \qquad (3.94)$$

考虑到 $\mathrm{d}\theta_{4i}^{(2)+}=-\mathrm{d}\theta_{4i}^{(2)}$，$\mathrm{d}\theta_{i4}^{(2)+}=-\mathrm{d}\theta_{i4}^{(2)}$，$\mathrm{d}\theta_{ij}^{(2)+}=\mathrm{d}\theta_{ij}^{(2)}(i,j=1,2,3)$，不难证明

$$\gamma_6\Lambda_2^{+}\gamma_6=(1-\frac{1}{2}\gamma_\mu\gamma_\nu\mathrm{d}\theta_{\mu\nu}^{(2)})=\Lambda_2^{-1},$$

故（3.94）式可写为

$$\overline{\underset{\vee}{\psi}'}(\underset{\cdot\cdot}{x}')=\overline{\underset{\vee}{\psi}}(\underset{\cdot\cdot}{x})\Lambda_2^{-1} \qquad (3.95)$$

根据$\underset{\vee}{\psi}(\underset{\cdot\cdot}{x})$ 和$\overline{\underset{\vee}{\psi}}(\underset{\cdot\cdot}{x})$ 的变换性质，可构成五个独立的协变量：标量$\overline{\underset{\vee}{\psi}}\underset{\vee}{\psi}$，矢量$\overline{\underset{\vee}{\psi}}\gamma_\mu\underset{\vee}{\psi}$，反对称张量$\overline{\underset{\vee}{\psi}}(\gamma_\mu\gamma_\nu-\gamma_\nu\gamma_\mu)\underset{\vee}{\psi}$，赝矢量$\overline{\underset{\vee}{\psi}}\gamma_\mu\gamma_5\underset{\vee}{\psi}$，赝标量$\overline{\underset{\vee}{\psi}}\gamma_5\underset{\vee}{\psi}$。

3. 正世界方程→反世界方程

在$\underset{\cdot}{x}_\mu\to\underset{\cdot\cdot}{x}'_\mu=-a_{\mu\nu}^{(3)}\underset{\cdot}{x}_\nu$，$\underset{\cdot}{\partial}_\mu\to\underset{\cdot\cdot}{\partial}'_\mu=-a_{\mu\nu}^{(3)}\underset{\cdot}{\partial}_\nu$ 和

$$\underset{\wedge}{\psi}(\underset{\cdot}{x})\to\underset{\vee}{\psi}'(\underset{\cdot\cdot}{x}')=\gamma_5\Lambda_3\underset{\wedge}{\psi}(\underset{\cdot}{x}) \qquad (3.96)$$

等变换下，方程（3.25）变为方程（3.32）：

$$(\gamma_\mu\underset{\cdot\cdot}{\partial}'_\mu+km)\underset{\vee}{\psi}'(\underset{\cdot\cdot}{x}')=(-\gamma_\mu a_{\mu\nu}^{(3)}\underset{\cdot}{\partial}_\nu+km)\gamma_5\Lambda_3\underset{\wedge}{\psi}(\underset{\cdot}{x})=0,$$

要求

$$\Lambda_3^{-1}\gamma_5\gamma_\mu\gamma_5\Lambda_3a_{\mu\nu}^{(3)}=-\gamma_\nu \text{ 或 } \Lambda_3^{-1}\gamma_5\gamma_\mu\gamma_5\Lambda_3=-a_{\mu\nu}^{(3)}\gamma_\nu. \qquad (3.97)$$

可将（3.97）式写为

$$\Lambda_3^{-1}\gamma_\mu\Lambda_3=a_{\mu\nu}^{(3)}\gamma_\nu. \qquad (3.98)$$

下面来证明

$$\overline{\underset{\vee}{\psi}'}(\underset{\cdot\cdot}{x}')=\overline{\underset{\wedge}{\psi}}(\underset{\cdot}{x})\Lambda_3^{-1}\gamma_5. \qquad (3.99)$$

$$\overline{\underset{\vee}{\psi}'}(\underset{\cdot\cdot}{x}')=\underset{\vee}{\psi}'^{+}(\underset{\cdot\cdot}{x}')\gamma_6=\underset{\wedge}{\psi}^{+}(\underset{\cdot}{x})\Lambda_3^{+}\gamma_5\gamma_6=\underset{\wedge}{\psi}^{+}(\underset{\cdot}{x})\Lambda_3^{+}\gamma_4\gamma_3\gamma_2\gamma_1(-\sigma i\gamma_1\gamma_2\gamma_3)=$$

$$-\sigma i\,\underset{\wedge}{\psi}^{+}(\underset{\cdot}{x})\Lambda_3^{+}\gamma_4=-\sigma i\,\overline{\underset{\wedge}{\psi}}(\underset{\cdot}{x})\gamma_4\Lambda_3^{+}\gamma_4 \qquad (3.100)$$

（3.98）式两边取厄米共轭运算，考虑到 $a_{4i}^{(3)+}=a_{4i}^{(3)}$，$a_{i4}^{(3)+}=a_{i4}^{(3)}$，$a_{ij}^{(3)+}=-a_{ij}^{(3)}$，$(i,j=1,2,3)$，$a_{44}^{(3)+}=-a_{44}^{(3)}$，即可将（3.98）式写成

$$-a_{\mu\nu}^{(3)}\gamma_4\gamma_\nu\gamma_4=(\Lambda_3^{-1}\gamma_4\gamma_\mu\gamma_4\Lambda_3)^{+} \qquad (3.101)$$

可将（3.101）式写为

$$-\gamma_4\Lambda_3^{-1}\gamma_\mu\Lambda_3\gamma_4=\Lambda_3^{+}\gamma_4\gamma_\mu\gamma_4(\Lambda_3^{-1})^{+}. \qquad (3.102)$$

（3.102）式两边左乘以 $\Lambda_3\gamma_4$，右乘以 $\Lambda_3^{+}\gamma_4$，得

$$-\gamma_\mu(\Lambda_3\gamma_4\Lambda_3^{+}\gamma_4)=(\Lambda_3\gamma_4\Lambda_3^{+}\gamma_4)\gamma_\mu,$$

故有

$$\Lambda_3\gamma_4\Lambda_3^{+}\gamma_4 = b\gamma_5, \tag{3.103}$$

其中 b 是待求的常数。(3.103) 式可写

$$\gamma_4\Lambda_3^{+}\gamma_4 = b\Lambda_3^{-1}\gamma_5. \tag{3.104}$$

(3.103) 式又可写为

$$\Lambda_3\gamma_4\Lambda_3^{+} = b\sigma i\gamma_6. \tag{3.105}$$

(3.105) 式两边取厄米共轭运算，得

$$\Lambda_3\gamma_4\Lambda_3^{+} = -b^{+}\sigma i\gamma_6. \tag{3.106}$$

由 (3.105) 和 (3.106) 式得 $b^{+}=-b$，故 b 是纯虚数，选取 $b=\sigma i$，并且将 (3.104) 式代入 (3.100) 式，即可得到 (3.99) 式。

根据 (3.96)、(3.99) 和 (3.97) 式，可构成五种协变方式：

(1) 正世界标量→反世界标量 $[\overline{\underset{\wedge}{\psi}}(\underset{\cdot}{x})\underset{\wedge}{\psi}(\underset{\cdot}{x})\to\overline{\underset{\vee}{\psi}'}(\underset{\cdot\cdot}{x}')\underset{\vee}{\psi}'(\underset{\cdot\cdot}{x}')]$；

(2) 正世界矢量 $\overline{\underset{\wedge}{\psi}}(\underset{\cdot}{x})\gamma_\mu\underset{\wedge}{\psi}(\underset{\cdot}{x})$→反世界矢量 $\overline{\underset{\vee}{\psi}'}(\underset{\cdot\cdot}{x}')\gamma_\mu\underset{\vee}{\psi}'(\underset{\cdot\cdot}{x}')$；

(3) 正世界反对称张量 $\overline{\underset{\wedge}{\psi}}(\underset{\cdot}{x})(\gamma_\mu\gamma_\nu-\gamma_\nu\gamma_\mu)\underset{\wedge}{\psi}(\underset{\cdot}{x})$→反世界反对称张量 $\overline{\underset{\vee}{\psi}'}(\underset{\cdot\cdot}{x}')(\gamma_\mu\gamma_\nu-\gamma_\nu\gamma_\mu)\underset{\vee}{\psi}'(\underset{\cdot\cdot}{x}')$；

(4) 正世界赝矢量 $\overline{\underset{\wedge}{\psi}}(\underset{\cdot}{x})\gamma_\mu\gamma_5\underset{\wedge}{\psi}(\underset{\cdot}{x})$→反世界赝矢量 $\overline{\underset{\vee}{\psi}'}(\underset{\cdot\cdot}{x}')\gamma_\mu\gamma_5\underset{\vee}{\psi}'(\underset{\cdot\cdot}{x}')$；

(5) 正世界赝标量 $\overline{\underset{\wedge}{\psi}}(\underset{\cdot}{x})\gamma_5\underset{\wedge}{\psi}(\underset{\cdot}{x})$→反世界赝标量 $\overline{\underset{\vee}{\psi}'}(\underset{\cdot\cdot}{x}')\gamma_5\underset{\vee}{\psi}'(\underset{\cdot\cdot}{x}')$。

4. 反世界方程→正世界方程

在 $\underset{\cdot\cdot}{x}_\mu\to x'_\mu=-a_{\mu\nu}^{(4)}\underset{\cdot\cdot}{x}_\nu$，$\underset{\cdot\cdot}{\partial}_\mu\to\partial'_\mu=-a_{\mu\nu}^{(4)}\underset{\cdot\cdot}{\partial}_\nu$ 和

$$\underset{\vee}{\psi}(\underset{\cdot\cdot}{x})\to\underset{\wedge}{\psi}'(\underset{\cdot}{x}')=\gamma_5\Lambda_4\underset{\vee}{\psi}(\underset{\cdot\cdot}{x}) \tag{3.107}$$

等变换下，方程 (3.32) 变为方程 (3.25)：

$$(\gamma_\mu\underset{\cdot}{\partial}'_\mu+km)\underset{\wedge}{\psi}'(\underset{\cdot}{x}')=(-\gamma_\mu a_{\mu\nu}^{(4)}\underset{\cdot\cdot}{\partial}_\nu+km)\gamma_5\Lambda_4\underset{\vee}{\psi}(\underset{\cdot\cdot}{x})=0,$$

要求

$$\Lambda_4^{-1}\gamma_5\gamma_\mu\gamma_5\Lambda_4a_{\mu\nu}^{(4)}=-\gamma_\nu \text{ 或 } \Lambda_4^{-1}\gamma_5\gamma_\mu\gamma_5\Lambda_4=-a_{\mu\nu}^{(4)}\gamma_\nu. \tag{3.108}$$

可将 (3.108) 式写为

$$\Lambda_4^{-1}\gamma_\mu\Lambda_4=a_{\mu\nu}^{(4)}\gamma_\nu. \tag{3.109}$$

下面来证明

$$\overline{\underset{\wedge}{\psi}'}(\underset{\cdot}{x}')=\overline{\underset{\vee}{\psi}}(\underset{\cdot\cdot}{x})\Lambda_4^{-1}\gamma_5. \tag{3.110}$$

$$\overline{\underset{\wedge}{\psi}'}(\underset{\cdot}{x}')=\underset{\wedge}{\psi}'^{+}(\underset{\cdot}{x}')\gamma_4=\underset{\vee}{\psi}^{+}(\underset{\cdot\cdot}{x})\Lambda_4^{+}\gamma_5\gamma_4=\underset{\vee}{\psi}^{+}(\underset{\cdot\cdot}{x})\Lambda_4^{+}\gamma_1\gamma_2\gamma_3\gamma_4\gamma_4=$$

$$\sigma i\,\underset{\vee}{\psi}^{+}(\underset{\cdot\cdot}{x})\Lambda_4^{+}\gamma_6=\sigma i\,\overline{\underset{\vee}{\psi}}(\underset{\cdot\cdot}{x})\gamma_6\Lambda_4^{+}\gamma_6 \tag{3.111}$$

(3.109) 式两边取厄米共轭运算，考虑到 $a_{4i}^{(4)+}=a_{4i}^{(4)}$，$a_{i4}^{(4)+}=a_{i4}^{(4)}$，$a_{ij}^{(4)+}=$

$-a_{ij}^{(4)}$，$(i,\ j=1,\ 2,\ 3)$，$a_{44}^{(4)+}=-a_{44}^{(4)}$，可将（3.109）式写成

$$-a_{\mu\nu}^{(4)}\gamma_6\gamma_\nu\gamma_6=(\Lambda_4^{-1}\gamma_6\gamma_\mu\gamma_6\Lambda_4)^+. \tag{3.112}$$

可将（3.112）式写为

$$-\gamma_6\Lambda_4^{-1}\gamma_\mu\Lambda_4\gamma_6=\Lambda_4^+\gamma_6\gamma_\mu\gamma_6(\Lambda_4^{-1})^+. \tag{3.113}$$

（3.113）式两边左乘以 $\Lambda_4\gamma_6$，右乘以 $\Lambda_4^+\gamma_6$，得

$$-\gamma_\mu(\Lambda_4\gamma_6\Lambda_4^+\gamma_6)=(\Lambda_4\gamma_6\Lambda_4^+\gamma_6)\gamma_\mu,$$

故有

$$\Lambda_4\gamma_6\Lambda_4^+\gamma_6=a\gamma_5, \tag{3.114}$$

其中 a 是待求的常数。（3.114）式可写为

$$\gamma_6\Lambda_4^+\gamma_6=a\Lambda_4^{-1}\gamma_5. \tag{3.115}$$

（3.114）式又可写为

$$\Lambda_4\gamma_6\Lambda_4^+=-a\sigma i\gamma_4. \tag{3.116}$$

（3.116）式两边取厄米共轭运算，得

$$\Lambda_4\gamma_6\Lambda_4^+=a^+\sigma i\gamma_4. \tag{3.117}$$

由（3.116）和（3.117）式得 $a^+=-a$，故 a 是纯虚数，选取 $a=-\sigma i$，并且将（3.115）式代入（3.111）式，即可得到（3.110）式。

根据（3.107）、（3.110）和（3.108）式，可构成五种协变方式：

$$\overline{\underset{\vee}{\psi}}(\underset{..}{x})\underset{\vee}{\psi}(\underset{..}{x})\to\overline{\underset{\wedge}{\psi}'}(\underset{.}{x}')\underset{\wedge}{\psi}'(\underset{.}{x}'),$$

$$\overline{\underset{\vee}{\psi}}(\underset{..}{x})\gamma_\mu\underset{\vee}{\psi}(\underset{..}{x})\to\overline{\underset{\wedge}{\psi}'}(\underset{.}{x}')\gamma_\mu\underset{\wedge}{\psi}'(\underset{.}{x}'),$$

$$\overline{\underset{\vee}{\psi}}(\underset{..}{x})(\gamma_\mu\gamma_\nu-\gamma_\nu\gamma_\mu)\underset{\vee}{\psi}(\underset{..}{x})\to\overline{\underset{\wedge}{\psi}'}(\underset{.}{x}')(\gamma_\mu\gamma_\nu-\gamma_\nu\gamma_\mu)\underset{\wedge}{\psi}'(\underset{.}{x}'),$$

$$\overline{\underset{\vee}{\psi}}(\underset{..}{x})\gamma_\mu\gamma_5\underset{\vee}{\psi}(\underset{..}{x})\to\overline{\underset{\wedge}{\psi}'}(\underset{.}{x}')\gamma_\mu\gamma_5\underset{\wedge}{\psi}'(\underset{.}{x}'),$$

$$\overline{\underset{\vee}{\psi}}(\underset{..}{x})\gamma_5\underset{\vee}{\psi}(\underset{..}{x})\to\overline{\underset{\wedge}{\psi}'}(\underset{.}{x}')\gamma_5\underset{\wedge}{\psi}'(\underset{.}{x}').$$

第三节　光子波动方程

光子波动方程就是电磁场势方程。正电子电荷为 e 时，反电子电荷为 $-e$——电荷突变。

§1　势方程

1. 正世界势方程

$$\underset{.}{\partial}_\nu\underset{.}{\partial}_\nu\underset{.}{A}_\mu=-\frac{1}{c}\underset{.}{j}_\mu \tag{3.118}$$

$$\underset{.}{\partial}_\mu\underset{.}{A}_\mu=0 \tag{3.119}$$

其中$\underset{\cdot}{A}_{\mu}=(k\underset{\wedge}{\vec{A}},\ j\underset{\wedge}{\varphi})$是正世界四维电势矢量，$\underset{\cdot}{j}_{\mu}=(k\underset{\wedge}{\vec{j}},\ jc\underset{\wedge}{\rho})$是正世界四维电流密度矢量。可将（3.118）式写成实数时空形式

$$\left.\begin{aligned}\square\underset{\wedge}{\vec{A}}&=-\frac{1}{c}\underset{\wedge}{\vec{j}}\\ \square\underset{\wedge}{\varphi}&=-\underset{\wedge}{\rho}\end{aligned}\right\}\tag{3.120}$$

其中

$$\square=\frac{\partial^2}{\partial x^2}+\frac{\partial^2}{\partial y^2}+\frac{\partial^2}{\partial z^2}-\frac{1}{c}\frac{\partial^2}{\partial t^2}.$$

2. 反世界势方程

$$\underset{\cdot\cdot}{\partial}_{\nu}\ \underset{\cdot\cdot}{\partial}_{\nu}\ \underset{\cdot\cdot}{A}_{\mu}=-\frac{1}{c}\underset{\cdot\cdot}{j}_{\mu}\tag{3.121}$$

$$\underset{\cdot\cdot}{\partial}_{\mu}\ \underset{\cdot\cdot}{A}_{\mu}=0\tag{3.122}$$

其中$\underset{\cdot\cdot}{A}_{\mu}=(j\underset{\vee}{\vec{A}},\ k\underset{\vee}{\varphi})$是反世界四维电势矢量，$\underset{\cdot\cdot}{j}_{\mu}=(j\underset{\vee}{\vec{j}},\ kc\underset{\vee}{\rho})$是反世界四维电流密度矢量。可将（3.121）式写成实数时空形式

$$\left.\begin{aligned}\square\underset{\vee}{\vec{A}}&=-\frac{1}{c}(-\underset{\vee}{\vec{j}})\\ \square\underset{\vee}{\varphi}&=-(-\underset{\vee}{\rho})\end{aligned}\right\}\tag{3.123}$$

3. 描述电磁现象的正、反世界语言·电荷突变

将方程（3.120）与方程（3.123）相比较，若有$\underset{\wedge}{\vec{A}}=\underset{\vee}{\vec{A}}$，$\underset{\wedge}{\varphi}=\underset{\vee}{\varphi}$，则有$\underset{\wedge}{\vec{j}}=-\underset{\vee}{\vec{j}}$，$\underset{\wedge}{\rho}=-\underset{\vee}{\rho}$。正世界用$\underset{\wedge}{\rho}$、$\underset{\wedge}{\vec{j}}$产生电磁场，反世界用$-\underset{\vee}{\vec{j}}$、$-\underset{\vee}{\rho}$产生电磁场。以电子为例，正电子用$\underset{\wedge}{\vec{j}}=e\underset{\wedge}{\vec{v}}\delta(\vec{r}-\vec{r}_o)(e<0)$，$\underset{\wedge}{\rho}=e\delta(\vec{r}-\vec{r}_o)$产生的电磁场与反电子用$\underset{\vee}{\vec{j}}=-e\underset{\vee}{\vec{v}}\delta(\vec{r}-\vec{r}_o)$，$\underset{\vee}{\rho}=-e\delta(\vec{r}-\vec{r}_o)$产生的电磁场相同，即正电子电荷为$e$，则反电子电荷为$-e$，电荷突变是$e=-e$。于是得出正、反世界理论统一使用的描述电磁现象的正世界语言：带电荷$\underset{\wedge}{q}$的正粒子用$\underset{\wedge}{q}$产生电磁场和参与电磁相互作用，但带电荷$\underset{\vee}{q}$的反粒子则用$-\underset{\vee}{q}$产生电磁场和参与电磁相互作用，而第三章第三节§3将对此做出如下补充——带电荷$\underset{\vee}{q}$的亚光速正质量化反粒子用$\underset{\vee}{q}$产生电磁场和参与电磁相互作用（亚光速正质量化见第七章第三节§1和§2）。但如果将方程（3.120）和（3.123）写成$\square\underset{\wedge}{\vec{A}}=\frac{1}{c}(-\underset{\wedge}{\vec{j}})$，$\square\underset{\wedge}{\varphi}=(-\underset{\wedge}{\rho})$和$\square\underset{\vee}{\vec{A}}=\frac{1}{c}\underset{\vee}{\vec{j}}$，$\square\underset{\vee}{\varphi}=\underset{\vee}{\rho}$，则可得出正、反世界理论统一使用的描述电磁现象的反世界语言：带电荷$\underset{\vee}{q}$的反粒子用$\underset{\vee}{q}$产生电磁场和参与电磁相互作用，但带电荷$\underset{\wedge}{q}$的正粒子则用$-\underset{\wedge}{q}$产生电

磁场和参与电磁相互作用，而第三章第三节 §3 将对此做出如下的补充——带电荷$\underset{\wedge}{q}$的超光速负质量化正粒子用$\underset{\wedge}{q}$产生电磁场和参与电磁相互作用（超光速负质量化见第七章第三节 §1 和 §2）。

4. *在量子电动力学中为反电子的亚光速正质量化和正电子的超光速负质量化做逆时描述的理论基础*

同时做替换$\vec{r}\to-\vec{r}$，$t\to-t$，$\underset{\vee}{\vec{j}}(\vec{r},t)\to-\underset{\wedge}{\vec{j}}(-\vec{r},-t)$，$\underset{\vee}{\rho}(\vec{r},t)\to-\underset{\wedge}{\rho}(-\vec{r},-t)$，$\underset{\vee}{\vec{A}}(\vec{r},t)\to\underset{\wedge}{\vec{A}}(-\vec{r},-t)$，$\underset{\vee}{\varphi}(\vec{r},t)\to\underset{\wedge}{\varphi}(-\vec{r},-t)$，可以使描述顺时运动的带有电荷 $-e$ 的反电子的势方程（3.123）→描述逆时运动的带有电荷 e 的正电子（就是顺时运动的带有电荷 $-e$ 的亚光速正质量化反电子）的势方程（3.120），同时有$\underset{\vee}{\vec{E}}\to-\underset{\wedge}{\vec{E}}$和$\underset{\vee}{\vec{B}}\to-\underset{\wedge}{\vec{B}}$（场强表示式见第三章第三节 §2）。其中揭露出一条新的重要的规律：在产生电磁场和参与电磁相互作用方面，逆时运动的正粒子电荷 $-q$ 等效于顺时运动的亚光速正质量化反粒子电荷 q，而按照第三章第三节 §3 所示，后者又等效于顺时运动的正粒子电荷 q，故逆时运动的正粒子电荷 $-q$ 等效于顺时运动的正粒子电荷 q。上述替换就是在正世界量子电动力学中用逆时运动的带有电荷 e 的正电子代表顺时运动的带有电荷 $-e$ 的亚光速正质量化反电子——为反电子的亚光速正质量化做逆时描述——的理论基础。需要强调的是，这里是通过时空反演来做逆时描述的。在正世界理论中，利用时空反演不但可以在能量、动量方面做出逆时描述，还可以在电荷和自旋方面做出逆时描述。但在正世界自由场量子理论中，由于不是用时空反演来做逆时描述，故只能在能量、动量方面做出逆时描述，不能在电荷和自旋方面做出逆时描述，因而仍然使用反电子的电荷 $-e$ 和自旋（见第四章第二节 §1）。

同时做替换$\vec{r}\to-\vec{r}$，$t\to-t$，$\underset{\wedge}{\vec{j}}(\vec{r},t)\to-\underset{\vee}{\vec{j}}(-\vec{r},-t)$，$\underset{\wedge}{\rho}(\vec{r},t)\to-\underset{\vee}{\rho}(-\vec{r},-t)$，$\underset{\wedge}{\vec{A}}(\vec{r},t)\to\underset{\vee}{\vec{A}}(-\vec{r},-t)$，$\underset{\wedge}{\varphi}(\vec{r},t)\to\underset{\vee}{\varphi}(-\vec{r},-t)$，可以使描述顺时运动的带有电荷 e 的正电子势方程（3.120）→描述逆时运动的带有电荷 $-e$ 的反电子（就是顺时运动的带有电荷 e 的超光速负质量化正电子）的势方程（3.123），同时有$\underset{\wedge}{\vec{E}}\to-\underset{\vee}{\vec{E}}$和$\underset{\wedge}{\vec{B}}\to-\underset{\vee}{\vec{B}}$。其中揭露出一条新的重要的规律：在产生电磁场和参与电磁相互作用方面，逆时运动的反粒子电荷 q 等效于顺时运动的反粒子电荷 $-q$。上述替换就是在反世界量子电动力学中用逆时运动的带有电荷 $-e$ 的反电子代表顺时运动的带有电荷 e 的超光速负质量化正电子——为正电子的超光速负质量化做逆时描述——的理论基础。在反世界理论中，利用时空反演不但可以在能量、动量方面做出逆时描述，还可以在电荷和自旋方面做出逆时描述。但在反世界自由场量子理论中，由于不是用时空反演来做逆时描述，故只能在能量、动量方面做出逆时描述，不能在电荷和自旋方面做出逆时描述（见第四章第二节 §1），因而仍然使用正电子的电荷 e 和自旋（见第四章第二节 §2）。

§2　场强方程

1. 正世界场强方程

引入正世界电磁场张量

$$\underset{\cdot}{F}_{\mu\nu}=\underset{\cdot}{\partial}_{\mu}\underset{\cdot}{A}_{\nu}-\underset{\cdot}{\partial}_{\nu}\underset{\cdot}{A}_{\mu}. \tag{3.124}$$

将

$$\left.\begin{aligned}\underset{\wedge}{\vec{E}}&=-\nabla\underset{\wedge}{\varphi}-\frac{1}{c}\partial_t\underset{\wedge}{\vec{A}}\\ \underset{\wedge}{\vec{B}}&=\nabla\times\underset{\wedge}{\vec{A}}\end{aligned}\right\} \tag{3.125}$$

写为

$$\underset{\wedge}{E}_1=i(\underset{\cdot}{\partial}_1\underset{\cdot}{A}_4-\underset{\cdot}{\partial}_4\underset{\cdot}{A}_1),\quad \underset{\wedge}{B}_1=\underset{\cdot}{\partial}_2\underset{\cdot}{A}_3-\underset{\cdot}{\partial}_3\underset{\cdot}{A}_2,$$

$$\underset{\wedge}{E}_2=i(\underset{\cdot}{\partial}_2\underset{\cdot}{A}_4-\underset{\cdot}{\partial}_4\underset{\cdot}{A}_2),\quad \underset{\wedge}{B}_2=\underset{\cdot}{\partial}_3\underset{\cdot}{A}_1-\underset{\cdot}{\partial}_1\underset{\cdot}{A}_3,$$

$$\underset{\wedge}{E}_3=i(\underset{\cdot}{\partial}_3\underset{\cdot}{A}_4-\underset{\cdot}{\partial}_4\underset{\cdot}{A}_3),\quad \underset{\wedge}{B}_3=\underset{\cdot}{\partial}_1\underset{\cdot}{A}_2-\underset{\cdot}{\partial}_2\underset{\cdot}{A}_1.$$

于是有

$$[\underset{\cdot}{F}_{\mu\nu}]=\begin{bmatrix}0 & \underset{\wedge}{B}_3 & -\underset{\wedge}{B}_2 & -i\underset{\wedge}{E}_1\\ -\underset{\wedge}{B}_3 & 0 & \underset{\wedge}{B}_1 & -i\underset{\wedge}{E}_2\\ \underset{\wedge}{B}_2 & -\underset{\wedge}{B}_1 & 0 & -i\underset{\wedge}{E}_3\\ i\underset{\wedge}{E}_1 & i\underset{\wedge}{E}_2 & i\underset{\wedge}{E}_3 & 0\end{bmatrix}. \tag{3.126}$$

场强方程为

$$\underset{\cdot}{\partial}_{\mu}\underset{\cdot}{F}_{\mu\nu}=-\frac{1}{c}\underset{\cdot}{j}_{\nu} \tag{3.127}$$

$$\underset{\cdot}{\partial}_{\lambda}\underset{\cdot}{F}_{\mu\nu}+\underset{\cdot}{\partial}_{\mu}\underset{\cdot}{F}_{\nu\lambda}+\underset{\cdot}{\partial}_{\nu}\underset{\cdot}{F}_{\lambda\mu} \tag{3.128}$$

其中 λ，μ，$\nu=1$，2，3，4。可将方程（3.127）、（3.128）依次写成实数时空形式

$$\left.\begin{aligned}\nabla\times\underset{\wedge}{\vec{B}}&=\frac{1}{c}(\partial_t\underset{\wedge}{\vec{E}}+\underset{\wedge}{\vec{j}})\\ \nabla\cdot\underset{\wedge}{\vec{E}}&=\underset{\wedge}{\rho}\end{aligned}\right\} \tag{3.129}$$

$$\left.\begin{aligned}\nabla\times\underset{\wedge}{\vec{E}}&=-\frac{1}{c}\partial_t\underset{\wedge}{\vec{B}}\\ \nabla\cdot\underset{\wedge}{\vec{B}}&=0\end{aligned}\right\} \tag{3.130}$$

2. 反世界场强方程·电荷突变

引入反世界电磁场张量

$$\underset{\cdot\cdot}{F}_{\mu\nu}=\underset{\cdot\cdot}{\partial}_{\mu}\underset{\cdot\cdot}{A}_{\nu}-\underset{\cdot\cdot}{\partial}_{\nu}\underset{\cdot\cdot}{A}_{\mu} \tag{3.131}$$

将

$$\left.\begin{aligned}\underset{\vee}{\vec{E}}&=-\nabla\underset{\vee}{\varphi}-\frac{1}{c}\partial_t\underset{\vee}{\vec{A}}\\ \underset{\vee}{\vec{B}}&=\nabla\times\underset{\vee}{\vec{A}}\end{aligned}\right\} \tag{3.132}$$

写为

$$\underset{\vee}{E}_1=-i(\underset{\cdot\cdot}{\partial}_1\underset{\cdot\cdot}{A}_4-\underset{\cdot\cdot}{\partial}_4\underset{\cdot\cdot}{A}_1),\ \underset{\vee}{B}_1=\underset{\cdot\cdot}{\partial}_2\underset{\cdot\cdot}{A}_3-\underset{\cdot\cdot}{\partial}_3\underset{\cdot\cdot}{A}_2,$$

$$\underset{\vee}{E}_2=-i(\underset{\cdot\cdot}{\partial}_2\underset{\cdot\cdot}{A}_4-\underset{\cdot\cdot}{\partial}_4\underset{\cdot\cdot}{A}_2),\ \underset{\vee}{B}_2=\underset{\cdot\cdot}{\partial}_3\underset{\cdot\cdot}{A}_1-\underset{\cdot\cdot}{\partial}_1\underset{\cdot\cdot}{A}_3,$$

$$\underset{\vee}{E}_3=-i(\underset{\cdot\cdot}{\partial}_3\underset{\cdot\cdot}{A}_4-\underset{\cdot\cdot}{\partial}_4\underset{\cdot\cdot}{A}_3),\ \underset{\vee}{B}_3=\underset{\cdot\cdot}{\partial}_1\underset{\cdot\cdot}{A}_2-\underset{\cdot\cdot}{\partial}_2\underset{\cdot\cdot}{A}_1.$$

于是有

$$[\underset{\cdot\cdot}{F}_{\mu\nu}]=\begin{bmatrix}0&\underset{\vee}{B}_3&-\underset{\vee}{B}_2&i\underset{\vee}{E}_1\\-\underset{\vee}{B}_3&0&\underset{\vee}{B}_1&i\underset{\vee}{E}_2\\\underset{\vee}{B}_2&-\underset{\vee}{B}_1&0&i\underset{\vee}{E}_3\\-i\underset{\vee}{E}_1&-i\underset{\vee}{E}_2&-i\underset{\vee}{E}_3&0\end{bmatrix}. \tag{3.133}$$

场强方程为

$$\underset{\cdot\cdot}{\partial}_{\mu}\underset{\cdot\cdot}{F}_{\mu\nu}=-\frac{1}{c}\underset{\cdot\cdot}{j}_{\nu} \tag{3.134}$$

$$\underset{\cdot\cdot}{\partial}_{\lambda}\underset{\cdot\cdot}{F}_{\mu\nu}+\underset{\cdot\cdot}{\partial}_{\mu}\underset{\cdot\cdot}{F}_{\nu\lambda}+\underset{\cdot\cdot}{\partial}_{\nu}\underset{\cdot\cdot}{F}_{\lambda\mu}=0 \tag{3.135}$$

可将方程（3.134）、（3.135）依次写成实数时空形式

$$\left.\begin{aligned}\nabla\times\underset{\vee}{\vec{B}}&=\frac{1}{c}[\partial_t\underset{\vee}{\vec{E}}+(-\underset{\vee}{\vec{j}})]\\ \nabla\cdot\underset{\vee}{\vec{E}}&=-\underset{\vee}{\rho}\end{aligned}\right\} \tag{3.136}$$

$$\left.\begin{aligned}\nabla\times\underset{\vee}{\vec{E}}&=-\frac{1}{c}\partial_t\underset{\vee}{\vec{B}}\\ \nabla\cdot\underset{\vee}{\vec{B}}&=0\end{aligned}\right\} \tag{3.137}$$

将方程（3.129）、（3.130）与方程（3.136）、（3.137）相比较，令$\underset{\wedge}{\vec{E}}=\underset{\vee}{\vec{E}}$,

$\underset{\wedge}{\vec{B}}=\underset{\vee}{\vec{B}}$，则有$\underset{\wedge}{\vec{j}}=-\underset{\vee}{\vec{j}}$，$\underset{\wedge}{\rho}=-\underset{\vee}{\rho}$。因而可以像第三章第三节§1那样，导致电子由亚光速区过渡到超光速区时发生电荷突变$e=-e$，同时得出描述电磁现象的正世界语言。同样，像第三章第三节§1那样将方程（3.129）、（3.130）和方程（3.136）、（3.137）统一写成反世界方程的形式，又可以得出描述电磁现象的反世界语言。

我们已经看到，电子由亚光速区过渡到超光速区时，不但发生了质量突变$m=-m$，而且发生了电荷突变$e=-e$。重要的是，这类突变是普遍存在的，并非只存在于电子中。

3. 揭开过去经典电动力学中的一个未解之谜

同时做替换$\vec{r}\to\vec{r}$，$t\to-t$，$\underset{\wedge}{\rho}\to-\underset{\wedge}{\rho}$，$\underset{\wedge}{\vec{j}}\to\underset{\wedge}{\vec{j}}$，$\underset{\wedge}{\vec{E}}\to-\underset{\wedge}{\vec{E}}$，$\underset{\wedge}{\vec{B}}\to\underset{\wedge}{\vec{B}}$，可以使描述顺时运动的带有电荷$q$的正粒子的方程（3.129）、（3.130）→描述逆时运动的带有电荷$-q$的正粒子的方程（3.129）、（3.130），过去称为$t\to-t$，$\underset{\wedge}{\rho}\to-\underset{\wedge}{\rho}$，$\underset{\wedge}{\vec{E}}\to-\underset{\wedge}{\vec{E}}$下的不变性，并且其中$t\to-t$导致$\underset{\wedge}{\rho}\to-\underset{\wedge}{\rho}$的物理本质是什么一直是现代物理学中的一个未解之谜。现在可以揭开它的谜底了。这里的$t\to-t$导致$\underset{\wedge}{\rho}\to-\underset{\wedge}{\rho}$和$\underset{\wedge}{\vec{E}}\to-\underset{\wedge}{\vec{E}}$，与第三章第三节§1的逆时描述规则有着紧密的联系，那里已经证明，逆时运动的正粒子电荷$-q$与顺时运动的正粒子电荷q在服从场方程和参与电磁相互作用方面相等效，这就是上述未解之谜的谜底。局限在正世界理论中是无法揭开这个谜底的。

§3　洛伦兹力公式

1. 正世界洛伦兹力公式

$$\underset{\cdot}{f}_{\mu}=\frac{1}{c}\underset{\cdot}{F}_{\mu\nu}\underset{\cdot}{j}_{\nu} \tag{3.138}$$

其中$\underset{\cdot}{f}_{\mu}=(k\underset{\wedge}{\vec{f}},\ j\frac{\underset{\wedge}{w}}{c})$，$\underset{\wedge}{w}$是功率密度，$\underset{\cdot}{j}_{\nu}=(k\underset{\wedge}{\vec{j}},\ jc\underset{\wedge}{\rho})$。不难将（3.138）式写成实数形式

$$\left.\begin{aligned}\underset{\wedge}{\vec{f}}&=\frac{1}{c}\underset{\wedge}{\vec{j}}\times\underset{\wedge}{\vec{B}}+\underset{\wedge}{\rho}\underset{\wedge}{\vec{E}}=\frac{1}{c}\underset{\wedge}{\rho}\underset{\wedge}{\vec{v}}\times\underset{\wedge}{\vec{B}}+\underset{\wedge}{\rho}\underset{\wedge}{\vec{E}}\\ \underset{\wedge}{w}&=\underset{\wedge}{\vec{j}}\cdot\underset{\wedge}{\vec{E}}=\underset{\wedge}{\rho}\underset{\wedge}{\vec{v}}\cdot\underset{\wedge}{\vec{E}}\end{aligned}\right\} \tag{3.139}$$

2. 反世界洛伦兹力公式

$$\underset{\cdot\cdot}{f}_{\mu}=\frac{1}{c}\underset{\cdot\cdot}{F}_{\mu\nu}\underset{\cdot\cdot}{j}_{\nu} \tag{3.140}$$

其中 $\underset{\cdot\cdot}{f}_{\mu}=(j\underset{\vee}{\vec{f}},\ k\frac{\underset{\vee}{w}}{c})$，$\underset{\vee}{w}$ 是功率密度，$\underset{\cdot\cdot}{j}_{\nu}=(j\underset{\vee}{\vec{j}},\ kc\underset{\vee}{\rho})$。不难将（3.140）式写成实数形式

$$\left.\begin{aligned}\underset{\vee}{\vec{f}}&=\frac{1}{c}(-\underset{\vee}{\vec{j}})\times(-\underset{\vee}{\vec{B}})+(-\underset{\vee}{\rho})(-\underset{\vee}{\vec{E}})=\frac{1}{c}(-\underset{\vee}{\rho}\underset{\vee}{\vec{v}})\times(-\underset{\vee}{\vec{B}})+(-\underset{\vee}{\rho})(-\underset{\vee}{\vec{E}})\\ \underset{\vee}{w}&=(-\underset{\vee}{\vec{j}})\cdot(-\underset{\vee}{\vec{E}})=(-\underset{\vee}{\rho}\underset{\vee}{\vec{v}})\cdot(-\underset{\vee}{\vec{E}})\end{aligned}\right\}\tag{3.141}$$

3. 正、反世界混合型洛伦兹力公式

（1）正世界电磁场作用于反粒子电荷的公式。

这类公式显然不可能满足相对论协变性的要求，但必须符合第三章第三节§1 和§2 中描述电磁现象的正世界语言所表述的规则（第三章第三节§3 统一采用其中的正世界语言），故应将公式写成

$$\overline{\underset{\cdot\cdot}{f}_{\mu}}=\frac{1}{c}\underset{\cdot}{F}_{\mu\nu}\overline{\underset{\cdot\cdot}{j}}_{\nu},\tag{3.142}$$

其中 $\overline{\underset{\cdot\cdot}{f}_{\mu}}=(j\underset{\vee}{\vec{f}},\ -k\frac{\underset{\vee}{w}}{c})$，$\overline{\underset{\cdot\cdot}{j}}_{\nu}=(-j\underset{\vee}{\vec{j}},\ kc\underset{\vee}{\rho})$。不难将（3.142）式写成实数形式

$$\left.\begin{aligned}\underset{\vee}{\vec{f}}&=\frac{1}{c}(-\underset{\vee}{\vec{j}})\times\underset{\wedge}{\vec{B}}+(-\underset{\vee}{\rho})\underset{\wedge}{\vec{E}}=\frac{1}{c}(-\underset{\vee}{\rho}\underset{\vee}{\vec{v}})\times\underset{\wedge}{\vec{B}}+(-\underset{\vee}{\rho})\underset{\wedge}{\vec{E}}\\ \underset{\vee}{w}&=(-\underset{\vee}{\vec{j}})\cdot\underset{\wedge}{\vec{E}}=(-\underset{\vee}{\rho}\underset{\vee}{\vec{v}})\cdot\underset{\wedge}{\vec{E}}\end{aligned}\right\}\tag{3.143}$$

如果反粒子已被亚光速正质量化（见第七章第三节的§1 和§2），就可以给出满足相对论协变性要求的公式

$$\underset{\cdot}{\check{f}}_{\mu}=\frac{1}{c}\underset{\cdot}{F}_{\mu\nu}\underset{\cdot}{\check{j}}_{\nu},\tag{3.144}$$

其中 $\underset{\cdot}{\check{f}}_{\mu}=(k\underset{\wedge}{\vec{f}},\ j\frac{\underset{\wedge}{w}}{c})$ 和 $\underset{\cdot}{\check{j}}_{\nu}=(k\underset{\wedge}{\vec{j}},\ jc\underset{\vee}{\rho})$ 是亚光速正质量化反粒子的正世界四维矢量。不难将（3.144）式写成实数形式

$$\left.\begin{aligned}\underset{\wedge}{\vec{f}}&=\frac{1}{c}\underset{\wedge}{\vec{j}}\times\underset{\wedge}{\vec{B}}+\underset{\vee}{\rho}\underset{\wedge}{\vec{E}}=\frac{1}{c}\underset{\vee}{\rho}\underset{\wedge}{\vec{v}}\times\underset{\wedge}{\vec{B}}+\underset{\vee}{\rho}\underset{\wedge}{\vec{E}}\\ w&=\underset{\wedge}{\vec{j}}\cdot\underset{\wedge}{\vec{E}}=\underset{\vee}{\rho}\underset{\wedge}{\vec{v}}\cdot\underset{\wedge}{\vec{E}}\end{aligned}\right\}\tag{3.145}$$

（3.145）和（3.139）式，形式相同，洛伦兹力规律相同。（3.143）式表明，带电荷 $\underset{\vee}{q}$ 的反粒子用 $-\underset{\vee}{q}$ 产生电磁场和参与电磁相互作用，但（3.145）式则表明，带电荷 $\underset{\vee}{q}$ 的亚光速正质量化反粒子用 $\underset{\vee}{q}$ 产生电磁场和参与电磁相互作用。正世界电子偶素中的反电子就是已经被亚光速正质量化了的反电子。

（2）反世界电磁场作用于正粒子电荷的公式。

这类公式显然不可能满足相对论协变性的要求，但必须符合第三章第三节§1 和§2 中描述电磁现象的正世界语言所表述的规则，故应将公式写成

$$\overline{\underset{\cdot}{f}_{\mu}}=\frac{1}{c}\underset{\cdot\cdot}{F}_{\mu\nu}\overline{\underset{\cdot}{j}_{\nu}} \tag{3.146}$$

其中$\overline{\underset{\cdot}{f}_{\mu}}=(k\underset{\wedge}{\vec{f}},\ -j\frac{\underset{\wedge}{w}}{c})$，$\overline{\underset{\cdot}{j}_{\nu}}=(-k\underset{\wedge}{\vec{j}},\ jc\underset{\wedge}{\rho})$ 。不难将（3.146）式写成实数形式

$$\left.\begin{aligned}\underset{\wedge}{\vec{f}}&=\frac{1}{c}\underset{\wedge}{\vec{j}}\times(-\underset{\vee}{\vec{B}})+\underset{\wedge}{\rho}(-\underset{\vee}{\vec{E}})=\frac{1}{c}\underset{\wedge}{\rho}\underset{\wedge}{\vec{v}}\times(-\underset{\vee}{\vec{B}})+\underset{\wedge}{\rho}(-\underset{\vee}{\vec{E}})\\ \underset{\wedge}{w}&=\underset{\wedge}{\vec{j}}\cdot(-\underset{\vee}{\vec{E}})=\underset{\wedge}{\rho}\underset{\wedge}{\vec{v}}\cdot(-\underset{\vee}{\vec{E}})\end{aligned}\right\} \tag{3.147}$$

如果正粒子已被超光速负质量化（见第七章第三节§1 和§2），就可以给出满足相对论协变性要求的公式

$$\underset{\cdot\cdot}{\hat{f}}_{\mu}=\frac{1}{c}\underset{\cdot\cdot}{F}_{\mu\nu}\underset{\cdot\cdot}{\hat{j}}_{\nu} \tag{3.148}$$

其中$\underset{\cdot\cdot}{\hat{f}}_{\mu}=(j\underset{\vee}{\vec{f}},\ k\frac{\underset{\vee}{w}}{c})$和 $\underset{\cdot\cdot}{\hat{j}}_{\nu}=(j\underset{\vee}{\vec{j}},\ kc\underset{\wedge}{\rho})$ 是超光速负质量化正粒子的反世界四维矢量。不难将（3.148）式写成实数形式

$$\left.\begin{aligned}\underset{\vee}{\vec{f}}&=\frac{1}{c}(-\underset{\vee}{\vec{j}})\times(-\underset{\vee}{\vec{B}})+(-\underset{\wedge}{\rho})(-\underset{\vee}{\vec{E}})=\frac{1}{c}(-\underset{\wedge}{\rho}\underset{\vee}{\vec{v}})\times(-\underset{\vee}{\vec{B}})+(-\underset{\wedge}{\rho})(-\underset{\vee}{\vec{E}})\\ \underset{\vee}{w}&=(-\underset{\vee}{\vec{j}})\cdot(-\underset{\vee}{\vec{E}})=(-\underset{\wedge}{\rho}\underset{\vee}{\vec{v}})\cdot(-\underset{\vee}{\vec{E}})\end{aligned}\right\} \tag{3.149}$$

（3.149）和（3.141）式形式相同，洛伦兹力规律相同。（3.149）式表明，带电荷$\underset{\wedge}{q}$的超光速负质量化正粒子用$-\underset{\wedge}{q}$产生电磁场和参与电磁相互作用，这是理所当然的，因为在正世界语言规则中，亚光速正质量化反粒子与正粒子有相同规则，超光速负质量化正粒子与反粒子有相同规则。反世界电子偶素中的正电子就是已经被超光速负质量化了的正电子。

4. 应用于两个平行运动的点电荷

对第三章第三节§1 和§2 中描述电磁现象的正、反世界语言做点补充。对正世界语言的补充是：带电荷q的亚光速正质量化反粒子用$\underset{\vee}{q}$产生电磁场和参与电磁相互作用。对反世界语言的补充是：带电荷$\underset{\wedge}{q}$的超光速负质量化正粒子用$\underset{\wedge}{q}$产生电磁场和参与电磁相互作用。

利用 $\underset{\wedge}{q}=\int\underset{\wedge}{\rho}\mathrm{d}V=\int\underset{\wedge}{q}\delta(\vec{r}-\vec{r}_0)\mathrm{d}V$ 和$\underset{\vee}{q}=\int\underset{\vee}{\rho}\mathrm{d}V=\int\underset{\vee}{q}\delta(\vec{r}-\vec{r}_0)\mathrm{d}V$，可以将上面所有洛伦兹力公式写成点电荷的洛伦兹力公式，并且将它们应用于两个平行运

动的点电荷，即可得出下列规则：

两个电荷之间的电作用力——两个正粒子电荷，同号相排斥，异号相吸引；两个反粒子电荷，同号相排斥，异号相吸引；一个正粒子电荷和一个反粒子电荷，按照（3.143）和（3.147）式是同号相吸引异号相排斥，但按照（3.145）和（3.149）式则是同号相排斥异号相吸引。

两个平行运动电荷之间的磁作用力——两个正粒子电荷，同号相吸引，异号相排斥；两个反粒子电荷，同号相吸引，异号相排斥；一个正粒子电荷和一个反粒子电荷，按照（3.143）和（3.147）式是同号相排斥异号相吸引，但按照（3.145）和（3.149）式则是同号相吸引异号相排斥。

§4　能量、动量守恒定律·正、反世界的场的能量—动量张量的形式差个负号

在惯性系 K 中，场和质点的总能量和总动量为

$$\underset{\cdot}{P}_{\mu} = \frac{i}{c}\int \underset{\cdot}{T}_{\mu\nu}\mathrm{d}\,\underset{\cdot}{S}_{\nu} + \sum \underset{\cdot}{\wp}_{\mu}(\text{正世界}), \tag{3.150}$$

$$\underset{\cdot}{T}_{\mu\nu} = -\underset{\cdot}{F}_{\mu\lambda}\underset{\cdot}{F}_{\nu\lambda} + \frac{1}{4}\delta_{\mu\nu}\underset{\cdot}{F}_{\lambda\sigma}\underset{\cdot}{F}_{\lambda\sigma}(\text{正世界}); \tag{3.151}$$

$$\underset{\cdot\cdot}{P}_{\mu} = \frac{i}{c}\int \underset{\cdot\cdot}{T}_{\mu\nu}\mathrm{d}\,\underset{\cdot\cdot}{S}_{\nu} + \sum \underset{\cdot\cdot}{\wp}_{\mu}(\text{反世界}), \tag{3.152}$$

$$\underset{\cdot\cdot}{T}_{\mu\nu} = \underset{\cdot\cdot}{F}_{\mu\lambda}\underset{\cdot\cdot}{F}_{\nu\lambda} - \frac{1}{4}\delta_{\mu\nu}\underset{\cdot\cdot}{F}_{\lambda\sigma}\underset{\cdot\cdot}{F}_{\lambda\sigma}(\text{反世界}); \tag{3.153}$$

其中$\underset{\cdot}{T}_{\mu\nu}$和$\underset{\cdot\cdot}{T}_{\mu\nu}$是场的能量动量张量，$\mu$，$\nu$，$\lambda$，$\sigma = 1$，2，3，4，而$\underset{\cdot}{\wp}_{\mu}$和$\underset{\cdot\cdot}{\wp}_{\mu}$则是质点的四维动量矢量。

先来证明用（3.150）式定义的$\underset{\cdot}{P}_{\mu}$确实是守恒的。令（3.150）式的积分遍及 $t=$常数的超平面和 $t+\mathrm{d}t=$常数的超平面，考虑到在无穷远处场等于零，则$\underset{\cdot}{P}_{\mu}$在经历 $\mathrm{d}t$ 后的变化可写为

$$\mathrm{d}\,\underset{\cdot}{P}_{\mu} = \frac{i}{c}\oint \underset{\cdot}{T}_{\mu\nu}\mathrm{d}\,\underset{\cdot}{S}_{\nu} + \sum \mathrm{d}\underset{\cdot}{\wp}_{\mu},$$

其中$\oint \underset{\cdot}{T}_{\mu\nu}\mathrm{d}\,\underset{\cdot}{S}_{\nu}$是一个遍及包围上述两个超平面间的四维体积的超曲面的积分。用高斯定理，则有

$$\mathrm{d}\,\underset{\cdot}{P}_{\mu} = \frac{i}{c}\int \frac{\partial \underset{\cdot}{T}_{\mu\nu}}{\partial \underset{\cdot}{x}_{\nu}}\mathrm{d}^4\,\underset{\cdot}{x} + \sum \mathrm{d}\underset{\cdot}{\wp}_{\mu}, \tag{3.154}$$

其中 $\mathrm{d}^4\,\underset{\cdot}{x} = \mathrm{d}\,\underset{\cdot}{x}_1\mathrm{d}\,\underset{\cdot}{x}_2\mathrm{d}\,\underset{\cdot}{x}_3\mathrm{d}\,\underset{\cdot}{x}_4 = ic\mathrm{d}V\mathrm{d}t$，积分是遍及两个相距无限近的超平面间的四维体积。为了变换（3.154）式中的 $\mathrm{d}\underset{\cdot}{\wp}_{\mu}$，将带电荷$\underset{\wedge}{q}$的正质点在正世界电磁场内的运动方程

$$\frac{\mathrm{d}\underset{\cdot}{\wp}_{\mu}}{\mathrm{d}\tau} = \frac{\underset{\wedge}{q}}{c}\underset{\cdot}{F}_{\mu\nu}\underset{\cdot}{u}_{\nu}$$

乘以 $\mathrm{d}\tau$，得

$$\mathrm{d}\underset{\cdot}{\wp}_{\mu}=\frac{\underset{\wedge}{q}}{c}\underset{\cdot}{F}_{\mu\nu}\mathrm{d}\underset{\cdot}{x}_{\nu}=\frac{1}{c}\frac{\underset{\wedge}{q}}{\mathrm{d}V}\mathrm{d}V\underset{\cdot}{F}_{\mu\nu}\frac{\mathrm{d}\underset{\cdot}{x}_{\nu}}{\mathrm{d}t}\mathrm{d}t=-\frac{i}{c^{2}}\underset{\cdot}{F}_{\mu\nu}\underset{\cdot}{j}_{\nu}\mathrm{d}^{4}\underset{\cdot}{x},$$

式中的$\underset{\cdot}{j}_{\nu}$是正世界四维电流密度矢量。于是有

$$\sum\mathrm{d}\underset{\cdot}{\wp}_{\mu}=-\frac{i}{c^{2}}\int\underset{\cdot}{F}_{\mu\nu}\underset{\cdot}{j}_{\nu}\mathrm{d}^{4}\underset{\cdot}{x},$$

式中的积分涉及的体积与（3.154）式第一项所涉及的体积相同。因此有

$$\mathrm{d}\underset{\cdot}{P}_{\mu}=\frac{i}{c}\int\left(\frac{\partial\underset{\cdot}{T}_{\mu\nu}}{\partial\underset{\cdot}{x}_{\nu}}-\frac{1}{c}\underset{\cdot}{F}_{\mu\nu}\underset{\cdot}{j}_{\nu}\right)\mathrm{d}^{4}\underset{\cdot}{x}\tag{3.155}$$

利用前面（3.127）、（3.128）和（3.151）式，可以证明

$$\frac{\partial\underset{\cdot}{T}_{\mu\nu}}{\partial\underset{\cdot}{x}_{\nu}}=\frac{1}{c}\underset{\cdot}{F}_{\mu\nu}\underset{\cdot}{j}_{\nu}\tag{3.156}$$

将（3.156）式代入（3.155）式，得

$$\mathrm{d}\underset{\cdot}{P}_{\mu}=0,$$

因而证明了用（3.150）式定义的正世界的$\underset{\cdot}{P}_{\mu}$确实是守恒的，同时也证明了用（3.151）式定义的正世界的$\underset{\cdot}{T}_{\mu\nu}$是正确的。

用同样的方法不难证明，用（3.152）式定义的反世界的$\underset{\cdot\cdot}{P}_{\mu}$确实是守恒的。当时间的变化为 $t\to t+\mathrm{d}t$ 时，$\underset{\cdot\cdot}{P}_{\mu}$的变化为

$$\mathrm{d}\underset{\cdot\cdot}{P}_{\mu}=\frac{i}{c}\int\frac{\partial\underset{\cdot\cdot}{T}_{\mu\nu}}{\partial\underset{\cdot\cdot}{x}_{\nu}}\mathrm{d}^{4}\underset{\cdot\cdot}{x}+\sum\mathrm{d}\underset{\cdot\cdot}{\wp}_{\mu},\tag{3.157}$$

其中，$\mathrm{d}^{4}\underset{\cdot\cdot}{x}=\mathrm{d}\underset{\cdot\cdot}{x}_{1}\mathrm{d}\underset{\cdot\cdot}{x}_{2}\mathrm{d}\underset{\cdot\cdot}{x}_{3}\mathrm{d}\underset{\cdot\cdot}{x}_{4}=-ic\mathrm{d}V\mathrm{d}t$。由带电荷$\underset{\vee}{q}$的反质点在反世界电磁场内的运动方程

$$\frac{\mathrm{d}\underset{\cdot\cdot}{\wp}_{\mu}}{\mathrm{d}\tau}=\frac{\underset{\vee}{q}}{c}\underset{\cdot\cdot}{F}_{\mu\nu}\underset{\cdot\cdot}{u}_{\nu}$$

导出

$$\sum\mathrm{d}\underset{\cdot\cdot}{\wp}_{\mu}=\frac{i}{c^{2}}\int\underset{\cdot\cdot}{F}_{\mu\nu}\underset{\cdot\cdot}{j}_{\nu}\mathrm{d}^{4}\underset{\cdot\cdot}{x},$$

因而有

$$\mathrm{d}\underset{\cdot\cdot}{P}_{\mu}=\frac{i}{c}\int\left(\frac{\partial\underset{\cdot\cdot}{T}_{\mu\nu}}{\partial\underset{\cdot\cdot}{x}_{\nu}}+\frac{1}{c}\underset{\cdot\cdot}{F}_{\mu\nu}\underset{\cdot\cdot}{j}_{\nu}\right)\mathrm{d}^{4}\underset{\cdot\cdot}{x}\tag{3.158}$$

利用前面（3.134）、（3.135）和（3.153）式，可以证明

$$\frac{\partial\underset{\cdot\cdot}{T}_{\mu\nu}}{\partial\underset{\cdot\cdot}{x}_{\nu}}=-\frac{1}{c}\underset{\cdot\cdot}{F}_{\mu\nu}\underset{\cdot\cdot}{j}_{\nu}\tag{3.159}$$

将（3.159）式代入（3.158）式，得

$$\mathrm{d}\,\underset{..}{P}_{\mu}=0,$$

因而证明了用（3.152）式定义的反世界的$\underset{..}{P}_{\mu}$确实是守恒的，同时也证明了用（3.153）式定义的反世界的$\underset{..}{T}_{\mu\nu}$是正确的。

$\underset{.}{T}_{\mu\nu}$与$\underset{..}{T}_{\mu\nu}$的形式差个负号，表示在对调变换下$\underset{.}{T}_{\mu\nu}$与$\underset{..}{T}_{\mu\nu}$的对调协变性中含有突变。为了反映这种情况，引进突变因子 $\theta_1\equiv1$，规定在非对调变换下 θ_1 的变换方式是 $\theta_1=\theta_1$，在对调变换下 θ_1 的变换方式是 $\theta_1=-\theta_1$，并且将$\underset{.}{T}_{\mu\nu}$和$\underset{..}{T}_{\mu\nu}$写成

$$\underset{.}{T}_{\mu\nu}=\theta_1\left(-\underset{.}{F}_{\mu\lambda}\underset{.}{F}_{\nu\lambda}+\frac{1}{4}\delta_{\mu\nu}\underset{.}{F}_{\lambda\sigma}\underset{.}{F}_{\lambda\sigma}\right),$$

$$\underset{..}{T}_{\mu\nu}=\theta_1\left(\underset{..}{F}_{\mu\lambda}\underset{..}{F}_{\nu\lambda}-\frac{1}{4}\delta_{\mu\nu}\underset{..}{F}_{\lambda\sigma}\underset{..}{F}_{\lambda\sigma}\right).$$

§5　场的能量、动量表示式

1. 正世界场的能量、动量表示式

场的总能量$\underset{\wedge}{H}$和总动量$\underset{\wedge}{\vec{P}}$由下式给出：

$$\underset{.}{P}_{\mu}=\frac{i}{c}\int\underset{.}{T}_{\mu\nu}\,\mathrm{d}\,\underset{.}{S}_{\nu}$$ ［$\underset{.}{T}_{\mu\nu}$ 的表示式是（3.151）式］

令上式的积分在$\underset{.}{x}_4$ = 常数的超平面上进行，可将上式写成

$$\left.\begin{aligned}\underset{.}{P}_{\mu}&=\frac{i}{c}\int\underset{.}{T}_{\mu4}\,\mathrm{d}\underset{.}{V}(\mathrm{d}\,\underset{.}{S}_4=\mathrm{d}\underset{.}{V})\\ \underset{.}{T}_{\mu4}&=-\underset{.}{F}_{\mu\lambda}\underset{.}{F}_{4\lambda}+\frac{1}{4}\delta_{\mu4}\underset{.}{F}_{\lambda\sigma}\underset{.}{F}_{\lambda\sigma}\end{aligned}\right\}\tag{3.160}$$

由（3.160）式即可计算出

$$\underset{\wedge}{H}=\frac{1}{2}\int(\underset{\wedge}{\vec{E}}^2+\underset{\wedge}{\vec{B}}^2)\mathrm{d}V\tag{3.161}$$

$$\underset{\wedge}{\vec{P}}=\frac{1}{c}\int(\underset{\wedge}{\vec{E}}\times\underset{\wedge}{\vec{B}})\mathrm{d}V\tag{3.162}$$

2. 反世界场的能量、动量表示式

场的总能量$\underset{\vee}{H}$和总动量$\underset{\vee}{\vec{P}}$由下式给出：

$$\underset{..}{P}_{\mu}=\frac{i}{c}\int\underset{..}{T}_{\mu\nu}\,\mathrm{d}\,\underset{..}{S}_{\nu}$$ ［$\underset{..}{T}_{\mu\nu}$ 的表示式是(3.153) 式］

令上式的积分在$\underset{..}{x}_4$ = 常数的超平面上进行，可将上式写为

$$\left.\begin{aligned}\underset{..}{P}_{\mu}&=\frac{i}{c}\int\underset{..}{T}_{\mu4}\mathrm{d}\underset{..}{V}(\mathrm{d}\,\underset{..}{S}_4=\mathrm{d}\underset{..}{V})\\ \underset{..}{T}_{\mu4}&=\underset{..}{F}_{\mu\lambda}\underset{..}{F}_{4\lambda}-\frac{1}{4}\delta_{\mu4}\underset{..}{F}_{\lambda\sigma}\underset{..}{F}_{\lambda\sigma}\end{aligned}\right\}\tag{3.163}$$

由（3.163）式即可计算出

$$\underset{\vee}{H}=-\frac{1}{2}\int(\underset{\vee}{\vec{E}}^{2}+\underset{\vee}{\vec{B}}^{2})\mathrm{d}V \tag{3.164}$$

$$\underset{\vee}{\vec{P}}=-\frac{1}{c}\int(\underset{\vee}{\vec{E}}\times\underset{\vee}{\vec{B}})\mathrm{d}V \tag{3.165}$$

§6　场的自旋表示式

场的角动量张量是用场的能量动量张量来定义的，而正世界场的能量动量张量$\underset{\cdot}{T}_{\mu\nu}$的表示式与反世界场的能量动量张量$\underset{\cdot\cdot}{T}_{\mu\nu}$的表示式的形式差个负号，故正世界的场的自旋张量表示式与反世界的场的自旋张量表示式的形式也应当差个负号。

1. 正世界场的自旋表示式

场的自旋张量为

$$\underset{\cdot}{S}_{[\mu\nu]\lambda}=-\frac{i}{c}(\underset{\cdot}{A}_{\mu}\underset{\cdot}{F}_{\nu\lambda}-\underset{\cdot}{A}_{\nu}\underset{\cdot}{F}_{\mu\lambda}) \tag{3.166}$$

由（3.166）式不难计算出自旋分量

$$\underset{\wedge}{S}_{1}=\int\underset{\cdot}{S}_{[23]4}\mathrm{d}\underset{\cdot}{V}=\frac{1}{c}\int(\underset{\wedge}{E}_{2}\underset{\wedge}{A}_{3}-\underset{\wedge}{E}_{3}\underset{\wedge}{A}_{2})\mathrm{d}V \tag{3.167}$$

$$\underset{\wedge}{S}_{2}=\int\underset{\cdot}{S}_{[31]4}\mathrm{d}\underset{\cdot}{V}=\frac{1}{c}\int(\underset{\wedge}{E}_{3}\underset{\wedge}{A}_{1}-\underset{\wedge}{E}_{1}\underset{\wedge}{A}_{3})\mathrm{d}V \tag{3.168}$$

$$\underset{\wedge}{S}_{3}=\int\underset{\cdot}{S}_{[12]4}\mathrm{d}\underset{\cdot}{V}=\frac{1}{c}\int(\underset{\wedge}{E}_{1}\underset{\wedge}{A}_{2}-\underset{\wedge}{E}_{2}\underset{\wedge}{A}_{1})\mathrm{d}V \tag{3.169}$$

因而有

$$\underset{\wedge}{\vec{S}}=\frac{1}{c}\int(\underset{\wedge}{\vec{E}}\times\underset{\wedge}{\vec{A}})\mathrm{d}V \tag{3.170}$$

将$\underset{\wedge}{\vec{E}}=-\frac{1}{c}\partial_{t}\underset{\wedge}{\vec{A}}$代入上式，得

$$\underset{\wedge}{\vec{S}}=\frac{1}{c}\int\left[-\frac{1}{c}(\partial_{t}\underset{\wedge}{\vec{A}})\times\underset{\wedge}{\vec{A}}\right]\mathrm{d}V \tag{3.171}$$

2. 反世界场的自旋表示式

场的自旋张量为

$$\underset{\cdot\cdot}{S}_{[\mu\nu]\lambda}=\frac{i}{c}(\underset{\cdot\cdot}{A}_{\mu}\underset{\cdot\cdot}{F}_{\nu\lambda}-\underset{\cdot\cdot}{A}_{\nu}\underset{\cdot\cdot}{F}_{\mu\lambda}) \tag{3.172}$$

由（3.172）式不难计算出自旋分量

$$\underset{\vee}{S}_{1}=\int\underset{\cdot\cdot}{S}_{[23]4}\mathrm{d}\underset{\cdot\cdot}{V}=\frac{1}{c}\int(\underset{\vee}{E}_{2}\underset{\vee}{A}_{3}-\underset{\vee}{E}_{3}\underset{\vee}{A}_{2})\mathrm{d}V \tag{3.173}$$

$$\underset{\vee}{S}_{2}=\int\underset{\cdot\cdot}{S}_{[31]4}\mathrm{d}\underset{\cdot\cdot}{V}=\frac{1}{c}\int(\underset{\vee}{E}_{3}\underset{\vee}{A}_{1}-\underset{\vee}{E}_{1}\underset{\vee}{A}_{3})\mathrm{d}V \tag{3.174}$$

$$\underset{\vee}{S}_3 = \int \underset{\cdot\cdot}{S}_{[12]4}\mathrm{d}\underset{\cdot\cdot}{V} = \frac{1}{c}\int(\underset{\vee}{E}_1\underset{\vee}{A}_2 - \underset{\vee}{E}_2\underset{\vee}{A}_1)\mathrm{d}V \tag{3.175}$$

因而有

$$\underset{\vee}{\vec{S}} = \frac{1}{c}\int(\underset{\vee}{\vec{E}}\times\underset{\vee}{\vec{A}})\mathrm{d}V \tag{3.176}$$

将$\underset{\vee}{\vec{E}} = -\frac{1}{c}\partial_t\underset{\vee}{\vec{A}}$代入上式,得

$$\underset{\vee}{\vec{S}} = \frac{1}{c}\int\left[-\frac{1}{c}(\partial_t\underset{\vee}{\vec{A}})\times\underset{\vee}{\vec{A}}\right]\mathrm{d}V \tag{3.177}$$

§7　等速运动的超光速电荷的场

本节的§7将要用到本书八元数代数中的B代数的如下式子：$i^2=j^2=i_1^2=i_2^2=-1$，$k^2=1$，$ij=ji=-k$，$i_1i_2=i_2i_1=i$，$ji_1i_2=i_1i_2j$，$i_1i_2i_1i_2=(i_1i_2)(i_1i_2)=ii=-1$，$i_1i_2i_1i_2=(i_1i_1)(i_2i_2)=(-1)(-1)=1$。

电荷$\underset{\wedge}{q}$静止于惯性系K'的坐标原点，跟随K'系沿x轴以恒定超光速v相对于静止参考系K运动。在$t=t'=0$时，两系在空间内相重合。$\underset{\wedge}{q}$在K'系中产生一个恒定的电场，它的矢势为$\underset{\wedge}{\vec{A}}'=0$，它的标势为$\underset{\wedge}{\varphi}'=\frac{\underset{\wedge}{q}}{r'}$，式中$r'=(x'^2+y'^2+z'^2)^{\frac{1}{2}}$。下面用对调变换求出此电荷在$K$系中产生的电磁场。

我们在第二章第二节§2中已经看到，在存在质量突变的情况下，互补变换保证了四维动量矢量的对调变换与四维位置矢量的对调变换有相同的形式。与此相似，在存在电荷突变的情况下，互补变换保证了四维电势矢量的对调变换与四维位置矢量的对调变换有相同的形式。因此，可以用下面的对调变换求出此电荷在K系中产生的电磁场：

$$\underset{\cdot\cdot}{A}_1=\frac{+\frac{v}{c}\underset{\cdot\cdot}{A}'_4}{\left(\frac{v^2}{c^2}-1\right)^{\frac{1}{2}}},\quad \underset{\cdot\cdot}{A}_2=0,\quad \underset{\cdot\cdot}{A}_3=0,\quad \underset{\cdot\cdot}{A}_4=\frac{-i\underset{\cdot\cdot}{A}'_4}{\left(\frac{v^2}{c^2}-1\right)^{\frac{1}{2}}} \tag{3.178}$$

利用$\underset{\cdot\cdot}{A}_1=j\underset{\vee}{A}_x=j\underset{\vee}{A}$，$\underset{\cdot\cdot}{A}_4=k\underset{\vee}{\varphi}$，$\underset{\cdot\cdot}{A}'_4=j\underset{\wedge}{\varphi}'$，可将（3.178）式写成实数形式：

$$\left.\begin{aligned}
\underset{\vee}{\vec{A}}&=\frac{+\frac{\vec{v}}{c}\underset{\wedge}{\varphi}'}{\left(\frac{v^2}{c^2}-1\right)^{\frac{1}{2}}}=\frac{+\frac{\vec{v}}{c}\underset{\wedge}{q}}{r'\left(\frac{v^2}{c^2}-1\right)^{\frac{1}{2}}}=\frac{-\frac{\vec{v}}{c}\underset{\vee}{q}}{r'\left(\frac{v^2}{c^2}-1\right)^{\frac{1}{2}}}\\
\underset{\vee}{\varphi}&=\frac{+\underset{\wedge}{\varphi}'}{\left(\frac{v^2}{c^2}-1\right)^{\frac{1}{2}}}=\frac{-\underset{\vee}{q}}{r'\left(\frac{v^2}{c^2}-1\right)^{\frac{1}{2}}}
\end{aligned}\right\} \tag{3.179}$$

应强调指出，所谓互补变换保证了四维电势矢量的对调变换与四维位置矢量的对调变换有相同的形式，是对整体变换而言的。但对其中单个变换来讲，两者的形式并不相同，而是差个负号，就是说，（3.178）式与对应的四维位置矢量的对调变换差个负号。这些情况在第二章第二节§2中已经交代清楚，四维电势矢量含有正负电荷类似于四维动量矢量含有 $\pm m_o$。

下面要用 K 系中的 xyz 来表示 r'：

$$\underset{.}{x}'_1=\frac{-i\underset{..}{x}_1-\frac{v}{c}\underset{..}{x}_4}{(\frac{v^2}{c^2}-1)^{\frac{1}{2}}}=\frac{-ijx-\frac{v}{c}kct}{(\frac{v^2}{c^2}-1)^{\frac{1}{2}}}=\frac{-ij(x-vt)}{(\frac{v^2}{c^2}-1)^{\frac{1}{2}}},$$

$$\underset{.}{x}'_2=-i_1i_2\underset{..}{x}_2,\quad \underset{.}{x}'_3=-i_1i_2\underset{..}{x}_3,$$

$$\underset{.}{x}'^2_1=\frac{-i^2(x-vt)^2}{(\frac{v^2}{c^2}-1)}=\frac{-i_1i_2i_1i_2(x-vt)^2}{(\frac{v^2}{c^2}-1)},$$

$$\underset{.}{x}'^2_2=(-i_1i_2\underset{..}{x}_2)(-i_1i_2\underset{..}{x}_2)=i_1i_2i_1i_2\underset{..}{x}^2_2=i_1^2i_2^2(jy)^2=-y^2=i^2y^2=i_1i_2i_1i_2y^2,$$

同样有 $\underset{.}{x}'^2_3=i_1i_2i_1i_2z^2$，

将这些式子代入 $r'^2=x'^2+y'^2+z'^2=\underset{.}{x}'^2_1+\underset{.}{x}'^2_2+\underset{.}{x}'^2_3$，得

$$r'^2=\frac{i_1i_2i_1i_2(y^2+z^2)(\frac{v^2}{c^2}-1)-i_1i_2i_1i_2(x-vt)^2}{\frac{v^2}{c^2}-1}\tag{3.180}$$

将（3.180）式代入（3.179）式，得

$$\left.\begin{aligned}\underset{\vee}{\vec{A}}&=\frac{-q\underset{\vee}{\vec{v}}}{cr^{\times}}\\ \underset{\vee}{\varphi}&=\frac{-\underset{\vee}{q}}{r^{\times}}\end{aligned}\right\}\tag{3.181}$$

其中 $r^{\times}=[i_1i_2i_1i_2(y^2+z^2)(\frac{v^2}{c^2}-1)-i_1i_2i_1i_2(x-vt)^2]^{\frac{1}{2}}$

将（3.181）式代入 $\underset{\vee}{\vec{E}}=-\nabla\underset{\vee}{\varphi}-\frac{1}{c}\partial_t\underset{\vee}{\vec{A}}$，得电场

$$\underset{\vee}{\vec{E}}=\frac{-\underset{\vee}{q}\vec{r}(\frac{v^2}{c^2}-1)i_1i_2i_1i_2}{r^3(i_1i_2i_1i_2\frac{v^2}{c^2}\sin^2\theta-i_1i_2i_1i_2)^{\frac{3}{2}}},$$

其中 $r=[(x-vt)^2+y^2+z^2]^{\frac{1}{2}}$，$\sin^2\theta=\frac{y^2+z^2}{r^2}$。为了使上式的 $-\underset{\vee}{q}$ 对应于（3.181）式的 $-\underset{\vee}{q}$，应当令上式分子中的 $i_1i_2i_1i_2$ 为 $i_1i_2i_1i_2=(i_1i_1)(i_2i_2)=1$，而将

上式写成

$$\underset{\vee}{\vec{E}}=\frac{-\underset{\vee}{q}\vec{r}\left(\frac{v^2}{c^2}-1\right)}{r^3\left(i_1i_2i_1i_2\frac{v^2}{c^2}\sin^2\theta-i_1i_2i_1i_2\right)^{\frac{3}{2}}} \tag{3.182}$$

由$\vec{v}=(v,0,0)$，$\underset{\vee}{\vec{A}}=(\underset{\vee}{A},0,0)$和$\underset{\vee}{\vec{B}}=\nabla\times\underset{\vee}{\vec{A}}$求得磁场：$\underset{\vee}{B}_x=0$，$\underset{\vee}{B}_y=\frac{\partial \underset{\vee}{A}_x}{\partial z}=\frac{v}{c}\frac{\partial \underset{\vee}{\varphi}}{\partial z}=-\frac{v}{c}\underset{\vee}{E}_z$，$\underset{\vee}{B}_z=-\frac{\partial \underset{\vee}{A}_x}{\partial y}=-\frac{v}{c}\frac{\partial \underset{\vee}{\varphi}}{\partial y}=\frac{v}{c}\underset{\vee}{E}_y$。因而有

$$\underset{\vee}{\vec{B}}=\frac{1}{c}\vec{v}\times\underset{\vee}{\vec{E}} \tag{3.183}$$

将（3.181）式写为

$$\left.\begin{aligned}\underset{\vee}{\vec{A}}&=-\frac{\vec{v}}{c}\frac{\underset{\vee}{q}}{r\left(i_1i_2i_1i_2\frac{v^2}{c^2}\sin^2\theta-i_1i_2i_1i_2\right)^{\frac{1}{2}}}\\ \underset{\vee}{\varphi}&=\frac{-\underset{\vee}{q}}{r\left(i_1i_2i_1i_2\frac{v^2}{c^2}\sin^2\theta-i_1i_2i_1i_2\right)^{\frac{1}{2}}}\end{aligned}\right\} \tag{3.181'}$$

（3.182）式和（3.181）′式右边的分母中存在极值角 θ_0 和 $\pi-\theta_0$：与$\frac{v^2}{c^2}\sin^2\theta_0=\frac{v^2}{c^2}\sin^2(\pi-\theta_0)=1$ 相对应，场的$\underset{\vee}{\vec{A}}$、$\underset{\vee}{\varphi}$、$\underset{\vee}{\vec{E}}$和$\underset{\vee}{\vec{B}}$等于无穷大。图中代表极值角的直线 aO' 和 dO' 在保持 θ_0 角和 $\pi-\theta_0$ 角不变的情况下绕 x 轴转动一周，便画出一个双锥体的双锥面，双锥体的轴与 x 轴（x'轴）重合。双锥面将 θ 角的区域划分为双锥体内外两个部分。在双锥面上$\underset{\vee}{\vec{A}}$、$\underset{\vee}{\varphi}$、$\underset{\vee}{\vec{E}}$和$\underset{\vee}{\vec{B}}$等于无穷大。在双锥体内，$\frac{v^2}{c^2}\sin^2\theta<1$，此时应取 $i_1i_2i_1i_2=(i_1i_2)(i_1i_2)=ii=-1$。在双锥体外，$\frac{v^2}{c^2}\sin^2\theta>1$，此时应取 $i_1i_2i_1i_2=(i_1i_1)(i_2i_2)=(-1)(-1)=1$。因而可将（3.181）′式写为

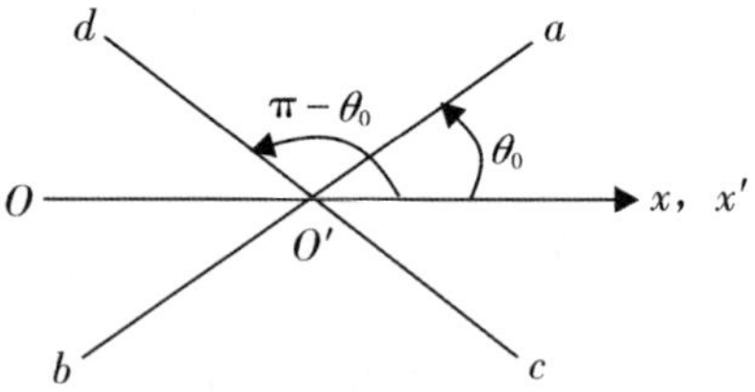

$$\underset{\vee}{\vec{A}}=\begin{cases}-\dfrac{\underset{\vee}{q}\vec{v}}{cr\left(1-\frac{v^2}{c^2}\sin^2\theta\right)^{\frac{1}{2}}} & （双锥体内）\\ -\dfrac{\underset{\vee}{q}\vec{v}}{cr\left(\frac{v^2}{c^2}\sin^2\theta-1\right)^{\frac{1}{2}}} & （双锥体外）\end{cases} \tag{3.184}$$

$$\check{\varphi}=\begin{cases}-\dfrac{\check{q}}{r\left(1-\dfrac{v^2}{c^2}\sin^2\theta\right)^{\frac{1}{2}}} & （双锥体内）\\ -\dfrac{\check{q}}{r\left(\dfrac{v^2}{c^2}\sin^2\theta-1\right)^{\frac{1}{2}}} & （双锥体外）\end{cases} \tag{3.185}$$

对（3.182）和（3.183）式的$\check{\vec{E}}$、$\check{\vec{B}}$表示式也可以做同样的处理。（3.184）和（3.185）式将应用于第七章第一节的反氢原子理论中。

第四章　双时空相对论性自由场量子理论

自由场量子理论中的逆时描述·描述量子场论的正、反世界语言·粒子数表象中的负几率已经成为理论结构中不可缺少的重要组成部分。

需要引进一个选择因子 $\theta_2 \equiv -1$ 或 1，用来选择正世界语言或反世界语言描述量子场论。选取 $\theta_2 \equiv 1$ 表示正、反世界统一使用正世界语言描述量子场论，就是统一以正粒子质量$\underset{\wedge}{m}$（大于零）作为衡量正、反粒子质量、能量的准绳，因而有$\bar{n}(-\underset{\wedge}{m}) = (-\bar{n})\underset{\wedge}{m}$（反粒子数$\bar{n}$是正整数），即可以将$\bar{n}$个负质量反粒子描述为 $-\bar{n}$ 个正质量粒子，……选取 $\theta_2 \equiv -1$，表示正、反世界统一使用反世界语言描述量子场论，就是统一以反粒子的质量$\underset{\vee}{m}$（小于零）作为衡量正、反粒子的质量、能量的准绳，因此有 $n(-\underset{\vee}{m}) = (-n)\underset{\vee}{m}$（正粒子数 n 是正整数），即可以将 n 个正质量正粒子描述为 $-n$ 个负质量正粒子，…… θ_2 应是双时空变换下的不变量，即无论在非对调变换下或在对调变换下它的变换方式都是 $\theta_2 = \theta_2$。引进选择因子 θ_2 的重大物理意义见第四章的第四节。值得注意的是，无论是正世界语言还是反世界语言，其中出现负粒子数必然出现负几率，两者不可分割。负粒子数与负几率已经成为自由场量子理论结构中不可缺少的重要组成部分。于是具有直接物理意义的是粒子数算符在各粒子数本征态的平均值，而不是它们的本征值，故正、反世界自由场量子理论中的粒子数都用上述平均值来表示。本书只详述 $\theta_2 \equiv 1$ 的情况，但不难推广到 $\theta_2 \equiv -1$ 的情况。

第一节　标量场量子理论

§1　正世界荷电粒子场的量子理论

1. 量子化

场的拉格朗日密度为：

$$\underset{\wedge}{\pounds} = (\partial_\mu \underset{\wedge}{\varphi}^+)\, \partial_\mu \underset{\wedge}{\varphi} + m^2 \underset{\wedge}{\varphi}^+ \underset{\wedge}{\varphi} \tag{4.1}$$

其中$\underset{\wedge}{\varphi}(\underset{\cdot}{x})$ 和$\underset{\wedge}{\varphi}^+(\underset{\cdot}{x})$ 都是正则坐标，相应的正则动量为：

$$\hat{\pi}(\underset{\cdot}{x})=\frac{\partial\hat{\pounds}}{\partial(\underset{\cdot}{\partial}_4\hat{\varphi})}=\underset{\cdot}{\partial}_4\hat{\varphi}^+(\underset{\cdot}{x}),\quad \hat{\pi}^+(\underset{\cdot}{x})=\frac{\partial\hat{\pounds}}{\partial(\underset{\cdot}{\partial}_4\hat{\varphi}^+)}=\underset{\cdot}{\partial}_4\hat{\varphi}(\underset{\cdot}{x}) \tag{4.2}$$

把$\hat{\varphi}(\underset{\cdot}{x})$、$\hat{\varphi}^+(\underset{\cdot}{x})$ 和$\hat{\pi}(\underset{\cdot}{x})$、$\hat{\pi}^+(\underset{\cdot}{x})$ 看做满足下列对易关系的算符：

$$\left.\begin{aligned}&[\hat{\varphi}(\underset{\cdot}{x}),\ \hat{\pi}(\underset{\cdot}{x}')]_-=\theta_2 k\delta(\vec{r}-\vec{r}')\\&[\hat{\varphi}^+(\underset{\cdot}{x}),\ \hat{\pi}^+(\underset{\cdot}{x}')]_-=\theta_2 k\delta(\vec{r}-\vec{r}')\\&\text{其余的对易括号}=0\end{aligned}\right\}(t'=t) \tag{4.3}$$

（4.3）式中的 k 是本书的代数基元。

$$\left.\begin{aligned}\hat{\varphi}(\underset{\cdot}{x})&=\sum_{\vec{k}}\frac{1}{\sqrt{2V\omega}}(\hat{a}_{\vec{k}}e^{i\underset{\cdot\cdot}{kx}}+\hat{b}^+_{\vec{k}}e^{-i\underset{\cdot\cdot}{kx}})\\\hat{\varphi}^+(\underset{\cdot}{x})&=\sum_{\vec{k}}\frac{1}{\sqrt{2V\omega}}(\hat{a}^+_{\vec{k}}e^{-i\underset{\cdot\cdot}{kx}}+\hat{b}_{\vec{k}}e^{i\underset{\cdot\cdot}{kx}})\end{aligned}\right\} \tag{4.4}$$

其中 $\omega=\sqrt{\vec{k}^2+m^2}$，$V$ 是归一化体积，含$\hat{a}_{\vec{k}}$或 $\hat{a}^+_{\vec{k}}$ 的项代表正粒子；含$\hat{b}_{\vec{k}}$或 $\hat{b}^+_{\vec{k}}$的项代表顺时运动的亚光速正质量化反粒子（在这里被描述为逆时运动的正粒子），故它们具有正质量，反粒子的亚光速正质量化见后面第七章第三节 §1 和 §2。利用第三章第一节 §1 的（3.4）式中的正粒子公式所示的正交、归一性，由（4.4）式可得：

$$\left.\begin{aligned}\hat{a}_{\vec{k}}&=\int_V \hat{f}^+_{\vec{k},+}(\underset{\cdot}{x})ii\overleftrightarrow{\underset{\cdot}{\partial}}_4\hat{\varphi}(\underset{\cdot}{x})\mathrm{d}\underset{\cdot}{V},\quad \hat{b}^+_{\vec{k}}=\int_V\hat{\varphi}(\underset{\cdot}{x})ii\overleftrightarrow{\underset{\cdot}{\partial}}_4\hat{f}_{\vec{k},+}(\underset{\cdot}{x})\mathrm{d}\underset{\cdot}{V}\\\hat{a}^+_{\vec{k}}&=\int_V\hat{\varphi}^+(\underset{\cdot}{x})ii\overleftrightarrow{\underset{\cdot}{\partial}}_4\hat{f}_{\vec{k},+}(\underset{\cdot}{x})\mathrm{d}\underset{\cdot}{V},\quad \hat{b}_{\vec{k}}=\int_V\hat{f}^+_{\vec{k},+}(\underset{\cdot}{x})ii\overleftrightarrow{\underset{\cdot}{\partial}}_4\hat{\varphi}^+(\underset{\cdot}{x})\mathrm{d}\underset{\cdot}{V}\end{aligned}\right\} \tag{4.5}$$

式中$\hat{f}_{\vec{k},+}(\underset{\cdot}{x})=\frac{1}{\sqrt{2V\omega}}e^{i\underset{\cdot\cdot}{kx}}$。由（4.3）、（4.5）式和前面（3.4）式中的正粒子公式可得：

$$\left.\begin{aligned}&[\hat{a}_{\vec{k}},\ \hat{a}^+_{\vec{k}'}]_-=\theta_2\delta_{\vec{k},\vec{k}'}\\&[\hat{b}_{\vec{k}},\ \hat{b}^+_{\vec{k}'}]_-=\theta_2\delta_{\vec{k},\vec{k}'}\\&\text{其余对易括号}=0\end{aligned}\right\} \tag{4.6}$$

选取 $\theta_2\equiv1$，取正粒子数算符$\hat{N}_{\vec{k}}=\hat{a}^+_{\vec{k}}\hat{a}_{\vec{k}}$和反粒子数算符$\hat{\bar{N}}_{\vec{k}}=\hat{b}^+_{\vec{k}}\hat{b}_{\vec{k}}$对角化的表象，令

$$\left.\begin{aligned}&\hat{N}_{\vec{k}}\left|\hat{n}_{\vec{k}}\right\rangle=\hat{n}_{\vec{k}}\left|\hat{n}_{\vec{k}}\right\rangle\\&\hat{\bar{N}}_{\vec{k}}\left|\hat{\bar{n}}_{\vec{k}}\right\rangle=\hat{\bar{n}}_{\vec{k}}\left|\hat{\bar{n}}_{\vec{k}}\right\rangle\end{aligned}\right\} \tag{4.7}$$

其中 $\hat{n}_{\vec{k}}$和$\hat{\bar{n}}_{\vec{k}}$均为正整数。由（4.6）式得：

$[\hat{N}_{\vec{k}},\ \hat{a}_{\vec{k}}^{+}]_{-}=\hat{a}_{\vec{k}}^{+}$，$[\hat{N}_{\vec{k}},\ \hat{a}_{\vec{k}}]_{-}=-\hat{a}_{\vec{k}}$，$[\hat{\bar{N}}_{\vec{k}},\ \hat{b}_{\vec{k}}^{+}]_{-}=\hat{b}_{\vec{k}}^{+}$，$[\hat{\bar{N}}_{\vec{k}},\ \hat{b}_{\vec{k}}]_{-}=$
$-\hat{b}_{\vec{k}}$ (4.8)

由（4.7）、（4.8）式得：

$$\left.\begin{aligned}&\hat{N}_{\vec{k}}\hat{a}_{\vec{k}}^{+}\left|\hat{n}_{\vec{k}}\right\rangle=(\hat{n}_{\vec{k}}+1)\hat{a}_{\vec{k}}^{+}\left|\hat{n}_{\vec{k}}\right\rangle,\ \hat{N}_{\vec{k}}\hat{a}_{\vec{k}}\left|\hat{n}_{\vec{k}}\right\rangle=(\hat{n}_{\vec{k}}-1)\hat{a}_{\vec{k}}\left|\hat{n}_{\vec{k}}\right\rangle\\&\hat{\bar{N}}_{\vec{k}}\hat{b}_{\vec{k}}^{+}\left|\hat{\bar{n}}_{\vec{k}}\right\rangle=(\hat{\bar{n}}_{\vec{k}}+1)\hat{b}_{\vec{k}}^{+}\left|\hat{\bar{n}}_{\vec{k}}\right\rangle,\ \hat{\bar{N}}_{\vec{k}}\hat{b}_{\vec{k}}\left|\hat{\bar{n}}_{\vec{k}}\right\rangle=(\hat{\bar{n}}_{\vec{k}}-1)\hat{b}_{\vec{k}}\left|\hat{\bar{n}}_{\vec{k}}\right\rangle\end{aligned}\right\}\quad(4.9)$$

（4.9）式表明，$\hat{a}_{\vec{k}}^{+}$是产生一个动量为$\vec{k}$的正粒子的产生算符，$\hat{a}_{\vec{k}}$是消灭一个动量为$\vec{k}$的正粒子的消灭算符，$\hat{b}_{\vec{k}}^{+}$是产生一个动量为$\vec{k}$的反粒子的产生算符，$\hat{b}_{\vec{k}}$是消灭一个动量为$\vec{k}$的反粒子的消灭算符。

用$\langle 0|0\rangle=1$，$\hat{a}_{\vec{k}}|0\rangle=0$，$\hat{b}_{\vec{k}}|0\rangle=0$表示真空态$|0\rangle$，就可以得到下列正交、归一的正、反粒子态：

$$\left.\begin{aligned}&\left|\hat{n}_{\vec{k}}\right\rangle=\frac{1}{\sqrt{\hat{n}_{\vec{k}}!}}(\hat{a}_{\vec{k}}^{+})^{\hat{n}_{\vec{k}}}|0\rangle,\ \left\langle\hat{n}_{\vec{k}}\middle|\hat{n}'_{\vec{k}'}\right\rangle=\delta_{\hat{n}_{\vec{k}}\hat{n}'_{\vec{k}'}}\\&\left|\hat{\bar{n}}_{\vec{k}}\right\rangle=\frac{1}{\sqrt{\hat{\bar{n}}_{\vec{k}}!}}(\hat{b}_{\vec{k}}^{+})^{\hat{\bar{n}}_{\vec{k}}}|0\rangle,\ \left\langle\hat{\bar{n}}_{\vec{k}}\middle|\hat{\bar{n}}'_{\vec{k}'}\right\rangle=\delta_{\hat{\bar{n}}_{\vec{k}}\hat{\bar{n}}'_{\vec{k}'}}\end{aligned}\right\}\quad(4.10)$$

在（4.10）式中，由两个以上的正粒子组成的正粒子态或由两个以上的反粒子组成的反粒子态，都是作为 +1 个正质量体系被归一化为 +1 。在粒子转化反应过程中的各个态，都是正质量态，都应当归一化为 +1，例如由$\hat{n}_{\vec{k}_1}$个正粒子和$\hat{\bar{m}}_{\vec{k}_2}$个反粒子组成的态，应当作为 +1 个正质量体系而被归一化为 +1：

$$\left.\begin{aligned}&\left|\hat{n}_{\vec{k}_1},\ \hat{\bar{m}}_{\vec{k}_2}\right\rangle=\frac{1}{\sqrt{\hat{n}_{\vec{k}_1}!\ \hat{\bar{m}}_{\vec{k}_2}!}}(\hat{a}_{\vec{k}_1}^{+})^{\hat{n}_{\vec{k}_1}}(\hat{b}_{\vec{k}_2}^{+})^{\hat{\bar{m}}_{\vec{k}_2}}|0\rangle\\&\left\langle\hat{n}_{\vec{k}_1},\ \hat{\bar{m}}_{\vec{k}_2}\middle|\hat{n}'_{\vec{k}'_1},\ \hat{\bar{m}}'_{\vec{k}'_2}\right\rangle=\delta_{\hat{n}_{\vec{k}_1}\hat{n}'_{\vec{k}'_1}}\delta_{\hat{\bar{m}}_{\vec{k}_2}\hat{\bar{m}}'_{\vec{k}'_2}}\end{aligned}\right\}\quad(4.11)$$

选择了$\theta_2\equiv1$，则正世界量子场论所有态矢都要被归一化为 +1。

下面要对场的能量、动量和电荷进行计算。场的能量动量张量为

$$\underset{\cdot}{T}_{\mu\nu}=-(\underset{\cdot}{\partial}_{\mu}\hat{\varphi}^{+})\underset{\cdot}{\partial}_{\nu}\hat{\varphi}-(\underset{\cdot}{\partial}_{\nu}\hat{\varphi}^{+})\underset{\cdot}{\partial}_{\mu}\hat{\varphi}+\delta_{\mu\nu}[(\underset{\cdot}{\partial}_{\lambda}\hat{\varphi}^{+})\underset{\cdot}{\partial}_{\lambda}\hat{\varphi}+m^{2}\hat{\varphi}^{+}\hat{\varphi}]\quad(4.12)$$

因而有

$$\underset{\cdot}{P}_{\mu}=i\int\underset{\cdot}{T}_{\mu4}\mathrm{d}\underset{\cdot}{V}(\mathrm{d}\underset{\cdot}{V}=\mathrm{d}\underset{\cdot}{S}_{4})\quad(4.13)$$

场的能量算符和动量算符依次为

$\hat{H}=-j\underset{\cdot}{P}_{4}=-jik\int\underset{\cdot}{T}_{44}\,\mathrm{d}V=\int\underset{\cdot}{T}_{44}\,\mathrm{d}V=\int[(\partial_t\hat{\varphi}^{+})\partial_t\hat{\varphi}+(\nabla\hat{\varphi}^{+})\cdot\nabla\hat{\varphi}+$

$m^2 \underset{\wedge}{\varphi}^+ \underset{\wedge}{\varphi}] \mathrm{d}V,$ (4.14)

$\underset{\wedge}{P}_{i_1} = k \underset{\cdot}{P}_{i_1} = kik \int \underset{\cdot}{T}_{i_14} \mathrm{d}V = i \int \underset{\cdot}{T}_{i_14} \mathrm{d}V = -\int [(\underset{\cdot}{\partial}_{i_1} \underset{\wedge}{\varphi}^+) \partial_t \underset{\wedge}{\varphi} + (\partial_t \underset{\wedge}{\varphi}^+) \underset{\cdot}{\partial}_{i_1} \underset{\wedge}{\varphi}] \mathrm{d}V,$
$(i_1 = 1, 2, 3),$

$$\underset{\wedge}{\vec{P}} = -\int [(\nabla \underset{\wedge}{\varphi}^+) \partial_t \underset{\wedge}{\varphi} + (\partial_t \underset{\wedge}{\varphi}^+) \nabla \underset{\wedge}{\varphi}] \mathrm{d}V \tag{4.15}$$

利用第三章第一节§1 的（3.3）式，得场的电荷算符

$$\underset{\wedge}{Q} = i\int \underset{\cdot}{j}_4 \mathrm{d}\underset{\cdot}{S}_4 = i\int \underset{\cdot}{j}_4 \mathrm{d}\underset{\cdot}{V} = i\int qi[\underset{\wedge}{\varphi}^+(-j\partial_t \underset{\wedge}{\varphi}) - \underset{\wedge}{\varphi}(-j\partial_t \underset{\wedge}{\varphi}^+)]k\mathrm{d}V =$$
$$iq\int (\underset{\wedge}{\varphi}^+ \partial_t \underset{\wedge}{\varphi} - \underset{\wedge}{\varphi}\partial_t \underset{\wedge}{\varphi}^+)\, \mathrm{d}V \tag{4.16}$$

将（4.4）式代入（4.14）、(4.15）、(4.16）式，得

$$\underset{\wedge}{H} = \sum_{\vec{k}} \omega(\underset{\wedge}{N}_{\vec{k}} + \underset{\wedge}{\bar{N}}_{\vec{k}} + \theta_2) \tag{4.17}$$

$$\underset{\wedge}{\vec{P}} = \sum_{\vec{k}} \vec{k}(\underset{\wedge}{N}_{\vec{k}} + \underset{\wedge}{\bar{N}}_{\vec{k}}) \tag{4.18}$$

$$\underset{\wedge}{Q} = \sum_{\vec{k}} q(\underset{\wedge}{N}_{\vec{k}} - \underset{\wedge}{\bar{N}}_{\vec{k}}) \tag{4.19}$$

有直接物理意义的是粒子数算符在各粒子数本征态的平均值而不是本征值：

$$\underset{\wedge}{H} = \sum_{\vec{k}} \omega\left\langle \underset{\wedge}{n}_{\vec{k}}, \underset{\wedge}{\bar{n}}_{\vec{k}} \right| (\underset{\wedge}{N}_{\vec{k}} + \underset{\wedge}{\bar{N}}_{\vec{k}} + \theta_2) \left| \underset{\wedge}{n}_{\vec{k}}, \underset{\wedge}{\bar{n}}_{\vec{k}} \right\rangle = \sum_{\vec{k}} \omega(\underset{\wedge}{n}_{\vec{k}} + \underset{\wedge}{\bar{n}}_{\vec{k}} + \theta_2) \tag{4.20}$$

$$\underset{\wedge}{\vec{P}} = \sum_{\vec{k}} \vec{k}\left\langle \underset{\wedge}{n}_{\vec{k}}, \underset{\wedge}{\bar{n}}_{\vec{k}} \right| (\underset{\wedge}{N}_{\vec{k}} + \underset{\wedge}{\bar{N}}_{\vec{k}}) \left| \underset{\wedge}{n}_{\vec{k}}, \underset{\wedge}{\bar{n}}_{\vec{k}} \right\rangle = \sum_{\vec{k}} \vec{k}(\underset{\wedge}{n}_{\vec{k}} + \underset{\wedge}{\bar{n}}_{\vec{k}}) \tag{4.21}$$

$$\underset{\wedge}{Q} = \sum_{\vec{k}} q\left\langle \underset{\wedge}{n}_{\vec{k}}, \underset{\wedge}{\bar{n}}_{\vec{k}} \right| (\underset{\wedge}{N}_{\vec{k}} - \underset{\wedge}{\bar{N}}_{\vec{k}}) \left| \underset{\wedge}{n}_{\vec{k}}, \underset{\wedge}{\bar{n}}_{\vec{k}} \right\rangle = \sum_{\vec{k}} q(\underset{\wedge}{n}_{\vec{k}} - \underset{\wedge}{\bar{n}}_{\vec{k}}) \tag{4.22}$$

这里选取 $\theta_2 \equiv 1$。其中 $\omega = \sqrt{\vec{k}^2 + m^2}$。

2. 自由传播子

自由传播子定义式：

$$\underset{\wedge}{\Delta}_F(\underset{\cdot}{x}_1 - \underset{\cdot}{x}_2) = \underset{\wedge}{\varphi}(\underset{\cdot}{x}_1)\underset{\wedge}{\varphi}^+(\underset{\cdot}{x}_2) = \left\langle 0 \right| T[\underset{\wedge}{\varphi}(\underset{\cdot}{x}_1)\underset{\wedge}{\varphi}^+(\underset{\cdot}{x}_2)] \left| 0 \right\rangle =$$
$$\theta(t_1 - t_2)\left\langle 0 \right| \underset{\wedge}{\varphi}(\underset{\cdot}{x}_1)\underset{\wedge}{\varphi}^+(\underset{\cdot}{x}_2) \left| 0 \right\rangle + \theta(t_2 - t_1)\left\langle 0 \right| \underset{\wedge}{\varphi}^+(\underset{\cdot}{x}_2)\underset{\wedge}{\varphi}(\underset{\cdot}{x}_1) \left| 0 \right\rangle,$$

其中符号 $\underbrace{AB}$ 称为场算符的收缩，表示 $\underbrace{AB} = T(AB) - N(AB)$，$T(AB)$ 是场算符 A 和场算符 B 的编时乘积，$N(AB)$ 是 A 和 B 的正规乘积（其中消灭算符排在产生算符的右边）；

$$\theta(t) = \begin{cases} 1, & t > 0 \\ 0, & t < 0 \end{cases}.$$

将（4.4）式代入上述自由传播子定义式，得

$$\underset{\wedge}{\Delta}_F(\underset{\cdot}{x}_1 - \underset{\cdot}{x}_2) = \frac{\theta_2}{(2\pi)^3}\int \mathrm{d}\vec{k} e^{i\vec{k}\cdot(\vec{r}_1 - \vec{r}_2)} \frac{1}{2\omega}[\theta(t_1 - t_2)e^{-i\omega(t_1 - t_2)} + \theta(t_2 - t_1)e^{i\omega(t_1 - t_2)}] \tag{4.23}$$

不难证明

$$\int \frac{dk_0}{2\pi} \frac{-ie^{-ik_0(t_1-t_2)}}{\underset{\cdot}{k}^2+(km)^2-i\varepsilon} = \frac{1}{2\omega}[\theta(t_1-t_2)e^{-i\omega(t_1-t_2)}+\theta(t_2-t_1)e^{i\omega(t_1-t_2)}] \tag{4.24}$$

上式左边是在 k_0 复平面上沿实轴的路积分，$(km)^2$ 中的 k 是本书的代数基元，$\underset{\cdot}{k}^2+(km)^2-i\varepsilon=-(k_0+\omega-i\varepsilon)(k_0-\omega+i\varepsilon)$，$\omega=\sqrt{\vec{k}^2+m^2}$，$\varepsilon$ 是一个微小的正数（在积分后趋于零）。将（4.24）式代入（4.23）式，得

$$\underset{\wedge}{\Delta}_F(\underset{\cdot}{x}_1-\underset{\cdot}{x}_2)=\underbrace{\underset{\wedge}{\varphi}(\underset{\cdot}{x}_1)\underset{\wedge}{\varphi}^+}(\underset{\cdot}{x}_2) = \frac{-\theta_2}{(2\pi)^4}\int d^4\underset{\cdot}{k}\frac{e^{i\underset{\cdot}{k}\cdot(\underset{\cdot}{x}_1-\underset{\cdot}{x}_2)}}{\underset{\cdot}{k}^2+(km)^2-i\varepsilon} \tag{4.25}$$

其中 $d^4\underset{\cdot}{k}=id\vec{k}dk_0$ 是双时空相对论不变量，这里选择 $\theta_2\equiv1$。

3. 对易关系的双时空相对论不变性

利用（4.4）和（4.6）式，不难计算出

$$[\underset{\wedge}{\varphi}(\underset{\cdot}{x}_1),\ \underset{\wedge}{\varphi}^+(\underset{\cdot}{x}_2)]_-=-i\underset{\wedge}{\Delta}(\underset{\cdot}{x}_1-\underset{\cdot}{x}_2) \tag{4.26}$$

其中

$$\begin{aligned}\underset{\wedge}{\Delta}(\underset{\cdot}{x}_1-\underset{\cdot}{x}_2) &= i\sum_{\vec{k}}\frac{\theta_2}{V}e^{i\vec{k}\cdot(\vec{r}_1-\vec{r}_2)}\frac{1}{2\omega}(e^{-i\omega(t_1-t_2)}-e^{i\omega(t_1-t_2)})\\ &= i\theta_2\int\frac{d\vec{k}}{(2\pi)^3}e^{i\vec{k}\cdot(\vec{r}_1-\vec{r}_2)}\frac{1}{2\omega}(e^{-i\omega(t_1-t_2)}-e^{i\omega(t_1-t_2)})\\ &= \frac{\theta_2}{(2\pi)^3}\int d^4\underset{\cdot}{k}e^{i\underset{\cdot}{k}\cdot(\underset{\cdot}{x}_1-\underset{\cdot}{x}_2)}\delta(\underset{\cdot}{k}^2+m^2)\varepsilon(k_0)\end{aligned} \tag{4.27}$$

式中 $\theta_2\equiv1$，$\delta(\underset{\cdot}{k}^2+m^2)=\frac{1}{2\omega}[\delta(k_0-\omega)+\delta(k_0+\omega)]$，$\varepsilon(k_0)=\frac{k_0}{|k_0|}$。

§2 反世界荷电粒子场的量子理论

1. 量子化·粒子数表象中的负几率

场的拉格朗日密度为

$$\underset{\vee}{\pounds}=(\underset{\cdot\cdot}{\partial}_\mu\underset{\vee}{\varphi}^+)\underset{\cdot\cdot}{\partial}_\mu\underset{\vee}{\varphi}+m^2\underset{\vee}{\varphi}^+\underset{\vee}{\varphi} \tag{4.28}$$

其中$\underset{\vee}{\varphi}(\underset{\cdot\cdot}{x})$和 $\underset{\vee}{\varphi}^+(\underset{\cdot\cdot}{x})$ 都是正则坐标，相应的正则动量为

$$\underset{\vee}{\pi}(\underset{\cdot\cdot}{x})=\frac{\partial\underset{\vee}{\pounds}}{\partial(\underset{\cdot\cdot}{\partial}_4\underset{\vee}{\varphi})}=\underset{\cdot\cdot}{\partial}_4\underset{\vee}{\varphi}^+(\underset{\cdot\cdot}{x}),\quad \underset{\vee}{\pi}^+(\underset{\cdot\cdot}{x})=\frac{\partial\underset{\vee}{\pounds}}{\partial(\underset{\cdot\cdot}{\partial}_4\underset{\vee}{\varphi}^+)}=\underset{\cdot\cdot}{\partial}_4\underset{\vee}{\varphi}(\underset{\cdot\cdot}{x}) \tag{4.29}$$

把$\underset{\vee}{\varphi}(\underset{\cdot\cdot}{x})$ 、$\underset{\vee}{\varphi}^+(\underset{\cdot\cdot}{x})$ 和$\underset{\vee}{\pi}(\underset{\cdot\cdot}{x})$ 、$\underset{\vee}{\pi}^+(\underset{\cdot\cdot}{x})$ 看做满足下列对易关系的算符：

$$\left.\begin{aligned}&[\underset{\vee}{\varphi}(\underset{\cdot\cdot}{x}),\ \underset{\vee}{\pi}(\underset{\cdot\cdot}{x}')]_- = \theta_2 j\delta(\vec{r}-\vec{r}')\\&[\underset{\vee}{\varphi}^+(\underset{\cdot\cdot}{x}),\ \underset{\vee}{\pi}^+(\underset{\cdot\cdot}{x}')]_- = \theta_2 j\delta(\vec{r}-\vec{r}')\\&\text{其余的对易括号}=0\end{aligned}\right\}(t'=t) \tag{4.30}$$

（4.30）式中的 j 是本书的代数基元。

$$\left.\begin{aligned}\underset{\vee}{\varphi}(\underset{\cdot\cdot}{x}) &= \sum_{\vec{k}}\frac{1}{\sqrt{2V\omega}}(\underset{\vee}{b}_{-\vec{k}}e^{i\underset{\cdot\cdot}{k}\,\underset{\cdot\cdot}{x}} + \underset{\vee}{a}^+_{-\vec{k}}e^{-i\underset{\cdot\cdot}{k}\,\underset{\cdot\cdot}{x}})\\\underset{\vee}{\varphi}^+(\underset{\cdot\cdot}{x}) &= \sum_{\vec{k}}\frac{1}{\sqrt{2V\omega}}(\underset{\vee}{b}^+_{-\vec{k}}e^{-i\underset{\cdot\cdot}{k}\,\underset{\cdot\cdot}{x}} + \underset{\vee}{a}_{-\vec{k}}e^{i\underset{\cdot\cdot}{k}\,\underset{\cdot\cdot}{x}})\end{aligned}\right\} \tag{4.31}$$

其中 $\omega=\sqrt{\vec{k}^2-m^2}$，$V$ 是归一化体积，含 $\underset{\vee}{b}_{-\vec{k}}$ 或 $\underset{\vee}{b}^+_{-\vec{k}}$ 的项代表反粒子；含 $\underset{\vee}{a}_{-\vec{k}}$ 或 $\underset{\vee}{a}^+_{-\vec{k}}$ 的项代表顺时运动的超光速负质量化正粒子（在这里被描述为逆时运动的反粒子），故它们具有负质量，正粒子的超光速负质量化见后面第七章第三节§1 和§2。利用第三章第一节§2 的（3.15）式中的反粒子公式所示的正交、归一性，由（4.31）式可得

$$\left.\begin{aligned}\underset{\vee}{b}_{-\vec{k}} &= -\int_V \underset{\vee}{f}^+_{-\vec{k},-}(\underset{\cdot\cdot}{x})ii\,\underset{\cdot\cdot}{\overleftrightarrow{\partial}}_4\underset{\vee}{\varphi}(\underset{\cdot\cdot}{x})\mathrm{d}\underset{\cdot\cdot}{V},\quad \underset{\vee}{a}^+_{-\vec{k}} = -\int_V \underset{\vee}{\varphi}(\underset{\cdot\cdot}{x})ii\,\underset{\cdot\cdot}{\overleftrightarrow{\partial}}_4\underset{\vee}{f}_{-\vec{k},-}(\underset{\cdot\cdot}{x})\mathrm{d}\underset{\cdot\cdot}{V}\\\underset{\vee}{b}^+_{-\vec{k}} &= -\int_V \underset{\vee}{\varphi}^+(\underset{\cdot\cdot}{x})ii\,\underset{\cdot\cdot}{\overleftrightarrow{\partial}}_4\underset{\vee}{f}_{-\vec{k},-}(\underset{\cdot\cdot}{x})\mathrm{d}\underset{\cdot\cdot}{V},\quad \underset{\vee}{a}_{-\vec{k}} = -\int_V \underset{\vee}{f}^+_{-\vec{k},-}(\underset{\cdot\cdot}{x})ii\,\underset{\cdot\cdot}{\overleftrightarrow{\partial}}_4\underset{\vee}{\varphi}^+(\underset{\cdot\cdot}{x})\mathrm{d}\underset{\cdot\cdot}{V}\end{aligned}\right\} \tag{4.32}$$

式中 $\underset{\vee}{f}_{-\vec{k},-}(\underset{\cdot\cdot}{x})=\frac{1}{\sqrt{2V\omega}}e^{i\underset{\cdot\cdot}{k}\,\underset{\cdot\cdot}{x}}$。由（4.30）、（4.32）式和（3.15）式中的反粒子公式可得

$$\left.\begin{aligned}&[\underset{\vee}{b}_{-\vec{k}},\ \underset{\vee}{b}^+_{-\vec{k}'}]_- = -\theta_2\delta_{\vec{k},\vec{k}'}\\&[\underset{\vee}{a}_{-\vec{k}},\ \underset{\vee}{a}^+_{-\vec{k}'}]_- = -\theta_2\delta_{\vec{k},\vec{k}'}\\&\text{其余的对易括号}=0\end{aligned}\right\} \tag{4.33}$$

选取 $\theta_2\equiv 1$，取反粒子数算符 $\underset{\vee}{\bar{N}}_{-\vec{k}}=\underset{\vee}{b}^+_{-\vec{k}}\underset{\vee}{b}_{-\vec{k}}$ 和正粒子数算符 $\underset{\vee}{N}_{-\vec{k}}=\underset{\vee}{a}^+_{-\vec{k}}\underset{\vee}{a}_{-\vec{k}}$ 对角化的表象，令

$$\left.\begin{aligned}\underset{\vee}{\bar{N}}_{-\vec{k}}\left|-\underset{\vee}{\bar{n}}_{-\vec{k}}\right\rangle &= -\underset{\vee}{\bar{n}}_{-\vec{k}}\left|-\underset{\vee}{\bar{n}}_{-\vec{k}}\right\rangle\\\underset{\vee}{N}_{-\vec{k}}\left|-\underset{\vee}{n}_{-\vec{k}}\right\rangle &= -\underset{\vee}{n}_{-\vec{k}}\left|-\underset{\vee}{n}_{-\vec{k}}\right\rangle\end{aligned}\right\} \tag{4.34}$$

$\underset{\vee}{\bar{n}}_{-\vec{k}}$ 和 $\underset{\vee}{n}_{-\vec{k}}$ 均为正整数，其中 $\left|-\underset{\vee}{\bar{n}}_{-\vec{k}}\right\rangle$ 是 $-\underset{\vee}{\bar{n}}_{-\vec{k}}$ 个正质量反粒子的态矢［即 $+\underset{\vee}{\bar{n}}_{-\vec{k}}$ 个负质量反粒子的态矢］，$\left|-\underset{\vee}{n}_{-\vec{k}}\right\rangle$ 是 $-\underset{\vee}{n}_{-\vec{k}}$ 个正质量正粒子的态矢［即

$+\ \underset{\vee}{n}_{-\vec{k}}$个负质量正粒子的态矢]。由（4.33）式得：

$$[\bar{\underset{\vee}{N}}_{-\vec{k}},\ \underset{\vee}{b}^{+}_{-\vec{k}}]_{-} = -\underset{\vee}{b}^{+}_{-\vec{k}},\ [\bar{\underset{\vee}{N}}_{-\vec{k}},\ \underset{\vee}{b}_{-\vec{k}}]_{-} = \underset{\vee}{b}_{-\vec{k}},\ [\underset{\vee}{N}_{-\vec{k}},\ \underset{\vee}{a}^{+}_{-\vec{k}}]_{-} = -\underset{\vee}{a}^{+}_{-\vec{k}},\ [\underset{\vee}{N}_{-\vec{k}},\ \underset{\vee}{a}_{-\vec{k}}]_{-} = \underset{\wedge}{a}_{-\vec{k}} \tag{4.35}$$

由（4.34）、（4.35）式得

$$\left.\begin{aligned}
&\bar{\underset{\vee}{N}}_{-\vec{k}}\underset{\vee}{b}^{+}_{-\vec{k}}\left|-\bar{\underset{\vee}{n}}_{-\vec{k}}\right\rangle = -(\bar{\underset{\vee}{n}}_{-\vec{k}}+1)\underset{\vee}{b}^{+}_{-\vec{k}}\left|-\bar{\underset{\vee}{n}}_{-\vec{k}}\right\rangle,\ \bar{\underset{\vee}{N}}_{-\vec{k}}\underset{\vee}{b}_{-\vec{k}}\left|-\bar{\underset{\vee}{n}}_{-\vec{k}}\right\rangle\\
&= -(\bar{\underset{\vee}{n}}_{-\vec{k}}-1)\underset{\vee}{b}_{-\vec{k}}\left|-\bar{\underset{\vee}{n}}_{-\vec{k}}\right\rangle\\
&\underset{\vee}{N}_{-\vec{k}}\underset{\vee}{a}^{+}_{-\vec{k}}\left|-\underset{\vee}{n}_{-\vec{k}}\right\rangle = -(\underset{\vee}{n}_{-\vec{k}}+1)\underset{\vee}{a}^{+}_{-\vec{k}}\left|-\underset{\vee}{n}_{-\vec{k}}\right\rangle,\ \underset{\vee}{N}_{-\vec{k}}\underset{\vee}{a}_{-\vec{k}}\left|-\underset{\vee}{n}_{-\vec{k}}\right\rangle\\
&= -(\underset{\vee}{n}_{-\vec{k}}-1)\underset{\vee}{a}_{-\vec{k}}\left|-\underset{\vee}{n}_{-\vec{k}}\right\rangle
\end{aligned}\right\} \tag{4.36}$$

（4.36）式表明，$\underset{\vee}{b}^{+}_{-\vec{k}}$是产生 -1 个动量为$\vec{k}$的正质量反粒子(即产生 $+1$ 个动量为 $-\vec{k}$的负质量反粒子）的产生算符，$\underset{\vee}{b}_{-\vec{k}}$是消灭 -1 个动量为$\vec{k}$的正质量反粒子（即消灭 $+1$ 个动量为 $-\vec{k}$的负质量反粒子）的消灭算符，$\underset{\vee}{a}^{+}_{-\vec{k}}$是产生 -1 个动量为$\vec{k}$的正质量正粒子（即产生 $+1$ 个动量为 $-\vec{k}$的负质量正粒子)的产生算符，$\underset{\vee}{a}_{-\vec{k}}$是消灭 -1 个动量为$\vec{k}$的正质量正粒子（即消灭 $+1$ 个动量为 $-\vec{k}$的负质量正粒子）的消灭算符。

下面讨论态矢的正交、归一性，用$\langle 0|0\rangle=1$，$\underset{\vee}{b}_{-\vec{k}}|0\rangle=0$，$\underset{\vee}{a}_{-\vec{k}}|0\rangle=0$ 表示真空态$|0\rangle$。

$$\left\langle -\bar{\underset{\vee}{1}}_{-\vec{k}}\middle| -\bar{\underset{\vee}{1}}_{-\vec{k}}\right\rangle = \left\langle 0\middle|\underset{\vee}{b}_{-\vec{k}}\underset{\vee}{b}^{+}_{-\vec{k}}\middle|0\right\rangle = \left\langle 0\middle|(-1+\underset{\vee}{b}^{+}_{-\vec{k}}\underset{\vee}{b}_{-\vec{k}})\middle|0\right\rangle = -1,$$

$$\left\langle -\underset{\vee}{1}_{-\vec{k}}\middle| -\underset{\vee}{1}_{-\vec{k}}\right\rangle = \left\langle 0\middle|\underset{\vee}{a}_{-\vec{k}}\underset{\vee}{a}^{+}_{-\vec{k}}\middle|0\right\rangle = \left\langle 0\middle|(-1+\underset{\vee}{a}^{+}_{-\vec{k}}\underset{\vee}{a}_{-\vec{k}})\middle|0\right\rangle = -1,$$

$$\left.\begin{aligned}
&\left|-\bar{\underset{\vee}{n}}_{-\vec{k}}\right\rangle = \frac{(i')^{\bar{\underset{\vee}{n}}_{-\vec{k}}+1}}{\sqrt{\bar{\underset{\vee}{n}}_{-\vec{k}}!}}(\underset{\vee}{b}^{+}_{-\vec{k}})^{\bar{\underset{\vee}{n}}_{-\vec{k}}}\left|0\right\rangle\\
&\left|-\underset{\vee}{n}_{-\vec{k}}\right\rangle = \frac{(i')^{\underset{\vee}{n}_{-\vec{k}}+1}}{\sqrt{\underset{\vee}{n}_{-\vec{k}}!}}(\underset{\vee}{a}^{+}_{-\vec{k}})^{\underset{\vee}{n}_{-\vec{k}}}\left|0\right\rangle
\end{aligned}\right\} \tag{4.37}$$

其中为了保证所有反世界态矢都能归一化为 -1，引进了一个特殊虚量 $i'=\sqrt{-1}$，它满足$(i')^2=-1$ 和$(i')^{+}=i'$，因此它不是本书的代数基元。

（4.37）式的态矢满足正交、归一条件

$$\left\langle -\bar{\underset{\vee}{n}}_{-\vec{k}} \middle| -\bar{\underset{\vee}{n}}'_{-\vec{k}'} \right\rangle = -\delta_{\bar{\underset{\vee}{n}}_{-\vec{k}}\bar{\underset{\vee}{n}}'_{-\vec{k}'}}, \left\langle -\underset{\vee}{n}_{-\vec{k}} \middle| -\underset{\vee}{n}'_{-\vec{k}'} \right\rangle = -\delta_{\underset{\vee}{n}_{-\vec{k}}\underset{\vee}{n}'_{-\vec{k}'}} \tag{4.38}$$

在（4.37）式和（4.38）式中，由两个以上的反粒子组成的反粒子态或由两个以上的正粒子组成的正粒子态，都是作为 -1 个正质量体系被归一化为 -1。在反世界的粒子转化反应过程中的各个态，例如由 $\bar{\underset{\vee}{m}}_{-\vec{k}_2}$ 个反粒子和 $\underset{\wedge}{n}_{-\vec{k}_1}$ 个正粒子组成的态，都应当作为 -1 个正质量体系而被归一化为 -1：

$$\left.\begin{aligned} &\left| -\underset{\vee}{n}_{-\vec{k}_1}, -\bar{\underset{\vee}{m}}_{-\vec{k}_2} \right\rangle = \frac{(i')^{\underset{\vee}{n}_{-\vec{k}_1}+\bar{\underset{\vee}{m}}_{-\vec{k}_2}+1}}{\sqrt{\underset{\vee}{n}_{-\vec{k}_1}!\ \bar{\underset{\vee}{m}}_{-\vec{k}_2}!}}\left(\underset{\vee}{a}^{+}_{-\vec{k}_1}\right)^{\underset{\vee}{n}_{-\vec{k}_1}}\left(\underset{\vee}{b}^{+}_{-\vec{k}_2}\right)^{\bar{\underset{\vee}{m}}_{-\vec{k}_2}}|0\rangle \\ &\left\langle -\underset{\vee}{n}_{-\vec{k}_1}, -\bar{\underset{\vee}{m}}_{-\vec{k}_2} \middle| -\underset{\vee}{n}'_{-\vec{k}'_1}, -\bar{\underset{\vee}{m}}'_{-\vec{k}'_2} \right\rangle = -\delta_{\underset{\vee}{n}_{-\vec{k}_1}\underset{\vee}{n}'_{-\vec{k}'_1}}\delta_{\bar{\underset{\vee}{m}}_{-\vec{k}_2}\bar{\underset{\vee}{m}}'_{-\vec{k}'_2}} \end{aligned}\right\} \tag{4.39}$$

这里选择了 $\theta_2 \equiv 1$，故反世界所有态矢都被归一化为 -1。$\left\langle -\bar{\underset{\vee}{n}}_{-\vec{k}} \middle| -\bar{\underset{\vee}{n}}_{-\vec{k}} \right\rangle = -1$ 右边的 -1 有双重含义，$-1=(+1)(-1)$ 右边的 +1 表示按传统几率概念归一化为 +1，右边的 -1 则表示要将（$-\bar{\underset{\vee}{n}}_{-\vec{k}}$）个正质量反粒子转换为（$+\bar{\underset{\vee}{n}}_{-\vec{k}}$）个负质量反粒子。由此可类推出其余所有态矢被归一化为 -1 的物理含义。故有直接物理意义的是 $\bar{\underset{\vee}{N}}_{-\vec{k}}$ 和 $\underset{\vee}{N}_{-\vec{k}}$ 在各粒子数本征态的形式平均值，例如

$$\left\langle -\bar{\underset{\vee}{n}}_{-\vec{k}}, -\underset{\vee}{n}_{-\vec{k}} \middle| \bar{\underset{\vee}{N}}_{-\vec{k}} \middle| -\bar{\underset{\vee}{n}}_{-\vec{k}}, -\underset{\vee}{n}_{-\vec{k}} \right\rangle = -\bar{\underset{\vee}{n}}_{-\vec{k}}\left\langle -\bar{\underset{\vee}{n}}_{-\vec{k}}, -\underset{\vee}{n}_{-\vec{k}} \middle| -\bar{\underset{\vee}{n}}_{-\vec{k}}, -\underset{\vee}{n}_{-\vec{k}} \right\rangle$$

$$= -\bar{\underset{\vee}{n}}_{-\vec{k}}(-1) = \bar{\underset{\vee}{n}}_{-\vec{k}}, \left\langle -\bar{\underset{\vee}{n}}_{-\vec{k}}, -\underset{\vee}{n}_{-\vec{k}} \middle| \underset{\vee}{N}_{-\vec{k}} \middle| -\bar{\underset{\vee}{n}}_{-\vec{k}}, -\underset{\vee}{n}_{-\vec{k}} \right\rangle$$

$$= -\underset{\vee}{n}_{-\vec{k}}\left\langle -\bar{\underset{\vee}{n}}_{-\vec{k}}, -\underset{\vee}{n}_{-\vec{k}} \middle| -\bar{\underset{\vee}{n}}_{-\vec{k}}, -\underset{\vee}{n}_{-\vec{k}} \right\rangle = -\underset{\vee}{n}_{-\vec{k}}(-1) = \underset{\vee}{n}_{-\vec{k}},$$

余类推。故由取形式平均值得到的正、反粒子数都是正整数。

下面来计算量子场的能量、动量和电荷。场的能量、动量张量为

$$\underset{\cdot\cdot}{T}_{\mu\nu} = -(\underset{\cdot\cdot}{\partial}_{\mu}\underset{\vee}{\varphi}^{+})\underset{\cdot\cdot}{\partial}_{\nu}\underset{\vee}{\varphi} - (\underset{\cdot\cdot}{\partial}_{\nu}\underset{\vee}{\varphi}^{+})\underset{\cdot\cdot}{\partial}_{\mu}\underset{\vee}{\varphi} + \delta_{\mu\nu}[(\underset{\cdot\cdot}{\partial}_{\lambda}\underset{\vee}{\varphi}^{+})\underset{\cdot\cdot}{\partial}_{\lambda}\underset{\vee}{\varphi} + m^2\underset{\vee}{\varphi}^{+}\underset{\vee}{\varphi}] \tag{4.40}$$

因而有

$$\underset{\cdot\cdot}{P}_{\mu} = i\int \underset{\cdot\cdot}{T}_{\mu 4}\mathrm{d}\underset{\cdot\cdot}{V}\ (\mathrm{d}\underset{\cdot\cdot}{V} = \mathrm{d}\underset{\cdot\cdot}{S}_4) \tag{4.41}$$

场的能量算符和动量算符依次为

$$\underset{\vee}{H} = k\underset{\cdot\cdot}{P}_4 = ki(-j)\int \underset{\cdot\cdot}{T}_{44}\mathrm{d}V = \int \underset{\cdot\cdot}{T}_{44}\mathrm{d}V = \int[-(\partial_t\underset{\vee}{\varphi}^{+})\partial_t\underset{\vee}{\varphi} - (\nabla\underset{\vee}{\varphi}^{+})\cdot \nabla\underset{\vee}{\varphi} + m^2\underset{\vee}{\varphi}^{+}\underset{\vee}{\varphi}]\ \mathrm{d}V \tag{4.42}$$

$$\underset{\vee}{P}_{i_1} = -j\underset{\cdot\cdot}{P}_{i_1} = -ji(-j)\int \underset{\cdot\cdot}{T}_{i_1 4}\mathrm{d}V = -i\int \underset{\cdot\cdot}{T}_{i_1 4}\mathrm{d}V = \int[(\partial_{i_1}\underset{\vee}{\varphi}^{+})\partial_t\underset{\vee}{\varphi} + (\partial_t\underset{\vee}{\varphi}^{+})\partial_{i_1}\underset{\vee}{\varphi}]\mathrm{d}V,\ (i_1 = 1, 2, 3),$$

$$\vec{\underset{\vee}{P}} = \int[(\nabla\underset{\vee}{\varphi}^{+})\partial_t\underset{\vee}{\varphi} + (\partial_t\underset{\vee}{\varphi}^{+})\nabla\underset{\vee}{\varphi}]\mathrm{d}V \tag{4.43}$$

利用第三章第一节§2 的（3.14）式，得场的电荷算符

$$\underset{\vee}{Q}=i\int\underset{\cdot\cdot}{j}_4\mathrm{d}\underset{\cdot\cdot}{S}_4=i\int\underset{\cdot\cdot}{j}_4\mathrm{d}\underset{\cdot\cdot}{V}=i\int qi[\underset{\vee}{\varphi}^+(k\partial_t\underset{\vee}{\varphi})-\underset{\vee}{\varphi}(k\partial_t\underset{\vee}{\varphi}^+)](-j\mathrm{d}V)$$

$$=iq\int(\underset{\vee}{\varphi}^+\partial_t\underset{\vee}{\varphi}-\underset{\vee}{\varphi}\partial_t\underset{\vee}{\varphi}^+)\mathrm{d}V \tag{4.44}$$

将（4.31）式代入（4.42）、（4.43）、（4.44）式，得

$$\underset{\vee}{H}=\sum_{\vec{k}}-\omega(\underset{\vee}{\bar{N}}_{-\vec{k}}+\underset{\vee}{N}_{-\vec{k}}-\theta_2), \tag{4.45}$$

$$\underset{\vee}{\vec{P}}=\sum_{\vec{k}}-\vec{k}(\underset{\vee}{\bar{N}}_{-\vec{k}}+\underset{\vee}{N}_{-\vec{k}}), \tag{4.46}$$

$$\underset{\vee}{Q}=\sum_{\vec{k}}-q(\underset{\vee}{\bar{N}}_{-\vec{k}}-\underset{\vee}{N}_{-\vec{k}}), \tag{4.47}$$

有直接物理意义的是 $\underset{\vee}{\bar{N}}_{-\vec{k}}$、$\underset{\vee}{N}_{-\vec{k}}$在各粒子数本征态的形式平均值而不是本征值：

$$\underset{\vee}{H}=\sum_{\vec{k}}-\omega\left\langle-\underset{\vee}{\bar{n}}_{-\vec{k}},-\underset{\vee}{n}_{-\vec{k}}\right|(\underset{\vee}{\bar{N}}_{-\vec{k}}+\underset{\vee}{N}_{-\vec{k}}-\theta_2)\left|-\underset{\vee}{\bar{n}}_{-\vec{k}},-\underset{\vee}{n}_{-\vec{k}}\right\rangle=\sum_{\vec{k}}-\omega(\underset{\vee}{\bar{n}}_{-\vec{k}}+\underset{\vee}{n}_{-\vec{k}}+\theta_2), \tag{4.48}$$

$$\underset{\vee}{\vec{P}}=\sum_{\vec{k}}-\vec{k}\left\langle-\underset{\vee}{\bar{n}}_{-\vec{k}},-\underset{\vee}{n}_{-\vec{k}}\right|(\underset{\vee}{\bar{N}}_{-\vec{k}}+\underset{\vee}{N}_{-\vec{k}})\left|-\underset{\vee}{\bar{n}}_{-\vec{k}},-\underset{\vee}{n}_{-\vec{k}}\right\rangle=\sum_{\vec{k}}-\vec{k}(\underset{\vee}{\bar{n}}_{-\vec{k}}+\underset{\vee}{n}_{-\vec{k}}), \tag{4.49}$$

$$\underset{\vee}{Q}=\sum_{\vec{k}}-q\left\langle-\underset{\vee}{\bar{n}}_{-\vec{k}},-\underset{\vee}{n}_{-\vec{k}}\right|(\underset{\vee}{\bar{N}}_{-\vec{k}}-\underset{\vee}{N}_{-\vec{k}})\left|-\underset{\vee}{\bar{n}}_{-\vec{k}},-\underset{\vee}{n}_{-\vec{k}}\right\rangle=\sum_{\vec{k}}-q(\underset{\vee}{\bar{n}}_{-\vec{k}}-\underset{\vee}{n}_{-\vec{k}}), \tag{4.50}$$

在求 $\underset{\vee}{\bar{N}}_{-\vec{k}}$和$\underset{\vee}{N}_{-\vec{k}}$的平均值时，无须使用一般态矢的内容，可以立即只写出$\underset{\vee}{\bar{N}}_{-\vec{k}}$、$\underset{\vee}{N}_{-\vec{k}}$的本征态矢$\left|-\underset{\vee}{\bar{n}}_{-\vec{k}},-\underset{\vee}{n}_{-\vec{k}}\right\rangle$，也无须使用惯用的平均值顶上的符号“－”。前面和后面也都是如此。

2. 自由传播子

将(4.31)式代入自由传播子定义式：

$$\underset{\vee}{\Delta}_F(\underset{\cdot\cdot}{x}_1-\underset{\cdot\cdot}{x}_2)=\underset{\vee}{\varphi}(\underset{\cdot\cdot}{x}_1)\underset{\vee}{\varphi}^+(\underset{\cdot\cdot}{x}_2)=\left\langle0\right|T[\underset{\vee}{\varphi}(\underset{\cdot\cdot}{x}_1)\underset{\vee}{\varphi}^+(\underset{\cdot\cdot}{x}_2)]\left|0\right\rangle=\theta(t_1-t_2)\left\langle0\right|\underset{\vee}{\varphi}(\underset{\cdot\cdot}{x}_1)\underset{\vee}{\varphi}^+(\underset{\cdot\cdot}{x}_2)\left|0\right\rangle+\theta(t_2-t_1)\left\langle0\right|\underset{\vee}{\varphi}^+(\underset{\cdot\cdot}{x}_2)\underset{\vee}{\varphi}(\underset{\cdot\cdot}{x}_1)\left|0\right\rangle$$

，得

$$\underset{\vee}{\Delta}_F(\underset{\cdot\cdot}{x}_1-\underset{\cdot\cdot}{x}_2)=\frac{\theta_2}{(2\pi)^3}\int\mathrm{d}\,\vec{k}e^{-i\vec{k}\cdot(\vec{r}_1-\vec{r}_2)}\frac{-1}{2\omega}[\theta(t_1-t_2)e^{i\omega(t_1-t_2)}+\theta(t_2-t_1)e^{-i\omega(t_1-t_2)}] \tag{4.51}$$

不难证明

$$\int \frac{\mathrm{d}k_0}{2\pi} \frac{ie^{ik_0(t_1-t_2)}}{\underset{..}{k}^2+(km)^2-i\varepsilon} = \frac{-1}{2\omega}[\theta(t_1-t_2)e^{i\omega(t_1-t_2)}+\theta(t_2-t_1)e^{-i\omega(t_1-t_2)}], \tag{4.52}$$

上式左边是在 k_0 复平面上沿实轴的路积分，$(km)^2$ 中的 k 是本书的代数基元，$\underset{..}{k}^2+(km)^2-i\varepsilon=(k_0+\omega+i\varepsilon)(k_0-\omega-i\varepsilon)$，$\omega=\sqrt{\vec{k}^2-m^2}$。将（4.52）式代入（4.51）式，得

$$\underset{\vee}{\Delta}_F(\underset{..}{x}_1-\underset{..}{x}_2)=\underset{\vee}{\varphi}(\underset{..}{x}_1)\underset{\vee}{\varphi}^+(\underset{..}{x}_2)=\frac{-\theta_2}{(2\pi)^4}\int \mathrm{d}^4\underset{..}{k}\frac{e^{i\underset{..}{k}(\underset{..}{x}_1-\underset{..}{x}_2)}}{\underset{..}{k}^2+(km)^2-i\varepsilon} \tag{4.53}$$

其中，$\mathrm{d}^4\underset{..}{k}=\mathrm{d}\underset{..}{k}_1\mathrm{d}\underset{..}{k}_2\mathrm{d}\underset{..}{k}_3\mathrm{d}\underset{..}{k}_4=i\mathrm{d}\vec{k}\mathrm{d}k_0$ 是双时空相对论不变量。

3. 对易关系的双时空相对论不变性

利用（4.31）和（4.33）式，不难计算出

$$[\underset{\vee}{\varphi}(\underset{..}{x}_1),\underset{\vee}{\varphi}^+(\underset{..}{x}_2)]_-=-i\underset{\vee}{\Delta}(\underset{..}{x}_1-\underset{..}{x}_2) \tag{4.54}$$

其中

$$\underset{\vee}{\Delta}(\underset{..}{x}_1-\underset{..}{x}_2)=i\theta_2\int\frac{\mathrm{d}\vec{k}}{(2\pi)^3}e^{-i\vec{k}\cdot(\vec{r}_1-\vec{r}_2)}\frac{-1}{2\omega}[e^{i\omega(t_1-t_2)}-e^{-i\omega(t_1-t_2)}]=$$

$$\frac{\theta_2}{(2\pi)^3}\int\mathrm{d}^4\underset{..}{k}\,e^{i\underset{..}{k}(\underset{..}{x}_1-\underset{..}{x}_2)}\delta(\underset{..}{k}^2+m^2)\varepsilon(k_0) \tag{4.55}$$

式中 $\delta(\underset{..}{k}^2+m^2)=\frac{1}{2\omega}[\delta(k_0-\omega)+\delta(k_0+\omega)]$。

本节选取 $\theta_2\equiv1$。

第二节　旋量场量子理论

§1　正世界旋量场的量子理论

1. 量子化

场的拉格朗日密度为：

$$\underset{\wedge}{\pounds}=\bar{\underset{\wedge}{\psi}}\gamma_\mu\partial_\mu\underset{\wedge}{\psi}+km\bar{\underset{\wedge}{\psi}}\underset{\wedge}{\psi}, \tag{4.56}$$

其中 k 是本书的代数基元，$\underset{\wedge}{\psi}(\underset{\cdot}{x})$ 是正则坐标，相应的正则动量为：

$$\underset{\wedge}{\pi}(\underset{\cdot}{x})=\frac{\partial\underset{\wedge}{\pounds}}{\partial(\partial_4\underset{\wedge}{\psi})}=\bar{\underset{\wedge}{\psi}}(\underset{\cdot}{x})\gamma_4 \tag{4.57}$$

把 $\underset{\wedge}{\psi}(\underset{\cdot}{x})$ 和 $\underset{\wedge}{\pi}(\underset{\cdot}{x})$ 看做满足下列对易关系的算符：

$$\left.\begin{array}{l}[\underset{\wedge}{\psi}_{\alpha}(\underset{\cdot}{x}),(\bar{\underset{\wedge}{\psi}}(\underset{\cdot}{x}')\gamma_4)_{\beta}]_{+}=\theta_2 k\delta_{\alpha\beta}\delta(\vec{r}-\vec{r}') \\ \text{其余的反对易括号}=0\end{array}\right\}(t'=t) \tag{4.58}$$

（4.58）式中的 k 是本书的代数基元。

$$\left.\begin{array}{l}\underset{\wedge}{\psi}(\underset{\cdot}{x})=\sum\limits_{\vec{P},\sigma}\sqrt{\dfrac{mk}{VE}}[\underset{\wedge}{a}_{\vec{P},\sigma}\underset{\wedge}{u}_{\vec{P},\sigma}e^{iP\underset{\cdot\cdot}{x}}+\underset{\wedge}{b}^{+}_{\vec{P},\sigma}\underset{\wedge}{U}_{\vec{P},\sigma}e^{-iP\underset{\cdot\cdot}{x}}] \\ \bar{\underset{\wedge}{\psi}}(\underset{\cdot}{x})=\sum\limits_{\vec{P},\sigma}\sqrt{\dfrac{mk}{VE}}[\underset{\wedge}{a}^{+}_{\vec{P},\sigma}\bar{\underset{\wedge}{u}}_{\vec{P},\sigma}e^{-iP\underset{\cdot\cdot}{x}}+\underset{\wedge}{b}_{\vec{P},\sigma}\bar{\underset{\wedge}{U}}_{\vec{P},\sigma}e^{iP\underset{\cdot\cdot}{x}}]\end{array}\right\} \tag{4.59}$$

其中 $E=\sqrt{\vec{P}^2+m^2}$，V 是归一化体积，k 是本书的代数基元；含 $\underset{\wedge}{a}_{\vec{P},\sigma}$ 或 $\underset{\wedge}{a}^{+}_{\vec{P},\sigma}$ 的项代表正粒子；含 $\underset{\wedge}{b}_{\vec{P},\sigma}$ 或 $\underset{\wedge}{b}^{+}_{\vec{P},\sigma}$ 的项代表顺时运动的亚光速正质量化反粒子（在这里被描述为逆时运动的正粒子），故它们具有正质量，反粒子的亚光速正质量化见第七章第三节 §1 和 §2。利用第三章第二节 §2 的（3.49）、（3.50）式和公式 $\dfrac{1}{V}\int e^{\pm i(\vec{P}-\vec{P}')\cdot\vec{r}}\mathrm{d}V=\delta_{\vec{P}\vec{P}'}$，由（4.59）式可得

$$\left.\begin{array}{l}\underset{\wedge}{a}_{\vec{P},\sigma}=\sqrt{\dfrac{mk}{VE}}\int e^{-iP\underset{\cdot\cdot}{x}}\bar{\underset{\wedge}{u}}_{\vec{P},\sigma}\gamma_4\underset{\wedge}{\psi}(\underset{\cdot}{x})\mathrm{d}\underset{\cdot}{V},\ \underset{\wedge}{b}^{+}_{\vec{P},\sigma}=\sqrt{\dfrac{mk}{VE}}\int e^{iP\underset{\cdot\cdot}{x}}\bar{\underset{\wedge}{U}}_{\vec{P},\sigma}\gamma_4\underset{\wedge}{\psi}(\underset{\cdot}{x})\mathrm{d}\underset{\cdot}{V} \\ \underset{\wedge}{a}^{+}_{\vec{P},\sigma}=\sqrt{\dfrac{mk}{VE}}\int e^{iP\underset{\cdot\cdot}{x}}\bar{\underset{\wedge}{\psi}}(\underset{\cdot}{x})\gamma_4\underset{\wedge}{u}_{\vec{P},\sigma}\mathrm{d}\underset{\cdot}{V},\ \underset{\wedge}{b}_{\vec{P},\sigma}=\sqrt{\dfrac{mk}{VE}}\int e^{-iP\underset{\cdot\cdot}{x}}\bar{\underset{\wedge}{\psi}}(\underset{\cdot}{x})\gamma_4\underset{\wedge}{U}_{\vec{P},\sigma}\mathrm{d}\underset{\cdot}{V}\end{array}\right\} \tag{4.60}$$

由（4.58）、（4.60）、（3.49）式和公式 $\dfrac{1}{V}\int e^{\pm i(\vec{P}-\vec{P}')\cdot\vec{r}}\mathrm{d}V=\delta_{\vec{P}\vec{P}'}$，得

$$\left.\begin{array}{l}[\underset{\wedge}{a}_{\vec{P},\sigma},\underset{\wedge}{a}^{+}_{\vec{P}',\sigma'}]_{+}=\theta_2\delta_{\vec{P}\vec{P}'}\delta_{\sigma\sigma'} \\ [\underset{\wedge}{b}_{\vec{P},\sigma},\underset{\wedge}{b}^{+}_{\vec{P}',\sigma'}]_{+}=\theta_2\delta_{\vec{P}\vec{P}'}\delta_{\sigma\sigma'} \\ \text{其余的反对易括号}=0\end{array}\right\} \tag{4.61}$$

选取 $\theta_2\equiv 1$，取正粒子数算符 $\underset{\wedge}{N}_{\vec{P},\sigma}=\underset{\wedge}{a}^{+}_{\vec{P},\sigma}\underset{\wedge}{a}_{\vec{P},\sigma}$ 和反粒子数算符 $\bar{\underset{\wedge}{N}}_{\vec{P},\sigma}=\underset{\wedge}{b}^{+}_{\vec{P},\sigma}\underset{\wedge}{b}_{\vec{P},\sigma}$ 对角化的表象，令

$$\left.\begin{array}{l}\underset{\wedge}{N}_{\vec{P},\sigma}\left|\underset{\wedge}{n}_{\vec{P},\sigma}\right\rangle=\underset{\wedge}{n}_{\vec{P},\sigma}\left|\underset{\wedge}{n}_{\vec{P},\sigma}\right\rangle \\ \bar{\underset{\wedge}{N}}_{\vec{P},\sigma}\left|\bar{\underset{\wedge}{n}}_{\vec{P},\sigma}\right\rangle=\bar{\underset{\wedge}{n}}_{\vec{P},\sigma}\left|\bar{\underset{\wedge}{n}}_{\vec{P},\sigma}\right\rangle\end{array}\right\} \tag{4.62}$$

其中 $\underset{\wedge}{n}_{\vec{P},\sigma}$ 和 $\bar{\underset{\wedge}{n}}_{\vec{P},\sigma}$ 均为正整数。由（4.61）式可以证明：

$$\left.\begin{array}{l}
\underset{\wedge}{a}^{2}_{\vec{p},\sigma}=0,\ \underset{\wedge}{b}^{2}_{\vec{p},\sigma}=0,\ (\underset{\wedge}{a}^{+}_{\vec{p},\sigma})^{2}=0,\ (\underset{\wedge}{b}^{+}_{\vec{p},\sigma})^{2}=0,\ [\underset{\wedge}{N}_{\vec{p},\sigma},\ \underset{\wedge}{a}^{+}_{\vec{p},\sigma}]_{-}=\underset{\wedge}{a}^{+}_{\vec{p},\sigma}\\
[\underset{\wedge}{N}_{\vec{p},\sigma},\ \underset{\wedge}{a}_{\vec{p},\sigma}]_{-}=-\underset{\wedge}{a}_{\vec{p},\sigma}\\
[\underset{\wedge}{\overline{N}}_{\vec{p},\sigma},\ \underset{\wedge}{b}^{+}_{\vec{p},\sigma}]_{-}=\underset{\wedge}{b}^{+}_{\vec{p},\sigma},\ [\underset{\wedge}{\overline{N}}_{\vec{p},\sigma},\ \underset{\wedge}{b}_{\vec{p},\sigma}]_{-}=-\underset{\wedge}{b}_{\vec{p},\sigma},\ \underset{\wedge}{N}^{2}_{\vec{p},\sigma}=\underset{\wedge}{N}_{\vec{p},\sigma}\\
\underset{\wedge}{\overline{N}}^{2}_{\vec{p},\sigma}=\underset{\wedge}{\overline{N}}_{\vec{p},\sigma}
\end{array}\right\}\qquad(4.63)$$

由（4.62）、(4.63）式得

$$\left.\begin{array}{l}
\underset{\wedge}{N}_{\vec{p},\sigma}\underset{\wedge}{a}^{+}_{\vec{p},\sigma}\left|\underset{\wedge}{n}_{\vec{p},\sigma}\right\rangle=(\underset{\wedge}{n}_{\vec{p},\sigma}+1)\underset{\wedge}{a}^{+}_{\vec{p},\sigma}\left|\underset{\wedge}{n}_{\vec{p},\sigma}\right\rangle,\ \underset{\wedge}{N}_{\vec{p},\sigma}\underset{\wedge}{a}_{\vec{p},\sigma}\left|\underset{\wedge}{n}_{\vec{p},\sigma}\right\rangle\\
=(\underset{\wedge}{n}_{\vec{p},\sigma}-1)\underset{\wedge}{a}_{\vec{p},\sigma}\left|\underset{\wedge}{n}_{\vec{p},\sigma}\right\rangle\\
\underset{\wedge}{\overline{N}}_{\vec{p},\sigma}\underset{\wedge}{b}^{+}_{\vec{p},\sigma}\left|\underset{\wedge}{\bar{n}}_{\vec{p},\sigma}\right\rangle=(\underset{\wedge}{\bar{n}}_{\vec{p},\sigma}+1)\underset{\wedge}{b}^{+}_{\vec{p},\sigma}\left|\underset{\wedge}{\bar{n}}_{\vec{p},\sigma}\right\rangle,\ \underset{\wedge}{\overline{N}}_{\vec{p},\sigma}\underset{\wedge}{b}_{\vec{p},\sigma}\left|\underset{\wedge}{\bar{n}}_{\vec{p},\sigma}\right\rangle\\
=(\underset{\wedge}{\bar{n}}_{\vec{p},\sigma}-1)\underset{\wedge}{b}_{\vec{p},\sigma}\left|\underset{\wedge}{\bar{n}}_{\vec{p},\sigma}\right\rangle\\
\underset{\wedge}{N}^{2}{}_{\vec{p},\sigma}\left|\underset{\wedge}{n}_{\vec{p},\sigma}\right\rangle=\underset{\wedge}{N}_{\vec{p},\sigma}\left|\underset{\wedge}{n}_{\vec{p},\sigma}\right\rangle,\ \underset{\wedge}{n}^{2}_{\vec{p},\sigma}=\underset{\wedge}{n}_{\vec{p},\sigma},\ \underset{\wedge}{n}_{\vec{p},\sigma}=0,\ 1\\
\underset{\wedge}{\overline{N}}^{2}{}_{\vec{p},\sigma}\left|\underset{\wedge}{\bar{n}}_{\vec{p},\sigma}\right\rangle=\underset{\wedge}{\overline{N}}_{\vec{p},\sigma}\left|\underset{\wedge}{\bar{n}}_{\vec{p},\sigma}\right\rangle,\ \underset{\wedge}{\bar{n}}^{2}_{\vec{p},\sigma}=\underset{\wedge}{\bar{n}}_{\vec{p},\sigma},\ \underset{\wedge}{\bar{n}}_{\vec{p},\sigma}=0,\ 1
\end{array}\right\}\qquad(4.64)$$

（4.64）式表明，$\underset{\wedge}{a}^{+}_{\vec{p},\sigma}$和$\underset{\wedge}{a}_{\vec{p},\sigma}$分别是正粒子的产生算符和消灭算符，具有相同能量、动量和自旋的正粒子数只能是 0 或 1；$\underset{\wedge}{b}^{+}_{\vec{p},\sigma}$和$\underset{\wedge}{b}_{\vec{p},\sigma}$分别是反粒子的产生算符和消灭算符，具有相同能量、动量和自旋的反粒子数只能是 0 或 1。

用$\langle 0|0\rangle=1$，$\underset{\wedge}{a}_{\vec{p},\sigma}|0\rangle=0$，$\underset{\wedge}{b}_{\vec{p},\sigma}|0\rangle=0$ 表示真空态$|0\rangle$，就可以得到下列正交、归一的正、反粒子态矢：

$$\left.\begin{array}{r}
\left|\underset{\wedge}{1}_{\vec{p},\sigma}\right\rangle=\underset{\wedge}{a}^{+}_{\vec{p},\sigma}|0\rangle,\ \left\langle\underset{\wedge}{1}_{\vec{p}',\sigma'}\middle|\underset{\wedge}{1}_{\vec{p},\sigma}\right\rangle=\delta_{\vec{p}\vec{p}'}\delta_{\sigma\sigma'}\\
\left|\underset{\wedge}{\bar{1}}_{\vec{p},\sigma}\right\rangle=\underset{\wedge}{b}^{+}_{\vec{p},\sigma}|0\rangle,\ \left\langle\underset{\wedge}{\bar{1}}_{\vec{p}',\sigma'}\middle|\underset{\wedge}{\bar{1}}_{\vec{p},\sigma}\right\rangle=\delta_{\vec{p}\vec{p}'}\delta_{\sigma\sigma'}\\
\left|\underset{\wedge}{1}_{\vec{p},\sigma},\ \underset{\wedge}{\bar{1}}_{\vec{p},\sigma}\right\rangle=\underset{\wedge}{a}^{+}_{\vec{p},\sigma}\underset{\wedge}{b}^{+}_{\vec{p},\sigma}|0\rangle,\ \left\langle\underset{\wedge}{\bar{1}}_{\vec{p}',\sigma'},\ \underset{\wedge}{1}_{\vec{p}',\sigma'}\middle|\underset{\wedge}{1}_{\vec{p},\sigma},\ \underset{\wedge}{\bar{1}}_{\vec{p},\sigma}\right\rangle=\delta_{\vec{p}\vec{p}'}\delta_{\sigma\sigma'}
\end{array}\right\}\qquad(4.65)$$

要求正世界所有态矢都归一化为 +1。显然，$|0\rangle$与所有粒子数不为零的态矢正交。

下面来计算量子场的能量、动量、自旋和电荷。场的能量动量张量为

$$\underset{\cdot}{T}_{\mu\nu}=-\underset{\wedge}{\bar{\psi}}\gamma_{\nu}\,\underset{\cdot}{\partial}_{\mu}\,\underset{\wedge}{\psi}\qquad(4.66)$$

将(4.66)式代入

$$\underset{\cdot}{P}_{\mu}=i\int\underset{\cdot}{T}_{\mu4}\mathrm{d}\underset{\cdot}{V}\qquad(4.67)$$

得

$$\hat{H} = -j\dot{P}_4 = -k\int \bar{\hat{\psi}}\,\gamma_4\,\dot{\partial}_4\,\hat{\psi}\,\mathrm{d}\dot{V} \tag{4.68}$$

$$\hat{P}_{i_1} = k\dot{P}_{i_1} = -j\int \bar{\hat{\psi}}\gamma_4\,\dot{\partial}_{i_1}\,\hat{\psi}\,\mathrm{d}\dot{V} \quad (i_1 = 1,2,3)$$

$$\hat{\vec{P}} = -j\int \bar{\hat{\psi}}\gamma_4\,\nabla\,\hat{\psi}\,\mathrm{d}\dot{V} \tag{4.69}$$

由场的自旋张量

$$\dot{s}_{[\mu\nu]4} = \frac{1}{2}\bar{\hat{\psi}}\gamma_4(-i\gamma_\mu\gamma_\nu)\hat{\psi}，得$$

$$\hat{s}_3 = \dot{s}_{[12]_4} = \frac{1}{2}\bar{\hat{\psi}}\gamma_4\sigma_3\,\hat{\psi}$$

$$\hat{S}_3 = \frac{1}{2}\int \bar{\hat{\psi}}\gamma_4\sigma_3\,\hat{\psi}\,\mathrm{d}\dot{V} \tag{4.70}$$

由前面第三章第二节 §1 中的(3.30）式，得

$$\hat{Q} = q\int \bar{\hat{\psi}}\gamma_4\,\hat{\psi}\,\mathrm{d}\dot{V} \tag{4.71}$$

将（4.59）式代入（4.68）、（4.69）、（4.70）、（4.71）式，利用公式 $\frac{1}{V}\int e^{\pm i(\vec{P}\mp\vec{P}')\cdot\vec{r}}\,\mathrm{d}V = \delta_{(\pm\vec{P}')\vec{P}}$ 及第三章第二节 §2 的（3.49）、（3.50）式，不难计算出

$$\hat{H} = \sum_{\vec{P},\sigma} E(\hat{N}_{\vec{P},\sigma} + \hat{\bar{N}}_{\vec{P},\sigma} - \theta_2) \tag{4.72}$$

$$\hat{\vec{P}} = \sum_{\vec{P},\sigma} \vec{P}(\hat{N}_{\vec{P},\sigma} + \hat{\bar{N}}_{\vec{P},\sigma}) \tag{4.73}$$

$$\hat{S}_3 = \sum_{\vec{P}} \frac{1}{2}(\hat{N}_{\vec{P},+1} - \hat{N}_{\vec{P},-1} - \hat{\bar{N}}_{\vec{P},+1} + \hat{\bar{N}}_{\vec{P},-1}) \tag{4.74}$$

$$\hat{Q} = \sum_{\vec{P},\sigma} q(\hat{N}_{\vec{P},\sigma} - \hat{\bar{N}}_{\vec{P},\sigma} + \theta_2) \tag{4.75}$$

因此有

$$\hat{H} = \sum_{\vec{P},\sigma} E\left\langle \hat{\bar{n}}_{\vec{P},\sigma}, \hat{n}_{\vec{P},\sigma} \middle| (\hat{N}_{\vec{P},\sigma} + \hat{\bar{N}}_{\vec{P},\sigma} - \theta_2) \middle| \hat{n}_{\vec{P},\sigma}, \hat{\bar{n}}_{\vec{P},\sigma} \right\rangle = \sum_{\vec{P},\sigma} E(\hat{n}_{\vec{P},\sigma} + \hat{\bar{n}}_{\vec{P},\sigma} - \theta_2) \tag{4.76}$$

$$\hat{\vec{P}} = \sum_{\vec{P},\sigma} \vec{P}\left\langle \hat{\bar{n}}_{\vec{P},\sigma}, \hat{n}_{\vec{P},\sigma} \middle| (\hat{N}_{\vec{P},\sigma} + \hat{\bar{N}}_{\vec{P},\sigma}) \middle| \hat{n}_{\vec{P},\sigma}, \hat{\bar{n}}_{\vec{P},\sigma} \right\rangle = \sum_{\vec{P},\sigma} \vec{P}(\hat{n}_{\vec{P},\sigma} + \hat{\bar{n}}_{\vec{P},\sigma}) \tag{4.77}$$

$$\begin{aligned}\hat{S}_3 &= \sum_{\vec{P},\sigma} \frac{1}{2}\left\langle \hat{\bar{n}}_{\vec{P},\sigma}, \hat{n}_{\vec{P},\sigma} \middle| (\hat{N}_{\vec{P},+1} - \hat{N}_{\vec{P},-1} - \hat{\bar{N}}_{\vec{P},+1} + \hat{\bar{N}}_{\vec{P},-1}) \middle| \hat{n}_{\vec{P},\sigma}, \hat{\bar{n}}_{\vec{P},\sigma} \right\rangle \\ &= \sum_{\vec{P}} \frac{1}{2}(\hat{n}_{\vec{P},+1} - \hat{n}_{\vec{P},-1} - \hat{\bar{n}}_{\vec{P},+1} + \hat{\bar{n}}_{\vec{P},-1})\end{aligned} \tag{4.78}$$

$$\hat{Q} = \sum_{\vec{P},\sigma} q\left\langle \hat{\bar{n}}_{\vec{P},\sigma}, \hat{n}_{\vec{P},\sigma} \middle| \hat{N}_{\vec{P},\sigma} - \hat{\bar{N}}_{\vec{P},\sigma} + \theta_2 \middle| \hat{n}_{\vec{P},\sigma}, \hat{\bar{n}}_{\vec{P},\sigma} \right\rangle = \sum_{\vec{P},\sigma} q(\hat{n}_{\vec{P},\sigma} - \hat{\bar{n}}_{\vec{P},\sigma} + \theta_2) \tag{4.79}$$

其中 $E=\sqrt{\vec{P}^2+m^2}$，这里选取 $\theta_2\equiv1$。

2. 对反粒子的亚光速正质量化和正粒子的超光速负质量化的逆时描述·应当用粒子的自转方向定义粒子的左、右旋

(4.78) 和 (4.79) 式含有重大的物理意义。(4.78) 式告诉我们，应将粒子的自旋算符 $\hat{\vec{S}}=\pm\frac{1}{2}\hbar\vec{\sigma}$ 理解为粒子的自转角动量算符，其中 $\vec{\sigma}$ 是粒子的自转角速度算符（我认为所有具有波性的粒子都具有内部结构）。因此，应当令 $\hbar$ 的单位尔格·秒=达因·厘米·秒=克·$\frac{厘米}{秒^2}$·厘米·秒=克·厘米^2·秒$^{-1}$，就是将 $\hbar$ 的单位拆分为转动惯量的单位（克·厘米^2）和 $\vec{\sigma}$ 的单位（秒$^{-1}$）之积。故对于正粒子（有正质量）来讲，$\hat{\vec{S}}$ 与 $\vec{\sigma}$ 同向，故有 $\hat{\vec{S}}=+\frac{1}{2}\hbar\vec{\sigma}$；对于反粒子（有负质量）来讲，$\hat{\vec{S}}$ 与 $\vec{\sigma}$ 反向，故有 $\hat{\vec{S}}=-\frac{1}{2}\hbar\vec{\sigma}$。因此，我建议，定义 $\vec{\sigma}$ 在粒子运动方向（$\vec{P}$ 的方向）上的投影 σ_3 的本征值 $\sigma=+1$ 为右旋，$\sigma=-1$ 为左旋，这是指顺着粒子运动方向的观测而言。故在 (4.78) 式中，当正、反粒子都取 $\hat{S}_3=+\frac{1}{2}$ 时，正粒子是右旋，反粒子是左旋；当它们都取 $\hat{S}_3=-\frac{1}{2}$ 时，正粒子是左旋，反粒子是右旋。

上面既然已经将顺时运动的亚光速正质量化反粒子描述为逆时运动的正粒子（表明它具有正质量），为什么这里讨论它的自旋时又说它具有负质量呢？因为自由场量子理论中的逆时描述不作用于粒子的自旋。

在正世界自由场量子理论中，所谓对顺时运动的亚光速正质量化反粒子的逆时描述，就是通过多个物理环节等效地实现按照下述方法将顺时运动反粒子态变成逆时运动正粒子态：令 $\vec{r}$，$t\rightarrow-(-\vec{r})$，$-(-t)$，$e^{\frac{i}{\hbar}(-\vec{P}\cdot\vec{r}+Et)}\rightarrow e^{\frac{i}{\hbar}[\vec{P}\cdot(-\vec{r})-E(-t)]}$，为了与上述平面波变换所示的动量、能量变换相一致，动量、能量算符的变换应是 $-i\hbar\frac{\partial}{\partial\vec{r}}$，$i\hbar\frac{\partial}{\partial t}\rightarrow-i\hbar\frac{\partial}{\partial(-\vec{r})}$，$i\hbar\frac{\partial}{\partial(-t)}$，因而有 $-\vec{P}$，$-E\rightarrow\vec{P}$，E，就是顺时运动的反粒子的 $(-\vec{P},-E)$ 变成逆时运动的正粒子的 $(\vec{P},E)$，这表明在正世界量子场论中，逆时运动的亚光速正质量的正粒子就是顺时运动的亚光速正质量化的反粒子，这就是对反粒子的亚光速正质量化的逆时描述。

上面的逆时描述只是将负号从 $\vec{P}$、E 转移给 $\vec{r}$、t（这不是时空反演），因而只影响与 $\vec{P}$、E 相乘的 $\vec{r}$、t，并不影响描述自转的 $\vec{r}$、t（但时空反演既作用于平移的 $\vec{r}$、t，也作用于自转的 $\vec{r}$、t）。故这里的逆时描述只是使与 $\vec{P}$、E 联系着的平移运动的方向反转，因而使顺时负质量平动变为逆时正质量平动；但并不使自转方向反转，故自转角动量始终由负质量产生。(4.79) 式表明，这里的逆时描述也

不作用于电荷。这与第七章第三节的如下说法相一致：亚光速正质量化反粒子仍保持住其余能反映其反粒子本质的基本参数或量子数不变。正世界自由场量子理论只对能量、动量做出逆时描述，没有对电荷和自旋做出逆时描述，因而符合顺时运动的亚光速正质量化反粒子的真实情况，但在数学表述上则极不方便。正世界量子电动力学采用时空反演来做逆时描述，故不但对能量、动量做了逆时描述，也对电荷和自旋做了逆时描述（详见第三章第三节 §1 的 4），使电荷和自旋被统一地融入逆时描述之中，因而使数学表述更为方便美妙，使一个费曼图及相应的数学表述可以代表几种不同的情况和物理过程。

正世界量子场论当然不能直接套用上述方法来做逆时描述，而是通过使用平面波解和一般解的合适的归一化条件、一般解的合适形式、正确的场算符的对易关系、自由传播子和费曼图等物理环节来给出“顺时运动的亚光速正质量化反粒子就是逆时运动的正粒子”的结果，等效地实现了对反粒子亚光速正质量化的逆时描述。但在正世界相对论量子力学中，不存在上述正世界量子场论的各个物理环节，只好期望波动方程能按照上述方法对反粒子的亚光速正质量化做逆时描述，但这是不可能的，因为方程要求正、反粒子统一服从 $\vec{P}=-i\hbar\frac{\partial}{\partial\vec{r}}$，$E=i\hbar\frac{\partial}{\partial t}$，这是方程的固有性质，绝不容许只要求正粒子服从 $\vec{P}=-i\hbar\frac{\partial}{\partial\vec{r}}$，$E=i\hbar\frac{\partial}{\partial t}$，而反粒子因要做逆时描述就可以服从 $\vec{P}=-i\hbar\frac{\partial}{\partial(-\vec{r})}=i\hbar\frac{\partial}{\partial\vec{r}}$，$E=i\hbar\frac{\partial}{\partial(-t)}=-i\hbar\frac{\partial}{\partial t}$ —— 一个方程不可能同时容纳两套不同的算符。

正世界相对论量子力学波动方程的一般解在形式上和本质上都大大地不同于场算符方程的一般解，故当把上述量子力学波动方程看做场算符方程后，算符 $\vec{P}$、E 就不再存在，故正世界量子场论不会受到类似于上述正世界量子力学波动方程的“逆时描述困难”的干扰。

以上论述明显告诉我们，正世界相对论量子力学中所描述的反粒子是尚未亚光速正质量化的反粒子，即超光速负质量的反粒子；而正世界量子场论中所描述的反粒子则是亚光速正质量化反粒子，即亚光速正质量的反粒子。

本节关于正世界量子理论的论述不难推广到反世界量子理论中（此时反粒子的亚光速正质量化将被正粒子的超光速负质量化取代）。

3. 自由传播子

将（4.59）式代入自由传播子定义式，利用（4.61）式的对易关系和第三章第二节 §2 中的（3.52）式的投影算子，即可算出

$$[\hat{S}_F(\hat{x}_1-\hat{x}_2)]_{\alpha\beta}=\underbrace{\hat{\psi}_\alpha(\hat{x}_1)\bar{\hat{\psi}}_\beta(\hat{x}_2)}=\langle 0|T\hat{\psi}_\alpha(\hat{x}_1)\bar{\hat{\psi}}_\beta(\hat{x}_2)|0\rangle=\theta(t_1-t_2)\langle 0|\hat{\psi}_\alpha(\hat{x}_1)\bar{\hat{\psi}}_\beta(\hat{x}_2)|0\rangle-\theta(t_2-t_1)\langle 0|\bar{\hat{\psi}}_\beta(\hat{x}_2)\hat{\psi}_\alpha(\hat{x}_1)|0\rangle=(-\gamma_\mu\hat{\partial}_\mu+km)_{\alpha\beta}\hat{\Delta}_F(\hat{x}_1-\hat{x}_2),\quad \hat{S}_F(\hat{x}_1-\hat{x}_2)=\underbrace{\hat{\psi}(\hat{x}_1)\bar{\hat{\psi}}(\hat{x}_2)}=(-\gamma_\mu\hat{\partial}_\mu+km)\hat{\Delta}_F(\hat{x}_1-\hat{x}_2)\tag{4.80}$$

其中$\underset{\wedge}{\Delta}_F(\underset{\cdot}{x}_1-\underset{\cdot}{x}_2)$ 就是前面(4.25) 式的 $\underset{\wedge}{\Delta}_F(\underset{\cdot}{x}_1-\underset{\cdot}{x}_2)$，不过现在要把它写成

$$\underset{\wedge}{\Delta}_F(\underset{\cdot}{x}_1-\underset{\cdot}{x}_2)=\frac{-\theta_2}{(2\pi)^4}\int \mathrm{d}^4\underset{\cdot}{P}\,\frac{e^{i\underset{\cdot}{P}(\underset{\cdot}{x}_1-\underset{\cdot}{x}_2)}}{\underset{\cdot}{P}^2+(km)^2-i\varepsilon} \tag{4.81}$$

其中 $\mathrm{d}^4\underset{\cdot}{P}=\mathrm{d}\underset{\cdot}{P}_1\mathrm{d}\underset{\cdot}{P}_2\mathrm{d}\underset{\cdot}{P}_3\mathrm{d}\underset{\cdot}{P}_4=i\mathrm{d}\vec{P}\mathrm{d}P_0$。将（4.81）式代入（4.80）式，得

$$\underset{\wedge}{S}_F(\underset{\cdot}{x}_1-\underset{\cdot}{x}_2)=\underbrace{\underset{\wedge}{\psi}(\underset{\cdot}{x}_1)\underset{\wedge}{\bar{\psi}}}(\underset{\cdot}{x}_2)=\frac{\theta_2}{(2\pi)^4}\int \mathrm{d}^4\underset{\cdot}{P}\,\frac{i\hat{\underset{\cdot}{P}}-km}{\underset{\cdot}{P}^2+(km)^2-i\varepsilon}e^{i\underset{\cdot}{P}(\underset{\cdot}{x}_1-\underset{\cdot}{x}_2)} \tag{4.82}$$

其中 $\hat{\underset{\cdot}{P}}\equiv\gamma_\mu\underset{\cdot}{P}_\mu$，$\theta_2\equiv1$。

4. 对易关系的双时空相对论不变性

利用（4.61）式和第三章第二节§2 中的(3.52) 式，不难计算出

$$[\underset{\wedge}{\psi}_\alpha(\underset{\cdot}{x}_1),\ \underset{\wedge}{\bar{\psi}}_\beta(\underset{\cdot}{x}_2)]_+=i(\gamma_\mu\underset{\cdot}{\partial}_\mu-km)_{\alpha\beta}\underset{\wedge}{\Delta}(\underset{\cdot}{x}_1-\underset{\cdot}{x}_2)$$

$$[\underset{\wedge}{\psi}(\underset{\cdot}{x}_1),\ \underset{\wedge}{\bar{\psi}}(\underset{\cdot}{x}_2)]_+=i(\gamma_\mu\underset{\cdot}{\partial}_\mu-km)\underset{\wedge}{\Delta}(\underset{\cdot}{x}_1-\underset{\cdot}{x}_2) \tag{4.83}$$

其中的 $\underset{\wedge}{\Delta}(\underset{\cdot}{x}_1-\underset{\cdot}{x}_2)$ 就是第四章第一节§1(4.27) 式的 $\underset{\wedge}{\Delta}(\underset{\cdot}{x}_1-\underset{\cdot}{x}_2)$，不过现在要把它写成

$$\underset{\wedge}{\Delta}(\underset{\cdot}{x}_1-\underset{\cdot}{x}_2)=\frac{\theta_2}{(2\pi)^3}\int \mathrm{d}^4\underset{\cdot}{P}e^{i\underset{\cdot}{P}\cdot(\underset{\cdot}{x}_1-\underset{\cdot}{x}_2)}\delta(\underset{\cdot}{P}^2+m^2)\varepsilon(P_0) \tag{4.84}$$

其中 $\delta(\underset{\cdot}{P}^2+m^2)=\frac{1}{2E}[\delta(P_0-E)+\delta(P_0+E)]$，$\varepsilon(P_0)=\frac{P_0}{|P_0|}$，$\theta_2\equiv1$，$E=\sqrt{\vec{P}^2+m^2}$。

§2　反世界旋量场的量子理论

1. 量子化·粒子数表象中的负几率

场的拉格朗日密度为

$$\underset{\vee}{\pounds}=\underset{\vee}{\bar{\psi}}\gamma_\mu\underset{\cdot\cdot}{\partial}_\mu\underset{\vee}{\psi}+km\underset{\vee}{\bar{\psi}}\underset{\vee}{\psi} \tag{4.85}$$

其中$\underset{\vee}{\psi}(\underset{\cdot\cdot}{x})$是正则坐标，相应的正则动量为

$$\underset{\vee}{\pi}(\underset{\cdot\cdot}{x})=\frac{\partial\underset{\vee}{\pounds}}{\partial(\underset{\cdot\cdot}{\partial}_4\underset{\vee}{\psi})}=\underset{\vee}{\bar{\psi}}(\underset{\cdot\cdot}{x})\gamma_4 \tag{4.86}$$

把$\underset{\vee}{\psi}(\underset{\cdot\cdot}{x})$和$\underset{\vee}{\pi}(\underset{\cdot\cdot}{x})$看做满足下列对易关系的算符：

$$\left.\begin{array}{l}[\underset{\vee}{\psi}_\alpha(\underset{\cdot\cdot}{x}),\ (\underset{\vee}{\bar{\psi}}(\underset{\cdot\cdot}{x}')\gamma_4)_\beta]_+=\theta_2 j\delta_{\alpha\beta}\delta(\vec{r}-\vec{r}')\\ \qquad\qquad\text{其余的反对易括号}=0\end{array}\right\}(t'=t) \tag{4.87}$$

(4.87)式中的j是本书的代数基元。

$$\left.\begin{aligned}\underset{\vee}{\psi}(\underset{\cdot\cdot}{x}) &= \sum_{\vec{P},\sigma}\sqrt{\frac{mk}{VE}}[\underset{\vee}{b}_{-\vec{P},\sigma}\underset{\vee}{U}_{-\vec{P},\sigma}e^{i\underset{\cdot\cdot}{P}\,\underset{\cdot\cdot}{x}} + \underset{\vee}{a}^{+}_{-\vec{P},\sigma}\underset{\vee}{u}_{-\vec{P},\sigma}e^{-i\underset{\cdot\cdot}{P}\,\underset{\cdot\cdot}{x}}] \\ \bar{\underset{\vee}{\psi}}(\underset{\cdot\cdot}{x}) &= \sum_{\vec{P},\sigma}\sqrt{\frac{mk}{VE}}[\underset{\vee}{b}^{+}_{-\vec{P},\sigma}\bar{\underset{\vee}{U}}_{-\vec{P},\sigma}e^{-i\underset{\cdot\cdot}{P}\,\underset{\cdot\cdot}{x}} + \underset{\vee}{a}_{-\vec{P},\sigma}\bar{\underset{\vee}{u}}_{-\vec{P},\sigma}e^{i\underset{\cdot\cdot}{P}\,\underset{\cdot\cdot}{x}}]\end{aligned}\right\}, \tag{4.88}$$

其中 $E=\sqrt{\vec{P}^2-m^2}$，V 是归一化体积，k 是本书的代数基元；含 $\underset{\vee}{b}_{-\vec{P},\sigma}$ 或 $\underset{\vee}{b}^{+}_{-\vec{P},\sigma}$ 的项代表反粒子；含 $\underset{\vee}{a}_{-\vec{P},\sigma}$ 或 $\underset{\vee}{a}^{+}_{-\vec{P},\sigma}$ 的项代表顺时运动的超光速负质量化正粒子（在这里被描述为逆时运动的反粒子），故它们具有负质量，正粒子的超光速负质量化见后面第七章第三节§1 和§2。利用前面第三章第二节§2 的（3.74）、（3.75）式和公式 $\frac{1}{V}\int e^{\pm i(\vec{P}-\vec{P}')\cdot\vec{r}}\,dV=\delta_{\vec{P}\vec{P}'}$，由（4.88）式可得

$$\left.\begin{aligned}\underset{\vee}{b}_{-\vec{P},\sigma} &= -\sqrt{\frac{mk}{VE}}\int e^{-i\underset{\cdot\cdot}{P}\,\underset{\cdot\cdot}{x}}\bar{\underset{\vee}{U}}_{-\vec{P},\sigma}\gamma_4\underset{\vee}{\psi}(\underset{\cdot\cdot}{x})\,d\underset{\cdot\cdot}{V},\quad \underset{\vee}{a}^{+}_{-\vec{P},\sigma} = -\sqrt{\frac{mk}{VE}}\int e^{i\underset{\cdot\cdot}{P}\,\underset{\cdot\cdot}{x}}\bar{\underset{\vee}{u}}_{-\vec{P},\sigma}\gamma_4\underset{\vee}{\psi}(\underset{\cdot\cdot}{x})\,d\underset{\cdot\cdot}{V} \\ \underset{\vee}{b}^{+}_{-\vec{P},\sigma} &= -\sqrt{\frac{mk}{VE}}\int e^{i\underset{\cdot\cdot}{P}\,\underset{\cdot\cdot}{x}}\bar{\underset{\vee}{\psi}}(\underset{\cdot\cdot}{x})\gamma_4\underset{\vee}{U}_{-\vec{P},\sigma}\,d\underset{\cdot\cdot}{V},\quad \underset{\vee}{a}_{-\vec{P},\sigma} = -\sqrt{\frac{mk}{VE}}\int e^{-i\underset{\cdot\cdot}{P}\,\underset{\cdot\cdot}{x}}\bar{\underset{\vee}{\psi}}(\underset{\cdot\cdot}{x})\gamma_4\underset{\vee}{u}_{-\vec{P},\sigma}\,d\underset{\cdot\cdot}{V}\end{aligned}\right\} \tag{4.89}$$

由（4.87）、（4.89）、（3.74）式和公式 $\frac{1}{V}\int e^{\pm i(\vec{P}-\vec{P}')\cdot\vec{r}}\,dV=\delta_{\vec{P}\vec{P}'}$，得

$$\left.\begin{aligned}&[\underset{\vee}{b}_{-\vec{P},\sigma},\ \underset{\vee}{b}^{+}_{-\vec{P}',\sigma'}]_{+} = -\theta_2\delta_{\vec{P}\vec{P}'}\delta_{\sigma\sigma'} \\ &[\underset{\vee}{a}_{-\vec{P},\sigma},\ \underset{\vee}{a}^{+}_{-\vec{P}',\sigma'}]_{+} = -\theta_2\delta_{\vec{P}\vec{P}'}\delta_{\sigma\sigma'} \\ &\qquad \text{其余的反对易括号}=0\end{aligned}\right\} \tag{4.90}$$

选取 $\theta_2\equiv1$，取反粒子数算符 $\bar{\underset{\vee}{N}}_{-\vec{P},\sigma}=\underset{\vee}{b}^{+}_{-\vec{P},\sigma}\underset{\vee}{b}_{-\vec{P},\sigma}$ 和正粒子数算符 $\underset{\vee}{N}_{-\vec{P},\sigma}=\underset{\vee}{a}^{+}_{-\vec{P},\sigma}\underset{\vee}{a}_{-\vec{P},\sigma}$ 对角化的表象，令

$$\left.\begin{aligned}\bar{\underset{\vee}{N}}_{-\vec{P},\sigma}\left|-\bar{\underset{\vee}{n}}_{-\vec{P},\sigma}\right\rangle &= -\bar{\underset{\vee}{n}}_{-\vec{P},\sigma}\left|-\bar{\underset{\vee}{n}}_{-\vec{P},\sigma}\right\rangle \\ \underset{\vee}{N}_{-\vec{P},\sigma}\left|-\underset{\vee}{n}_{-\vec{P},\sigma}\right\rangle &= -\underset{\vee}{n}_{-\vec{P},\sigma}\left|-\underset{\vee}{n}_{-\vec{P},\sigma}\right\rangle\end{aligned}\right\} \tag{4.91}$$

其中 $\bar{\underset{\vee}{n}}_{-\vec{P},\sigma}$ 和 $\underset{\vee}{n}_{-\vec{P},\sigma}$ 均为正整数。由（4.90）式可以证明

$$\left.\begin{aligned}
&\underset{\vee}{b}^{2}_{-\vec{P},\sigma}=0,\ \underset{\vee}{a}^{2}_{-\vec{P},\sigma}=0,\ (\underset{\vee}{b}^{+}_{-\vec{P},\sigma})^{2}=0,\ (\underset{\vee}{a}^{+}_{-\vec{P},\sigma})^{2}=0,\ [\underset{\vee}{\bar{N}}_{-\vec{P},\sigma},\ \underset{\vee}{b}^{+}_{-\vec{P},\sigma}]_{-}\\
&=-\underset{\vee}{b}^{+}_{-\vec{P},\sigma},\ [\underset{\vee}{\bar{N}}_{-\vec{P},\sigma},\ \underset{\vee}{b}_{-\vec{P},\sigma}]_{-}=\underset{\vee}{b}_{-\vec{P},\sigma}\\
&\qquad[\underset{\vee}{N}_{-\vec{P},\sigma},\ \underset{\vee}{a}^{+}_{-\vec{P},\sigma}]_{-}=-\underset{\vee}{a}^{+}_{-\vec{P},\sigma},\ [\underset{\vee}{N}_{-\vec{P},\sigma},\ \underset{\vee}{a}_{-\vec{P},\sigma}]_{-}=\underset{\vee}{a}_{-\vec{P},\sigma}\\
&\qquad\underset{\vee}{\bar{N}}^{2}_{-\vec{P},\sigma}=-\underset{\vee}{\bar{N}}_{-\vec{P},\sigma},\ \underset{\vee}{N}^{2}_{-\vec{P},\sigma}=-\underset{\vee}{N}_{-\vec{P},\sigma}
\end{aligned}\right\}\quad(4.92)$$

由（4.91）、(4.92）式得

$$\left.\begin{aligned}
&\underset{\vee}{\bar{N}}_{-\vec{P},\sigma}\underset{\vee}{b}^{+}_{-\vec{P},\sigma}\left|-\underset{\vee}{\bar{n}}_{-\vec{P},\sigma}\right\rangle=-(\underset{\vee}{\bar{n}}_{-\vec{P},\sigma}+1)\underset{\vee}{b}^{+}_{-\vec{P},\sigma}\left|-\underset{\vee}{\bar{n}}_{-\vec{P},\sigma}\right\rangle,\ \underset{\vee}{\bar{N}}_{-\vec{P},\sigma}\underset{\vee}{b}_{-\vec{P},\sigma}\Big|\\
&-\underset{\vee}{\bar{n}}_{-\vec{P},\sigma}\Big\rangle=-(\underset{\vee}{\bar{n}}_{-\vec{P},\sigma}-1)\underset{\vee}{b}_{-\vec{P},\sigma}\left|-\underset{\vee}{\bar{n}}_{-\vec{P},\sigma}\right\rangle\\
&\underset{\vee}{N}_{-\vec{P},\sigma}\underset{\vee}{a}^{+}_{-\vec{P},\sigma}\left|-\underset{\vee}{n}_{-\vec{P},\sigma}\right\rangle=-(\underset{\vee}{n}_{-\vec{P},\sigma}+1)\underset{\vee}{a}^{+}_{-\vec{P},\sigma}\left|-\underset{\vee}{n}_{-\vec{P},\sigma}\right\rangle,\ \underset{\vee}{N}_{-\vec{P},\sigma}\underset{\vee}{a}_{-\vec{P},\sigma}\Big|\\
&-\underset{\vee}{n}_{-\vec{P},\sigma}\Big\rangle=-(\underset{\vee}{n}_{-\vec{P},\sigma}-1)\underset{\vee}{a}_{-\vec{P},\sigma}\left|-\underset{\vee}{n}_{-\vec{P},\sigma}\right\rangle\\
&\underset{\vee}{\bar{N}}^{2}_{-\vec{P},\sigma}\left|-\underset{\vee}{\bar{n}}_{-\vec{P},\sigma}\right\rangle=-\underset{\vee}{\bar{N}}_{-\vec{P},\sigma}\left|-\underset{\vee}{\bar{n}}_{-\vec{P},\sigma}\right\rangle,\ (-\underset{\vee}{\bar{n}}_{-\vec{P},\sigma})^{2}=-(-\underset{\vee}{\bar{n}}_{-\vec{P},\sigma})\\
&\underset{\vee}{\bar{n}}_{-\vec{P},\sigma}=0,\ 1\\
&\underset{\vee}{N}^{2}_{-\vec{P},\sigma}\left|-\underset{\vee}{n}_{-\vec{P},\sigma}\right\rangle=-\underset{\vee}{N}_{-\vec{P},\sigma}\left|-\underset{\vee}{n}_{-\vec{P},\sigma}\right\rangle,\ (-\underset{\vee}{n}_{-\vec{P},\sigma})^{2}=-(-\underset{\vee}{n}_{-\vec{P},\sigma})\\
&\underset{\vee}{n}_{-\vec{P},\sigma}=0,\ 1
\end{aligned}\right\}(4.93)$$

（4.91）式表明，$\left|-\underset{\vee}{\bar{n}}_{-\vec{P},\sigma}\right\rangle$是$-\underset{\vee}{\bar{n}}_{-\vec{P},\sigma}$个正质量反粒子的态矢（即$+\underset{\vee}{\bar{n}}_{-\vec{P},\sigma}$个负质量反粒子的态矢），$\left|-\underset{\vee}{n}_{-\vec{P},\sigma}\right\rangle$是（$-\underset{\vee}{n}_{-\vec{P},\sigma}$）个正质量正粒子的态矢（即$+\underset{\vee}{n}_{-\vec{P}}$，$\sigma$个负质量正粒子的态矢）。(4.93）式表明，$\underset{\vee}{b}^{+}_{-\vec{P},\sigma}$是产生$-1$个动量为$\vec{P}$的正质量反粒子（即产生$+1$个动量为$-\vec{P}$的负质量反粒子）的产生算符，$\underset{\vee}{b}_{-\vec{P},\sigma}$是消灭$-1$个动量为$\vec{P}$的正质量反粒子（即消灭$+1$个动量为$-\vec{P}$的负质量反粒子)的消灭算符，具有相同能量、动量和自旋的反粒子数只能是0或1；$\underset{\vee}{a}^{+}_{-\vec{P},\sigma}$是产生$-1$个动量为$\vec{P}$的正质量正粒子（即产生$+1$个动量为$-\vec{P}$的负质量正粒子）

的产生算符，$\underset{\vee}{a}_{-\vec{P},\sigma}$是消灭 -1 个动量为$\vec{P}$的正质量正粒子(即消灭 $+1$ 个动量为 $-\vec{P}$的负质量正粒子)的消灭算符，具有相同能量、动量和自旋的正粒子数只能是 0 或 1。

利用$\langle 0|0\rangle=1$，$\underset{\vee}{b}_{-\vec{P},\sigma}|0\rangle=0$，$\underset{\vee}{a}_{-\vec{P},\sigma}|0\rangle=0$ 可以得到下列正交、归一的正、反粒子态矢：

$$\left.\begin{aligned}
&|-\underset{\vee}{\bar{1}}_{-\vec{P},\sigma}\rangle=(i')^{1+1}\underset{\vee}{b}^{+}_{-\vec{P},\sigma}|0\rangle,\ \langle -\underset{\vee}{\bar{1}}_{-\vec{P}',\sigma'}|-\underset{\vee}{\bar{1}}_{-\vec{P},\sigma}\rangle=\langle 0|\underset{\vee}{b}_{-\vec{P}',\sigma'}\underset{\vee}{b}^{+}_{-\vec{P},\sigma}|0\rangle=\\
&\qquad\langle 0|(-\underset{\vee}{b}^{+}_{-\vec{P},\sigma}\underset{\vee}{b}_{-\vec{P}',\sigma'}-\delta_{\vec{P}\vec{P}'}\delta_{\sigma\sigma'})|0\rangle=-\delta_{\vec{P}\vec{P}'}\delta_{\sigma\sigma'}\\
&|-\underset{\vee}{1}_{-\vec{P},\sigma}\rangle=(i')^{1+1}\underset{\vee}{a}^{+}_{-\vec{P},\sigma}|0\rangle,\ \langle -\underset{\vee}{1}_{-\vec{P}',\sigma'}|-\underset{\vee}{1}_{-\vec{P},\sigma}\rangle=\langle 0|\underset{\vee}{a}_{-\vec{P}',\sigma'}\underset{\vee}{a}^{+}_{-\vec{P},\sigma}|0\rangle=\\
&\qquad\langle 0|(-\underset{\vee}{a}^{+}_{-\vec{P},\sigma}\underset{\vee}{a}_{-\vec{P}',\sigma'}-\delta_{\vec{P}\vec{P}'}\delta_{\sigma\sigma'})|0\rangle=-\delta_{\vec{P}\vec{P}'}\delta_{\sigma\sigma'}\\
&|-\underset{\vee}{\bar{1}}_{-\vec{P},\sigma},\ -\underset{\vee}{1}_{-\vec{P},\sigma}\rangle=(i')^{2+1}\underset{\vee}{b}^{+}_{-\vec{P},\sigma}\underset{\vee}{a}^{+}_{-\vec{P},\sigma}|0\rangle,\ \langle -\underset{\vee}{1}_{-\vec{P}',\sigma'},\ -\underset{\vee}{\bar{1}}_{-\vec{P}',\sigma'}|\\
&\qquad -\underset{\vee}{\bar{1}}_{-\vec{P},\sigma},\ -\underset{\vee}{1}_{-\vec{P},\sigma}\rangle=-\delta_{\vec{P}\vec{P}'}\delta_{\sigma\sigma'}
\end{aligned}\right\}\tag{4.94}$$

一般态矢的归一化因子为 $(i')^{n+1}$，其中 n 为粒子总数，i'见第四章第一节§2 的（4.37）式。要求反世界所有态矢都归一化为 -1。

下面来计算量子场的能量、动量、自旋和电荷。场的能量动量张量为

$$\underset{..}{T}_{\mu\nu}=-\underset{\vee}{\bar{\psi}}\gamma_{\nu}\underset{..}{\partial}_{\mu}\underset{\vee}{\psi}\tag{4.95}$$

将(4.95)式代入

$$\underset{..}{P}_{\mu}=i\int \underset{..}{T}_{\mu 4}\mathrm{d}\underset{..}{V}\tag{4.96}$$

得

$$\underset{\vee}{H}=k\underset{..}{P}_{4}=-j\int\underset{\vee}{\bar{\psi}}\gamma_4\underset{..}{\partial}_4\underset{\vee}{\psi}\mathrm{d}\underset{..}{V}\tag{4.97}$$

$$\underset{\vee}{P}_{i_1}=-j\underset{..}{P}_{i_1}=-k\int\underset{\vee}{\bar{\psi}}\gamma_4\underset{..}{\partial}_{i_1}\underset{\vee}{\psi}\mathrm{d}\underset{..}{V}\ (i_1=1,2,3),$$

$$\underset{\vee}{\vec{P}}=-k\int\underset{\vee}{\bar{\psi}}\gamma_4\underset{..}{\nabla}\underset{\vee}{\psi}\mathrm{d}\underset{..}{V}\tag{4.98}$$

由场的自旋张量

$$\underset{..}{s}_{[\mu\nu]4}=\frac{1}{2}\underset{\vee}{\bar{\psi}}\gamma_4(-i\gamma_{\mu}\gamma_{\nu})\underset{\vee}{\psi}，得$$

$$\underset{\vee}{s}_3=\underset{..}{s}_{[12]4}=\frac{1}{2}\underset{\vee}{\bar{\psi}}\gamma_4\sigma_3\underset{\vee}{\psi}$$

$$\underset{\vee}{S}_3=\frac{1}{2}\int\underset{\vee}{\bar{\psi}}\gamma_4\sigma_3\underset{\vee}{\psi}\mathrm{d}\underset{..}{V}\tag{4.99}$$

由第三章第二节的§1 的（3.37）式，得

$$\underset{\vee}{Q} = q\int \bar{\underset{\vee}{\psi}}\gamma_4 \underset{\vee}{\psi}\,\mathrm{d}\underset{\cdot\cdot}{V} \tag{4.100}$$

将（4.88）式代入（4.97）、（4.98）、（4.99）、（4.100）式，利用公式 $\frac{1}{V}\int e^{\pm i(\vec{P}\mp\vec{P}')\cdot\vec{r}}\,\mathrm{d}V = \delta_{(\pm\vec{P}')\vec{P}}$ 及前面的（3.74）、（3.75）式，不难计算出

$$\underset{\vee}{H} = \sum_{\vec{P},\sigma}(-E)(\bar{\underset{\vee}{N}}_{-\vec{P},\sigma} + \underset{\vee}{N}_{-\vec{P},\sigma} + \theta_2), \tag{4.101}$$

$$\underset{\vee}{\vec{P}} = \sum_{\vec{P},\sigma}(-\vec{P})(\bar{\underset{\vee}{N}}_{-\vec{P},\sigma} + \underset{\vee}{N}_{-\vec{P},\sigma}), \tag{4.102}$$

$$\underset{\vee}{S_3} = \sum_{\vec{P}}\left(-\frac{1}{2}\right)(\bar{\underset{\vee}{N}}_{-\vec{P},+1} - \bar{\underset{\vee}{N}}_{-\vec{P},-1} - \underset{\vee}{N}_{-\vec{P},+1} + \underset{\vee}{N}_{-\vec{P},-1}), \tag{4.103}$$

$$\underset{\vee}{Q} = \sum_{\vec{P},\sigma}(-q)(\bar{\underset{\vee}{N}}_{-\vec{P},\sigma} - \underset{\vee}{N}_{-\vec{P},\sigma} - \theta_2). \tag{4.104}$$

用形式平均值取代本征值，因此有

$$\underset{\vee}{H} = \sum_{\vec{P},\sigma}(-E)\left\langle -\underset{\vee}{n}_{-\vec{P},\sigma}, -\bar{\underset{\vee}{n}}_{-\vec{P},\sigma}\right|(\bar{\underset{\vee}{N}}_{-\vec{P},\sigma} + \underset{\vee}{N}_{-\vec{P},\sigma} + \theta_2)\left| -\bar{\underset{\vee}{n}}_{-\vec{P},\sigma}, -\underset{\vee}{n}_{-\vec{P},\sigma}\right\rangle$$

$$= \sum_{\vec{P},\sigma}(-E)(\bar{\underset{\vee}{n}}_{-\vec{P},\sigma} + \underset{\vee}{n}_{-\vec{P},\sigma} - \theta_2), \tag{4.105}$$

$$\underset{\vee}{\vec{P}} = \sum_{\vec{P},\sigma}(-\vec{P})\left\langle -\underset{\vee}{n}_{-\vec{P},\sigma}, -\bar{\underset{\vee}{n}}_{-\vec{P},\sigma}\right|(\bar{\underset{\vee}{N}}_{-\vec{P},\sigma} + \underset{\vee}{N}_{-\vec{P},\sigma})\left| -\bar{\underset{\vee}{n}}_{-\vec{P},\sigma}, -\underset{\vee}{n}_{-\vec{P},\sigma}\right\rangle$$

$$= \sum_{\vec{P},\sigma}(-\vec{P})(\bar{\underset{\vee}{n}}_{-\vec{P},\sigma} + \underset{\vee}{n}_{-\vec{P},\sigma}), \tag{4.106}$$

$$\underset{\vee}{S_3} = \sum_{\vec{P}}\left(-\frac{1}{2}\right)\left\langle -\bar{\underset{\vee}{n}}_{-\vec{P},+1}, -\bar{\underset{\vee}{n}}_{-\vec{P},-1}, -\underset{\vee}{n}_{-\vec{P},+1}, -\underset{\vee}{n}_{-\vec{P},-1}\right|(\bar{\underset{\vee}{N}}_{-\vec{P},+1} - \bar{\underset{\vee}{N}}_{-\vec{P},-1} - \underset{\vee}{N}_{-\vec{P},+1} + \underset{\vee}{N}_{-\vec{P},-1})\left| -\underset{\vee}{n}_{-\vec{P},-1}, -\underset{\vee}{n}_{-\vec{P},+1}, -\bar{\underset{\vee}{n}}_{-\vec{P},-1}, -\bar{\underset{\vee}{n}}_{-\vec{P},+1}\right\rangle = \sum_{\vec{P}}\left(-\frac{1}{2}\right)(\bar{\underset{\vee}{n}}_{-\vec{P},+1} - \bar{\underset{\vee}{n}}_{-\vec{P},-1} - \underset{\vee}{n}_{-\vec{P},+1} + \underset{\vee}{n}_{-\vec{P},-1}), \tag{4.107}$$

$$\underset{\vee}{Q} = \sum_{\vec{P},\sigma}(-q)\left\langle -\underset{\vee}{n}_{-\vec{P},\sigma}, -\bar{\underset{\vee}{n}}_{-\vec{P},\sigma}\right|(\bar{\underset{\vee}{N}}_{-\vec{P},\sigma} - \underset{\vee}{N}_{-\vec{P},\sigma} - \theta_2)\left| -\bar{\underset{\vee}{n}}_{-\vec{P},\sigma}, -\underset{\vee}{n}_{-\vec{P},\sigma}\right\rangle = \sum_{\vec{P},\sigma}(-q)(\bar{\underset{\vee}{n}}_{-\vec{P},\sigma} - \underset{\vee}{n}_{-\vec{P},\sigma} + \theta_2), \tag{4.108}$$

其中 $E = \sqrt{\vec{P}^2 - m^2}$，这里选取 $\theta_2 \equiv 1$。

（4.107）和（4.108）式含有重大的物理意义，它们表明，反世界自由场量子理论中的逆时描述不作用于自旋，也不作用于电荷。故在（4.107）式中，当正、反粒子都取 $\underset{\vee}{S_3} = -\frac{1}{2}$ 时，反粒子是右旋 $\sigma = +1$，正粒子是左旋 $\sigma = -1$；当它们都取 $\underset{\vee}{S_3} = +\frac{1}{2}$ 时，反粒子是左旋 $\sigma = -1$，正粒子是右旋 $\sigma = +1$。详见第三章第二节§1 的 2。

2. 自由传播子

将（4.88）式代入自由传播子定义式，利用（4.90）式的对易关系和第四章第二节 §2 的(3.77）式的投影算子，即可算出

$$[\underset{\vee}{S}_F(\underset{\cdot\cdot}{x}_1-\underset{\cdot\cdot}{x}_2)]_{\alpha\beta}=\underbrace{\underset{\vee}{\psi}_\alpha(\underset{\cdot\cdot}{x}_1)\underset{\vee}{\bar{\psi}}_\beta}(\underset{\cdot\cdot}{x}_2)=\left\langle 0\left|T\underset{\vee}{\psi}_\alpha(\underset{\cdot\cdot}{x}_1)\underset{\vee}{\bar{\psi}}_\beta(\underset{\cdot\cdot}{x}_2)\right|0\right\rangle=$$

$$\theta(t_1-t_2)\left\langle 0\left|\underset{\vee}{\psi}_\alpha(\underset{\cdot\cdot}{x}_1)\underset{\vee}{\bar{\psi}}_\beta(\underset{\cdot\cdot}{x}_2)\right|0\right\rangle-\theta(t_2-t_1)\left\langle 0\left|\underset{\vee}{\bar{\psi}}_\beta(\underset{\cdot\cdot}{x}_2)\underset{\vee}{\psi}_\alpha(\underset{\cdot\cdot}{x}_1)\right|0\right\rangle=(-\gamma_\mu\underset{\cdot\cdot}{\partial}_\mu+km)_{\alpha\beta}\underset{\vee}{\Delta}_F(\underset{\cdot\cdot}{x}_1-\underset{\cdot\cdot}{x}_2),$$

$$\underset{\vee}{S}_F(\underset{\cdot\cdot}{x}_1-\underset{\cdot\cdot}{x}_2)=\underbrace{\underset{\vee}{\psi}(\underset{\cdot\cdot}{x}_1)\underset{\vee}{\bar{\psi}}}(\underset{\cdot\cdot}{x}_2)=(-\gamma_\mu\underset{\cdot\cdot}{\partial}_\mu+km)\underset{\vee}{\Delta}_F(\underset{\cdot\cdot}{x}_1-\underset{\cdot\cdot}{x}_2)\tag{4.109}$$

其中的$\underset{\vee}{\Delta}_F(\underset{\cdot\cdot}{x}_1-\underset{\cdot\cdot}{x}_2)$就是第四章第一节 §2 中的(4.53）式的$\underset{\vee}{\Delta}_F(\underset{\cdot\cdot}{x}_1-\underset{\cdot\cdot}{x}_2)$，不过现在要把它写成

$$\underset{\vee}{\Delta}_F(\underset{\cdot\cdot}{x}_1-\underset{\cdot\cdot}{x}_2)=\frac{-\theta_2}{(2\pi)^4}\int d^4\underset{\cdot\cdot}{P}\frac{e^{i\underset{\cdot\cdot}{P}(\underset{\cdot\cdot}{x}_1-\underset{\cdot\cdot}{x}_2)}}{\underset{\cdot\cdot}{P}^2+(km)^2-i\varepsilon}\tag{4.110}$$

其中$d^4\underset{\cdot\cdot}{P}=d\underset{\cdot\cdot}{P}_1 d\underset{\cdot\cdot}{P}_2 d\underset{\cdot\cdot}{P}_3 d\underset{\cdot\cdot}{P}_4=-i d\vec{P}dP_0$。将（4.110）式代入（4.109）式，得

$$\underset{\vee}{S}_F(\underset{\cdot\cdot}{x}_1-\underset{\cdot\cdot}{x}_2)=\underbrace{\underset{\vee}{\psi}(\underset{\cdot\cdot}{x}_1)\underset{\vee}{\bar{\psi}}}(\underset{\cdot\cdot}{x}_2)=\frac{\theta_2}{(2\pi)^4}\int d^4\underset{\cdot\cdot}{P}\frac{i\hat{\underset{\cdot\cdot}{P}}-km}{\underset{\cdot\cdot}{P}^2+(km)^2-i\varepsilon}e^{i\underset{\cdot\cdot}{P}(\underset{\cdot\cdot}{x}_1-\underset{\cdot\cdot}{x}_2)}\tag{4.111}$$

其中$\hat{\underset{\cdot\cdot}{P}}\equiv\gamma_\mu\underset{\cdot\cdot}{P}_\mu$，$\theta_2\equiv1$。

3. 对易关系的双时空相对论不变性

利用（4.90）式和第三章第二节 §2 的（3.77）式，不难计算出

$$[\underset{\vee}{\psi}_\alpha(\underset{\cdot\cdot}{x}_1),\ \underset{\vee}{\bar{\psi}}_\beta(\underset{\cdot\cdot}{x}_2)]_+=i(\gamma_\mu\underset{\cdot\cdot}{\partial}_\mu-km)_{\alpha\beta}\underset{\vee}{\Delta}(\underset{\cdot\cdot}{x}_1-\underset{\cdot\cdot}{x}_2)$$

$$[\underset{\vee}{\psi}(\underset{\cdot\cdot}{x}_1),\ \underset{\vee}{\bar{\psi}}(\underset{\cdot\cdot}{x}_2)]_+=i(\gamma_\mu\underset{\cdot\cdot}{\partial}_\mu-km)\underset{\vee}{\Delta}(\underset{\cdot\cdot}{x}_1-\underset{\cdot\cdot}{x}_2)\tag{4.112}$$

其中的$\underset{\vee}{\Delta}(\underset{\cdot\cdot}{x}_1-\underset{\cdot\cdot}{x}_2)$就是第四章第一节 §2 中的(4.54）式的$\underset{\vee}{\Delta}(\underset{\cdot\cdot}{x}_1-\underset{\cdot\cdot}{x}_2)$，不过现在要把它写成

$$\underset{\vee}{\Delta}(\underset{\cdot\cdot}{x}_1-\underset{\cdot\cdot}{x}_2)=\frac{\theta_2}{(2\pi)^3}\int d^4\underset{\cdot\cdot}{P}e^{i\underset{\cdot\cdot}{P}\cdot(\underset{\cdot\cdot}{x}_1-\underset{\cdot\cdot}{x}_2)}\delta(\underset{\cdot\cdot}{P}^2+m^2)\varepsilon(P_0)$$

其中$\delta(\underset{\cdot\cdot}{P}^2+m^2)=\frac{1}{2E}[\delta(P_0-E)+\delta(P_0+E)]$，$E=\sqrt{\vec{P}^2-m^2}$，$\theta_2\equiv1$。

§3 揭开 Klein 佯谬之谜的谜底

关于过去用 Dirac 方程（正世界方程）求解正世界粲偶素 $c\bar{c}$的束缚态能谱时出现的 Klein 佯谬之谜，我一直认为过去的论述并没有揭开它的谜底。现在可以揭开它的谜底了。

首先值得我们注意的是，正世界 $c\bar{c}$偶素是一个亚光速正质量体系，故唯有 c 和 $\bar{c}$ 都是亚光速正质量粒子才能构成它。客居于正世界中的反粒子大抵都已经被正世界物质环境亚光速正质量化，但仍保留有可以反映出它的反粒子本质的基本参数或量子数（见第七章第三节 §1 和 §2）。由于正世界薛定格方程只能描述亚光速正质量的正粒子，正世界量子场论的 Bethe - Salpeter 束缚态积分方程已经用逆时运动的亚光速正质量的正粒子代表了顺时运动的亚光速正质量化的反粒子，故对于这两个理论来讲，c 和 $\bar{c}$都是亚光速正质量粒子，因而可以构成一个亚光速正质量体系 $c\bar{c}$，只要相互作用势是适当的吸引势，就能给出较好的符合实验的束缚态解。但由于正世界相对论量子力学不能反映反粒子的亚光速正质量化，它描述的反粒子是超光速负质量的反粒子（见第四章第二节 §1），故不能给出 $c\bar{c}$的束缚态解，因为一个亚光速正质量的正粒子 c 与一个超光速负质量的反粒子 $\bar{c}$ 不可能构成一个亚光速正质量的体系 $c\bar{c}$，这并非采用代表强吸引作用的幽禁型矢量势可以扭转的，而且是适得其反。以上所述就是 Klein 佯谬之谜的谜底。

如果在 Dirac 方程中除上述矢量势外再引进一个标量势，而且以标量势为主，用来大大地增加体系的正质量因而相当于使其中的 $\bar{c}$亚光速正质量化，使 $c\bar{c}$成为亚光速正质量体系，则也能给出正世界 $c\bar{c}$偶素的束缚态解。这等效于有待改进的正世界 $c\bar{c}$的 MIT 口袋模型，因为此模型也需要吸入很多正质量，相当于使其中的反粒子 $\bar{c}$亚光速正质量化，使口袋体系成为亚光速正质量体系，因而也能给出束缚态解。

过去的论述认为 Klein 佯谬的根源是反粒子在作怪，但关键是尚未认识到是反粒子的超光速和负质量在作怪。

第三节 电磁场量子理论

在正世界量子场论中，反横光子就是逆时运动的正横光子，它与正横光子会合时不会湮没（这个特殊情况与光子的特殊性质相对应），正、反横光子难以区分，故为方便计将它们统一描述为正横光子。在反世界量子场论中，正横光子就是逆时运动的反横光子，它与反横光子会合时不会湮没，反、正横光子难以区分，故为方便计将它们统一描述为反横光子。正、反世界的纵、标量光子并不真实存在，故无正、反纵、标量光子的名称，唯有正、负能量的纵、标量光子的区分。故平时讲到光子时指的都是横光子。

§1 洛伦兹规范下的量子理论

1. 正世界电磁场量子理论

(1)量子化・$\lambda=1, 2, 3$ 时使用正几率，$\lambda=4$ 时使用负几率。

场的拉格朗日密度为：

$$\underset{\wedge}{\pounds}=\frac{1}{2}(\underset{\cdot}{\partial}_{\mu}\underset{\cdot}{A}_{\nu})\underset{\cdot}{\partial}_{\mu}\underset{\cdot}{A}_{\nu}, \tag{4.113}$$

其中 $\underset{\cdot}{A}_{\nu}$ 是正则坐标，相应的正则动量为：

$$\underset{\cdot}{\pi}_{\nu}=\frac{\partial\underset{\wedge}{\pounds}}{\partial(\underset{\cdot}{\partial}_{4}\underset{\cdot}{A}_{\nu})}=\underset{\cdot}{\partial}_{4}\underset{\cdot}{A}_{\nu} \tag{4.114}$$

把 $\underset{\cdot}{A}_{\mu}(\underset{\cdot}{x})$ 和 $\underset{\cdot}{\pi}_{\nu}(\underset{\cdot}{x})$ 看做满足下列对易关系的算符：

$$\left.\begin{array}{c}[\underset{\cdot}{A}_{\mu}(\underset{\cdot}{x}),\ \underset{\cdot}{\pi}_{\nu}(\underset{\cdot}{x}')]_{-}=\theta_{2}k\delta_{\mu\nu}\delta(\vec{r}-\vec{r}') \\ \text{其余的对易括号}=0\end{array}\right\}(t'=t) \tag{4.115}$$

其中的 k 是本书的代数基元。

$$\underset{\cdot}{A}_{\mu}=\sum_{\vec{k},\lambda}e_{\mu}^{\lambda}[\underset{\cdot}{a}_{\vec{k},\lambda}\underset{\wedge}{f}_{\vec{k}}(\underset{\cdot}{x})+\bar{\underset{\cdot}{a}}_{\vec{k},\lambda}\underset{\wedge}{f}_{\vec{k}}^{+}(\underset{\cdot}{x})], \tag{4.116}$$

其中，$\underset{\wedge}{f}_{\vec{k}}(\underset{\cdot}{x})=\dfrac{1}{\sqrt{2V\omega}}e^{i\underset{\cdot}{k}\underset{\cdot}{x}}$，$\omega=|\vec{k}|$，$V$ 是归一化体积；e^{λ} ($\lambda=1, 2, 3, 4$)是四个互相正交的四维实单位矢量：$e^{1}=(1, 0, 0, 0)$，$e^{2}=(0, 1, 0, 0)$，$e^{3}=(0, 0, 1, 0)=\vec{k}^{0}=\vec{k}/|\vec{k}|$，$e^{4}=(0, 0, 0, 1)$；$e_{\mu}^{\lambda}$ 是 e^{λ} 在第 μ 个坐标轴的投影，$e_{4}^{\lambda}=\delta_{\lambda4}$，$e_{\mu}^{4}=\delta_{4\mu}$，$e_{\mu}^{\lambda}e_{\mu}^{\lambda'}=\delta_{\lambda\lambda'}$，$e_{\mu}^{\lambda}e_{\nu}^{\lambda}=\delta_{\mu\nu}$，

$$e_{\mu}^{\lambda}\underset{\cdot}{k}_{\mu}=\begin{cases}0, & \text{当 } \lambda=1, 2 \text{ 时；} \\ k\omega(k \text{ 是本书代数基元}), & \text{当 } \lambda=3 \text{ 时；} \\ j\omega(j \text{ 是本书代数基元}), & \text{当 } \lambda=4 \text{ 时.}\end{cases}$$

$\underset{\cdot}{a}_{\vec{k},\lambda}=k\underset{\wedge}{a}_{\vec{k},\lambda}(\lambda=1, 2, 3)$，$\underset{\cdot}{a}_{\vec{k},4}=j\underset{\wedge}{a}_{\vec{k},0}$，$\bar{\underset{\cdot}{a}}_{\vec{k},\lambda}=\underset{\cdot}{a}_{\vec{k},\lambda}^{+}=(k\underset{\wedge}{a}_{\vec{k},\lambda})^{+}=k^{+}\underset{\wedge}{a}_{\vec{k},\lambda}^{+}=k\underset{\wedge}{a}_{\vec{k},\lambda}^{+}(\lambda=1, 2, 3)$，$\bar{\underset{\cdot}{a}}_{\vec{k},4}=-\underset{\cdot}{a}_{\vec{k},4}^{+}=-(j\underset{\wedge}{a}_{\vec{k},0})^{+}=-j^{+}\underset{\wedge}{a}_{\vec{k},0}^{+}=j\underset{\wedge}{a}_{\vec{k},0}^{+}$

利用前面第三章第一节 §1 的（3.4）式中的正粒子公式所示的正交、归一性，由（4.116）式可得

$$\underset{\cdot}{a}_{\vec{k},\lambda}=\int\underset{\wedge}{f}_{\vec{k}}^{+}(\underset{\cdot}{x})ii\overleftrightarrow{\underset{\cdot}{\partial}}_{4}e_{\mu}^{\lambda}\underset{\cdot}{A}_{\mu}(\underset{\cdot}{x})\mathrm{d}\underset{\cdot}{V},\ \bar{\underset{\cdot}{a}}_{\vec{k},\lambda}=\int e_{\mu}^{\lambda}\underset{\cdot}{A}_{\mu}(\underset{\cdot}{x})ii\overleftrightarrow{\underset{\cdot}{\partial}}_{4}\underset{\wedge}{f}_{\vec{k}}(\underset{\cdot}{x})\mathrm{d}\underset{\cdot}{V} \tag{4.117}$$

由（4.115）、（4.117）式和前面（3.4）式中的正粒子公式可得

$$\left.\begin{array}{c}[\underset{\cdot}{a}_{\vec{k},\lambda},\ \bar{\underset{\cdot}{a}}_{\vec{k}',\lambda'}]_{-}=\theta_{2}\delta_{\vec{k}\vec{k}'}\delta_{\lambda\lambda'} \\ \text{其余的对易括号}=0\end{array}\right\} \tag{4.118}$$

可将（4.118）式写成

$$\left.\begin{aligned}&[\hat{a}_{\vec{k},i},\ \bar{\hat{a}}_{\vec{k}',j}]_- = \theta_2\delta_{\vec{k}\vec{k}'}\delta_{ij}(i,\ j=1,\ 2,\ 3)\\&[\hat{a}_{\vec{k},0},\ \hat{a}^+_{\vec{k}',0}]_- = -\theta_2\delta_{\vec{k}\vec{k}'}\\&\text{其余的对易括号}=0\end{aligned}\right\}\tag{4.119}$$

选取 $\theta_2\equiv 1$，取光子数算符 $\hat{N}_{\vec{k},i}=\hat{a}^+_{\vec{k},i}\hat{a}_{\vec{k},i}$（$i=1$，2 是正光子，$i=3$ 是纵光子）和 $\hat{N}_{\vec{k},0}=\hat{a}^+_{\vec{k},0}\hat{a}_{\vec{k},0}$（标量光子）对角化的表象，令

$$\left.\begin{aligned}&\hat{N}_{\vec{k},i}\left|\hat{n}_{\vec{k},i}\right\rangle=\hat{n}_{\vec{k},i}\left|\hat{n}_{\vec{k},i}\right\rangle(i=1,\ 2,\ 3)\\&\hat{N}_{\vec{k},0}\left|-\hat{n}_{\vec{k},0}\right\rangle=-\hat{n}_{\vec{k},0}\left|-\hat{n}_{\vec{k},0}\right\rangle\end{aligned}\right\}\tag{4.120}$$

$\hat{n}_{\vec{k},i}$ 和 $\hat{n}_{\vec{k},0}$ 均为正整数。其中 $\left|\hat{n}_{\vec{k},i}\right\rangle$ 是 $+\hat{n}_{\vec{k},i}$ 个正光子的态矢或者 $+\hat{n}_{\vec{k},i}$ 个正能量纵光子的态矢，$\left|-\hat{n}_{\vec{k},0}\right\rangle$ 是 $-\hat{n}_{\vec{k},0}$ 个正能量标量光子的态矢（即 $+\hat{n}_{\vec{k},i}$ 个负能量标量光子的态矢）由（4.119）式得

$$[\hat{N}_{\vec{k},i},\ \hat{a}^+_{\vec{k},i}]_-=\hat{a}^+_{\vec{k},i},\ [\hat{N}_{\vec{k},i},\ \hat{a}_{\vec{k},i}]_-=-\hat{a}_{\vec{k},i},\tag{4.121}$$

$$[\hat{N}_{\vec{k},0},\ \hat{a}^+_{\vec{k},0}]_-=-\hat{a}^+_{\vec{k},0},\ [\hat{N}_{\vec{k},0},\ \hat{a}_{\vec{k},0}]_-=\hat{a}_{\vec{k},0}.\tag{4.122}$$

由（4.120）、(4.121)和（4.122）式得

$$\hat{N}_{\vec{k},i}\hat{a}^+_{\vec{k},i}\left|\hat{n}_{\vec{k},i}\right\rangle=(\hat{n}_{\vec{k},i}+1)\hat{a}^+_{\vec{k},i}\left|\hat{n}_{\vec{k},i}\right\rangle,\ \hat{N}_{\vec{k},i}\hat{a}_{\vec{k},i}\left|\hat{n}_{\vec{k},i}\right\rangle=(\hat{n}_{\vec{k},i}-1)\hat{a}_{\vec{k},i}\left|\hat{n}_{\vec{k},i}\right\rangle;\tag{4.123}$$

$$\hat{N}_{\vec{k},0}\hat{a}^+_{\vec{k},0}\left|-\hat{n}_{\vec{k},0}\right\rangle=-(\hat{n}_{\vec{k},0}+1)\hat{a}^+_{\vec{k},0}\left|-\hat{n}_{\vec{k},0}\right\rangle,\ \hat{N}_{\vec{k},0}\hat{a}_{\vec{k},0}\left|-\hat{n}_{\vec{k},0}\right\rangle=-(\hat{n}_{\vec{k},0}-1)\hat{a}_{\vec{k},0}\left|-\hat{n}_{\vec{k},0}\right\rangle;\tag{4.124}$$

（4.123）式表明，$\hat{a}^+_{\vec{k},i}$ 是产生 +1 个动量为 $\vec{k}$ 的正能量正光子或正能量纵光子的产生算符，$\hat{a}_{\vec{k},i}$ 是消灭 +1 个动量为 $\vec{k}$ 的正能量正光子或正能量纵光子的消灭算符，(4.124)式表明 $\hat{a}^+_{\vec{k},0}$ 是产生 −1 个动量为 $\vec{k}$ 的正能量标量光子(即产生 +1 个动量为 $-\vec{k}$ 的负能量标量光子)的产生算符，$\hat{a}_{\vec{k},0}$ 是消灭 −1 个动量为 $\vec{k}$ 的正能量标量光子(即消灭 +1 个动量为 $-\vec{k}$ 的负能量标量光子)的消灭算符。

用 $\langle 0|0\rangle=1$，$\hat{a}_{\vec{k},i}|0\rangle=0$，$\hat{a}_{\vec{k},0}|0\rangle=0$ 表示真空态，就可以得到下列正交、归一的态矢：

$$\left.\begin{aligned}&\left\langle \underset{\wedge}{n}_{\vec{k},1},\ \underset{\wedge}{n}_{\vec{k},2} \mid \underset{\wedge}{n}'_{\vec{k}',2},\ \underset{\wedge}{n}'_{\vec{k}',1} \right\rangle = \delta_{\underset{\wedge}{n}_{\vec{k},1}\underset{\wedge}{n}'_{\vec{k}',1}}\delta_{\underset{\wedge}{n}_{\vec{k},2}\underset{\wedge}{n}'_{\vec{k}',2}},\ \left\langle \underset{\wedge}{n}_{\vec{k},3} \mid \underset{\wedge}{n}'_{\vec{k}',3} \right\rangle \\ &= \delta_{\underset{\wedge}{n}_{\vec{k},3}\underset{\wedge}{n}'_{\vec{k}',3}},\ \left\langle -\underset{\wedge}{n}_{\vec{k},0} \mid -\underset{\wedge}{n}'_{\vec{k}',0} \right\rangle = -\delta_{\underset{\wedge}{n}_{\vec{k},0}\underset{\wedge}{n}'_{\vec{k}',0}} \\ &\text{显然，}\left| \underset{\wedge}{n}_{\vec{k},2},\ \underset{\wedge}{n}_{\vec{k},1} \right\rangle\text{、}\left| \underset{\wedge}{n}_{\vec{k},3} \right\rangle\text{、}\left| -\underset{\wedge}{n}_{\vec{k},0} \right\rangle\text{之间相互正交}\end{aligned}\right\} \tag{4.125}$$

$\left\langle -\underset{\wedge}{n}_{\vec{k},0} \mid -\underset{\wedge}{n}_{\vec{k},0} \right\rangle = -1$ 右边的 -1 有双重含义，$-1 = (+1)(-1)$，其中的 $+1$ 表示按传统几率概念归一化为 $+1$，其中的 -1 则表示要将 $-\underset{\wedge}{n}_{\vec{k},0}$ 个正能量的标量光子转化为 $+\underset{\wedge}{n}_{\vec{k},0}$ 个负能量的标量光子。

下面来计算量子场的能量、动量。第三章第三节§4 已经证明了正世界电磁场的能量动量张量 $\underset{\cdot}{T}_{\mu\nu}$ 的表达式（3.151）式是正确的，删去其中对能量、动量没有贡献的各项以后，可以把它写成

$$\underset{\cdot}{T}_{\mu\nu} = -\frac{1}{2}[(\underset{\cdot}{\partial}_\mu \underset{\cdot}{A}_\lambda)\underset{\cdot}{\partial}_\nu \underset{\cdot}{A}_\lambda + (\underset{\cdot}{\partial}_\nu \underset{\cdot}{A}_\lambda)\underset{\cdot}{\partial}_\mu \underset{\cdot}{A}_\lambda - \delta_{\mu\nu}(\underset{\cdot}{\partial}_\rho \underset{\cdot}{A}_\lambda)\underset{\cdot}{\partial}_\rho \underset{\cdot}{A}_\lambda] \tag{4.126}$$

按 $\underset{\cdot}{P}_\mu = i\int \underset{\cdot}{T}_{\mu 4}\mathrm{d}\underset{\cdot}{V}$ 得场的能量算符和动量算符：

$$\underset{\wedge}{H} = -j\underset{\cdot}{P}_4 = -jik\int \underset{\cdot}{T}_{44}\mathrm{d}V = \int \underset{\cdot}{T}_{44}\mathrm{d}V = \frac{1}{2}\int[(\partial_t \underset{\cdot}{A}_\mu)\partial_t \underset{\cdot}{A}_\mu + \nabla \underset{\cdot}{A}_\mu \cdot \nabla \underset{\cdot}{A}_\mu]\mathrm{d}V \tag{4.127}$$

$$\underset{\wedge}{P}_{i_1} = k\underset{\cdot}{P}_{i_1} = kik\int \underset{\cdot}{T}_{i_1 4}\mathrm{d}V = i\int \underset{\cdot}{T}_{i_1 4}\mathrm{d}V = -\int(\partial_t \underset{\cdot}{A}_\mu)\partial_{i_1}\underset{\cdot}{A}_\mu\,\mathrm{d}V(i_1 = 1,2,3),$$

$$\underset{\wedge}{\vec{P}} = -\int(\partial_t \underset{\cdot}{A}_\mu)\nabla \underset{\cdot}{A}_\mu\,\mathrm{d}V \tag{4.128}$$

把（4.116）式代入（4.127）和（4.128）式，得

$$\underset{\wedge}{H} = \sum_{\vec{k}}\omega(\underset{\wedge}{N}_{\vec{k},1} + \underset{\wedge}{N}_{\vec{k},2} + \underset{\wedge}{N}_{\vec{k},3} - \underset{\wedge}{N}_{\vec{k},0} + 2\theta_2) \tag{4.129}$$

$$\underset{\wedge}{\vec{P}} = \sum_{\vec{k}}\vec{k}(\underset{\wedge}{N}_{\vec{k},1} + \underset{\wedge}{N}_{\vec{k},2} + \underset{\wedge}{N}_{\vec{k},3} - \underset{\wedge}{N}_{\vec{k},0}) \tag{4.130}$$

正世界量子场论中的洛伦兹条件为

$$\underset{\cdot}{\partial}_\mu \underset{\cdot}{A}_\mu^{(-)}(\underset{\cdot}{x})\left|\underset{\wedge}{\phi}\right\rangle = 0 \tag{4.131}$$

其中

$$\underset{\cdot}{A}_\mu^{(-)}(\underset{\cdot}{x}) = \sum_{\vec{k},\lambda} e_\mu^\lambda\, \underset{\cdot}{a}_{\vec{k},\lambda}\, \underset{\wedge}{f}_{\vec{k}}(\underset{\cdot}{x}),$$

$$\left|\underset{\wedge}{\phi}\right\rangle = \left|\underset{\wedge}{n}_{\vec{k},1}, \underset{\wedge}{n}_{\vec{k},2}\right\rangle + \left|\underset{\wedge}{n}_{\vec{k},3}\right\rangle + \left|-\underset{\wedge}{n}_{\vec{k},0}\right\rangle,$$

$$\left\langle\underset{\wedge}{\phi}\middle|\underset{\wedge}{\phi}\right\rangle = \left\langle \underset{\wedge}{n}_{\vec{k},2}, \underset{\wedge}{n}_{\vec{k},1} \middle| \underset{\wedge}{n}_{\vec{k},1}, \underset{\wedge}{n}_{\vec{k},2}\right\rangle + [\underset{\wedge}{n}_{\vec{k},3} \mid \underset{\wedge}{n}_{\vec{k},3}\rangle + \left\langle -\underset{\wedge}{n}_{\vec{k},0} \middle| -\underset{\wedge}{n}_{\vec{k},0d}\right\rangle =$$

$$1 + 1 - 1 = 1. \tag{4.132}$$

由（4.131）式得

$$\left.\begin{aligned}&(\hat{a}_{\vec{k},3}-\hat{a}_{\vec{k},0})\,|\hat{\phi}\rangle=0\\&\langle\hat{\phi}|\,(\hat{a}^{+}_{\vec{k},3}-\hat{a}^{+}_{\vec{k},0})=0\end{aligned}\right\}\tag{4.133}$$

$\hat{N}_{\vec{k},3}-\hat{N}_{\vec{k},0}=\frac{1}{2}(\hat{a}^{+}_{\vec{k},3}+\hat{a}^{+}_{\vec{k},0})(\hat{a}_{\vec{k},3}-\hat{a}_{\vec{k},0})+\frac{1}{2}(\hat{a}^{+}_{\vec{k},3}-\hat{a}^{+}_{\vec{k},0})(\hat{a}_{\vec{k},3}+\hat{a}_{\vec{k},0})$，$\langle\hat{\phi}|(\hat{N}_{\vec{k},3}-\hat{N}_{\vec{k},0})|\hat{\phi}\rangle=0$，因而有$\langle\hat{\phi}|(\hat{N}_{\vec{k},3}-\hat{N}_{\vec{k},0})|\hat{\phi}\rangle=\langle\hat{n}_{\vec{k},3}|\hat{N}_{\vec{k},3}|\hat{n}_{\vec{k},3}\rangle-\langle-\hat{n}_{\vec{k},0}|\hat{N}_{\vec{k},0}|-\hat{n}_{\vec{k},0}\rangle=\hat{n}_{\vec{k},3}(+1)-(-\hat{n}_{\vec{k},0})(-1)=\hat{n}_{\vec{k},3}-\hat{n}_{\vec{k},0}=0$

因而有

$$\left.\begin{aligned}&\hat{H}=\sum_{\vec{k}}\omega\langle\hat{\phi}|(\hat{N}_{\vec{k},1}+\hat{N}_{\vec{k},2}+\hat{N}_{\vec{k},3}-\hat{N}_{\vec{k},0}+2\theta_2)|\hat{\phi}\rangle=\sum_{\vec{k}}\omega(\hat{n}_{\vec{k},1}+\hat{n}_{\vec{k},2}+2\theta_2)\\&\hat{\vec{P}}=\sum_{\vec{k}}\vec{k}\langle\hat{\phi}|(\hat{N}_{\vec{k},1}+\hat{N}_{\vec{k},2}+\hat{N}_{\vec{k},3}-\hat{N}_{\vec{k},0})|\hat{\phi}\rangle=\sum_{\vec{k}}\vec{k}(\hat{n}_{\vec{k},1}+\hat{n}_{\vec{k},2})\end{aligned}\right\}\tag{4.134}$$

其中$\omega=|\vec{k}|$，$\theta_2\equiv1$。纵光子和标量光子对物理态矢的标积不起作用，对算符在物理态矢中的平均值无贡献，它们共同以虚光子形式组成库仑场（即静电场）。

(2)自由传播子。

将（4.116）式代入自由传播子定义式，利用（4.118）式的对易关系，即可算出$\delta_{\mu\nu}\hat{D}_F(\underset{.}{x}_1-\underset{.}{x}_2)=\underbrace{\underset{.}{A}_\mu(\underset{.}{x}_1)\underset{.}{A}_\nu(\underset{.}{x}_2)}=\langle0|T[\underset{.}{A}_\mu(\underset{.}{x}_1)\underset{.}{A}_\nu(\underset{.}{x}_2)]|0\rangle=\theta(t_1-t_2)\langle0|\underset{.}{A}_\mu(\underset{.}{x}_1)\underset{.}{A}_\nu(\underset{.}{x}_2)|0\rangle+\theta(t_2-t_1)\langle0|\underset{.}{A}_\nu(\underset{.}{x}_2)\underset{.}{A}_\mu(\underset{.}{x}_1)|0\rangle=\delta_{\mu\nu}\frac{\theta_2}{(2\pi)^3}\int d\vec{k}\,e^{i\vec{k}\cdot(\vec{r}_1-\vec{r}_2)}\frac{1}{2\omega}[\theta(t_1-t_2)e^{-i\omega(t_1-t_2)}+\theta(t_2-t_1)e^{i\omega(t_1-t_2)}]$。

其中，$\hat{D}_F(\underset{.}{x}_1-\underset{.}{x}_2)$的上述表示式与第四章第一节§1的$\hat{\Delta}_F(\underset{.}{x}_1-\underset{.}{x}_2)$的表示式——（4.23）——的形式相同，因此只要令前面（4.25）式中的$m\to0$，即可得到这里的$\hat{D}_F(\underset{.}{x}_1-\underset{.}{x}_2)$的下述表示式：

$$\hat{D}_F(\underset{.}{x}_1-\underset{.}{x}_2)=\frac{-\theta_2}{(2\pi)^4}\int d^4\underset{.}{k}\,\frac{e^{-i\underset{.}{k}(\underset{.}{x}_1-\underset{.}{x}_2)}}{\underset{.}{k}^2-i\varepsilon}\tag{4.135}$$

因而有

$$\delta_{\mu\nu}\hat{D}_F(\underset{.}{x}_1-\underset{.}{x}_2)=\frac{-\delta_{\mu\nu}\theta_2}{(2\pi)^4}\int d^4\underset{.}{k}\,\frac{e^{i\underset{.}{k}(\underset{.}{x}_1-\underset{.}{x}_2)}}{\underset{.}{k}^2-i\varepsilon}\tag{4.136}$$

这里选取$\theta_2\equiv1$。

(3) 对易关系的双时空相对论不变性。

利用（4.116）和（4.118）式，不难计算出

$$[\underset{.}{A}_\mu(\underset{.}{x}_1),\ \underset{.}{A}_\nu(\underset{.}{x}_2)]_-=-i\delta_{\mu\nu}\hat{D}(\underset{.}{x}_1-\underset{.}{x}_2)\tag{4.137}$$

其中

$$\underset{\wedge}{D}(\underset{\cdot}{x}_1-\underset{\cdot}{x}_2)=\theta_2 i\int\frac{\mathrm{d}\vec{k}}{(2\pi)^3}e^{i\vec{k}\cdot(\vec{r}_1-\vec{r}_2)}\frac{1}{2\omega}(e^{-i\omega(t_1-t_2)}-e^{i\omega(t_1-t_2)})$$

与第四章第一节§1 中的（4. 27）式中的 $\underset{\wedge}{\Delta}(\underset{\cdot}{x}_1-\underset{\cdot}{x}_2)$ 的表示式的形式相同，因此只要令（4. 27）式中的 $m\to0$，即可得到这里的 $\underset{\wedge}{D}(\underset{\cdot}{x}_1-\underset{\cdot}{x}_2)$ 的下述表示式：

$$\underset{\wedge}{D}(\underset{\cdot}{x}_1-\underset{\cdot}{x}_2)=\frac{\theta_2}{(2\pi)^3}\int\mathrm{d}^4\,\underset{\cdot}{k}e^{i\underset{\cdot}{k}(\underset{\cdot}{x}_1-\underset{\cdot}{x}_2)}\delta(\underset{\cdot}{k}^2)\varepsilon(k_0)\tag{4.138}$$

式中 $\theta_2\equiv1$，$\delta(\underset{\cdot}{k}^2)=\frac{1}{2\omega}[\delta(k_0-\omega)+\delta(k_0+\omega)]$。

由于这里正世界的（4. 136）、（4. 138）式与下面反世界的对应公式——（4. 162）、（4. 164）式——差个负号，故需要像第三章第三节§4 那样在（4. 136）、（4. 138）、（4. 162）和（4. 164）式中引进突变因子 $\theta_1\equiv1$，详细说明见第三章第三节§4。因此应将（4. 136）、（4. 138）式写成

$$\underset{\wedge}{D}_F(\underset{\cdot}{x}_1-\underset{\cdot}{x}_2)=\frac{-\theta_1\theta_2}{(2\pi)^4}\int\mathrm{d}^4\,\underset{\cdot}{k}\frac{e^{i\underset{\cdot}{k}(\underset{\cdot}{x}_1-\underset{\cdot}{x}_2)}}{\underset{\cdot}{k}^2-i\varepsilon}$$

$$\delta_{\mu\nu}\underset{\wedge}{D}_F(\underset{\cdot}{x}_1-\underset{\cdot}{x}_2)=\frac{-\delta_{\mu\nu}\theta_1\theta_2}{(2\pi)^4}\int\mathrm{d}^4\,\underset{\cdot}{k}\frac{e^{i\underset{\cdot}{k}(\underset{\cdot}{x}_1-\underset{\cdot}{x}_2)}}{\underset{\cdot}{k}^2-i\varepsilon}$$

$$\underset{\wedge}{D}(\underset{\cdot}{x}_1-\underset{\cdot}{x}_2)=\frac{\theta_1\theta_2}{(2\pi)^3}\int\mathrm{d}^4\,\underset{\cdot}{k}e^{i\underset{\cdot}{k}(\underset{\cdot}{x}_1-\underset{\cdot}{x}_2)}\delta(\underset{\cdot}{k}^2)\,\varepsilon(k_0)$$

2. 反世界电磁场量子理论

（1）量子化 · $\lambda=1,2,3$ 时使用负几率，$\lambda=4$ 时使用正几率。

场的拉格朗日密度为：

$$\underset{\vee}{\pounds}=\frac{1}{2}(\underset{\cdot\cdot}{\partial}_\mu\underset{\cdot\cdot}{A}_\nu)\underset{\cdot\cdot}{\partial}_\mu\underset{\cdot\cdot}{A}_\nu,\tag{4.139}$$

$\underset{\cdot\cdot}{A}_\nu$ 是正则坐标，相应的正则动量为：

$$\underset{\cdot\cdot}{\pi}_\nu=\frac{\partial\underset{\vee}{\pounds}}{\partial(\underset{\cdot\cdot}{\partial}_4\underset{\cdot\cdot}{A}_\nu)}=\underset{\cdot\cdot}{\partial}_4\underset{\cdot\cdot}{A}_\nu\tag{4.140}$$

把 $\underset{\cdot\cdot}{A}_\mu(\underset{\cdot\cdot}{x})$ 和 $\underset{\cdot\cdot}{\pi}_\nu(\underset{\cdot\cdot}{x})$ 看做满足下列对易关系的算符：

$$\left.\begin{array}{c}[\underset{\cdot\cdot}{A}_\mu(\underset{\cdot\cdot}{x}),\ \underset{\cdot\cdot}{\pi}_\nu(\underset{\cdot\cdot}{x}')]_-=-\theta_2 j\delta_{\mu\nu}\delta(\vec{r}-\vec{r}')\\ \text{其余的对易括号}=0\end{array}\right\}(t'=t)\tag{4.141}$$

其中 j 是本书的代数基元。

$$\underset{\cdot\cdot}{A}_\mu=\sum_{\vec{k},\lambda}e_\mu^\lambda[\underset{\cdot\cdot}{b}_{-\vec{k},\lambda}\underset{\vee}{f}_{-\vec{k}}(\underset{\cdot\cdot}{x})+\underset{\cdot\cdot}{\bar{b}}_{-\vec{k},\lambda}\underset{\vee}{f}^+_{-\vec{k}}(\underset{\cdot\cdot}{x})],\tag{4.142}$$

其中，$\underset{\vee}{f}_{-\vec{k}}(\underset{\cdot\cdot}{x})=\frac{1}{\sqrt{2V\omega}}e^{i\underset{\cdot\cdot}{k}\underset{\cdot\cdot}{x}}$，$\omega=|\vec{k}|$，$V$ 是归一化体积；e_μ^λ 与前面（4. 116）式中的 e_μ^λ 相同，

$$e^{\lambda}_{\mu}\,\underset{\cdot\cdot}{k}_{\mu}=\begin{cases}0,\ \text{当}\ \lambda=1,\ 2\ \text{时};\\ j\omega(j\ \text{是本书的代数基元}),\ \text{当}\ \lambda=3\ \text{时};\\ k\omega(k\ \text{是本书的代数基元}),\ \text{当}\ \lambda=4\ \text{时};\end{cases}$$

$\underset{\cdot\cdot}{b}_{-\vec{k},\lambda}=j\,\underset{\vee}{b}_{-\vec{k},\lambda}\ (\lambda=1,\ 2,\ 3)$，$\underset{\cdot\cdot}{b}_{-\vec{k},4}=k\,\underset{\vee}{b}_{-\vec{k},0}$，$\bar{\underset{\cdot\cdot}{b}}_{-\vec{k},\lambda}=-\underset{\cdot\cdot}{b}^{+}_{-\vec{k},\lambda}=-(j\,\underset{\vee}{b}_{-\vec{k},\lambda})^{+}=-j^{+}\underset{\vee}{b}^{+}_{-\vec{k},\lambda}=j\,\underset{\vee}{b}^{+}_{-\vec{k},\lambda}(\lambda=1,\ 2,\ 3)$，$\bar{\underset{\cdot\cdot}{b}}_{-\vec{k},4}=(k\,\underset{\vee}{b}_{-\vec{k},0})^{+}=k^{+}\underset{\vee}{b}^{+}_{-\vec{k},0}=k\,\underset{\vee}{b}^{+}_{-\vec{k},0}$.

利用前面第三章第一节§2的（3.15）式中的反粒子公式所示的正交、归一性，由（4.142）式可得

$$\underset{\cdot\cdot}{b}_{-\vec{k},\lambda}=-\int\underset{\vee}{f}^{+}_{-\vec{k}}(\underset{\cdot\cdot}{x})\,ii\,\underset{\cdot\cdot}{\overleftrightarrow{\partial}}_{4}e^{\lambda}_{\mu}\,\underset{\cdot\cdot}{A}_{\mu}(\underset{\cdot\cdot}{x})\,\mathrm{d}\underset{\cdot\cdot}{V},$$

$$\bar{\underset{\cdot\cdot}{b}}_{\vec{k},\lambda}=-\int e^{\lambda}_{\mu}\,\underset{\cdot\cdot}{A}_{\mu}(\underset{\cdot\cdot}{x})\,ii\,\underset{\cdot\cdot}{\overleftrightarrow{\partial}}_{4}\underset{\vee}{f}_{-\vec{k}}(\underset{\cdot\cdot}{x})\,\mathrm{d}\underset{\cdot\cdot}{V}\tag{4.143}$$

由（4.141）、（4.143）式和前面（3.15）式中的反粒子公式可得

$$\left.\begin{aligned}&[\underset{\cdot\cdot}{b}_{-\vec{k},\lambda},\ \bar{\underset{\cdot\cdot}{b}}_{-\vec{k}',\lambda'}]_{-}=\theta_2\delta_{\vec{k}\vec{k}'}\delta_{\lambda\lambda'}\\&\text{其余的对易括号}=0\end{aligned}\right\}\tag{4.144}$$

可将（4.144）式写成

$$\left.\begin{aligned}&[\underset{\vee}{b}_{-\vec{k},i},\ \underset{\vee}{b}^{+}_{-\vec{k}',j}]_{-}=-\theta_2\delta_{\vec{k}\vec{k}'}\delta_{ij}(\lambda,\ \lambda'=i,\ j=1,\ 2,\ 3)\\&[\underset{\vee}{b}_{-\vec{k},0},\ \underset{\vee}{b}^{+}_{-\vec{k}',0}]_{-}=\theta_2\delta_{\vec{k}\vec{k}'}(\lambda=\lambda'=4)\\&\text{其余的对易括号}=0\end{aligned}\right\}\tag{4.145}$$

选取 $\theta_2\equiv1$，取光子数算符 $\bar{\underset{\vee}{N}}_{-\vec{k},i}=\underset{\vee}{b}^{+}_{-\vec{k},i}\underset{\vee}{b}_{-\vec{k},i}$（$i=1$，2 是反光子，$i=3$ 是纵光子）和 $\bar{\underset{\vee}{N}}_{-\vec{k},0}=\underset{\vee}{b}^{+}_{-\vec{k},0}\underset{\vee}{b}_{-\vec{k},0}$（标量光子）对角化的表象，令

$$\left.\begin{aligned}&\bar{\underset{\vee}{N}}_{-\vec{k},i}\left|-\bar{\underset{\vee}{n}}_{-\vec{k},i}\right\rangle=-\bar{\underset{\vee}{n}}_{-\vec{k},i}\left|-\bar{\underset{\vee}{n}}_{-\vec{k},i}\right\rangle(i=1,\ 2,\ 3)\\&\bar{\underset{\vee}{N}}_{-\vec{k},0}\left|\bar{\underset{\vee}{n}}_{-\vec{k},0}\right\rangle=\bar{\underset{\vee}{n}}_{-\vec{k},0}\left|\bar{\underset{\vee}{n}}_{\vec{k},0}\right\rangle\end{aligned}\right\}\tag{4.146}$$

$\bar{\underset{\vee}{n}}_{-\vec{k},i}$ 和 $\bar{\underset{\vee}{n}}_{-\vec{k},0}$ 均为正整数。其中 $\left|-\bar{\underset{\vee}{n}}_{-\vec{k},i}\right\rangle$ 是 $-\bar{\underset{\vee}{n}}_{-\vec{k},i}$ 个正能量反光子的态矢或 $-\bar{\underset{\vee}{n}}_{-\vec{k},i}$ 个正能量纵光子的态矢（即 $+\bar{\underset{\vee}{n}}_{-\vec{k},i}$ 个负能量反光子的态矢或 $+\bar{\underset{\vee}{n}}_{-\vec{k},i}$ 个负能量纵光子的态矢），$\left|\bar{\underset{\vee}{n}}_{-\vec{k},0}\right\rangle$ 是 $+\bar{\underset{\vee}{n}}_{-\vec{k},0}$ 个正能量标量光子的态矢。由（4.145）式得

$$[\bar{\underset{\vee}{N}}_{-\vec{k},i},\ \underset{\vee}{b}^{+}_{-\vec{k},i}]_{-}=-\underset{\vee}{b}^{+}_{-\vec{k},i},\ [\bar{\underset{\vee}{N}}_{-\vec{k},i},\ \underset{\vee}{b}_{-\vec{k},i}]_{-}=\underset{\vee}{b}_{-\vec{k},i},\tag{4.147}$$

$$[\bar{\underset{\vee}{N}}_{-\vec{k},0},\ \underset{\vee}{b}^{+}_{-\vec{k},0}]_{-}=\underset{\vee}{b}^{+}_{-\vec{k},0},\ [\bar{\underset{\vee}{N}}_{-\vec{k},0},\ \underset{\vee}{b}_{-\vec{k},0}]_{-}=-\underset{\vee}{b}_{-\vec{k},0}.\tag{4.148}$$

由（4.146）、（4.147）和（4.148）式得：

$\underset{\vee}{\bar{N}}_{-\vec{k},i}\underset{\vee}{b}^{+}_{-\vec{k},i}\left|-\underset{\vee}{\bar{n}}_{-\vec{k},i}\right\rangle = -(\underset{\vee}{\bar{n}}_{-\vec{k},i}+1)\underset{\vee}{b}^{+}_{-\vec{k},i}\left|-\underset{\vee}{\bar{n}}_{-\vec{k},i}\right\rangle$，$\underset{\vee}{\bar{N}}_{-\vec{k},i}\underset{\vee}{b}_{-\vec{k},i}\left|-\underset{\vee}{\bar{n}}_{-\vec{k},i}\right\rangle =$

$-(\underset{\vee}{\bar{n}}_{-\vec{k},i}-1)\underset{\vee}{b}_{-\vec{k},i}\left|-\underset{\vee}{\bar{n}}_{-\vec{k},i}\right\rangle$，（4.149）

$\underset{\vee}{\bar{N}}_{-\vec{k},0}\underset{\vee}{b}^{+}_{-\vec{k},0}\left|\underset{\vee}{\bar{n}}_{-\vec{k},0}\right\rangle = (\underset{\vee}{\bar{n}}_{-\vec{k},0}+1)\underset{\vee}{b}^{+}_{-\vec{k},0}\left|\underset{\vee}{\bar{n}}_{-\vec{k},0}\right\rangle$，$\underset{\vee}{\bar{N}}_{-\vec{k},0}\underset{\vee}{b}_{-\vec{k},0}\left|\underset{\vee}{\bar{n}}_{-\vec{k},0}\right\rangle =$

$(\underset{\vee}{\bar{n}}_{-\vec{k},0}-1)\underset{\vee}{b}_{-\vec{k},0}\left|\underset{\vee}{\bar{n}}_{-\vec{k},0}\right\rangle$.（4.150）

（4.149）式表明，$\underset{\vee}{b}^{+}_{-\vec{k},i}$是产生 -1 个动量为$\vec{k}$的正能量反光子或正能量纵光子（即产生 $+1$ 个动量为 $-\vec{k}$的负能量反光子或负能量纵光子）的产生算符，$\underset{\vee}{b}_{-\vec{k},i}$是消灭 -1 个动量为$\vec{k}$的正能量反光子或正能量纵光子（即消灭 $+1$ 个动量为 $-\vec{k}$的负能量反光子或负能量纵光子）的消灭算符，（4.150）式表明，$\underset{\vee}{b}^{+}_{-\vec{k},0}$是产生 $+1$ 个动量为$\vec{k}$的正能量标量光子的产生算符，$\underset{\vee}{b}_{-\vec{k},0}$是消灭 $+1$ 个动量为$\vec{k}$的正能量标量光子的消灭算符。

用$\langle 0|0\rangle=1$，$\underset{\vee}{b}_{-\vec{k},i}|0\rangle=0$，$\underset{\vee}{b}_{-\vec{k},0}|0\rangle=0$ 表示真空态，就可以得到下列正交、归一的态矢：

$$\left.\begin{aligned}
&\left\langle -\underset{\vee}{\bar{n}}_{-\vec{k},1},\ -\underset{\vee}{\bar{n}}_{\vec{k},2}\middle| -\underset{\vee}{\bar{n}}'_{-\vec{k}',2},\ -\underset{\vee}{\bar{n}}'_{-\vec{k}',1}\right\rangle = -\delta_{\underset{\vee}{\bar{n}}_{-\vec{k},1}\underset{\vee}{\bar{n}}'_{-\vec{k}',1}}\delta_{\underset{\vee}{\bar{n}}_{-\vec{k},2}\underset{\vee}{\bar{n}}'_{-\vec{k}',2}},\\
&\left\langle \underset{\vee}{\bar{n}}_{-\vec{k},3}\middle|\underset{\vee}{\bar{n}}'_{-\vec{k}',3}\right\rangle = -\delta_{\underset{\vee}{\bar{n}}_{-\vec{k},3}\underset{\vee}{\bar{n}}'_{-\vec{k}',3}},\ \left\langle \underset{\vee}{\bar{n}}_{-\vec{k},0}\middle|\underset{\vee}{\bar{n}}'_{-\vec{k}',0}\right\rangle = \delta_{\underset{\vee}{\bar{n}}_{-\vec{k},0}\underset{\vee}{\bar{n}}'_{-\vec{k}',0}}\\
&\text{显然，}\left|-\underset{\vee}{\bar{n}}_{-\vec{k},2},\ -\underset{\vee}{\bar{n}}_{-\vec{k},1}\right\rangle\text{、}\left|-\underset{\vee}{\bar{n}}_{-\vec{k},3}\right\rangle\text{、}\left|\underset{\vee}{\bar{n}}_{-\vec{k},0}\right\rangle\text{之间相互正交}
\end{aligned}\right\}\quad(4.151)$$

$\left\langle -\underset{\vee}{\bar{n}}_{-\vec{k},i}\middle| -\underset{\vee}{\bar{n}}_{-\vec{k},i}\right\rangle = -1$ 右边的 -1 有双重含义，$-1=(+1)(-1)$ 右边的 $+1$ 表示按传统几率概念归一化为 $+1$，其中的 -1 则表示要将 $-\underset{\vee}{\bar{n}}_{-\vec{k},i}$个正能量的反光子或纵光子转换为 $+\underset{\vee}{\bar{n}}_{-\vec{k},i}$个负能量的反光子或纵光子。故有直接物理意义的是$\underset{\vee}{\bar{N}}_{-\vec{k},i}$的形式平均值$\left\langle -\underset{\vee}{\bar{n}}_{-\vec{k},i}\middle|\underset{\vee}{\bar{N}}_{-\vec{k},i}\middle| -\underset{\vee}{\bar{n}}_{-\vec{k},i}\right\rangle = -\underset{\vee}{\bar{n}}_{-\vec{k},i}\left\langle -\underset{\vee}{\bar{n}}_{-\vec{k},i}\middle| -\underset{\vee}{\bar{n}}_{-\vec{k},i}\right\rangle = -\underset{\vee}{\bar{n}}_{-\vec{k}}$，$i(-1)=\underset{\vee}{\bar{n}}_{-\vec{k},i}$，而不是$\underset{\vee}{\bar{N}}_{-\vec{k},i}$的本征值 $-\underset{\vee}{\bar{n}}_{-\vec{k},i}$。

下面来计算量子场的能量、动量。第三章第三节 §4 已经证明了反世界电磁场的能量动量张量 $\underset{..}{T}_{\mu\nu}$的表达式（3.153）式是正确的，删去其中对场的能量、动量没有贡献的各项以后，可以把它写成

$$\underset{..}{T}_{\mu\nu}=\frac{1}{2}[(\underset{..}{\partial}_{\mu}\underset{..}{A}_{\lambda})\underset{..}{\partial}_{\nu}\underset{..}{A}_{\lambda}+(\underset{..}{\partial}_{\nu}\underset{..}{A}_{\lambda})\underset{..}{\partial}_{\mu}\underset{..}{A}_{\lambda}-\delta_{\mu\nu}(\underset{..}{\partial}_{\rho}\underset{..}{A}_{\lambda})\underset{..}{\partial}_{\rho}\underset{..}{A}_{\lambda}]\quad(4.152)$$

按 $\underset{..}{P}_{\mu}=i\int\underset{..}{T}_{\mu4}\mathrm{d}\underset{..}{V}$ 得场的能量算符和动量算符：

$$\underset{\vee}{H} = k\underset{\cdot\cdot}{P}_4 = ki(-j)\int \underset{\cdot\cdot}{T}_{44}\mathrm{d}V = \int \underset{\cdot\cdot}{T}_{44}\mathrm{d}V = \frac{1}{2}\int[(\partial_t \underset{\cdot\cdot}{A}_\mu)\partial_t \underset{\cdot\cdot}{A}_\mu + \nabla \underset{\cdot\cdot}{A}_\mu \cdot \nabla \underset{\cdot\cdot}{A}_\mu]\mathrm{d}V, \tag{4.153}$$

$$\underset{\vee}{P}_{i_1} = -j\underset{\cdot\cdot}{P}_{i_1} = -ji(-j)\int \underset{\cdot\cdot}{T}_{i_14}\mathrm{d}V = -i\int \underset{\cdot\cdot}{T}_{i_14}\mathrm{d}V = -\int(\partial_t \underset{\cdot\cdot}{A}_\mu)\partial_{i_1} \underset{\cdot\cdot}{A}_\mu \mathrm{d}V(i_1 = 1,2,3),$$

$$\vec{\underset{\vee}{P}} = -\int(\partial_t \underset{\cdot\cdot}{A}_\mu)\nabla \underset{\cdot\cdot}{A}_\mu \mathrm{d}V. \tag{4.154}$$

把（4.142）式代入（4.153）和（4.154）式，得

$$\underset{\vee}{H} = \sum_{\vec{k}} -\omega(\overline{\underset{\vee}{N}}_{-\vec{k},1} + \overline{\underset{\vee}{N}}_{-\vec{k},2} + \overline{\underset{\vee}{N}}_{-\vec{k},3} - \overline{\underset{\vee}{N}}_{-\vec{k},0} - 2\theta_2), \tag{4.155}$$

$$\vec{\underset{\vee}{P}} = \sum_{\vec{k}} -\vec{k}(\overline{\underset{\vee}{N}}_{-\vec{k},1} + \overline{\underset{\vee}{N}}_{-\vec{k},2} + \overline{\underset{\vee}{N}}_{-\vec{k},3} - \overline{\underset{\vee}{N}}_{-\vec{k},0}), \tag{4.156}$$

反世界量子场论中的洛伦兹条件为

$$\underset{\cdot\cdot}{\partial}_\mu \underset{\cdot\cdot}{A}_\mu^{(+)}(\underset{\cdot\cdot}{x})|\underset{\vee}{\phi}\rangle = 0 \tag{4.157}$$

其中

$$\underset{\cdot\cdot}{A}_\mu^{(+)}(\underset{\cdot\cdot}{x}) = \sum_{\vec{k},\lambda} e_\mu^\lambda \underset{\cdot\cdot}{b}_{-\vec{k},\lambda} \underset{\vee}{f}_{-\vec{k}}(\underset{\cdot\cdot}{x}),$$

$$|\underset{\vee}{\phi}\rangle = |-\overline{\underset{\vee}{n}}_{-\vec{k},1}, -\overline{\underset{\vee}{n}}_{-\vec{k},2}\rangle + |-\overline{\underset{\vee}{n}}_{-\vec{k},3}\rangle + |-\overline{\underset{\vee}{n}}_{-\vec{k},0}\rangle,$$

$$\langle\underset{\vee}{\phi}|\underset{\vee}{\phi}\rangle = \langle -\overline{\underset{\vee}{n}}_{-\vec{k},2}, -\overline{\underset{\vee}{n}}_{-\vec{k},1} | -\overline{\underset{\vee}{n}}_{-\vec{k},1}, -\overline{\underset{\vee}{n}}_{-\vec{k},2}\rangle + \langle -\overline{\underset{\vee}{n}}_{-\vec{k},3} | -\overline{\underset{\vee}{n}}_{-\vec{k},3}\rangle + \langle \overline{\underset{\vee}{n}}_{-\vec{k},0} | \overline{\underset{\vee}{n}}_{-\vec{k},0}\rangle = -1-1+1 = -1. \tag{4.158}$$

由（4.157）式得

$$\left.\begin{aligned}&(\underset{\vee}{b}_{-\vec{k},3} - \underset{\vee}{b}_{-\vec{k},0})|\underset{\vee}{\phi}\rangle = 0\\&\langle\underset{\vee}{\phi}|(\underset{\vee}{b}^{+}_{-\vec{k},3} - \underset{\vee}{b}^{+}_{-\vec{k},0}) = 0\end{aligned}\right\} \tag{4.159}$$

$$\overline{\underset{\vee}{N}}_{-\vec{k},3} - \overline{\underset{\vee}{N}}_{-\vec{k},0} = \frac{1}{2}(\underset{\vee}{b}^{+}_{-\vec{k},3} + \underset{\vee}{b}^{+}_{-\vec{k},0})(\underset{\vee}{b}_{-\vec{k},3} - \underset{\vee}{b}_{-\vec{k},0}) + \frac{1}{2}(\underset{\vee}{b}^{+}_{-\vec{k},3} - \underset{\vee}{b}^{+}_{-\vec{k},0})(\underset{\vee}{b}_{-\vec{k},3} + \underset{\vee}{b}_{-\vec{k},0}),\ \langle\underset{\vee}{\phi}|(\overline{\underset{\vee}{N}}_{-\vec{k},3} - \overline{\underset{\vee}{N}}_{-\vec{k},0})|\underset{\vee}{\phi}\rangle = 0,$$

因而有

$$\langle\underset{\vee}{\phi}|(\overline{\underset{\vee}{N}}_{-\vec{k},3} - \overline{\underset{\vee}{N}}_{-\vec{k},0})|\underset{\vee}{\phi}\rangle = \langle -\overline{\underset{\vee}{n}}_{-\vec{k},3}|\overline{\underset{\vee}{N}}_{-\vec{k},3}| -\overline{\underset{\vee}{n}}_{-\vec{k},3}\rangle - \langle \overline{\underset{\vee}{n}}_{-\vec{k},0}|\overline{\underset{\vee}{N}}_{-\vec{k},0}|\overline{\underset{\vee}{n}}_{-\vec{k},0}\rangle = (-\overline{\underset{\vee}{n}}_{-\vec{k},3})(-1) - \overline{\underset{\vee}{n}}_{-\vec{k},0}(+1) = \overline{\underset{\vee}{n}}_{-\vec{k},3} - \overline{\underset{\vee}{n}}_{-\vec{k},0} = 0$$

用形式平均值取代本征值，因而有

$$\left.\begin{aligned}
&\underset{\vee}{H}=\sum_{\vec{k}}-\omega\left\langle\underset{\vee}{\phi}\left|(\underset{\vee}{\bar{N}}_{-\vec{k},1}+\underset{\vee}{\bar{N}}_{-\vec{k},2}+\underset{\vee}{\bar{N}}_{-\vec{k},3}-\underset{\vee}{\bar{N}}_{-\vec{k},0}-2\theta_2)\right|\underset{\vee}{\phi}\right\rangle=\\
&\quad\sum_{\vec{k}}-\omega(\underset{\vee}{\bar{n}}_{-\vec{k},1}+\underset{\vee}{\bar{n}}_{-\vec{k},2}+2\theta_2)\\
&\underset{\vee}{\vec{P}}=\sum_{\vec{k}}-\vec{k}\left\langle\underset{\vee}{\phi}\left|(\underset{\vee}{\bar{N}}_{-\vec{k},1}+\underset{\vee}{\bar{N}}_{-\vec{k},2}+\underset{\vee}{\bar{N}}_{-\vec{k},3}-\underset{\vee}{\bar{N}}_{-\vec{k},0})\right|\underset{\vee}{\phi}\right\rangle=\\
&\quad\sum_{\vec{k}}-\vec{k}(\underset{\vee}{\bar{n}}_{-\vec{k},1}+\underset{\vee}{\bar{n}}_{-\vec{k},2})
\end{aligned}\right\}\tag{4.160}$$

其中 $\omega=|\vec{k}|$，$\theta_2\equiv1$。纵光子和标量光子对物理态矢的标积不起作用，对算符在物理态矢中的平均值无贡献，它们共同以虚光子形式组成库仑场（即静电场）。

(2)自由传播子。

将（4.142）式代入自由传播子定义式，利用（4.144）式的对易关系，即可算出 $\delta_{\mu\nu}\underset{\vee}{D}_F(\underset{\cdot\cdot}{x}_1-\underset{\cdot\cdot}{x}_2)=\underbrace{\underset{\cdot\cdot}{A}_\mu(\underset{\cdot\cdot}{x}_1)\underset{\cdot\cdot}{A}_\nu}(\underset{\cdot\cdot}{x}_2)=\left\langle0\left|T(\underset{\cdot\cdot}{A}_\mu(\underset{\cdot\cdot}{x}_1)\underset{\cdot\cdot}{A}_\nu(\underset{\cdot\cdot}{x}_2))\right|0\right\rangle=\theta(t_1-t_2)\left\langle0\left|\underset{\cdot\cdot}{A}_\mu(\underset{\cdot\cdot}{x}_1)\underset{\cdot\cdot}{A}_\nu(\underset{\cdot\cdot}{x}_2)\right|0\right\rangle+\theta(t_2-t_1)\left\langle0\left|\underset{\cdot\cdot}{A}_\nu(\underset{\cdot\cdot}{x}_2)\underset{\cdot\cdot}{A}_\mu(\underset{\cdot\cdot}{x}_1)\right|0\right\rangle=\delta_{\mu\nu}\frac{\theta_2}{(2\pi)^3}\int\mathrm{d}\vec{k}\,e^{-i\vec{k}\cdot(\vec{r}_1-\vec{r}_2)}\frac{1}{2\omega}[\theta(t_1-t_2)e^{i\omega(t_1-t_2)}+\theta(t_2-t_1)e^{-i\omega(t_1-t_2)}]$.

其中 $\underset{\vee}{D}_F(\underset{\cdot\cdot}{x}_1-\underset{\cdot\cdot}{x}_2)$ 的上述表示式与前面第四章第一节§2 的 $\underset{\vee}{\Delta}_F(\underset{\cdot\cdot}{x}_1-\underset{\cdot\cdot}{x}_2)$ 的表示式——（4.51）——的形式差个负号，故即可得到这里的 $\underset{\vee}{D}_F(\underset{\cdot\cdot}{x}_1-\underset{\cdot\cdot}{x}_2)$ 的下述表示式：

$$\underset{\vee}{D}_F(\underset{\cdot\cdot}{x}_1-\underset{\cdot\cdot}{x}_2)=\frac{\theta_2}{(2\pi)^4}\int\mathrm{d}^4\underset{\cdot\cdot}{k}\,\frac{e^{i\underset{\cdot\cdot}{k}(\underset{\cdot\cdot}{x}_1-\underset{\cdot\cdot}{x}_2)}}{\underset{\cdot\cdot}{k}^2-i\varepsilon}\tag{4.161}$$

因而有

$$\delta_{\mu\nu}\underset{\vee}{D}_F(\underset{\cdot\cdot}{x}_1-\underset{\cdot\cdot}{x}_2)=\underbrace{\underset{\cdot\cdot}{A}_\mu(\underset{\cdot\cdot}{x}_1)\underset{\cdot\cdot}{A}_\nu}(\underset{\cdot\cdot}{x}_2)=\frac{\delta_{\mu\nu}\theta_2}{(2\pi)^4}\int\mathrm{d}^4\underset{\cdot\cdot}{k}\,\frac{e^{i\underset{\cdot\cdot}{k}(\underset{\cdot\cdot}{x}_1-\underset{\cdot\cdot}{x}_2)}}{\underset{\cdot\cdot}{k}^2-i\varepsilon}\tag{4.162}$$

这里选取 $\theta_2\equiv1$。

(3) 对易关系的双时空相对论不变性。

利用（4.142）和（4.144）式，不难计算出

$$[\underset{\cdot\cdot}{A}_\mu(\underset{\cdot\cdot}{x}_1),\ \underset{\cdot\cdot}{A}_\nu(\underset{\cdot\cdot}{x}_2)]_-=-i\delta_{\mu\nu}\underset{\vee}{D}(\underset{\cdot\cdot}{x}_1-\underset{\cdot\cdot}{x}_2)\tag{4.163}$$

其中

$$\underset{\vee}{D}(\underset{\cdot\cdot}{x}_1-\underset{\cdot\cdot}{x}_2)=\theta_2 i\int\frac{\mathrm{d}\vec{k}}{(2\pi)^3}e^{-i\vec{k}\cdot(\vec{r}_1-\vec{r}_2)}\frac{1}{2\omega}(e^{i\omega(t_1-t_2)}-e^{-i\omega(t_1-t_2)})$$

与前面(4.55)式中 $\underset{\vee}{\Delta}(\underset{\cdot\cdot}{x}_1-\underset{\cdot\cdot}{x}_2)$ 的表示式的形式差个负号，故只要令(4.55)式中的 $m\to0$，即可得到这里的 $\underset{\vee}{D}(\underset{\cdot\cdot}{x}_1-\underset{\cdot\cdot}{x}_2)$ 的下述表示式：

$$\underset{\vee}{D}(\underset{\cdot\cdot}{x}_1-\underset{\cdot\cdot}{x}_2)=\frac{-\theta_2}{(2\pi)^3}\int \mathrm{d}^4\underset{\cdot\cdot}{k}\,e^{i\underset{\cdot\cdot}{k}(\underset{\cdot\cdot}{x}_1-\underset{\cdot\cdot}{x}_2)}\,\delta(\underset{\cdot\cdot}{k}^2)\varepsilon(k_0) \tag{4.164}$$

式中 $\theta_2\equiv 1$，$\delta(\underset{\cdot\cdot}{k}^2)=\frac{1}{2\omega}[\delta(k_0-\omega)+\delta(k_0+\omega)]$。

由于这里反世界的（4.162）、（4.164）式与上面正世界的对应公式——（4.136）、（4.138）式——差个负号，故需要像第三章第三节§4那样在（4.136）、（4.138）、（4.162）和（4.164）式中引进突变因子 $\theta_1\equiv 1$，详细说明见第三章第三节§4。因此应将（4.162）、（4.164）式写成

$$\underset{\vee}{D}_F(\underset{\cdot\cdot}{x}_1-\underset{\cdot\cdot}{x}_2)=\frac{\theta_1\theta_2}{(2\pi)^4}\int \mathrm{d}^4\underset{\cdot\cdot}{k}\,\frac{e^{i\underset{\cdot\cdot}{k}(\underset{\cdot\cdot}{x}_1-\underset{\cdot\cdot}{x}_2)}}{\underset{\cdot\cdot}{k}^2-i\varepsilon}$$

$$\delta_{\mu\nu}\underset{\vee}{D}_F(\underset{\cdot\cdot}{x}_1-\underset{\cdot\cdot}{x}_2)=\underbrace{\underset{\cdot\cdot}{A}_\mu(\underset{\cdot\cdot}{x}_1)\,\underset{\cdot\cdot}{A}_\nu}(\underset{\cdot\cdot}{x}_2)=\frac{\delta_{\mu\nu}\theta_1\theta_2}{(2\pi)^4}\int \mathrm{d}^4\underset{\cdot\cdot}{k}\,\frac{e^{i\underset{\cdot\cdot}{k}(\underset{\cdot\cdot}{x}_1-\underset{\cdot\cdot}{x}_2)}}{\underset{\cdot\cdot}{k}^2-i\varepsilon}$$

$$\underset{\vee}{D}(\underset{\cdot\cdot}{x}_1-\underset{\cdot\cdot}{x}_2)=\frac{-\theta_1\theta_2}{(2\pi)^3}\int \mathrm{d}^4\underset{\cdot\cdot}{k}\,e^{i\underset{\cdot\cdot}{k}(\underset{\cdot\cdot}{x}_1-\underset{\cdot\cdot}{x}_2)}\delta(\underset{\cdot\cdot}{k}^2)\,\varepsilon(k_0).$$

§2　库伦规范下的量子理论

1. *正世界电磁场量子理论*

第三章第三节§5和§6已经求得正世界场的下列物理量表示式：

能量 $$\underset{\wedge}{H}=\frac{1}{2}\int(\underset{\wedge}{E}^2+\underset{\wedge}{B}^2)\,\mathrm{d}V \tag{4.165}$$

动量 $$\underset{\wedge}{\vec{P}}=\int(\underset{\wedge}{\vec{E}}\times\underset{\wedge}{\vec{B}})\mathrm{d}V \tag{4.166}$$

自旋 $$\underset{\wedge}{\vec{S}}=\int(\underset{\wedge}{\vec{E}}\times\underset{\wedge}{\vec{A}})\mathrm{d}V \tag{4.167}$$

根据库伦规范

$$\nabla\cdot\underset{\wedge}{\vec{A}}=0,\ \underset{\wedge}{A}_0=0 \tag{4.168}$$

应有

$$\left.\begin{aligned}&\underset{\wedge}{\vec{A}}=\sum_{\vec{k}}\frac{1}{\sqrt{2V\omega}}(\underset{\wedge}{\vec{a}}_{\vec{k}}e^{ik\underset{\cdot\cdot}{x}}+\underset{\wedge}{\vec{a}}^{+}_{\vec{k}}e^{-ik\underset{\cdot\cdot}{x}})\\&\vec{k}\cdot\underset{\wedge}{\vec{a}}_{\vec{k}}=\vec{k}\cdot\underset{\wedge}{\vec{a}}^{+}_{\vec{k}}=0\end{aligned}\right\} \tag{4.169}$$

和 $\underset{\wedge}{\vec{E}}=-\partial_t\underset{\wedge}{\vec{A}}$，$\underset{\wedge}{\vec{B}}=\nabla\times\underset{\wedge}{\vec{A}}$。将 $\underset{\wedge}{\vec{A}}(\underset{\cdot}{x})$看做算符，将（4.169）式代入（4.165）、（4.166）、（4.167），不难计算出

$$\underset{\wedge}{H}=\sum_{\vec{k}}\frac{1}{2}\omega(\underset{\wedge}{\vec{a}}_{\vec{k}}\cdot\underset{\wedge}{\vec{a}}^{+}_{\vec{k}}+\underset{\wedge}{\vec{a}}^{+}_{\vec{k}}\cdot\underset{\wedge}{\vec{a}}_{\vec{k}}), \tag{4.170}$$

$$\underset{\wedge}{\vec{P}} = \sum_{\vec{k}} \frac{1}{2}\vec{k}(\underset{\wedge}{\vec{a}}_{\vec{k}} \cdot \underset{\wedge}{\vec{a}}^{+}_{\vec{k}} + \underset{\wedge}{\vec{a}}^{+}_{\vec{k}} \cdot \underset{\wedge}{\vec{a}}_{\vec{k}}), \tag{4.171}$$

$$\underset{\wedge}{\vec{S}} = \sum_{\vec{k}} \frac{1}{2}i(\underset{\wedge}{\vec{a}}_{\vec{k}} \times \underset{\wedge}{\vec{a}}^{+}_{\vec{k}} - \underset{\wedge}{\vec{a}}^{+}_{\vec{k}} \times \underset{\wedge}{\vec{a}}_{\vec{k}}), \tag{4.172}$$

引进三个相互正交的实单位矢量$\vec{e^{\lambda}}$（$\lambda=1, 2, 3,$）：$\vec{e^{1}}(1, 0, 0)$，$\vec{e^{2}}(0, 1, 0)$，$\vec{e^{3}}(0, 0, 1)=\vec{k^{0}}=\dfrac{\vec{k}}{|\vec{k}|}$，$\vec{e^{1}}$和$\vec{e^{2}}$叫做横极化矢量，$\vec{e^{3}}$叫做纵极化矢量，其中只有横极化矢量满足库伦规范条件$\vec{k}\cdot\vec{e^{\lambda}}=0(\lambda=1, 2)$，它们还满足$\vec{e^{1}}\times\vec{e^{2}}=\vec{k^{0}}$，$\vec{e^{\lambda}}\cdot\vec{e^{\lambda'}}=\delta_{\lambda\lambda'}(\lambda, \lambda'=1, 2)$和

$$\sum_{\lambda=1}^{2} e_i^{\lambda} e_j^{\lambda} = \delta_{ij} - \frac{k_i k_j}{\vec{k}^2} \quad (i, j = 1, 2, 3) \tag{4.173}$$

令

$$\underset{\wedge}{\vec{a}}_{\vec{k}} = \sum_{\lambda=1}^{2} \vec{e^{\lambda}}\, \underset{\wedge}{a}_{\vec{k},\lambda},\quad \underset{\wedge}{\vec{a}}^{+}_{\vec{k}} = \sum_{\lambda=1}^{2} \vec{e^{\lambda}}\, \underset{\wedge}{a}^{+}_{\vec{k},\lambda}. \tag{4.174}$$

第四章第三节的§1已经证明$\underset{\wedge}{a}_{\vec{k},\lambda}$是消灭算符，$\underset{\wedge}{a}^{+}_{\vec{k},\lambda}$是产生算符，满足对易关系

$$\left.\begin{array}{l}[\underset{\wedge}{a}_{\vec{k},\lambda},\ \underset{\wedge}{a}^{+}_{\vec{k}',\lambda'}]_{-} = \theta_2\delta_{\vec{k}\vec{k}'}\delta_{\lambda\lambda'} \\ \text{其余的对易括号} = 0\end{array}\right\}(\lambda,\ \lambda'=1,\ 2) \tag{4.175}$$

因而有

$$\underset{\wedge}{N}_{\vec{k},\lambda} = \underset{\wedge}{a}^{+}_{\vec{k},\lambda}\underset{\wedge}{a}_{\vec{k},\lambda},\quad \underset{\wedge}{N}_{\vec{k},\lambda}\left|\underset{\wedge}{n}_{\vec{k},\lambda}\right\rangle = \underset{\wedge}{n}_{\vec{k},\lambda}\left|\underset{\wedge}{n}_{\vec{k},\lambda}\right\rangle,$$

$$\left\langle \underset{\wedge}{n}_{\vec{k},1},\ \underset{\wedge}{n}_{\vec{k},2} \middle| \underset{\wedge}{n'}_{\vec{k}',2},\ \underset{\wedge}{n'}_{\vec{k}',1} \right\rangle = \delta_{\underset{\wedge}{n}_{\vec{k},1}\underset{\wedge}{n'}_{\vec{k}',1}}\delta_{\underset{\wedge}{n}_{\vec{k},2}\underset{\wedge}{n'}_{\vec{k}',2}} \tag{4.176}$$

由（4.170）、（4.171）、（4.174）、（4.175）和（4.176）式，得

$$\begin{aligned}\underset{\wedge}{H} &= \sum_{\vec{k}} \frac{1}{2}\omega\left\langle \underset{\wedge}{n}_{\vec{k},1}, \underset{\wedge}{n}_{\vec{k},2} \middle| (\underset{\wedge}{\vec{a}}_{\vec{k}} \cdot \underset{\wedge}{\vec{a}}^{+}_{\vec{k}} + \underset{\wedge}{\vec{a}}^{+}_{\vec{k}} \cdot \underset{\wedge}{\vec{a}}_{\vec{k}}) \middle| \underset{\wedge}{n}_{\vec{k},2}, \underset{\wedge}{n}_{\vec{k},1} \right\rangle \\ &= \sum_{\vec{k}} \omega(\underset{\wedge}{n}_{\vec{k},1} + \underset{\wedge}{n}_{\vec{k},2} + \theta_2),\end{aligned} \tag{4.177}$$

$$\begin{aligned}\underset{\wedge}{\vec{P}} &= \sum_{\vec{k}} \frac{1}{2}\vec{k}\left\langle \underset{\wedge}{n}_{\vec{k},1}, \underset{\wedge}{n}_{\vec{k},2} \middle| (\underset{\wedge}{\vec{a}}_{\vec{k}} \cdot \underset{\wedge}{\vec{a}}^{+}_{\vec{k}} + \underset{\wedge}{\vec{a}}^{+}_{\vec{k}} \cdot \underset{\wedge}{\vec{a}}_{\vec{k}}) \middle| \underset{\wedge}{n}_{\vec{k},2}, \underset{\wedge}{n}_{\vec{k},1} \right\rangle \\ &= \sum_{\vec{k}} \vec{k}(\underset{\wedge}{n}_{\vec{k},1} + \underset{\wedge}{n}_{\vec{k},2}),\end{aligned} \tag{4.178}$$

其中$\omega=|\vec{k}|$，$\theta_2\equiv1$。由（4.172）和（4.174）式得

$$\underset{\wedge}{S}_3 = \underset{\wedge}{\vec{S}} \cdot \vec{k^0} = \sum_{\vec{k}} i(\underset{\wedge}{a}^{+}_{\vec{k},2}\underset{\wedge}{a}_{\vec{k},1} - \underset{\wedge}{a}^{+}_{\vec{k},1}\underset{\wedge}{a}_{\vec{k},2}) \tag{4.179}$$

讨论一个动量为$\vec{k}$的正光子的自旋角动量第三分量算符$\underset{\wedge}{S}_3=i(\underset{\wedge}{a}^{+}_{\vec{k},2}\underset{\wedge}{a}_{\vec{k},1}-\underset{\wedge}{a}^{+}_{\vec{k},1}\underset{\wedge}{a}_{\vec{k},2})$作用于单个正光子态$\underset{\wedge}{a}^{+}_{\vec{k},1}|0\rangle$和$\underset{\wedge}{a}^{+}_{\vec{k},2}|0\rangle$，不难证明

$$\underset{\wedge}{S}_3\, \underset{\wedge}{a}^+_{\vec{k},1}\left|0\right\rangle = i\,\underset{\wedge}{a}^+_{\vec{k},2}\left|0\right\rangle,\quad \underset{\wedge}{S}_3\, \underset{\wedge}{a}^+_{\vec{k},2}\left|0\right\rangle = -i\,\underset{\wedge}{a}^+_{\vec{k},1}\left|0\right\rangle \tag{4.180}$$

因此线偏振光中的单个正光子态并非是 $\underset{\wedge}{S}_3$ 的本征态。若将态重新组合为

$$\left.\begin{aligned} \underset{\wedge}{a}^+_{+1,\vec{k}}\left|0\right\rangle &= \frac{1}{\sqrt{2}}\left(\underset{\wedge}{a}^+_{\vec{k},1}\left|0\right\rangle + i\,\underset{\wedge}{a}^+_{\vec{k},2}\left|0\right\rangle\right) \\ \underset{\wedge}{a}^+_{-1,\vec{k}}\left|0\right\rangle &= \frac{1}{\sqrt{2}}\left(\underset{\wedge}{a}^+_{\vec{k},1}\left|0\right\rangle - i\,\underset{\wedge}{a}^+_{\vec{k},2}\left|0\right\rangle\right) \end{aligned}\right\} \tag{4.181}$$

则有

$$\left.\begin{aligned} \underset{\wedge}{S}_3\, \underset{\wedge}{a}^+_{+1,\vec{k}}\left|0\right\rangle &= \underset{\wedge}{a}^+_{+1,\vec{k}}\left|0\right\rangle \\ \underset{\wedge}{S}_3\, \underset{\wedge}{a}^+_{-1,\vec{k}}\left|0\right\rangle &= -\underset{\wedge}{a}^+_{-1,\vec{k}}\left|0\right\rangle \end{aligned}\right\} \tag{4.182}$$

因此，$\underset{\wedge}{a}^+_{+1,\vec{k}}\left|0\right\rangle$和$\underset{\wedge}{a}^+_{-1,\vec{k}}\left|0\right\rangle$都是$\underset{\wedge}{S}_3$ 的本征态，本征值为 ±1，其中本征值为 +1 的正光子称为右旋正光子，本征值为 −1 的正光子称为左旋正光子，这是指顺着它们的运动方向观测而言的。它们分别是右旋圆偏振光和左旋圆偏振光的单个正光子态。

2. 反世界电磁场量子理论 · 负几率

第三章第三节的 §5 和 §6 已经求得反世界场的下列物理量表示式：

能量 $$\underset{\vee}{H} = -\frac{1}{2}\int(\underset{\vee}{\vec{E}}^2 + \underset{\vee}{\vec{B}}^2)\,\mathrm{d}V \tag{4.183}$$

动量 $$\underset{\vee}{\vec{P}} = -\int(\underset{\vee}{\vec{E}} \times \underset{\vee}{\vec{B}})\,\mathrm{d}V \tag{4.184}$$

自旋 $$\underset{\vee}{\vec{S}} = \int(\underset{\vee}{\vec{E}} \times \underset{\vee}{\vec{A}})\,\mathrm{d}V \tag{4.185}$$

根据库伦规范

$$\nabla \cdot \underset{\vee}{\vec{A}} = 0,\quad \underset{\vee}{A}_0 = 0 \tag{4.186}$$

应有

$$\left.\begin{aligned} \underset{\vee}{\vec{A}} &= \sum_{\vec{k}} \frac{1}{\sqrt{2V\omega}}\left(\underset{\vee}{\vec{b}}_{-\vec{k}}\, e^{i\underset{\cdot\cdot}{k}\,\underset{\cdot\cdot}{x}} + \underset{\vee}{\vec{b}}^+_{-\vec{k}}\, e^{-i\underset{\cdot\cdot}{k}\,\underset{\cdot\cdot}{x}}\right) \\ \vec{k} \cdot \underset{\vee}{\vec{b}}_{-\vec{k}} &= \vec{k} \cdot \underset{\vee}{\vec{b}}^+_{-\vec{k}} = 0 \end{aligned}\right\} \tag{4.187}$$

和$\underset{\vee}{\vec{E}} = -\partial_t \underset{\vee}{\vec{A}}$，$\underset{\vee}{\vec{B}} = \nabla \times \underset{\vee}{\vec{A}}$。将 $\underset{\vee}{\vec{A}}(\underset{\cdot\cdot}{x})$ 看做算符，将（4.187）式代入（4.183）、（4.184）、（4.185）式，不难计算出

$$\underset{\vee}{H} = \sum_{\vec{k}} -\frac{1}{2}\omega\left(\underset{\vee}{\vec{b}}_{-\vec{k}} \cdot \underset{\vee}{\vec{b}}^+_{-\vec{k}} + \underset{\vee}{\vec{b}}^+_{-\vec{k}} \cdot \underset{\vee}{\vec{b}}_{-\vec{k}}\right), \tag{4.188}$$

$$\underset{\vee}{\vec{P}} = \sum_{\vec{k}} -\frac{1}{2}\vec{k}\left(\underset{\vee}{\vec{b}}_{-\vec{k}} \cdot \underset{\vee}{\vec{b}}^+_{-\vec{k}} + \underset{\vee}{\vec{b}}^+_{-\vec{k}} \cdot \underset{\vee}{\vec{b}}_{-\vec{k}}\right), \tag{4.189}$$

$$\underset{\vee}{\vec{S}} = \sum_{\vec{k}} -\frac{1}{2}i(\underset{\vee}{\vec{b}}_{-\vec{k}} \times \underset{\vee}{\vec{b}}^{+}_{-\vec{k}} - \underset{\vee}{\vec{b}}^{+}_{-\vec{k}} \times \underset{\vee}{\vec{b}}_{-\vec{k}}), \tag{4.190}$$

利用上面引进的三个相互正交的实单位矢量$\vec{e^{\lambda}}$（$\lambda=1$，2，3，当$\lambda=1$，2 时有$\vec{k}\cdot\vec{e^{\lambda}}=0$），令

$$\underset{\vee}{\vec{b}}_{-\vec{k}} = \sum_{\lambda=1}^{2} \vec{e^{\lambda}}\, \underset{\vee}{b}_{-\vec{k},\lambda}, \underset{\vee}{\vec{b}}^{+}_{-\vec{k}} = \sum_{\lambda=1}^{2} \vec{e^{\lambda}}\, \underset{\vee}{b}^{+}_{-\vec{k},\lambda}. \tag{4.191}$$

第四章第三节 §1 已经证明 $\underset{\vee}{b}_{-\vec{k},\lambda}$是消灭算符，$\underset{\vee}{b}^{+}_{-\vec{k},\lambda}$是产生算符，满足对易关系

$$\left.\begin{array}{l} [\underset{\vee}{b}_{-\vec{k},\lambda},\ \underset{\vee}{b}^{+}_{-\vec{k}',\lambda'}]_{-} = -\theta_2\delta_{\vec{k}\vec{k}'}\delta_{\lambda\lambda'} \\ \text{其余的对易括号}=0 \end{array}\right\}(\lambda,\ \lambda'=1,\ 2) \tag{4.192}$$

因而有

$$\underset{\vee}{\overline{N}}_{-\vec{k},\lambda} = \underset{\vee}{b}^{+}_{-\vec{k},\lambda}\underset{\vee}{b}_{-\vec{k},\lambda},\ \underset{\vee}{\overline{N}}_{-\vec{k},\lambda}\left| -\underset{\vee}{\bar{n}}_{-\vec{k},\lambda} \right\rangle = -\underset{\vee}{\bar{n}}_{-\vec{k},\lambda}\left| -\underset{\vee}{\bar{n}}_{-\vec{k},\lambda} \right\rangle,$$

$$\left\langle -\underset{\vee}{\bar{n}}_{-\vec{k},1},\ -\underset{\vee}{\bar{n}}_{-\vec{k},2} \right| \left. -\underset{\vee}{\bar{n}}'_{-\vec{k}',2},\ -\underset{\vee}{\bar{n}}'_{-\vec{k}',1} \right\rangle = -\delta_{\underset{\vee}{\bar{n}}_{-\vec{k},1}\underset{\vee}{\bar{n}}'_{-\vec{k}',1}}\delta_{\underset{\vee}{\bar{n}}_{-\vec{k},2}\underset{\vee}{\bar{n}}'_{-\vec{k}',2}} \tag{4.193}$$

由（4.188）、（4.189）、（4.191）、（4.192）和（4.193）式，得

$$\begin{aligned}\underset{\vee}{H} &= \sum_{\vec{k}} -\frac{1}{2}\omega\left\langle -\underset{\vee}{\bar{n}}_{-\vec{k},1}, -\underset{\vee}{\bar{n}}_{-\vec{k},2} \right| (\underset{\vee}{\vec{b}}_{-\vec{k}}\cdot\underset{\vee}{\vec{b}}^{+}_{-\vec{k}} + \underset{\vee}{\vec{b}}^{+}_{-\vec{k}}\cdot\underset{\vee}{\vec{b}}_{-\vec{k}}) \left| -\underset{\vee}{\bar{n}}_{-\vec{k},2}, -\underset{\vee}{\bar{n}}_{-\vec{k},1} \right\rangle \\ &= \sum_{\vec{k}} -\omega(\underset{\vee}{\bar{n}}_{-\vec{k},1} + \underset{\vee}{\bar{n}}_{-\vec{k},2} + \theta_2),\end{aligned} \tag{4.194}$$

$$\begin{aligned}\underset{\vee}{\vec{P}} &= \sum_{\vec{k}} -\frac{1}{2}\vec{k}\left\langle -\underset{\vee}{\bar{n}}_{-\vec{k},1}, -\underset{\vee}{\bar{n}}_{-\vec{k},2} \right| (\underset{\vee}{\vec{b}}_{-\vec{k}}\cdot\underset{\vee}{\vec{b}}^{+}_{-\vec{k}} + \underset{\vee}{\vec{b}}^{+}_{-\vec{k}}\cdot\underset{\vee}{\vec{b}}_{-\vec{k}}) \left| -\underset{\vee}{\bar{n}}_{-\vec{k},2}, -\underset{\vee}{\bar{n}}_{-\vec{k},1} \right\rangle \\ &= \sum_{\vec{k}} -\vec{k}(\underset{\vee}{\bar{n}}_{-\vec{k},1} + \underset{\vee}{\bar{n}}_{-\vec{k},2}),\end{aligned} \tag{4.195}$$

其中$\omega=|\vec{k}|$，$\theta_2\equiv1$。由（4.190）和（4.191）式得

$$\underset{\vee}{S}_3 = \underset{\vee}{\vec{S}}\cdot\vec{k^0} = \sum_{\vec{k}} -i(\underset{\vee}{b}^{+}_{-\vec{k},2}\underset{\vee}{b}_{-\vec{k},1} - \underset{\vee}{b}^{+}_{-\vec{k},1}\underset{\vee}{b}_{-\vec{k},2}) \tag{4.196}$$

讨论一个动量为$-\vec{k}$的反光子的自旋角动量第三分量算符$\underset{\vee}{S}_3=-i(\underset{\vee}{b}^{+}_{-\vec{k},2}\underset{\vee}{b}_{-\vec{k},1}-\underset{\vee}{b}^{+}_{-\vec{k},1}\underset{\vee}{b}_{-\vec{k},2})$作用于单个反光子态$\underset{\vee}{b}^{+}_{-\vec{k},1}|0\rangle$和$\underset{\vee}{b}^{+}_{-\vec{k},2}|0\rangle$，不难证明

$$\underset{\vee}{S}_3\,\underset{\vee}{b}^{+}_{-\vec{k},1}|0\rangle = -i\,\underset{\vee}{b}^{+}_{-\vec{k},2}|0\rangle,\ \underset{\vee}{S}_3\,\underset{\vee}{b}^{+}_{-\vec{k},2}|0\rangle = i\,\underset{\vee}{b}^{+}_{-\vec{k},1}|0\rangle \tag{4.197}$$

因此线偏振光中的单个反光子态并非是$\underset{\vee}{S}_3$的本征态。若将态重新组合为

$$\left.\begin{array}{l} \underset{\vee}{b}^{+}_{-1,-\vec{k}}|0\rangle = \dfrac{1}{\sqrt{2}}\left(\underset{\vee}{b}^{+}_{-\vec{k},1}|0\rangle + i\,\underset{\vee}{b}^{+}_{-\vec{k},2}|0\rangle\right) \\ \underset{\vee}{b}^{+}_{+1,-\vec{k}}|0\rangle = \dfrac{1}{\sqrt{2}}\left(\underset{\vee}{b}^{+}_{-\vec{k},1}|0\rangle - i\,\underset{\vee}{b}^{+}_{-\vec{k},2}|0\rangle\right) \end{array}\right\} \tag{4.198}$$

则有

$$\left.\begin{aligned}\underset{\vee}{S}_3\,\underset{\vee}{b}^{+}_{-1,-\vec{k}}\left|0\right\rangle &= -\underset{\vee}{b}^{+}_{-1,-\vec{k}}\left|0\right\rangle \\ \underset{\vee}{S}_3\,\underset{\vee}{b}^{+}_{+1,-\vec{k}}\left|0\right\rangle &= \underset{\vee}{b}^{+}_{+1,-\vec{k}}\left|0\right\rangle\end{aligned}\right\} \tag{4.199}$$

因此 $\underset{\vee}{b}^{+}_{-1,-\vec{k}}\left|0\right\rangle$和$\underset{\vee}{b}^{+}_{+1,-\vec{k}}\left|0\right\rangle$都是$\underset{\vee}{S}_3$ 的本征态，本征值为∓1，其中本征值为 -1 的反光子称为右旋反光子，本征值为 +1 的反光子称为左旋反光子，这是指顺着它们的运动方向观测而言的。它们分别是反世界右旋圆偏振光和左旋圆偏振光中的单个反光子态。

3. *应当用光子的自旋方向定义光子的左、右旋*

第四章第二节 §1 的 2 已经指出，由于波性粒子都有内部结构，而且正粒子有正质量，反粒子有负质量，故应当用粒子的自旋方向定义粒子的左、右旋，而且是相对于顺着它们的运动方向观测而言。故当$\underset{\wedge}{S}_3$ 和$\underset{\vee}{S}_3$ 的本征值都是 +1 时，正光子是右旋，反光子是左旋；当$\underset{\wedge}{S}_3$ 和$\underset{\vee}{S}_3$ 的本征值都是 -1 时，正光子是左旋，反光子是右旋，这完全是由于正光子具有正能量（即正质量），而反光子具有负能量（即负质量）的缘故。

第四节　描述量子场论的正、反世界语言·消除真空零点能的发散困难

在本章前三节中引进选择因子 θ_2 的重大物理意义，是提供了一个消除量子场论中真空零点能发散困难的理想方法。

选取 $\theta_2 \equiv 1$，表示正、反世界要统一使用正世界语言描述量子场论(就是统一以正粒子的质量作为衡量正、反粒子质量、能量的准绳，因而使用……$\left\langle n\middle|n'\right\rangle = \delta_{nn'}$,$\left\langle -\bar{n}\middle|-\bar{n}'\right\rangle = -\delta_{\bar{n}\bar{n}'}$，$n$ 个正质量正粒子，$-\bar{n}$ 个正质量反粒子（即 $\bar{n}$ 个负质量反粒子）等语言描述量子场论，其中 n，n'，$\bar{n}$，$\bar{n}'$等均为正整数)。选取 $\theta_2 \equiv -1$，表示正、反世界要统一使用反世界语言描述量子场论[就是统一以反粒子的质量作为衡量正、反粒子质量、能量的准绳，因而使用…$\left\langle \bar{n}\middle|\bar{n}'\right\rangle = \delta_{\bar{n}\bar{n}'}$，$\left\langle -n\middle|-n'\right\rangle = -\delta_{nn'}$，$\bar{n}$ 个负质量反粒子，$-n$ 个负质量正粒子（即 n 个正质量正粒子）等语言描述量子场论，其中 $\bar{n}$，$\bar{n}'$，n，n'等均为正整数]。虽然使用正世界语言和使用反世界语言在描述量子场论方面是等价的，但两者在描述自由场量子化时出现的真空零点能则正好是大小相等、符号相反：以正世界自由场量子理论为例，使用正世界语言时，自由玻色子场的真空零点能取正值，自由费米子场的真空零点能取负值；但使用反世界语言时，自由玻色子场的真空零点能取负值，自由费米子场的真空零点能取正值。因此，唯有同时使用正世界语言和反世界语

言，才能反映出正世界自由场真空零点能的完全面目。过去曾存在于物理学界中的梦想——期望直接通过正、负值无限大真空零点能相抵消，来消除正世界自由场真空零点能发散困难——现在终于实现了。此法也适用于反世界自由场量子理论。但所谓正、负值无限大真空零点能互相抵消了的说法，只是数学上的语言，应该把它翻译为物理学上的语言——真空中存在着多得惊人的亚光速正质量真空物质和多得惊人的超光速负质量真空物质，而且两者的数量相等。值得注意的是，如果没有这充满了宇宙的数之不尽的正、反真空物质作为基础，一个稳定的宇宙结构就不可能形成。

第五章　双时空相对论性相互作用场量子理论

我们将以在相互作用表象中写出的双时空相对论性量子电动力学作为例子，并且只选择下述内容来大体上讨论一下，能够大体地表明与过去的理论有哪些类同之处和不同之处就已经足够了。

第一节　量子电动力学中的逆时描述

由第七章第三节的§1、§2和第二章第三节§1的2可知，所谓逆时描述，就是对反粒子的亚光速正质量化和正粒子的超光速负质量化的一种描述方法。而第四章第二节§1的2所做的逆时描述只适用于自由场量子理论，不适用于量子电动力学，第三章第三节§1的4所做的逆时描述才适用于量子电动力学，详细论述见第四章第二节§1的2和第三章第三节§1的4。

第二节　散射矩阵元·过程的几率与威克定理

§1　正世界理论的散射矩阵元与过程的几率

$$i\partial_t \left| t \right\rangle = \hat{H}_i(t) \left| t \right\rangle \tag{5.1}$$

其中

$$\hat{H}_i(t) = \int \hat{\mathscr{H}}_i(\underset{\cdot}{x})\mathrm{d}V,\ \hat{\mathscr{H}}_i(\underset{\cdot}{x}) = -ie\,\hat{\bar{\psi}}(\underset{\cdot}{x})\gamma_\mu \hat{\psi}(\underset{\cdot}{x})\underset{\cdot}{A}_\mu(\underset{\cdot}{x}) \tag{5.2}$$

分别是厄米的相互作用哈密顿量和哈密顿量密度。

令

$$\left| t \right\rangle = \hat{u}(t,\ t_0) \left| t_0 \right\rangle,\ \hat{u}(t_0,\ t_0) = 1 \tag{5.3}$$

其中 $\hat{u}(t,\ t_0)$ 是幺正算符。将（5.3）式代入（5.1）式，得

$$i\partial_t \hat{u}(t,\ t_0) = \hat{H}_i(t)\hat{u}(t,\ t_0).$$

将上式积分得积分方程

$$\hat{u}(t,t_0) = 1 - i\int_{t_0}^{t}\mathrm{d}t_1\ \hat{H}_i(t_1)\hat{u}(t_1,t_0) \tag{5.4}$$

(5.4)式中第二项可看做小于 1 的量，可用迭代法求解，经过一些计算，即可求得正世界理论的散射矩阵$\hat{S}=\hat{u}(\infty, -\infty)$ 的协变微扰展开式：

$$\left.\begin{aligned}\hat{S} &= \sum_{n=0}^{\infty} \hat{S}^{(n)} \\ \hat{S}^{(0)} &= 1 \\ \hat{S}^{(n)} &= \frac{(-1)^n}{n!}\int_{-\infty}^{\infty} \mathrm{d}^4 x_1 \int_{-\infty}^{\infty} \mathrm{d}^4 x_2 \cdots \int_{-\infty}^{\infty} \mathrm{d}^4 x_n T[\hat{\mathscr{H}}_i(x_1)\hat{\mathscr{H}}_i(x_2)\cdots \hat{\mathscr{H}}_i(x_n)]\end{aligned}\right\} \tag{5.5}$$

式中的 T 是编时算符。

正世界理论的粒子数表象的基矢完备集 $|\hat{f}\rangle$满足正交、归一条件

$$\langle \hat{f}' | \hat{f} \rangle = \delta_{\hat{f}'\hat{f}}, \tag{5.6}$$

和完备性条件

$$\sum_{\hat{f}} |\hat{f}\rangle\langle \hat{f}| = 1, \tag{5.7}$$

其中求和遍及所有编号 $\hat{f}$的基矢。用$|\hat{i}\rangle$表示 $t=-\infty$ 时过程开始的状态，它是一个确定的状态。$\hat{S}|i\rangle$就是 $t=\infty$ 时过程终了的状态，它包含基矢完备集中各种可能出现的状态$|\hat{f}\rangle$，用$\hat{S}|\hat{i}\rangle$右乘（5.7）式两边，得

$$\hat{S}|i\rangle = \sum_{\hat{f}} |\hat{f}\rangle\langle \hat{f}|\hat{S}|\hat{i}\rangle, \tag{5.8}$$

用$\langle \hat{i}|\hat{S}^+$左乘(5.8)式两边，得

$$\sum_{\hat{f}} |\langle \hat{f}|\hat{S}|\hat{i}\rangle|^2 = \langle \hat{i}|\hat{S}^+\hat{S}|\hat{i}\rangle = \langle \hat{i}|\hat{i}\rangle = 1, \tag{5.9}$$

其中$\langle \hat{f}|\hat{S}|\hat{i}\rangle$就是出现某一确定终态$|\hat{f}\rangle$的几率幅，被称为$\hat{S}$矩阵元，而$|\langle \hat{f}|\hat{S}|\hat{i}\rangle|^2$则是由初态$|\hat{i}\rangle$到终态$|\hat{f}\rangle$的几率。

§2 反世界理论的散射矩阵元与过程的几率

$$i\partial_t |t\rangle = -\check{H}_i(t)|t\rangle \tag{5.10}$$

其中

$$\check{H}_i(t) = \int \check{\mathscr{H}}_i(\ddot{x})\mathrm{d}V,\quad \check{\mathscr{H}}_i(\ddot{x}) = -ie\bar{\check{\psi}}(\ddot{x})\gamma_\mu \check{\psi}(\ddot{x})\ddot{A}_\mu(\ddot{x}) \tag{5.11}$$

分别是厄米的相互作用哈密顿量和哈密顿量密度。

从准经典近似角度即可看出反世界理论的（5.10）式与正世界理论的（5.1）式的形式差个负号的物理根源：无论是在正世界理论中或是在反世界理论中，引力相互作用的势能是势阱，斥力相互作用的势能是势垒。在正世界理论中势阱作用于正粒子所产生的效果，相当于在反世界理论中势垒作用于反粒子所产生的效果；在正世界理论中势垒作用于正粒子所产生的效果，相当于在反世界理论中势阱作用于反粒子所产生的效果。我们将会在第七章第一节中清楚地看到，正氢原子内部引力势能所起的作用相当于反氢原子内部斥力势能所起的作用。

令

$$\left|t\right\rangle=\underset{\vee}{u}(t,\ t_0)\left|t_0\right\rangle,\ \underset{\vee}{u}(t_0,\ t_0)=1 \tag{5.12}$$

其中 $\underset{\vee}{u}(t,\ t_0)$ 是幺正算符。将（5.12）式代入（5.10）式，得

$$i\partial_t\,\underset{\vee}{u}(t,\ t_0)=-\underset{\vee}{H}_i(t)\underset{\vee}{u}(t,\ t_0).$$

将上式积分得积分方程

$$\underset{\vee}{u}(t,t_0)=1+i\int_{t_0}^{t}\mathrm{d}t_1\,\underset{\vee}{H}_i(t_1)\underset{\vee}{u}(t_1,t_0) \tag{5.13}$$

(5.13)式中第二项可看做小于1的量，可用迭代法求解，经过一些计算，即可求得反世界理论的散射矩阵$\underset{\vee}{S}=\underset{\vee}{u}(\infty,\ -\infty)$的协变微扰展开式：

$$\left.\begin{aligned}\underset{\vee}{S}&=\sum_{n=0}^{\infty}\underset{\vee}{S}^{(n)}\\ \underset{\vee}{S}^{(0)}&=1\\ \underset{\vee}{S}^{(n)}&=\frac{(-1)^n}{n!}\int_{-\infty}^{\infty}\mathrm{d}^4\,\underset{\cdot\cdot}{x}_1\int_{-\infty}^{\infty}\mathrm{d}^4\,\underset{\cdot\cdot}{x}_2\cdots\int_{-\infty}^{\infty}\mathrm{d}^4\,\underset{\cdot\cdot}{x}_n T[\underset{\vee}{\mathscr{H}}_i(\underset{\cdot\cdot}{x}_1)\underset{\vee}{\mathscr{H}}_i(\underset{\cdot\cdot}{x}_2)\cdots\underset{\vee}{\mathscr{H}}_i(\underset{\cdot\cdot}{x}_n)]\end{aligned}\right\} \tag{5.14}$$

式中的 T 是编时算符。

反世界理论粒子数表象的基矢完备集$\left|-\underset{\vee}{f}\right\rangle$满足正交、归一条件

$$\left\langle-\underset{\vee}{f}'\middle|-\underset{\vee}{f}\right\rangle=-\delta_{\underset{\vee}{f}'\underset{\vee}{f}}, \tag{5.15}$$

和完备性条件

$$\sum_{\underset{\vee}{f}}\left|-\underset{\vee}{f}\right\rangle\left\langle-\underset{\vee}{f}\right|=-1, \tag{5.16}$$

由(5.15)式即可得到(5.16)式

$$\sum_{\underset{\vee}{f}}\left|-\underset{\vee}{f}\right\rangle\left\langle-\underset{\vee}{f}\middle|-\underset{\vee}{f}'\right\rangle=-\sum_{\underset{\vee}{f}}\left|-\underset{\vee}{f}\right\rangle\delta_{\underset{\vee}{f}\underset{\vee}{f}'}=-\left|-\underset{\vee}{f}'\right\rangle$$

上式求和遍及所有编号$\underset{\vee}{f}$的基矢，而且对任意的基矢$\left|-\underset{\vee}{f}'\right\rangle$均成立，因而有（5.16）式。

用$\left|-\underset{\vee}{i}\right\rangle$表示$t=-\infty$时过程开始的状态，它是一个确定的状态。$\underset{\vee}{S}\left|-\underset{\vee}{i}\right\rangle$就是$t=\infty$时过程终了的状态，它包含基矢完备集中各种可能出现的状态$\left|-\underset{\vee}{f}\right\rangle$，用$\underset{\vee}{S}\left|-\underset{\vee}{i}\right\rangle$右乘（5.16）式两边，得

$$-\underset{\vee}{S}\left|-\underset{\vee}{i}\right\rangle=\sum_{\underset{\vee}{f}}\left|-\underset{\vee}{f}\right\rangle\left\langle-\underset{\vee}{f}\right|\underset{\vee}{S}\left|-\underset{\vee}{i}\right\rangle, \tag{5.17}$$

用$\left\langle-\underset{\vee}{i}\right|\underset{\vee}{S}^{+}$左乘（5.17）式两边，得

$$\sum_{\underset{\vee}{f}}\left|\left\langle-\underset{\vee}{f}\right|\underset{\vee}{S}\left|-\underset{\vee}{i}\right\rangle\right|^{2}=-\left\langle-\underset{\vee}{i}\right|\underset{\vee}{S}^{+}\underset{\vee}{S}\left|-\underset{\vee}{i}\right\rangle=-\left\langle-\underset{\vee}{i}\right|-\underset{\vee}{i}\left.\right\rangle=-(-1)=1, \tag{5.18}$$

其中，$\underset{\vee}{S}^{+}\underset{\vee}{S}=1$，$\left\langle-\underset{\vee}{f}\right|\underset{\vee}{S}\left|-\underset{\vee}{i}\right\rangle$就是出现某一确定终态$\left|-\underset{\vee}{f}\right\rangle$的几率幅，被称为$\underset{\vee}{S}$矩阵元，而$\left|\left\langle-\underset{\vee}{f}\right|\underset{\vee}{S}\left|-\underset{\vee}{i}\right\rangle\right|^{2}$就是由初态$\left|-\underset{\vee}{i}\right\rangle$到终态$\left|-\underset{\vee}{f}\right\rangle$的几率。

要着重指出的是，我们从（5.18）式看到，虽然有$\left\langle-\underset{\vee}{f}\right|-\underset{\vee}{f}\left.\right\rangle=-1$，但过程的几率取正值。

§3 适用于正、反世界理论的威克定理

先讲定理中用到的几个定义。其中两个算符$A(t_1)$、$B(t_2)$的正规乘积定义为

$$N(AB)=\delta_P A'B', \tag{5.19}$$

其中，N把AB的排列次序写成$A'B'$的排列次序，在$A'B'$中消灭算符排在产生算符的右面。若将AB写成$A'B'$时需要改变AB的排列次序，则当A、B都是费米子算符时$\delta_P=-1$，在其他情况时$\delta_P=+1$。上述的正规乘积定义可以推广到任意多个算符。用编时算符T定义的编时乘积是

$$T[A(t_1)B(t_2)]=\theta(t_1-t_2)A(t_1)B(t_2)\pm\theta(t_2-t_1)B(t_2)A(t_1) \tag{5.20}$$

其中的“±”号，当A、B都是费米子算符时取“−”号，在其他情况时取“+”号。上述的编时乘积定义可以推广到任意多个算符（其中算符的次序是按时间的先后由右向左排列）。两算符的收缩定义为

$$\underbracket{AB}=T(AB)-N(AB) \tag{5.21}$$

上述三个定义在第四章第一节§1中已经简略地介绍过。

威克定理 是一个把T乘积写成N乘积的规律。以两个算符为例，有

$$T(AB)=N(AB)+\underbracket{AB} \tag{5.22}$$

对于三个算符，则有

$$T(ABC)=N(ABC)+N(\underbracket{AB}C)+N(\underbracket{ABC})+N(A\underbracket{BC}) \tag{5.23}$$

可以推广到任意多个算符：任意多个算符的 T 乘积等于包含所有可能收缩的 N 乘积之和。

为了保证同一时空点的收缩都是零，要求将 $\underset{\wedge}{\mathscr{H}_i}(\underset{\cdot}{x})$ 和 $\underset{\vee}{\mathscr{H}_i}(\underset{\cdot\cdot}{x})$ 的表示式写成下列形式：

$$\left.\begin{aligned}\underset{\wedge}{\mathscr{H}_i}(\underset{\cdot}{x}) &= -ieN[\underset{\wedge}{\bar{\psi}}(\underset{\cdot}{x})\gamma_\mu \underset{\wedge}{\psi}(\underset{\cdot}{x})\underset{\cdot}{A}_\mu(\underset{\cdot}{x})]\\ \underset{\vee}{\mathscr{H}_i}(\underset{\cdot\cdot}{x}) &= -ieN[\underset{\vee}{\bar{\psi}}(\underset{\cdot\cdot}{x})\gamma_\mu \underset{\vee}{\psi}(\underset{\cdot\cdot}{x})\underset{\cdot\cdot}{A}_\mu(\underset{\cdot\cdot}{x})]\end{aligned}\right\}\qquad(5.24)$$

第三节　正、反世界理论的费曼规则

根据双时空相对论，自然界不存在速度等于极限光速 c、静止质量等于零的粒子。正光子的速度比 c 小一点点，静止质量比零大一点点，是亚光速 c 正质量的粒子。反光子的速度比 c 大一点点，静止质量比零小一点点，是超光速 c 负质量的粒子。但是如果贯彻抓主流内容的观点（应当把正世界物质的运动与反世界物质的运动相互联系的桥梁鲜明地显示出来），令正、反光子的速度都取正、反世界质点速度分界线上的极限值（c）以及令它们的静止质量都取正、反世界质点静止质量分界线上的极限值（零），就可以使理论简洁、优美，反映客观规律的能力最强，如果斤斤计较那么一点点差异，因小失大，将会走向反面。

反粒子的老家本是反世界量子场论，但也有亚光速正质量化了的反粒子用逆时运动的正粒子的身份客居于正世界量子场论中。正粒子的老家本是正世界量子场论，但也有超光速负质量化了的正粒子用逆时运动的反粒子的身份客居于反世界量子场论中（这段内容详见第五章第一节）。

在正世界量子场论中，反光子就是逆时运动的正光子，它与正光子会合时不会湮没（这个特殊情况与光子的特殊性质相对应），它与正光子难以区分，故为方便计将它们统一描述为正光子。在反世界量子场论中，正光子就是逆时运动的反光子，它与反光子会合时不会湮没，它与反光子难以区分，故为方便计将它们统一描述为反光子。

费曼图中的时空点，用平面上一点来表示，称为角点。纵轴表时间，横轴表空间：

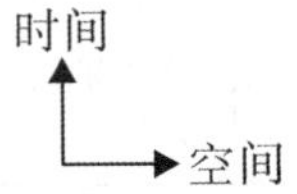

表 1　正世界理论的费曼规则

费曼图中的组件	在$\underset{\wedge}{S}$矩阵元中的对应因子
中间正电子线  $\underset{\wedge}{P}=(\vec{p},E)$	$\int d^4\underset{\cdot}{P}\,\underset{\wedge}{S}_F(\underset{\cdot}{P}),\underset{\wedge}{S}_F(\underset{\cdot}{P})=\frac{1}{(2\pi)^4}\frac{i\hat{\underset{\cdot}{P}}-km}{\underset{\cdot}{P}^2+(km)^2-i\varepsilon}$ （其中$\hat{\underset{\cdot}{P}}\equiv\gamma_\mu\underset{\cdot}{P}_\mu$，$k$ 是本书的代数基元）
末态正电子线 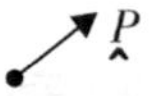	$\sqrt{\frac{km}{\underset{\wedge}{V}E}}u_{\vec{p},\sigma}$（$k$ 是本书的代数基元）
始态正电子线 	$\sqrt{\frac{km}{\underset{\wedge}{V}E}}u_{\vec{p},\sigma}$
末态反电子线 	$\sqrt{\frac{km}{\underset{\wedge}{V}E}}U_{\vec{p},\sigma}$
始态反电子线 	$\sqrt{\frac{km}{\underset{\wedge}{V}E}}\overline{U}_{\vec{p},\sigma}$
中间正光子线  $\underset{\wedge}{k}=(\vec{k},\omega)$	$\int d^4\underset{\cdot}{k}\delta_{\mu\nu}\underset{\wedge}{D}_F(\underset{\cdot}{k}),\underset{\wedge}{D}_F(\underset{\cdot}{k})=\frac{-\theta_1}{(2\pi)^4}\frac{1}{\underset{\cdot}{k}^2-i\varepsilon}$ （$\delta_{\mu\nu}$ 的标符 μ、ν 要与这条中间正光子线两端的顶角的因子 γ_μ、γ_ν 的标符相吻合）
末态正光子线 	$\frac{1}{\sqrt{2V\omega}}e_\mu^\lambda$（$e_\mu^\lambda$ 的标符 μ 要与同一顶角中的 γ_μ 的标符相吻合）
始态正光子线 	$\frac{1}{\sqrt{2V\omega}}e_\mu^\lambda$
顶角 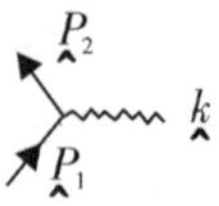	$-ie(2\pi)^4\gamma_\mu\delta^4(\underset{\wedge}{P}_1-\underset{\wedge}{P}_2-\underset{\wedge}{k})$（同一条中间正光子线两端顶角的 δ 函数中$\underset{\wedge}{k}$ 的符号必须相反）

对正电子线还要附加几条规则：①一个封闭的正电子线，在相应因子前面要附加运算（$-S_P$）（S_P 表示取矩阵的迹）；②由费曼图按上述规则写下$\underset{\wedge}{S}$矩阵元时，必须逆着正电子线的顺序进行。

表 2　反世界理论的费曼规则

费曼图中的组件	在$\underset{\vee}{S}$矩阵元中的对应因子
中间反电子线 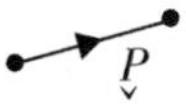 $\underset{\vee}{P} = (-\vec{p}, -E)$	$\int d^4 \underset{\cdot\cdot}{P}\, \underset{\vee}{S}_F(\underset{\cdot\cdot}{P}), \underset{\vee}{S}_F(\underset{\cdot\cdot}{P}) = \frac{1}{(2\pi)^4}\frac{i\hat{\underset{\cdot\cdot}{P}} - km}{\underset{\cdot\cdot}{P}^2 + (km)^2 - i\varepsilon}$ （其中 $\hat{\underset{\cdot\cdot}{P}} \equiv \gamma_\mu \underset{\cdot\cdot}{P}_\mu$，$k$ 是本书的代数基元）
末态反电子线 	$\sqrt{\frac{km}{VE}}\, \underset{\vee}{\bar{U}}_{-\vec{p},\sigma}$
始态反电子线 	$\sqrt{\frac{km}{VE}}\, \underset{\vee}{U}_{-\vec{p},\sigma}$
末态正电子线 	$\sqrt{\frac{km}{VE}}\, \underset{\vee}{u}_{-\vec{p},\sigma}$
始态正电子线 	$\sqrt{\frac{km}{VE}}\, \underset{\vee}{\bar{u}}_{-\vec{p},\sigma}$
中间反光子线 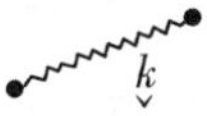 $\underset{\vee}{k} = (-\vec{k}, -\omega)$	$\int d^4 \underset{\cdot\cdot}{k}\, \delta_{\mu\nu} \underset{\vee}{D}_F(\underset{\cdot\cdot}{k}),\ \underset{\vee}{D}_F(\underset{\cdot\cdot}{k}) = \frac{\theta_1}{(2\pi)^4}\frac{1}{\underset{\cdot\cdot}{k}^2 - i\varepsilon}$ （$\delta_{\mu\nu}$ 的标符 μ、ν 要与这条中间反光子线两端的顶角的因子 γ_μ、γ_ν 的标符相吻合）
末态反光子线 	$\frac{1}{\sqrt{2V\omega}} e_\mu^\lambda$（$e_\mu^\lambda$ 的标符 μ 要与同一顶角中的 γ_μ 的标符相吻合）
始态反光子线 	$\frac{1}{\sqrt{2V\omega}} e_\mu^\lambda$
顶角 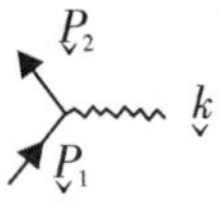	$ie(2\pi)^4 \gamma_\mu \delta^4(\underset{\vee}{P}_1 - \underset{\vee}{P}_2 - \underset{\vee}{k})$（同一条中间反光子线两端顶角的 δ 函数中$\underset{\vee}{k}$ 的符号必须相反）

对反电子线还要附加几条规则：①一个封闭的反电子线，在相应因子前面要附加运算$(-S_P)$；②由费曼图按上述规则写下$\underset{\vee}{S}$矩阵元时，必须逆着反电子线的顺序进行。

第六章　当代重大的实验科学课题

第一节　太阳中微子振荡 $\nu_L \rightleftharpoons \bar{\nu}_R$ 并不违反双时空相对论

根据双时空相对论，自然界不存在速度等于极限光速 c、静止质量等于零的粒子。正中微子（正能态粒子）的速度比 c 小一点点，静止质量比零大一点点，是亚光速正质量粒子。反中微子的速度比 c 大一点点，静止质量比零小一点点，是超光速负质量粒子。但是从极限角度看，可认为各味中微子的速度→c 时它们的静止质量都→0，故仍可认为正中微子基本上都是左旋（记为 ν_L），反中微子基本上都是右旋（记为 $\bar{\nu}_R$）。

振荡 $\nu_L \leftrightarrows \bar{\nu}_R$ 使反中微子 $\bar{\nu}_R$ 从无到有而且越来越多，否则太阳发出的原始正中微子 ν_e 就不会减少。故应当用第三章第二节 §1 的超光速负质量的反世界方程 $(\gamma_\mu \underset{\cdot\cdot}{\partial}_\mu + km)\underset{\vee}{\psi}(\underset{\cdot\cdot}{x}) = 0$ 描述这种振荡（下面将$\underset{\vee}{\psi}$简写为 ψ）。其中值得我们重视的是，这个反世界方程要求它所描述的正、反粒子都要服从反粒子的 $E^2 = \vec{P}^2 - m^2$，但实际上其中的正粒子只接纳方程正能解的正能量的量值，而实际上则服从正粒子的 $E^2 = \vec{P}^2 + m^2$，这叫做正粒子以双重身份客居于反世界相对论量子力学方程中。

以左手旋量 ψ_L 描述正中微子，以右手旋量 ψ_R 描述反中微子，则有

$$\psi_L = \frac{1}{2}(1+\gamma_5)\psi,\ \psi_R = \frac{1}{2}(1-\gamma_5)\psi,\ \gamma_5\psi_L = \psi_L,\ \gamma_5\psi_R = -\psi_R$$

$\psi = \frac{1}{2}(1+\gamma_5)\psi + \frac{1}{2}(1-\gamma_5)\psi = \psi_L + \psi_R$，代入 $(\gamma_\mu \underset{\cdot\cdot}{\partial}_\mu + km)\psi = 0$ 和 $(\gamma_\mu \underset{\cdot\cdot}{\partial}_\mu - km)\gamma_5\psi = 0$ 得

$$\gamma_\mu \underset{\cdot\cdot}{\partial}_\mu \psi_R + km\psi_L = 0,$$

$$\gamma_\mu \underset{\cdot\cdot}{\partial}_\mu \psi_L + km\psi_R = 0.$$

这两个方程描述了正、反中微子之间的相互转化（即振荡），可见这种振荡只有当它们的静止质量不为零时才有可能发生。为了描述由三味中微子相耦合而产生的复杂振荡，将上述两方程相加得

$$\gamma_\mu \underset{\cdot\cdot}{\partial}_\mu \psi + km\psi = 0,$$

其中 $\psi = \psi_L + \psi_R$。此方程在联系实际方面会更广、更好一些，除能反映上述两个方程所代表的主流内容（同味振荡）外，还可以反映不同味之间的振荡。

太阳中微子振荡并不违反双时空相对论。双时空相对论的结论——在正世界物质环境或真空中正质点不能超光速，在反世界物质环境或真空中反质点不能亚光速——是对一般质点而言的，因为它们的速度趋向光速时，正质点的正质量趋向正无限大，反质点的负质量趋向负无限大，故正质点不可能变成负质量超光速的反质点，反质点不可能变成正质量亚光速的正质点。但上述结论不适用于极为特殊的中微子。以正中微子为例，它们的速度虽然经常保持在几乎达到光速，但它们的正质量却始终极为有限甚至极为微小，因而容易从真空中吸取负质量或释放正质量给真空（我认为所有正、反波性粒子都是由正质量和负质量组成）而变成负质量超光速的反中微子。而由正、反中微子分别处于光速 c 对称两邻侧即知，超光速负质量的反中微子也容易变成正质量亚光速的正中微子。故中微子振荡 $\nu_L \leftrightarrows \bar{\nu}_R$ 并不违反双时空相对论。还有一点也值得我们重视，根据前面第四章第二节 §1 的 2，旋量正粒子的自转角动量是 $\vec{s} = +\frac{1}{2}\hbar\vec{\sigma}$，旋量反粒子的自转角动量是 $\vec{s} = -\frac{1}{2}\hbar\vec{\sigma}$，而它们的左、右旋则取决于自转角速度 $\vec{\sigma}$ 在粒子运动方向上的投影。已知正中微子的 $\vec{\sigma}$ 的方向与反中微子的 $\vec{\sigma}$ 的方向相反，故当 ν_L 与 $\bar{\nu}_R$ 的运动方向相同时，它们的 $\vec{s}$ 的大小和方向都相同，即中微子振荡服从角动量守恒，这也是有利于产生中微子振荡的极为重要的因素，因为如果违反了角动量守恒，就不可能产生中微子振荡。下面将略去 ν_L 和 $\bar{\nu}_R$ 的脚标 L 和 R。

我认为太阳中微子振荡包含了下列三个类型的振荡：

（1）e 耦合类型的振荡。在原始振荡 $\nu_e \leftrightarrows \bar{\nu}_e$ 中，左边的 ν_e 可变为 $\bar{\nu}_e$，也可以变为 $\bar{\nu}_\mu$ 和 $\bar{\nu}_\tau$，右边的 $\bar{\nu}_e$ 可变为 ν_e，也可变为 ν_μ 和 ν_τ，而 ν_μ、ν_τ、$\bar{\nu}_\mu$、$\bar{\nu}_\tau$ 则按照下列方式参与振荡：

$$\nu_e \leftrightarrows \bar{\nu}_e$$

$$\nu_\tau \nu_\mu \qquad \bar{\nu}_\mu \bar{\nu}_\tau$$

这是一种以 $\nu_e \leftrightarrows \bar{\nu}_e$ 振荡为核心而诱发的较为复杂的振荡。

（2）μ 耦合类型的振荡。在振荡 $\nu_\mu \leftrightarrows \bar{\nu}_\mu$ 中，左边的 ν_μ 可变为 $\bar{\nu}_\mu$，也可变为 $\bar{\nu}_\tau$ 和 $\bar{\nu}_e$，右边的 $\bar{\nu}_\mu$ 可变为 ν_μ，也可变为 ν_τ 和 ν_e，而 ν_τ、ν_e、$\bar{\nu}_\tau$、$\bar{\nu}_e$ 则按照下列方式参与振荡：

$$\nu_\mu \leftrightarrows \bar{\nu}_\mu$$

$$\nu_e \nu_\tau \qquad \bar{\nu}_\tau \bar{\nu}_e$$

这是一种以 $\nu_\mu \leftrightarrows \bar{\nu}_\mu$ 振荡为核心而诱发出来的较为复杂的振荡。

（3）τ 耦合类型的振荡。在振荡 $\nu_\tau \leftrightarrows \bar{\nu}_\tau$ 中，左边的 ν_τ 可变为 $\bar{\nu}_\tau$，也可变为 $\bar{\nu}_e$ 和 $\bar{\nu}_\mu$，右边的 $\bar{\nu}_\tau$ 可变为 ν_τ，也可变为 ν_e 和 ν_μ，而 ν_e、ν_μ、$\bar{\nu}_e$、$\bar{\nu}_\mu$ 则按照下列方式参与振荡：

$$\nu_\tau \leftrightarrows \bar{\nu}_\tau$$

$$\nu_\mu \nu_e \qquad \bar{\nu}_e \bar{\nu}_\mu$$

这是一种以 $\nu_\tau \leftrightarrows \bar{\nu}_\tau$ 振荡为核心而诱发的较为复杂的振荡。

上面已经指出，仅当中微子的静止质量不为零时才能发生中微子振荡，故由耦合而产生振荡的耦合常数唯一取决于 ν_e 和 $\bar{\nu}_e$ 的静止质量（仅对 e 型振荡来讲），唯一取决于 ν_μ 和 $\bar{\nu}_\mu$ 的静止质量（仅对 μ 型振荡来讲），唯一取决于 ν_τ 和 $\bar{\nu}_\tau$ 的静止质量（仅对 τ 型振荡来讲），而不存在受其他因素的影响，故 e、μ、τ 三种耦合类型的振荡是彼此互相独立的。

用 $\lambda^{(\xi)}$ 表示耦合常数($\xi=e$、μ、τ)，可写出描述此复杂振荡的方程组如下：

$$\gamma_\mu \underset{\cdot\cdot}{\partial}_\mu \psi_e + k\lambda^{(\xi)}\psi_\mu + k\lambda^{(\xi)}\psi_\tau = 0,$$

$$\gamma_\mu \underset{\cdot\cdot}{\partial}_\mu \psi_\mu + k\lambda^{(\xi)}\psi_\tau + k\lambda^{(\xi)}\psi_e = 0,$$

$$\gamma_\mu \underset{\cdot\cdot}{\partial}_\mu \psi_\tau + k\lambda^{(\xi)}\psi_e + k\lambda^{(\xi)}\psi_\mu = 0,$$

其中 $\psi_e=\psi(\nu_e)+\psi(\bar{\nu}_e)$，$\psi_\mu=\psi(\nu_\mu)+\psi(\bar{\nu}_\mu)$，$\psi_\tau=\psi(\nu_\tau)+\psi(\bar{\nu}_\tau)$。9 个方程组成 3 个互相独立的方程组，$\lambda^{(\xi)}=\lambda^{(e)}$ 时的方程组描述 e 耦合类型的振荡，$\lambda^{(\xi)}=\lambda^{(\mu)}$ 时的方程组描述 μ 耦合类型的振荡，$\lambda^{(\xi)}=\lambda^{(\tau)}$ 时的方程组描述 τ 耦合类型的振荡。

由此方程组求出的质量本征态共有 9 个，它们的能量平方 $(E^{(\xi)})^2$ 的本征值等于

$$\left.\begin{array}{l}(E_i{}^{(\xi)})^2=\vec{P}^2-(m_i{}^{(\xi)})^2,\ (i=1,\ 2,\ 3)\\ (m_1{}^{(\xi)})^2=4(\lambda^{(\xi)})^2,\ (m_2{}^{(\xi)})^2=(m_3{}^{(\xi)})^2=(\lambda^{(\xi)})^2\end{array}\right\}(\xi=e,\ \mu,\ \tau)$$

从味本征态变为质量本征态的实幺正变换是

$$\begin{bmatrix} D_1^{(\xi)}(0)e^{iE_1{}^{(\xi)}t} \\ D_2^{(\xi)}(0)e^{iE_2{}^{(\xi)}t} \\ D_3^{(\xi)}(0)e^{iE_3{}^{(\xi)}t} \end{bmatrix} = \begin{bmatrix} \frac{1}{\sqrt{3}} & \frac{1}{\sqrt{3}} & \frac{1}{\sqrt{3}} \\ \frac{1}{\sqrt{6}} & \frac{1}{\sqrt{6}} & \frac{-2}{\sqrt{6}} \\ \frac{1}{\sqrt{2}} & \frac{-1}{\sqrt{2}} & 0 \end{bmatrix} \begin{bmatrix} C_e^{(\xi)}(t) \\ C_\mu^{(\xi)}(t) \\ C_\tau^{(\xi)}(t) \end{bmatrix},\ (\xi=e,\ \mu,\ \tau).$$

由上式即可求出味本征态随时间的变化规律是

$$\begin{bmatrix} C_e^{(\xi)}(t) \\ C_\mu^{(\xi)}(t) \\ C_\tau^{(\xi)}(t) \end{bmatrix} = \begin{bmatrix} \frac{1}{\sqrt{3}} & \frac{1}{\sqrt{6}} & \frac{1}{\sqrt{2}} \\ \frac{1}{\sqrt{3}} & \frac{1}{\sqrt{6}} & \frac{-1}{\sqrt{2}} \\ \frac{1}{\sqrt{3}} & \frac{-2}{\sqrt{6}} & 0 \end{bmatrix} \begin{bmatrix} D_1^{(\xi)}(0)e^{iE_1{}^{(\xi)}t} \\ D_2^{(\xi)}(0)e^{iE_2{}^{(\xi)}t} \\ D_3^{(\xi)}(0)e^{iE_3{}^{(\xi)}t} \end{bmatrix},\ (\xi=e,\ \mu,\ \tau).$$

对于 e 型振荡来讲，利用初始条件 $C_e^{(e)}(0)=1$，$C_\mu^{(e)}(0)=C_\tau^{(e)}(0)=0$，即可求得三种味的出现几率分别等于

$$|C_e^{(e)}(t)|^2=1-\frac{8}{9}\sin^2\left[\frac{1}{2}(E_1^{(e)}-E_2^{(e)})t\right],$$

$$|C_\mu^{(e)}(t)|^2=|C_\tau^{(e)}(t)|^2=\frac{4}{9}\sin^2\left[\frac{1}{2}(E_1^{(e)}-E_2^{(e)})t\right]$$

对于μ型振荡来讲，利用初始条件$C_{\mu}^{(\mu)}(0)=1$，$C_{e}^{(\mu)}(0)=C_{\tau}^{(\mu)}(0)=0$，即可求得三种味的出现几率分别等于：

$$|C_{\mu}^{(\mu)}(t)|^2=1-\frac{8}{9}\sin^2[\frac{1}{2}(E_1^{(\mu)}-E_2^{(\mu)})t],$$

$$|C_{e}^{(\mu)}(t)|^2=|C_{\tau}^{(\mu)}(t)|^2=\frac{4}{9}\sin^2[\frac{1}{2}(E_1^{(\mu)}-E_2^{(\mu)})t]$$

对于τ型振荡来讲，利用初始条件$C_{\tau}^{(\tau)}(0)=1$，$C_{e}^{(\tau)}(0)=C_{\mu}^{(\tau)}(0)=0$，即可求得三种味的出现几率分别等于：

$$|C_{\tau}^{(\tau)}(t)|^2=1-\frac{8}{9}\sin^2[\frac{1}{2}(E_1^{(\tau)}-E_2^{(\tau)})t],$$

$$|C_{e}^{(\tau)}(t)|^2=|C_{\mu}^{(\tau)}(t)|^2=\frac{4}{9}\sin^2[\frac{1}{2}(E_1^{(\tau)}-E_2^{(\tau)})t]$$

可以清楚地看到，e型振荡、μ型振荡和τ型振荡的几率表示式有个共同特征：这种关于e态、μ态和τ态之间此消彼长，此长彼消的相互匹配的稳定的周期性的几率振荡，分明就是三种味相互耦合而产生的振荡达到了平衡状态的一种表示方式。而其中最有意义的情况则是，对于由e型、μ型和τ型等三种振荡组成的总振荡来讲，三种味的出现几率彼此相同。因此，由实验测得三种味的流强应该彼此相等，即都等于测得的太阳中微子总流强的$\frac{1}{3}$。这和2002年加拿大SNO实验组探测太阳中微子流强得到的实验数据符合得很好。

无论是由e型振荡，或由μ型振荡，抑或由τ型振荡，都是计算出的三种味的平均值$\overline{-m^2}$彼此相同。这表明，从e型振荡只能计算出e中微子的平均值$\overline{-(m_e^{(e)})^2}$，从$\mu$型振荡只能计算出$\mu$中微子的平均值$\overline{-(m_{\mu}^{(\mu)})^2}$，从$\tau$型振荡只能计算出$\tau$中微子的平均值$\overline{-(m_{\tau}^{(\tau)})^2}$。可求出三种味的平均值$\overline{-m^2}=-\overline{m^2}$和标准偏差$\delta=\overline{[-m^2-\overline{(-m^2)}]^2}^{\frac{1}{2}}=[\overline{m^4}-\overline{m^2}^2]^{\frac{1}{2}}$如下：

$$-(m_e^{(e)})^2=\overline{-(m_e^{(e)})^2}=-2(\lambda^{(e)})^2,\quad \pm\delta^{(e)}=\pm\sqrt{2}(\lambda^{(e)})^2,$$

$$-(m_{\mu}^{(\mu)})^2=\overline{-(m_{\mu}^{(\mu)})^2}=-2(\lambda^{(\mu)})^2,\quad \pm\delta^{(\mu)}=\pm\sqrt{2}(\lambda^{(\mu)})^2,$$

$$-(m_{\tau}^{(\tau)})^2=\overline{-(m_{\tau}^{(\tau)})^2}=-2(\lambda^{(\tau)})^2,\quad \pm\delta^{(\tau)}=\pm\sqrt{2}(\lambda^{(\tau)})^2。$$

其中值得我们重视的是，由于反世界方程（$\gamma_{\mu}\underset{\cdot\cdot}{\partial}_{\mu}+km)\psi=0$要求所有正、反粒子都要服从反粒子的$E^2=\vec{P}^2-m^2$才计算出上述的结果，但这不符合实际情况。实际情况是，正粒子只服从正粒子的$E^2=\vec{P}^2+m^2$。故要对上述结果做出理论上的修正，才能与实验相联系。以e型振荡中的e中微子为例，若ν_e占测得的e中微子总数的百分比是$\alpha^{(e)}$，而$\bar{\nu}_e$占的百分比为$\beta^{(e)}$，则有$-\Delta(m_e^{(e)})^2$或$+\Delta(m_e^{(e)})^2=-\beta^{(e)}\overline{(m_e^{(e)})^2}+\alpha^{(e)}\overline{(m_e^{(e)})^2}$，（$-\Delta m^2$或$+\Delta m^2=\frac{n_1\text{次测得}(-m^2)+n_2\text{次测得}(+m^2)}{n_1+n_2}=\frac{n_1}{n_1+n_2}\frac{n_1\text{次测得}(-m^2)}{n_1}+\frac{n_2}{n_1+n_2}\frac{n_2\text{次测得}(+m^2)}{n_2}=\beta\overline{(-m^2)}+\alpha\overline{(+m^2)}=$

$-\beta\overline{m^2}+\alpha\overline{m^2}$)，若全部都是 $\bar{\nu}_e$ 则有 $-\Delta(m_e^{(e)})^2$ 或 $+\Delta(m_e^{(e)})^2 = -\beta^{(e)}\overline{(m_e^{(e)})^2}-\alpha^{(e)}\overline{(m_e^{(e)})^2}=-\overline{(m_e^{(e)})^2}$，合在一起可写为

$$-\Delta(m_e^{(e)})^2 \text{ 或 } +\Delta(m_e^{(e)})^2 = -\beta^{(e)}\overline{(m_e^{(e)})^2}\pm\alpha^{(e)}\overline{(m_e^{(e)})^2}$$
$$= -2\beta^{(e)}(\lambda^{(e)})^2 \pm 2\alpha^{(e)}(\lambda^{(e)})^2$$

故从实验测得的既不是 $\bar{\nu}_e$ 的 $\overline{-(m_e^{(e)})^2}$，也不是$\nu_e$ 的 $\overline{+(m_e^{(e)})^2}$，而是它们的混合值 $-\Delta(m_e^{(e)})^2$ 或 $+\Delta(m_e^{(e)})^2$。因此，$\pm\delta^{(e)}$ 应该包含实验误差 $\pm x(\lambda^{(e)})^2$ 和上述考虑客居正中微子 ν_e 双重身份的理论修正，即应有 $\pm\sqrt{2}(\lambda^{(e)})^2=\pm(2\alpha^{(e)}+x)(\lambda^{(e)})^2$，故应把上面的式子写为

$$-\Delta(m_e^{(e)})^2 \text{ 或 } +\Delta(m_e^{(e)})^2 = -2\beta^{(e)}(\lambda^{(e)})^2 \pm (2\alpha^{(e)}+x)(\lambda^{(e)})^2,$$

而实验误差百分比则由下面式子求出

$$\pm\frac{x(\lambda^{(e)})^2}{\overline{(m_e^{(e)})^2}} = \pm\frac{x(\lambda^{(e)})^2}{2(\lambda^{(e)})^2} = \pm\frac{x}{2}.$$

客居正中微子的双重身份是导致振荡中只存在几个质量本征态的物理根源，因而带动起 x 有较大量值。同样可求得

$$-\Delta(m_\mu^{(\mu)})^2 \text{ 或 } +\Delta(m_\mu^{(\mu)})^2 = -2\beta^{(\mu)}(\lambda^{(\mu)})^2 \pm (2\alpha^{(\mu)}+x)(\lambda^{(\mu)})^2,$$
$$\pm(2\alpha^{(\mu)}+x)(\lambda^{(\mu)})^2 = \pm\sqrt{2}(\lambda^{(\mu)})^2;$$
$$-\Delta(m_\tau^{(\tau)})^2 \text{ 或 } +\Delta(m_\tau^{(\tau)})^2 = -2\beta^{(\tau)}(\lambda^{(\tau)})^2 \pm (2\alpha^{(\tau)}+x)(\lambda^{(\tau)})^2,$$
$$\pm(2\alpha^{(\tau)}+x)(\lambda^{(\tau)})^2 = \pm\sqrt{2}(\lambda^{(\tau)})^2.$$

与2000年的国际实验数据相比较：

由实验平均值 $-\Delta(m_e^{(e)})^2$ 或 $+\Delta(m_e^{(e)})^2=-2.5\pm3.3\text{eV}^2$ 可计算出 $\beta^{(e)}=0.53$，$\alpha^{(e)}=0.47$，$x=0.47$，实验误差百分比 $=\pm0.24$，用得到的 $\beta^{(e)}$ 值可计算出 $(\lambda^{(e)})^2$ 和 $\overline{-(m_e^{(e)})^2}$。

由实验平均值 $-\Delta(m_\mu^{(\mu)})^2$ 或 $+\Delta(m_\mu^{(\mu)})^2=-0.016\pm0.023\text{MeV}^2$ 可计算出 $\beta^{(\mu)}=0.5$，$\alpha^{(\mu)}=0.5$，$x=0.41$，实验误差百分比 $=\pm0.21$，用得到的 $\beta^{(\mu)}$ 值可计算出$(\lambda^{(\mu)})^2$ 和 $\overline{-(m_\mu^{(\mu)})^2}$。

过去从未见过对相对论量子力学中客居粒子双重身份敏感的问题。只因现在处理的太阳中微子振荡问题涉及求出中微子静止质量的 $-\overline{m^2}$和 $+\overline{m^2}$，对客居正中微子的双重身份极为敏感，故必须考虑它们的双重身份，为理论计算做出修正。

第二节　从实验上证实超光速负质量物质存在将成为当代实验科学的重大课题

从实验上证实超光速负质量粒子（反粒子）存在，或证实超光速负质量星体（反星体）存在，意义最重大，影响最深远。实验极为困难，但难能才是可贵。

第二章第三节§3已经证明，反星体因速度超过光速而产生奇特的光学观测效应——飞来和离去的多普勒效应都是红移。对于自东向西越过横向位置（$\alpha'=$

$\frac{\pi}{2}$）的反星体（为方便计，用“东”和“西”分别代表 x 轴上的“x 值较大处”和“x 值较小处”），可用（2.208）式计算东侧（飞来）的多普勒效应，用（2.191）式计算西侧（离去）的多普勒效应，可计算出下列几组数据：$v=1.237c$ 时，东侧有 $\cos\alpha'=-0.01$，红移量 $Z=0.377$，西侧有 $\cos\alpha'=0.01$，$Z=0.391$；$v=1.3c$ 时，东侧有 $\cos\alpha'=-0.01$，$Z=0.903$，西侧有 $\cos\alpha'=0.01$，$Z=0.92$；在横向位置，用（2.191）和（2.208）式计算出同一结果。如果反星体自西向东运动越过横向位置，就只能用（2.205）式计算西侧，用（2.196）式计算东侧，计算出的结果仍具有上述特征。反星体的多普勒效应是十分奇特的，无论它向我们飞来或离我们飞去，给出的多普勒效应都是红移（这会被错误地当做宇宙膨胀的“有力证据”），而且在横向位置对称两邻侧的红移量不相同（飞来的红移量比离去的红移量小，这又会被当做宇宙膨胀加速的“有力证据”）。如果我们跟踪观测一个遥远处的星体，只要测得它在横向位置对称两邻侧的多普勒效应都是红移，而且离去的红移量比飞来的红移量大，可以断定它就是反星体。

后面第七章第一节将指出，反原子谱线含有来自能带效应的谱线变宽。这无疑会对实验造成干扰，应当引起我们的注意。为提高观测精确度，仪器先进、精密当然重要，但选择在合适的参照系上做观测更加值得重视，例如，如果使用地球自转参照系，将可能观测到速度大得惊人的虚假的超光速现象。

从实验上证实超光速负质量的反粒子存在也很困难，因为从反世界跑到正世界中的反粒子大多已被正世界物质环境亚光速正质量化，而在正世界的粒子反应过程中产生的所有反粒子，又都已经在反应过程中被亚光速正质量化了（反粒子被亚光速正质量化的详情请见第七章第三节的§1 和§2）。测量亚光速正质量化反粒子的速度和质量，测得的结果就是亚光速和正质量。这就是长期未能从实验上在正世界物质环境中发现超光速粒子的根本原因。到远离地球的、正世界物质极为稀薄的环境中，测得来自反世界尚未被亚光速正质量化的反粒子的机会，是否会大很多呢？

探测太阳中微子振荡的实验倒是很值得我们重视，因为只要实验结果中含有反粒子的 $E^2=\vec{P}^2-m^2$，即只要实验结果中确实含有 $-m^2$ 的数据，就可以断定 $\bar{\nu}_e$、$\bar{\nu}_\mu$ 和 $\bar{\nu}_\tau$ 就是超光速负质量的反粒子，如果实验又能直接测得它们的速度确实超过光速，当然更好。

根据前面对第二章第三节§3 的讨论，主要是根据第二章第四节中的讨论，我深信，遥远星系射来光线的多普勒效应红移现象，并不是有力地证实了宇宙在膨胀（我深信宇宙并没有在膨胀），而是有力地证实了超光速负质量反星体存在。我还深信，太阳中微子振荡实验将是证实超光速负质量反粒子存在的可靠实验。因此可以说，证实超光速负质量物质存在的实验科学已经看到了胜利的曙光。虽然困难可能还有很多，但我深信实验科学家的杰出才华和崇高的历史使命感，他们一定会取得划时代的伟大成就。

第七章　几个极有意义的问题

第一节　反氢原子的能级

§1　反氢原子的概貌

一个反氢原子静止于 K' 系的坐标原点，跟随 K' 系以恒定超光速 $\vec{v}$ 沿着 Z 轴相对于静止的 K 系运动，$t=t'=0$ 时两系在空间内相重合。反氢原子中的反质子 P^- 和反电子 e^+ 可看做两个速度都是 $\vec{v}$ 的平行运动的异号电荷，e^+ 还有一个附加的绕着 P^- 旋转、相对于 P^- 为亚光速的运动。

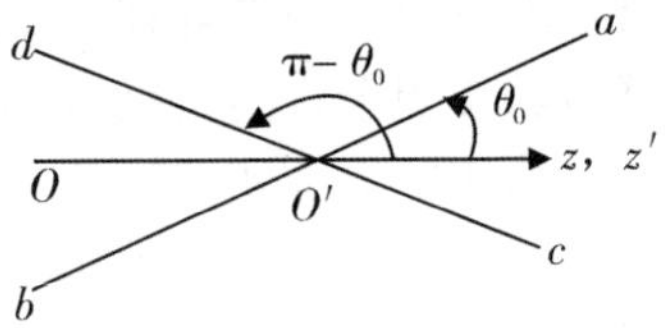

根据第三章第三节 §7，P^- 产生的标量势和矢量势为

$$\varphi=\begin{cases}\dfrac{-e}{r\left(1-\dfrac{v^2}{c^2}\sin^2\theta\right)^{\frac{1}{2}}}\text{（双锥体内）}\\[2ex]\dfrac{-e}{r\left(\dfrac{v^2}{c^2}\sin^2\theta-1\right)^{\frac{1}{2}}}\text{（双锥体外）}\end{cases}\tag{7.1}$$

$$\vec{A}=\begin{cases}\dfrac{-e\vec{v}}{cr\left(1-\dfrac{v^2}{c^2}\sin^2\theta\right)^{\frac{1}{2}}}\text{（双锥体内）}\\[2ex]\dfrac{-e\vec{v}}{cr\left(\dfrac{v^2}{c^2}\sin^2\theta-1\right)^{\frac{1}{2}}}\text{（双锥体外）}\end{cases}\tag{7.2}$$

式中 $r=\sqrt{(z-v\tau)^2+y^2+x^2}$，图中 θ_0 和 $\pi-\theta_0$ 为极点角，$aO'c$ 和 $dO'b$ 为双锥体切面，e 是 P^- 的电荷（$e<0$）。e^+ 与 P^- 之间的相互作用能为

$$V(\theta,\ r)=e\varphi-\frac{e}{c}(\vec{v}\cdot\vec{A})\tag{7.3}$$

其中第一项是电引力势能，第二项是磁斥力势能。由于 $\dfrac{v^2}{c^2}>1$，故在反世界，

磁斥力强过电引力。可将（7.3）式写为

$$\left.\begin{aligned}&V(\theta,\ r)=\xi\frac{e^2}{r}\\&\xi=\begin{cases}\left(\dfrac{v^2}{c^2}-1\right)/\left(1-\dfrac{v^2}{c^2}\sin^2\theta\right)^{\frac{1}{2}}(\text{双锥体内})\\\left(\dfrac{v^2}{c^2}-1\right)/\left(\dfrac{v^2}{c^2}\sin^2\theta-1\right)^{\frac{1}{2}}(\text{双锥体外})\end{cases}\end{aligned}\right\}\tag{7.4}$$

超光速负质量的反氢原子与亚光速正质量的正氢原子有着本质上的差异。在正世界，正电子 e^- 靠向心的引力的作用才能做向心的稳定运动，故正氢原子靠电引力势能(势阱)的作用形成束缚态，能级是负能量能级。但在反世界，反电子 e^+ 靠离心的斥力的作用才能做向心的稳定运动，故反氢原子靠磁斥力势能(势垒)的作用形成束缚态，能级是正能量能级。

当 θ 按照 $0—\theta_0—(\pi-\theta_0)—\pi—(\pi-\theta_0)—\theta_0—0—\cdots$ 变化时，$V(\theta,\ r)$ 的变化的周期性重复情况类似于正世界晶体中的周期场[这里的极点角类似于这些晶体中诸原子占据的位置（一阶极点处），不同处仅是，正世界晶体中势阱（或势垒）对 e^- 的作用相当于反世界的反氢原子中势垒（或势阱)对 e^+ 的作用]。因此，$V(\theta,\ r)$ 可像正世界晶体理论中那样用恒定的平均场（只相对于自变量 θ 来讲）来取代，而将 $V(\theta,\ r)$ 随 θ 的周期性变化情况当做微扰。正世界晶体中的势阱、势垒比这里的势垒、势阱宽得多，而且当 e^+ 绕 P^- 旋转时每秒的周期性重复次数是非常之大的，比 e^- 在正世界正晶体中运动时场每秒的周期性重复次数大得多(因为 e^+ 的速度比 e^- 的速度大得多以及反氢原子比正世界晶体小得多)，故这里的平均场近似的效果比正世界晶体的平均场近似的效果好得多。因此，在非常好的近似情况下，可以认为 e^+ 是在下述平均场（仅关于自变量 θ 取平均）中运动：

$$V(r)=\bar{\xi}\frac{e^2}{r}\tag{7.5}$$

其中 $\bar{\xi}=\left(\dfrac{v^2}{c^2}-1\right)\zeta$，$\zeta$ 是正值的实常数。

§2　反氢原子的能级

在量子场论和处理自由旋量粒子的相对论量子力学中，正世界理论用 $E^2-\vec{P}^2-k^2m^2=(E+\sqrt{\vec{P}^2+m^2})(E-\sqrt{\vec{P}^2+m^2})=(E+\vec{\alpha}\cdot\vec{P}+\beta m)(E-\vec{\alpha}\cdot\vec{P}-\beta m)=0$，建立了方程$(\gamma_\mu\,\partial_\mu+km)\psi(\underset{\cdot}{x})=0$，而反世界理论则用 $E^2-\vec{P}^2+k^2m^2=(E+\sqrt{\vec{P}^2-m^2})(E-\sqrt{\vec{P}^2-m^2})=(E+\vec{\alpha}\cdot\vec{P}+\beta im)(E-\vec{\alpha}\cdot\vec{P}-\beta im)=0$，建立了方程$(\gamma_\mu\underset{\cdot\cdot}{\partial}_\mu+km)\psi(\underset{\cdot\cdot}{x})=0$。但在处理非自由旋量粒子(束缚态)的相对论量子力学中，正世界理论利用 $E^2-\vec{P}^2-k^2m^2=(E+\sqrt{\vec{P}^2+(km)^2})(E-\sqrt{\vec{P}^2+(km)^2}=[E+\vec{\alpha}\cdot\vec{P}+\beta(km)][E-\vec{\alpha}\cdot\vec{P}-\beta(km)]=0$，建立过渡性方程 $[\gamma_\mu\underset{\cdot}{\partial}_\mu+k(km)]\psi$

$(\underset{\cdot}{x})=0$，再利用最小电磁相互作用原理，即可求得含有电磁相互作用的束缚态方程，而反世界理论可利用 $E^2-\vec{P}^2+k^2m^2=(E+\sqrt{\vec{P}^2-(km)^2})(E-\sqrt{\vec{P}^2-(km)^2})=[E+\vec{\alpha}\cdot\vec{P}+\beta i(km)][E-\vec{\alpha}\cdot\vec{P}-\beta i(km)]=0$，建立过渡性方程 $[\gamma_\mu \underset{\cdot\cdot}{\partial}_\mu+k(km)]\psi(\underset{\cdot\cdot}{x})=0$，再利用最小电磁相互作用原理，即可求得含有电磁相互作用的束缚态方程 $[E+\vec{\alpha}\cdot\vec{P}+\beta i(km)+V(r)]\psi=0$。故不采用 $c=\hbar=1$ 单位制后，反氢原子中 e^+ 的哈密顿量为

$$H=-c(\vec{\alpha}\cdot\vec{P})-\beta i(km)c^2-V(r) \tag{7.6}$$

式中的 $V(r)$ 见(7.5)式，它是（7.4）式的 $V(\theta,r)$ 的平均场，而 i 和 k 则是本书的代数基元。

为变换到球极坐标，引进径向动量算符 P_r 和线性算符 α_r：

$$P_r=r^{-1}(\vec{r}\cdot\vec{P}-i\hbar)=-i\hbar(\frac{\partial}{\partial r}+\frac{1}{r}),\ \alpha_r=r^{-1}(\vec{\alpha}\cdot\vec{r}) \tag{7.7}$$

不难证明，P_r 和 α_r 都是线性厄米算符。现在轨道角动量 $\vec{L}$ 和自旋角动量 $\vec{S}$ 不是守恒量，能量、总角动量 $\vec{J}$ 和它的分量 J_Z 是守恒量。现在需要引进另一个线性厄米算符 K：

$$\hbar K=\beta(\vec{\Sigma}\cdot\vec{L}+\hbar),\ (\vec{\Sigma}=\begin{bmatrix}\vec{\sigma} & 0\\ 0 & \vec{\sigma}\end{bmatrix}) \tag{7.8}$$

不难证明 K 是守恒量，而且有

$$\left.\begin{aligned}&(\hbar K)^2=\vec{J}^2+\frac{1}{4}\hbar^2,\ K^2\text{ 的本征值是 }K^2=(j+\frac{1}{2})^2\\ &K=\pm(j+\frac{1}{2}),\ j=\frac{1}{2},\frac{3}{2},\frac{5}{2},\cdots,\ \text{即}\,|K|=1,2,3,\cdots\end{aligned}\right\} \tag{7.9}$$

于是有

$$\begin{aligned}\vec{\alpha}\cdot\vec{P}&=r^{-2}(\vec{\alpha}\cdot\vec{r})(\vec{\alpha}\cdot\vec{r})(\vec{\alpha}\cdot\vec{P})=r^{-2}(\vec{\alpha}\cdot\vec{r})[\vec{r}\cdot\vec{P}+i\vec{\Sigma}\cdot(\vec{r}\times\vec{P})]\\ &=r^{-2}(\vec{\alpha}\cdot\vec{r})(\vec{r}\cdot\vec{P}-i\hbar)+ir^{-2}(\vec{\alpha}\cdot\vec{r})[\vec{\Sigma}\cdot\vec{L}+\hbar]\\ &=\alpha_rP_r+i\hbar r^{-1}\alpha_r\beta K\end{aligned} \tag{7.10}$$

其中利用了公式 $(\vec{\alpha}\cdot\vec{A})(\vec{\alpha}\cdot\vec{B})=\vec{A}\cdot\vec{B}+i\vec{\Sigma}\cdot(\vec{A}\times\vec{B})$。已知 $\beta=\begin{bmatrix}I & 0\\ 0 & -I\end{bmatrix}$，还可以证明 $\alpha_r=\begin{bmatrix}0 & -i\\ i & 0\end{bmatrix}$。

令 $\psi=\begin{bmatrix}R_a x\\ R_b x\end{bmatrix}$，于是可以写出径向波函数 R_a 和 R_b 满足的下列能量本征值方程

$$\left.\begin{aligned}&(\frac{-E}{c}+\frac{-\bar{\xi}e^2}{cr})R_a+\hbar(\frac{\partial}{\partial r}+\frac{1}{r})R_b+\frac{K\hbar}{r}R_b-i(km)cR_a=0\\ &(\frac{-E}{c}+\frac{-\bar{\xi}e^2}{cr})R_b-\hbar(\frac{\partial}{\partial r}+\frac{1}{r})R_a+\frac{K\hbar}{r}R_a+i(km)cR_b=0\end{aligned}\right\} \tag{7.11}$$

其中 $E=-|E|<0$ 是能量本征值。令

$$-E=i(iE),\quad \frac{\hbar}{(km)c-\frac{iE}{c}}=a_1,\quad \frac{\hbar}{(km)c+\frac{iE}{c}}=a_2 \tag{7.12}$$

可将方程(7.11)简化为

$$\left.\begin{aligned}&\left(i\frac{1}{a_1}-\frac{\alpha}{r}\right)R_a-\left(\frac{\partial}{\partial r}+\frac{K+1}{r}\right)R_b=0\\&\left(i\frac{1}{a_2}+\frac{\alpha}{r}\right)R_b-\left(\frac{\partial}{\partial r}-\frac{K-1}{r}\right)R_a=0\end{aligned}\right\} \tag{7.13}$$

其中 $\alpha=-\xi e^2/\hbar c<0$ 是一个很小的负数。令

$$R_a=r^{-1}e^{-ir/a}f,\quad R_b=r^{-1}e^{-ir/a}g, \tag{7.14}$$

式中

$$a=(a_1a_2)^{\frac{1}{2}}=\hbar[(km)^2c^2+E^2/c^2]^{-\frac{1}{2}} \tag{7.15}$$

方程(7.13)变成

$$\left.\begin{aligned}&\left(i\frac{1}{a_1}-\frac{\alpha}{r}\right)f-\left(\frac{\partial}{\partial r}-\frac{i}{a}+\frac{K}{r}\right)g=0\\&\left(i\frac{1}{a_2}+\frac{\alpha}{r}\right)g-\left(\frac{\partial}{\partial r}-\frac{i}{a}-\frac{K}{r}\right)f=0\end{aligned}\right\} \tag{7.16}$$

令

$$f=\sum_s c_sr^s,\quad g=\sum_s c'_sr^s \tag{7.17}$$

其中相继的 s 的值相差为 1，将 f 和 g 的表示式代入（7.16）式，令 r^{s-1} 的系数等于零，得到

$$\left.\begin{aligned}&c_{s-1}\frac{i}{a_1}-\alpha c_s-(s+K)c'_s+c'_{s-1}\frac{i}{a}=0\\&c'_{s-1}\frac{i}{a_2}+\alpha c'_s-(s-K)c_s+c_{s-1}\frac{i}{a}=0\end{aligned}\right\} \tag{7.18}$$

由（7.15）式得 $a/a_1=a_2/a$，故[$a_2\times$(7.18)第二式］减［$a\times$(7.18)第一式]得

$$[a\alpha-a_2(s-K)]c_s+[a_2\alpha+a(s+K)]c'_s=0 \tag{7.19}$$

$r=0$ 处的边界条件要求 $r\to 0$ 时 rR_a 与 $rR_b\to 0$，因而要求 $r\to 0$ 时 f 与 $g\to 0$。因此，（7.17）式的级数应在 s 小的一边有结束，记这最小的 s 为 s_0，令 $c_{s_0-1}=c'_{s_0-1}=0$，就从(7.18)式得到：

$$\left.\begin{aligned}&\alpha c_{s_0}+(s_0+K)c'_{s_0}=0\\&\alpha c'_{s_0}-(s_0-K)c_{s_0}=0\end{aligned}\right\} \tag{7.20}$$

由（7.20）式求出

$$\alpha^2=-s_0^2+K^2$$

由于 s_0 应当大于零，故有

$$s_0=+\sqrt{K^2-\alpha^2}$$

为讨论级数（7.17）式的收敛性，要考察 s 值大时的情况，此时（7.19）式及（7.18）第二式近似地给出

$$a_2 c_s = a c_s' \text{及}\ s c_s = i c_{s-1}/a + i c_{s-1}'/a_2$$

因而有

$$c_s/c_{s-1} = 2i/as,$$

因此级数（7.17）象级数

$$\sum_s \frac{1}{s!}\left(\frac{2ir}{a}\right)^s$$

或即 $e^{i2r/a}$ 一样地收敛。根据这个结果即可对自由态解和束缚态解做出断言。关于自由态和束缚态的具体性质，在正世界理论和在反世界理论截然不同。已知在过去用 Dirac 方程处理的正氢原子理论中，解的级数形式是 $e^{2r/a'}$，其中 $a' = \hbar(m^2c^2 - E^2/c^2)^{-\frac{1}{2}}$。自由态对应于 a' 为纯虚数，故 $E > mc^2$ 的所有 E 值都是允许的。而束缚态对应于 a' 为实数，而且要求 $E < mc^2$（因这是正粒子在引力势能作用下的束缚态），因而只有使级数在高次项一边切断的那些 $E = mc^2$ + 负能量能级 $< mc^2$（但必须大于 0）的 E 值才是允许的。在这里的反氢原子理论中，$a = \hbar[(km)^2c^2 + E^2/c^2]^{-\frac{1}{2}}$。自由态对应于 a 为实数，已知 $E = -|E|$ 是实数，要求 $(km)^2$ 是正实数，即要求 $(km)^2 = k^2m^2 = m^2$，则 $E < -mc^2$ 的所有 E 值都是允许的。束缚态对应于 a 是纯虚数，而且要求 $E > -mc^2$（因为这是反粒子在斥力势能作用下的束缚态），再考虑到 E^2/c^2 是正实数，故要求 $(km)^2$ 是负实数，即要求将 k^2 进行如下变换：$k^2 = (-ji)(-ji) = j^2ii = -i_1i_2i_1i_2 = -(i_1i_1)(i_2i_2)$，即将 $k^2 = 1$ 变换成 $-(i_1i_1)(i_2i_2) = -1$，因而有 $(km)^2 = k^2m^2 = -(i_1i_1)(i_2i_2)m^2 = -m^2$。由于 $E > -mc^2$，因而只有使级数（7.17）在 s 大的一边切断的那些 $E = -mc^2$ + 正能量级数 $> -mc^2$（但必须小于 0）的 E 值才是允许的。值得注意的是，这里求解反氢原子束缚态时采用将 $k^2 = 1$ 变换成 $-(i_1i_1)(i_2i_2) = -1$ 因而令 $(km)^2 = -(i_1i_1)(i_2i_2)m^2 = -m^2$ 的做法与后面第七章第二节 §3 的反世界量子电动力学处理发散积分所采用的做法相同。

下面求反氢原子束缚态的 E 值。如果级数（7.17）终止于 c_s 与 c_s' 项，则 $c_{s+1} = c_{s+1}' = 0$。我们在（7.18）式中用 $s+1$ 取代 s，可得

$$\left.\begin{aligned} c_s/a_1 + c_s'/a = 0 \\ c_s'/a_2 + c_s/a = 0 \end{aligned}\right\} \tag{7.21}$$

（7.15）式令到（7.21）式两个方程相等效。它们与（7.19）式合并后给出

$$a_1[a\alpha - a_2(s-K)] = a[a_2\alpha + a(s+K)],$$

此式简化为

$$2a_1a_2s = a(a_1 - a_2)\alpha,$$

亦即

$$\frac{s}{a} = \frac{1}{2}\left(\frac{1}{a_2} - \frac{1}{a_1}\right)\alpha = \frac{iE}{c\hbar}\alpha,$$

其中用了（7.12）式。将（7.15）式的 $a = \hbar[(km)^2c^2 + E^2/c^2]^{-\frac{1}{2}} = -i\hbar$

$(m^2c^2-E^2/c^2)^{-\frac{1}{2}}(m^2c^2>E^2/c^2)$代入上式得

$$s(m^2c^2-\frac{E^2}{c^2})^{\frac{1}{2}}=\frac{\alpha E}{c},$$

亦即

$$s^2(m^2c^2-\frac{E^2}{c^2})=\frac{\alpha^2E^2}{c^2}$$

因而有

$$E=-mc^2(1+\frac{\alpha^2}{s^2})^{-\frac{1}{2}},$$

其中的 s 标明级数的最后一项，一定比 s_0 大出一个整数 n'，即应有

$$s=n'+s_0=n'+\sqrt{K^2-\alpha^2}$$

因而有

$$E=-mc^2\left\{1+\frac{\alpha^2}{[n'+(K^2-\alpha^2)^{\frac{1}{2}}]^2}\right\}^{-\frac{1}{2}} \tag{7.22}$$

将 E 按 α^2 展开

$$E=-mc^2[1-\frac{\alpha^2}{2n^2}-\frac{\alpha^4}{2n^4}(\frac{n}{|K|}-\frac{3}{4})-\cdots] \tag{7.23}$$

其中 $n=n'+|K|$是主量子数，由于 $n'=0$，1，2，…，$|K|=1$，2，3，…，故 $n=1$，2，3，…。

(7.23)式表明，反氢原子束缚态能级的能量取正值，其中基态能级的正能量值最大（能级最高），激发态越高，能级的正能量值就越小（能级越低），由较低能级的高激发态向较高能级的低激发态或基态自发跃迁时释放出反世界中的反光子（$-h\nu$）。e^+与 P^- 在结合成反氢原子的过程中向外界释放出负质量。反光子进入正世界，会被共振吸收或被非共振吸收正能量而损失正能量［例如反光子 $-h\nu$ 被共振吸收了正能量后变为 $-h\nu'=-h\nu-h\nu=-h(2\nu)$］，也可以发生逆过程而获得正能量，过程与逆过程谁占优势，则取决于它们所处的正世界环境的物理状态(逆过程 $-h\nu+h\nu=0$ 表示反光子被正世界共振吸收负能量)。

本节虽然没有计算作为微扰的 $V(\theta, r)-V(r)$ 的周期性起伏所产生的影响，但我深信，它会类似于正世界晶体中的周期性起伏的微扰那样，会导致能带效应，因而会导致反氢原子的谱线变宽，这是反氢原子和一般反原子的重要特征之一。

第二节　用非重正化方法消除量子电动力学中的发散困难

用非重正化方法消除紫外发散困难(还附带消除了红外发散困难)按照下面两步进行：

(1)利用理论在双时空变换下的协变性，将正世界理论的矩阵元 $\langle \underset{\wedge}{f} | \underset{\wedge}{S}^{(n)} | \underset{\wedge}{i} \rangle$ 与反世界理论的矩阵元$\langle \underset{\vee}{f} | \underset{\vee}{S}^{(n)} | \underset{\vee}{i} \rangle$的发散积分分离出来。计算出紫外发散积分的发散量，有限积分一般不计算出来而保留其协变形式。这一步叫做分离出来。

(2)在同一个惯性系中，正世界理论与反世界理论相等价，它们的基本单圈发散图形的种类与个数相同。可用变换 R 将反世界理论矩阵元变为正世界理论矩阵元，即应有 $\langle \underset{\vee}{f} | \underset{\vee}{S}^{(n)} | \underset{\vee}{i} \rangle = \langle \underset{\vee}{f} | R^{-1} R \underset{\vee}{S}^{(n)} R^{-1} R | \underset{\vee}{i} \rangle = (\pm \xi_1)(\pm \xi_2)(\pm \xi_3) \langle \underset{\wedge}{f} | \underset{\wedge}{S}^{(n)} | \underset{\wedge}{i} \rangle$，于是 $(\pm \xi_1)(\pm \xi_2)(\pm \xi_3)$将是$(\pm \xi_1)(\pm \xi_2)(\pm \xi_3) \langle \underset{\wedge}{f} | \underset{\wedge}{S}^{(n)} | \underset{\wedge}{i} \rangle$中的发散量的乘子（简称 a 乘子）和每个有限部分的乘子（简称 b 乘子）。后面将证明，由于 $[(\pm \xi_1)(\pm \xi_2)(\pm \xi_3)]^W = 1$（$W$ 为任意偶数），因而可以将 $(\pm \xi_1)(\pm \xi_2)(\pm \xi_3) \langle \underset{\wedge}{f} | \underset{\wedge}{S}^{(n)} | \underset{\wedge}{i} \rangle$写成 $[(\pm \xi_1)(\pm \xi_2)(\pm \xi_3)]^W \langle \underset{\wedge}{f} | \underset{\wedge}{S}^{(n)} | \underset{\wedge}{i} \rangle$（$W$ 为任意奇数），这样就保证了 $[(\pm \xi_1)(\pm \xi_2)(\pm \xi_3)]^W \langle \underset{\wedge}{f} | \underset{\wedge}{S}^{(n)} | \underset{\wedge}{i} \rangle$中每个发散量都有 a 乘子以及每个有限部分都有 b 乘子，而多余的$(\pm \xi_1)(\pm \xi_2)(\pm \xi_3)$ 则令其取值为 1。如果$[(\pm \xi_1)(\pm \xi_2)(\pm \xi_3)]^W \langle \underset{\wedge}{f} | \underset{\wedge}{S}^{(n)} | \underset{\wedge}{i} \rangle$（简称 A）中的发散量与正世界理论原有的$\langle \underset{\wedge}{f} | \underset{\wedge}{S}^{(n)} | \underset{\wedge}{i} \rangle$（简称 B）中对应的发散量相同，则选取 a 乘子 $=-1$，如果它们只差个负号，则选取 a 乘子 $=1$。如果 A 中的有限部分与 B 中对应的有限部分相同，则选取 b 乘子 $=1$，如果它们只差个负号，则选取 b 乘子 $=-1$。由于在量子电动力学中，A 中的发散量与 B 中对应的发散量相同，A 中的有限部分与 B 中对应的有限部分也相同，故应选取 a 乘子 $=-1$，b 乘子 $=1$。这一步叫做分别对待，其目的是进一步将发散量与有限部分隔离开来。分别对待保证了 A 与 B 除对应的发散量差个负号外所有对应的有限部分都相同，将 A 与 B 相加即可消除发散量而保留有限部分。此法的主要目的是消除紫外发散困难，但也附带消除了红外发散困难（由于不想花太多时间具体计算，在所举例子中有些红外发散尚未分离出来，因此只处理了已分离出来的红外发散，但只要将尚未分离出来的红外发散分离出来就可以用同样方法来处理）。对非物理的发散量和物理的有限部分都平等对待的做法是错误的做法。我们靠协变性将非物理的发散量分离出来，进一步又强迫它远离物理的有限部分，这两步都是靠协变性这个有力武器来解决问题。分离出来和分别对待是这种非重正化方法消除量子电动力学发散困难的中心思想。

§1　基本的单圈发散

在双时空相对论量子电动力学中，正、反世界理论的基本单圈发散图有电子自能、真空极化和顶角因子等三个，它们有个共同特点，即都是只含有下列发散积分：

$$\left.\begin{aligned}&\int \mathrm{d}^4 \underset{\cdot}{k} \frac{1}{[\underset{\cdot}{k}^2+(km)^2]^2} \quad (\text{正世界理论})\\&\int \mathrm{d}^4 \underset{\cdot\cdot}{k} \frac{1}{[\underset{\cdot\cdot}{k}^2+(km)^2]^2} \quad (\text{反世界理论})\end{aligned}\right\} \tag{7.24}$$

上式 km 中的 k 是本书的代数基元。先讨论（7.24）式中正世界理论的发散积分。用威克转动将 k_0 的积分途径逆时针方向转过 90°，从实数轴改变为虚数轴，使 k_0 变为 ik_0，并且改变符号令 $k_0=K_0$，$\vec{k}=\vec{K}$，则 $\underset{\cdot}{k}^2=(kk_1)^2+(kk_2)^2+(kk_3)^2+(jk_0)^2=k_1^2+k_2^2+k_3^2-k_0^2=\vec{k}^2-k_0^2$ 变为 $K^2=(kK_1)^2+(kK_2)^2+(kK_3)^2+(jiK_0)^2=\vec{K}^2+K_0^2$（其中用了 $ji=-k$），$\mathrm{d}^4\underset{\cdot}{k}=\mathrm{d}(kk_1)\mathrm{d}(kk_2)\mathrm{d}(kk_3)\mathrm{d}(jk_0)$ 变为 $-\mathrm{d}^4K=-\mathrm{d}(kK_1)\mathrm{d}(kK_2)\mathrm{d}(kK_3)\mathrm{d}(kK_0)=-\mathrm{d}K_1\mathrm{d}K_2\mathrm{d}K_3\mathrm{d}K_0$，因而可以令

$$\left.\begin{aligned}K_0&=K\cos\Phi\\K_3&=K\sin\Phi\cos\theta\\K_2&=K\sin\Phi\sin\theta\sin\varphi\\K_1&=K\sin\Phi\sin\theta\cos\varphi\end{aligned}\right\} \tag{7.25}$$

可以证明

$$\mathrm{d}^4K=K^3\mathrm{d}K\mathrm{d}\varphi\sin\theta\mathrm{d}\theta\sin^2\Phi\mathrm{d}\Phi \tag{7.26}$$

积分的极限是

$$K:0\to\infty;\ \Phi:0\to\pi;\ \theta:0\to\pi;\ \varphi:0\to2\pi \tag{7.27}$$

可以先对立体角 Φ、θ 和 φ 积分：

$$\int_0^{2\pi}\mathrm{d}\varphi\int_0^{\pi}\sin\theta\mathrm{d}\theta\int_0^{\pi}\sin^2\Phi\mathrm{d}\Phi=2\pi^2 \tag{7.28}$$

因此有

$$\left.\begin{aligned}&\int \mathrm{d}^4 \underset{\cdot}{k}\frac{1}{[\underset{\cdot}{k}^2+(km)^2]^2}=-\pi^2\int_0^{M^2}\frac{K^2\mathrm{d}K^2}{(K^2+m^2)^2}=-\pi^2D\\&D=\lim_{M^2\to\infty}\left(\ln\frac{M^2+m^2}{m^2}+\frac{m^2}{M^2+m^2}-1\right)\end{aligned}\right\} \tag{7.29}$$

再来讨论(7.24)式中反世界理论的发散积分。用威克转动将 k_0 的积分途径顺时针方向转过 90°，从实数轴改变为虚数轴，使 k_0 变为 $-ik_0$，并且改变符号令 $k_0=K_0$，$\vec{k}=\vec{K}$，则 $\underset{\cdot\cdot}{k}^2=(jk_1)^2+(jk_2)^2+(jk_3)^2+(kk_0)^2=-k_1^2-k_2^2-k_3^2+k_0^2=-(\vec{k}^2-k_0^2)$ 变为 $-K^2=(jK_1)^2+(jK_2)^2+(jK_3)^2+(-jK_0)^2=-(\vec{K}^2+K_0^2)$，$\mathrm{d}^4\underset{\cdot\cdot}{k}=\mathrm{d}(jk_1)\mathrm{d}(jk_2)\mathrm{d}(jk_3)\mathrm{d}(kk_0)$ 变为 $-\mathrm{d}^4K=-\mathrm{d}(jK_1)\mathrm{d}(jK_2)\mathrm{d}(jK_3)\mathrm{d}(jK_0)=-\mathrm{d}K_1\mathrm{d}K_2\mathrm{d}K_3\mathrm{d}K_0$，因而也可以导出（7.25）、（7.26）、（7.27）和（7.28）4 个式子。但由于威克转动后，反世界理论的“$\underset{\cdot\cdot}{k}^2$ 变为 $-K^2$”相对于正世界理论的“$\underset{\cdot}{k}^2$ 变为 K^2”发生了突变，故要求反世界理论的 $(km)^2$ 相对于正世界理论的 $(km)^2=m^2$（取

$k^2=1$)也发生突变，否则威克转动后正世界理论发散积分被积函数的分母不存在极点，但反世界理论发散积分被积函数的分母则存在极点，正、反世界理论的数学表述将失去原有的对称性。故要求将反世界理论的 $(km)^2$ 中的 k^2 进行如下变换：$k^2=(-ji)(-ji)=j^2ii=-i_1i_2i_1i_2=-(i_1i_1)(i_2i_2)$，即将 $k^2=1$ 变换为 $-(i_1i_1)(i_2i_2)=-1$，因而有 $(km)^2=k^2m^2=-(i_1i_1)(i_2i_2)m^2=-m^2$。因此有

$$\left.\begin{aligned}&\int d^4\underset{..}{k}\frac{1}{[\underset{..}{k}^2+(km)^2]^2}=-\pi^2\int_0^{M^2}\frac{K^2dK^2}{(-K^2-m^2)^2}=-\pi^2\int_0^{M^2}\frac{K^2dK^2}{(K^2+m^2)^2}=-\pi^2D\\&D=\lim_{M^2\to\infty}\left(\ln\frac{M^2+m^2}{m^2}+\frac{m^2}{M^2+m^2}-1\right)\end{aligned}\right\}\tag{7.30}$$

值得重视的是，这里将 $k^2=1$ 变换成 $-(i_1i_1)(i_2i_2)=-1$ 因而使 $(km)^2=-(i_1i_1)(i_2i_2)m^2=-m^2$ 的做法与第七章第一节的 §2 求解反氢原子束缚态时的做法相同。虽然这种做法也可以应用于某种类型的有限积分［其中有时候需要用 $(k\rho)^2$ 取代 $\int d^4\underset{..}{P}\frac{f(\underset{..}{k}^2)}{[\underset{..}{P}^2+(km)^2+\underset{..}{k}^2yZ(1-y)]^4}$ 类型积分被积函数分母中的光子四维动量平方 $\underset{..}{k}^2$，即令 $\underset{..}{k}^2=-(k\rho)^2$，$\rho$ 是光子的质量］，但要强调的是，单靠这种方法不能完全保证反世界理论在威克转动后仍保持与正世界理论的对称性，为了完全保证反世界理论在威克转动后仍保持与正世界理论的对称性，还要靠其他方法，例如下面在计算反世界理论某种类型的有限积分时，在威克转动后需要采用求积分主值的方法。为此举个简单例子介绍适合于我们这里使用的积分主值概念，求主值 $\int_{-\infty}^{\infty}\frac{dx}{x}$。方法(1)——主值 $\int_{-\infty}^{\infty}\frac{dx}{x}=\lim_{\substack{R\to\infty\\ \varepsilon\to0}}\left[\int_{-R}^{0+\varepsilon}\frac{dx}{x}+\int_{0+\varepsilon}^{R}\frac{dx}{x}\right]=-i\pi$。方法(2)——主值 $\int_{-\infty}^{\infty}\frac{dx}{x}=\lim_{\substack{R\to\infty\\ \varepsilon\to0}}\left[\int_{-R}^{0-\varepsilon}\frac{dx}{x}+\int_{0+\varepsilon}^{R}\frac{dx}{x}\right]=0$。方法（3）(复变函数论方法)——$\int_l\frac{dZ}{Z}=-i\pi$［积分路线 l 是中心在原点半径很小且位于上半平面的半圆周连接上其余（去掉小圆内一小段实轴）全部实轴］。我们将采用方法（1）求如下类型积分的主值：主值 $\int_0^{\infty}\frac{xdx}{(x-a)^3}=\lim_{\substack{R\to\infty\\ \varepsilon\to0}}\left[\int_0^{a+\varepsilon}\frac{xdx}{(x-a)^3}+\int_{a+\varepsilon}^{R}\frac{xdx}{(x-a)^3}\right]=-\frac{1}{2a}$。

（1）含单圈电子自能的图形。

①正世界理论含单圈正电子自能的图形。

$$\begin{aligned}\langle \hat{f}|\hat{S}^{(4)}|\hat{i}\rangle&=\frac{e^2(2\pi)^8}{2V\sqrt{\omega_2\omega_2}}\frac{km}{V\sqrt{E_1E_2}}\int d^4\underset{.}{P}\,\bar{\hat{u}}_2\hat{e}_2\hat{S}_F(\underset{.}{P})\hat{\sum}^{(2)}(\underset{.}{P})\hat{S}_F(\underset{.}{P})\hat{e}_1\hat{u}_1\delta^4\\&\quad(\hat{P}_1+\hat{k}_1-\hat{P})\delta^4(\hat{P}-\hat{P}_2-\hat{k}_2)=\hat{F}\hat{\sum}^{(2)}(\underset{.}{P})\hat{G}\end{aligned}\tag{7.31}$$

其中 $\hat{e}=e_\mu^\lambda\gamma_\mu$，

$$\hat{\sum}^{(2)}(\underset{.}{P})=e^2\int d^4\underset{.}{k}\frac{1}{\underset{.}{k}^2}\gamma_\mu\frac{i(\hat{\underset{.}{P}}-\hat{\underset{.}{k}})-km}{(\underset{.}{P}-\underset{.}{k})^2+(km)^2}\gamma_\mu\tag{7.32}$$

其中 k 是本书的代数基元。为方便计算，令 $V=1$。经过极点集中和原点移动等步骤，可将（7.32）式写为

$$\underset{\wedge}{\sum}{}^{(2)}(\underset{\cdot}{P})=\frac{i\pi^2e^2\hat{\underset{\cdot}{P}}}{2}-2e^2\int \mathrm{d}^4\underset{\cdot}{k}\int_0^1\mathrm{d}x\,\frac{i\,\hat{\underset{\cdot}{P}}(1-x)+2km-i\,\hat{\underset{\cdot}{k}}}{(\underset{\cdot}{k}^2+\underset{\wedge}{l}^2)^2} \tag{7.33}$$

$$\underset{\wedge}{l}^2=(km)^2x^2+[\underset{\cdot}{P}^2+(km)^2]x(1-x)$$

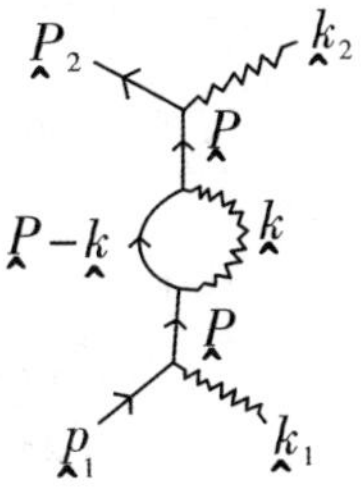

将（7.33）式展开成为 $\underset{\wedge}{S}_F^{-1}(\underset{\cdot}{P})=(2\pi)^4(i\,\hat{\underset{\cdot}{P}}+km)$ 的幂级数：

$$\underset{\wedge}{\sum}{}^{(2)}(\underset{\cdot}{P})=-(2\pi)^4\underset{\wedge}{A}+\underset{\wedge}{B}\underset{\wedge}{S}_F^{-1}(\underset{\cdot}{P})+\underset{\wedge}{S}_F^{-2}(\underset{\cdot}{P})\underset{\wedge}{\sum}{}_F^{(2)}(\underset{\cdot}{P}) \tag{7.34}$$

其中

$$\underset{\wedge}{A}=-\frac{e^2(km)}{(2\pi)^4}\left\{\frac{\pi^2}{2}+2\int\mathrm{d}^4\underset{\cdot}{k}\int_0^1\mathrm{d}x\,\frac{1+x}{[\underset{\cdot}{k}^2+(km)^2x^2]^2}\right\}=\frac{\alpha}{2\pi}km\left(\frac{3}{2}D+\frac{9}{4}\right),\quad \alpha=\frac{e^2}{4\pi} \tag{7.35}$$

$$\begin{aligned}\underset{\wedge}{B}&=-\frac{\alpha}{8\pi}+\frac{\alpha}{2\pi^3}\int\mathrm{d}^4\underset{\cdot}{k}\int_0^1\mathrm{d}x\,\frac{1-x}{[\underset{\cdot}{k}^2+(km)^2x^2]^2}+\frac{\alpha}{\pi}\int_0^1\mathrm{d}x\int_0^1\mathrm{d}Z\,\frac{(1-x)(1+x)}{x}\\&=-\frac{\alpha}{4\pi}\left(D-4\int_0^1\frac{\mathrm{d}x}{x}+\frac{11}{2}\right)\end{aligned} \tag{7.36}$$

D 是紫外发散，$\int_0^1\frac{\mathrm{d}x}{x}$ 是红外发散，$\underset{\wedge}{\sum}{}_F^{(2)}(\underset{\cdot}{P})$ 不含紫外发散，但含有红外发散，这里省略了它的表示式。

②反世界理论含单圈反电子自能的图形。

$$\begin{aligned}\left\langle \underset{\vee}{f}\left|\underset{\vee}{S}^{(4)}\right|\underset{\vee}{i}\right\rangle&=\frac{e^2(2\pi)^8km}{2\sqrt{\omega_1\omega_2E_1E_2}}\int\mathrm{d}^4\underset{..}{P}\,\underset{\vee}{\bar{U}}_2\hat{e}_2\,\underset{\vee}{S}_F(\underset{..}{P})\underset{\vee}{\sum}{}^{(2)}(\underset{..}{P})\underset{\vee}{S}_F(\underset{..}{P})\hat{e}_1\,\underset{\vee}{U}_1\delta^4(\underset{\vee}{P}_1+\underset{\vee}{k}_1-\underset{\vee}{P})\\&\quad\delta^4(\underset{\vee}{P}-\underset{\vee}{P}_2-\underset{\vee}{k}_2)=\underset{\vee}{F}\underset{\vee}{\sum}{}^{(2)}(\underset{..}{P})\underset{\vee}{G}\end{aligned} \tag{7.37}$$

其中

$$\underset{\vee}{\sum}{}^{(2)}(\underset{..}{P})=e^2\int\mathrm{d}^4\underset{..}{k}\,\frac{1}{\underset{..}{k}^2}\gamma_\mu\,\frac{i(\hat{\underset{..}{P}}-\hat{\underset{..}{k}})-km}{(\underset{..}{P}-\underset{..}{k})^2+(km)^2}\gamma_\mu \tag{7.38}$$

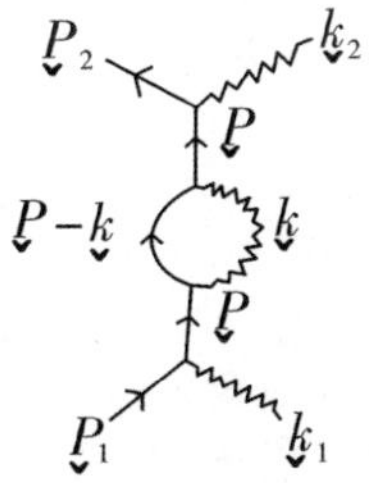

经过极点集中和原点移动等步骤，可将（7.38）式写为

$$\underset{\vee}{\Sigma}^{(2)}(\underset{\cdot\cdot}{P}) = \frac{i\pi^2 e^2 \hat{\underset{\cdot\cdot}{P}}}{2} - 2e^2 \int \mathrm{d}^4 \underset{\cdot\cdot}{k} \int_0^1 \mathrm{d}x \frac{i\hat{\underset{\cdot\cdot}{P}}(1-x) + 2km - i\hat{\underset{\cdot\cdot}{k}}}{(\underset{\cdot\cdot}{k}^2 + \underset{\vee}{l}^2)^2} \tag{7.39}$$

$$\underset{\vee}{l}^2 = (km)^2 x^2 + [\underset{\cdot\cdot}{P}^2 + (km)^2] x(1-x)$$

将（7.39）式展开成为$\underset{\vee}{S}_F^{-1}(\underset{\cdot\cdot}{P}) = (2\pi)^4 (i\hat{\underset{\cdot\cdot}{P}} + km)$的幂级数：

$$\underset{\vee}{\sum}^{(2)}(\underset{\cdot\cdot}{P}) = -(2\pi)^4 \underset{\vee}{A} + \underset{\vee}{B}\underset{\vee}{S}_F^{-1}(\underset{\cdot\cdot}{P}) + \underset{\vee}{S}_F^{-2}(\underset{\cdot\cdot}{P}) \underset{\vee}{\sum}_F^{(2)}(\underset{\cdot\cdot}{P}) \tag{7.40}$$

其中

$$\underset{\vee}{A} = -\frac{e^2(km)}{(2\pi)^4}\left\{\frac{\pi^2}{2} + 2\int \mathrm{d}^4 \underset{\cdot\cdot}{k} \int_0^1 \mathrm{d}x \frac{1+x}{[\underset{\cdot\cdot}{k}^2 + (km)^2 x^2]^2}\right\} = \frac{\alpha}{2\pi} km\left(\frac{3}{2}D + \frac{9}{4}\right) \tag{7.41}$$

$$\underset{\vee}{B} = -\frac{\alpha}{8\pi} + \frac{\alpha}{2\pi^3}\int \mathrm{d}^4 \underset{\cdot\cdot}{k} \int_0^1 \mathrm{d}x \frac{1-x}{[\underset{\cdot\cdot}{k}^2 + (km)^2 x^2]^2} + \frac{\alpha}{\pi}\int_0^1 \mathrm{d}x \int_0^1 \mathrm{d}Z \frac{(1-x)(1+x)}{x}$$

$$= -\frac{\alpha}{4\pi}\left(D - 4\int_0^1 \frac{\mathrm{d}x}{x} + \frac{11}{2}\right) \tag{7.42}$$

D是紫外发散，$\int_0^1 \frac{\mathrm{d}x}{x}$是红外发散，$\underset{\vee}{\sum}_F^{(2)}(\underset{\cdot\cdot}{P})$不含紫外发散，但含有红外发散，这里省略了它的表示式。

（2）含单圈真空极化的图形。

①正世界理论含单圈真空极化的图形。

$$\left\langle \underset{\wedge}{f} \middle| \underset{\wedge}{S}^{(4)} \middle| \underset{\wedge}{i} \right\rangle = e^2 (2\pi)^8 \frac{(km)^2}{\sqrt{E_1 E_2 E_3 E_4}} \int \mathrm{d}^4 \underset{\cdot}{k} \underset{\wedge}{\bar{u}}_3 \gamma_\mu \underset{\wedge}{u}_1 \underset{\wedge}{D}_F(\underset{\cdot}{k}) \cap_{\mu\nu}^{(2)}(\underset{\cdot}{k}) \underset{\wedge}{D}_F(\underset{\cdot}{k}) \underset{\wedge}{\bar{u}}_4 \gamma_\nu \underset{\wedge}{u}_2 \delta^4$$

$$(\underset{\wedge}{P}_1 - \underset{\wedge}{P}_3 - \underset{\wedge}{k}) \delta^4 (\underset{\wedge}{k} + \underset{\wedge}{P}_2 - \underset{\wedge}{P}_4) = \underset{\wedge}{H}_{1\mu} \cap_{\mu\nu}^{(2)}(\underset{\cdot}{k}) \underset{\wedge}{H}_{2\nu} \tag{7.43}$$

其中

$$\cap_{\mu\nu}^{(2)}(\underset{\cdot}{k}) = e^2 \int \mathrm{d}^4 \underset{\cdot}{P} SP \cdot \left[\gamma_\mu \frac{i\hat{\underset{\cdot}{P}} - km}{\underset{\cdot}{P}^2 + (km)^2} \gamma_\nu \frac{i(\hat{\underset{\cdot}{P}} - \hat{\underset{\cdot}{k}}) - km}{(\underset{\cdot}{P} - \underset{\cdot}{k})^2 + (km)^2}\right] \tag{7.44}$$

$\underset{\cdot}{\cap}_{\mu\nu}^{(2)}(\underset{\cdot}{k})$作为一个满足电荷守恒的二级张量，其一般形式应是

$$\left.\begin{aligned} \underset{\cdot}{\cap}_{\mu\nu}^{(2)}(\underset{\cdot}{k}) &= (\underset{\cdot}{k}_\mu \underset{\cdot}{k}_\nu - \underset{\cdot}{k}^2 \delta_{\mu\nu}) \underset{\wedge}{\cap}^{(2)}(\underset{\cdot}{k}^2) \\ \underset{\cdot}{\cap}_{\mu\mu}^{(2)}(\underset{\cdot}{k}) &= -3\underset{\cdot}{k}^2 \underset{\wedge}{\cap}^{(2)}(\underset{\cdot}{k}^2) \end{aligned}\right\} \tag{7.45}$$

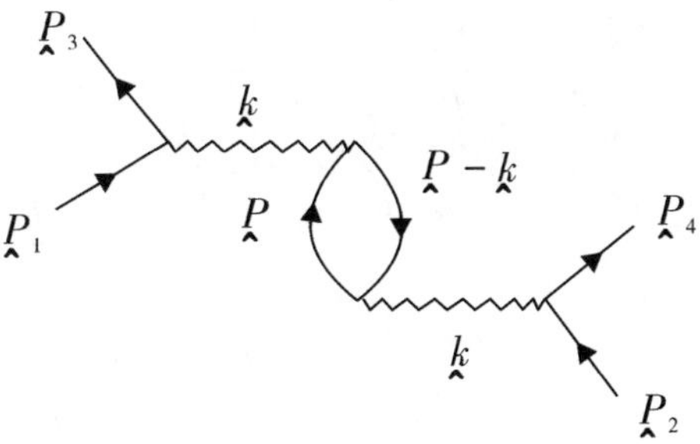

按电荷守恒和规范不变性的要求，可求得

$$\cap_{\mu\mu}^{(2)}(k)=8e^2\int \mathrm{d}^4P\left\{\frac{P^2-Pk+2(km)^2}{[P^2+(km)^2][(P-k)^2+(km)^2]}-\frac{P^2+2(km)^2}{[P^2+(km)^2]^2}\right\} \tag{7.46}$$

经过极点集中、原点移动等步骤，可将(7.46)式写为

$$\left.\begin{aligned}&\cap_{\mu\mu}^{(2)}(k)=-\frac{8}{3}e^2\pi^2k^2-16e^2\int \mathrm{d}^4P\int_0^1\mathrm{d}y\,\frac{(1-y)R}{(P^2+l^2)^3}\\&R=(2y-1)k^2\left[\frac{3}{2}P^2+k^2y(y-1)+2(km)^2\right],\ l^2=(km)^2+k^2y(1-y)\end{aligned}\right\} \tag{7.47}$$

将$\cap_{\mu\mu}^{(2)}(k)$展开成为$D_F^{-1}(k)=(2\pi)^4k^2$的幂级数：

$$\cap_{\mu\mu}^{(2)}(k)=3[C\cdot D_F^{-1}(k)+\cap_F^{(2)}(k^2)D_F^{-2}(k)] \tag{7.48}$$

其中

$$\begin{aligned}C&=-\frac{2\alpha}{9\pi}-\frac{4\alpha}{3\pi^3}\int \mathrm{d}^4P\int_0^1\mathrm{d}y\cdot(1-y)(2y-1)\frac{\frac{3}{2}P^2+2(km)^2}{[P^2+(km)^2]^3}\\&=-\frac{\alpha}{3\pi}\left(D+\frac{5}{6}\right)\end{aligned} \tag{7.49}$$

D是紫外发散，而$\cap_F^{(2)}(k^2)$则是有限部分，保留它的协变形式。

②反世界理论含单圈真空极化的图形。

$$\begin{aligned}\left\langle f\left|S^{(4)}\right|i\right\rangle=&\frac{e^2(2\pi)^8(km)^2}{\sqrt{E_1E_2E_3E_4}}\int \mathrm{d}^4k\,\bar{U}_3\gamma_\mu U_1D_F(k)\cap_{\mu\nu}^{(2)}(k)D_F(k)\bar{U}_4\gamma_\nu U_2\delta^4\\&(P_1-P_3-k)\delta^4(k+P_2-P_4)=H_{1\mu}\cap_{\mu\nu}^{(2)}(k)H_{2\nu}\end{aligned} \tag{7.50}$$

其中

$$\cap_{\mu\nu}^{(2)}(k)=e^2\int \mathrm{d}^4P\,SP\cdot\left[\gamma_\mu\frac{i\hat{P}-km}{P^2+(km)^2}\gamma_\nu\frac{i(\hat{P}-\hat{k})-km}{(P-k)^2+(km)^2}\right] \tag{7.51}$$

$\cap_{\mu\nu}^{(2)}(k)$作为一个满足电荷守恒的二级张量，其一般形式应是

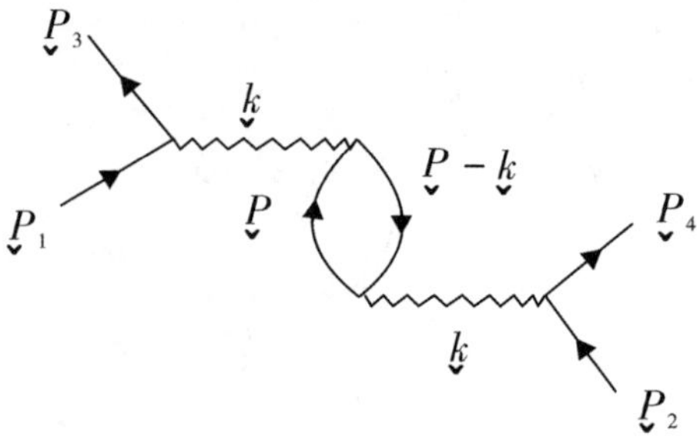

$$\left.\begin{aligned}&\underset{\cdot\cdot}{\cap}^{(2)}_{\mu\nu}(\underset{\cdot\cdot}{k}) = (\underset{\cdot\cdot}{k}_\mu \underset{\cdot\cdot}{k}_\nu - \underset{\cdot\cdot}{k}^2\delta_{\mu\nu})\underset{\vee}{\cap}^{(2)}(\underset{\cdot\cdot}{k}^2)\\ &\underset{\cdot\cdot}{\cap}^{(2)}_{\mu\mu}(\underset{\cdot\cdot}{k}) = -3\underset{\cdot\cdot}{k}^2\underset{\vee}{\cap}^{(2)}(\underset{\cdot\cdot}{k}^2)\end{aligned}\right\}\tag{7.52}$$

按电荷守恒和规范不变性的要求，可求得

$$\underset{\cdot\cdot}{\cap}^{(2)}_{\mu\mu}(\underset{\cdot\cdot}{k}) = 8e^2\int \mathrm{d}^4\underset{\cdot\cdot}{P}\left\{\frac{\underset{\cdot\cdot}{P}^2-\underset{\cdot\cdot}{P}\,\underset{\cdot\cdot}{k}+2(km)^2}{[\underset{\cdot\cdot}{P}^2+(km)^2][(\underset{\cdot\cdot}{P}-\underset{\cdot\cdot}{k})^2+(km)^2]}-\frac{\underset{\cdot\cdot}{P}^2+2(km)^2}{[\underset{\cdot\cdot}{P}^2+(km)^2]^2}\right\}\tag{7.53}$$

经过极点集中、原点移动等步骤，可将（7.53）式写为

$$\left.\begin{aligned}&\underset{\cdot\cdot}{\cap}^{(2)}_{\mu\mu}(\underset{\cdot\cdot}{k}) = -\frac{8}{3}e^2\pi^2\underset{\cdot\cdot}{k}^2-16e^2\int\mathrm{d}^4\underset{\cdot\cdot}{P}\int_0^1\mathrm{d}y\,\frac{(1-y)\underset{\vee}{R}}{(\underset{\cdot\cdot}{P}^2+\underset{\vee}{l}^2)^3}\\ &\underset{\vee}{R}=(2y-1)\underset{\cdot\cdot}{k}^2\left[\frac{3}{2}\underset{\cdot\cdot}{P}^2+\underset{\cdot\cdot}{k}^2y(y-1)+2(km)^2\right],\ \underset{\vee}{l}^2=(km)^2+\underset{\cdot\cdot}{k}^2y(1-y)\end{aligned}\right\}\tag{7.54}$$

将$\underset{\cdot\cdot}{\cap}^{(2)}_{\mu\mu}(\underset{\cdot\cdot}{k})$展开成为$\underset{\vee}{D}_F^{-1}(\underset{\cdot\cdot}{k})=(2\pi)^4\underset{\cdot\cdot}{k}^2$的幂级数：

$$\underset{\cdot\cdot}{\cap}^{(2)}_{\mu\mu}(\underset{\cdot\cdot}{k}) = 3[\underset{\vee}{C}\cdot\underset{\vee}{D}_F^{-1}(\underset{\cdot\cdot}{k})+\underset{\vee}{\cap}^{(2)}_F(\underset{\cdot\cdot}{k}^2)\underset{\vee}{D}_F^{-2}(\underset{\cdot\cdot}{k})]\tag{7.55}$$

其中

$$\begin{aligned}\underset{\vee}{C}&=-\frac{2\alpha}{9\pi}-\frac{4\alpha}{3\pi^3}\int\mathrm{d}^4\underset{\cdot\cdot}{P}\int_0^1\mathrm{d}y\cdot(1-y)(2y-1)\frac{\frac{3}{2}\underset{\cdot\cdot}{P}^2+2(km)^2}{[\underset{\cdot\cdot}{P}^2+(km)^2]^3}\\ &=-\frac{\alpha}{3\pi}\left(D+\frac{5}{6}\right)\end{aligned}\tag{7.56}$$

D是紫外发散，而$\underset{\vee}{\cap}^{(2)}_F(\underset{\cdot\cdot}{k}^2)$则是有限部分，保留它的协变形式。

（3）含单圈顶角因子的图形。

①正世界理论含单圈顶角因子的图形。

$$\begin{aligned}\left\langle \underset{\wedge}{f}\left|\underset{\wedge}{S}^{(4)}\right|\underset{\wedge}{i}\right\rangle &= ie^2(2\pi)^4\frac{(km)^2}{\sqrt{E_1E_2E'_1E'_2}}\underset{\wedge}{\bar{u}}_2(\underset{\cdot}{P}_2)\Lambda_\mu^{(2)}(\underset{\cdot}{q},\hat{\underset{\cdot}{P}}_1)\underset{\wedge}{u}_1(\underset{\cdot}{P}_1)\frac{1}{\underset{\cdot}{q}^2}\underset{\wedge}{\bar{u}'_2}(\underset{\cdot}{P}'_2)\gamma_\mu\underset{\wedge}{u'_1}(\underset{\cdot}{P}'_1)\delta^4\\ &\quad(\underset{\wedge}{P}_2+\underset{\wedge}{P}'_2-\underset{\wedge}{P}_1-\underset{\wedge}{P}'_1)=\underset{\wedge}{\bar{u}}_2(\underset{\cdot}{P}_2)\Lambda_\mu^{(2)}(\underset{\cdot}{q},\hat{\underset{\cdot}{P}}_1)\underset{\wedge}{u}_1(\underset{\cdot}{P}_1)\underset{\cdot}{H}_\mu\end{aligned}\tag{7.57}$$

其中

$$\Lambda_\mu^{(2)}(\underset{\cdot}{q},\hat{\underset{\cdot}{P}}_1)=\frac{e^2}{(2\pi)^4}\int\mathrm{d}^4\underset{\cdot}{k}\,\frac{1}{\underset{\cdot}{k}^2}\gamma_\nu\frac{i(\hat{\underset{\cdot}{P}}_2-\hat{\underset{\cdot}{k}})-km}{(\underset{\cdot}{P}_2-\underset{\cdot}{k})^2+(km)^2}\gamma_\mu\frac{i(\hat{\underset{\cdot}{P}}_1-\hat{\underset{\cdot}{k}})-km}{(\underset{\cdot}{P}_1-\underset{\cdot}{k})^2+(km)^2}\gamma_\nu\tag{7.58}$$

可将 (7.58) 式写为

$$\underset{.}{\wedge}{}_{\mu}^{(2)}(\underset{.}{q},\ \hat{\underset{.}{P}}_1) = \underset{.}{\wedge}{}_{\mu}^{(2)}(0,\ jm) + \underset{.}{\wedge}{}_{1\mu}^{(2)}(\underset{.}{q},\ \hat{\underset{.}{P}}_1) \tag{7.59}$$

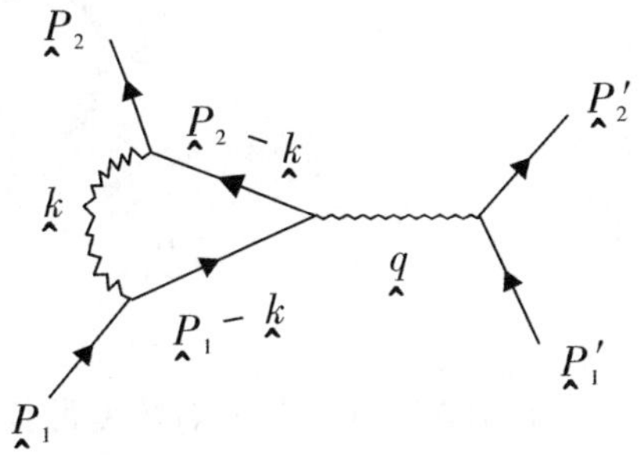

其中$\underset{.}{\wedge}{}_{\mu}^{(2)}(0,\ jm)$ 对数发散而$\underset{.}{\wedge}{}_{1\mu}^{(2)}(\underset{.}{q},\ \hat{\underset{.}{P}}_1)$则不含紫外发散。$\underset{.}{\wedge}{}_{\mu}^{(2)}(0,\ jm)$对应的情况是：图中左边的正电子没有被右边正电子的电磁场所散射，即$\underset{\wedge}{P}_1 = \underset{\wedge}{P}_2$，$\underset{\wedge}{q} = \underset{\wedge}{P}_2 - \underset{\wedge}{P}_1 = 0$，$(\hat{\underset{.}{P}}_1 - jm)\underset{\wedge}{u}_1(\underset{.}{P}_1) = 0$，$\underset{\wedge}{\bar{u}}_2(\underset{.}{P}_2)(\hat{\underset{.}{P}}_2 - jm) = 0$，其中$jm = i(km)$。由(7.58)式经过极点集中、原点移动等步骤，可以求得

$$\underset{.}{\wedge}{}_{\mu}^{(2)}(0,\ jm) = \underset{\wedge}{L}\gamma_{\mu} \tag{7.60}$$

其中

$$\underset{\wedge}{L} = \frac{\alpha}{2\pi^3}\int \mathrm{d}^4\underset{.}{k}\int_0^1 \mathrm{d}x \cdot x\left\{\frac{(km)^2(4-4x-x^2)}{[\underset{.}{k}^2+(km)^2x^2]^3} - \frac{1}{[\underset{.}{k}^2+(km)^2x^2]^2}\right\}$$

$$= \frac{\alpha}{4\pi}\left(D - 4\int_0^1\frac{\mathrm{d}x}{x} + \frac{11}{2}\right) \tag{7.61}$$

D 是紫外发散，$\int_0^1 \frac{\mathrm{d}x}{x}$是红外发散，(7.59) 式中的$\underset{.}{\wedge}{}_{1\mu}^{(2)}(\underset{.}{q},\ \hat{\underset{.}{P}}_1)$ 不含紫外发散，但含红外发散。

②反世界理论含单圈顶角因子的图形。

$$\left\langle \check{f}\left|\check{S}^{(4)}\right|\check{i}\right\rangle = ie^2(2\pi)^4\frac{(km)^2}{\sqrt{E_1E_2E'_1E'_2}}\check{\bar{U}}_2(\ddot{P}_2)\ddot{\wedge}{}_{\mu}^{(2)}(\ddot{q},\ \hat{\ddot{P}}_1)\check{U}_1(\ddot{P}_1)\frac{1}{\ddot{q}^2}\check{\bar{U}}'_2(\ddot{P}'_2)\gamma_{\mu}\check{U}'_1$$

$$(\ddot{P}'_1)\delta^4(\check{P}_2 + \check{P}'_2 - \check{P}_1 - \check{P}'_1) = \check{\bar{U}}_2(\ddot{P}_2)\ddot{\wedge}{}_{\mu}^{(2)}(\ddot{q},\ \hat{\ddot{P}}_1)\check{U}_1(\ddot{P}_1)\ddot{H}_{\mu} \tag{7.62}$$

其中

$$\ddot{\wedge}{}_{\mu}^{(2)}(\ddot{q},\ \hat{\ddot{P}}_1) = \frac{e^2}{(2\pi)^4}\int \mathrm{d}^4\ddot{k}\ \frac{1}{\ddot{k}^2}\gamma_{\nu}\frac{i(\hat{\ddot{P}}_2 - \hat{\ddot{k}}) - km}{(\ddot{P}_2 - \ddot{k})^2 + (km)^2}\gamma_{\mu}\frac{i(\hat{\ddot{P}}_1 - \hat{\ddot{k}}) - km}{(\ddot{P}_1 - \ddot{k})^2 + (km)^2}\gamma_{\nu} \tag{7.63}$$

可将 (7.63) 式写为

$$\ddot{\wedge}{}_{\mu}^{(2)}(\ddot{q},\ \hat{\ddot{P}}_1) = \ddot{\wedge}{}_{\mu}^{(2)}(0,\ jm) + \ddot{\wedge}{}_{1\mu}^{(2)}(\ddot{q},\ \hat{\ddot{P}}_1) \tag{7.64}$$

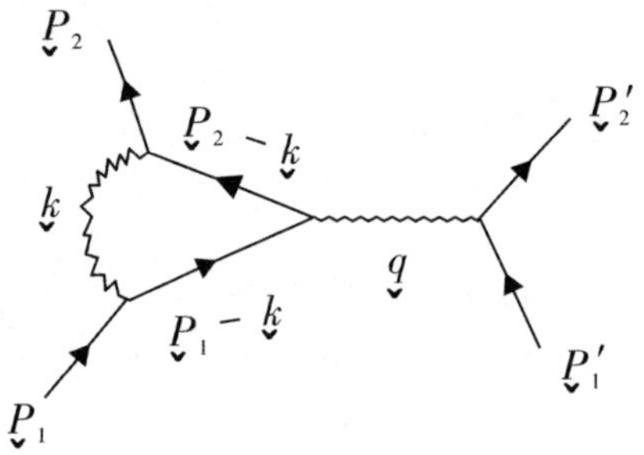

其中$\underset{\cdot\cdot}{\Lambda}_{\mu}^{(2)}(0, jm)$对数发散而$\underset{\cdot\cdot}{\Lambda}_{1\mu}^{(2)}(\underset{\cdot\cdot}{q}, \underset{\cdot\cdot}{\hat{P}}_1)$则不含紫外发散。$\underset{\cdot\cdot}{\Lambda}_{\mu}^{(2)}(0, jm)$对应的情况是：图中左边的反电子没有被右边反电子的电磁场所散射，即$\underset{\vee}{P}_1 = \underset{\vee}{P}_2$，$\underset{\vee}{q} = \underset{\vee}{P}_2 - \underset{\vee}{P}_1 = 0$，$(\underset{\cdot\cdot}{\hat{P}}_1 - jm)\underset{\vee}{U}_1(\underset{\cdot\cdot}{P}_1) = 0$，$\bar{\underset{\vee}{U}}_2(\underset{\cdot\cdot}{P}_2)(\underset{\cdot\cdot}{\hat{P}}_2 - jm) = 0$。由(7.63)式经过极点集中、原点移动等步骤，可以求得

$$\underset{\cdot\cdot}{\Lambda}_{\mu}^{(2)}(0, jm) = \underset{\vee}{L}\gamma_{\mu} \tag{7.65}$$

其中

$$\begin{aligned}\underset{\vee}{L} &= \frac{\alpha}{2\pi^3}\int d^4\underset{\cdot\cdot}{k}\int_0^1 dx \cdot x\left\{\frac{(km)^2(4-4x-x^2)}{[\underset{\cdot\cdot}{k}^2+(km)^2x^2]^3} - \frac{1}{[\underset{\cdot\cdot}{k}^2+(km)^2x^2]^2}\right\} \\ &= \frac{\alpha}{4\pi}\left(D - 4\int_0^1\frac{dx}{x} + \frac{11}{2}\right)\end{aligned} \tag{7.66}$$

D是紫外发散，$\int_0^1\frac{dx}{x}$是红外发散，(7.64)式中的$\underset{\cdot\cdot}{\Lambda}_{1\mu}^{(2)}(\underset{\cdot\cdot}{q}, \underset{\cdot\cdot}{\hat{P}}_1)$则不含紫外发散，但含红外发散。

§2　变换 R

(1)同一个惯性系中正、反世界经典场的变换。

做时空坐标和四维动量变换

$$\left.\begin{aligned}&\underset{\cdot\cdot}{x}_{\mu} = -i_1 i_2\, \underset{\cdot}{x}_{\mu},\quad \underset{\cdot\cdot}{\partial}_{\mu} = -i_1 i_2\, \underset{\cdot}{\partial}_{\mu} \\ &\underset{\cdot\cdot}{P}_{\mu} = -i_1 i_2\, \underset{\cdot}{P}_{\mu}\end{aligned}\right\} \tag{7.67}$$

不难证明，在(7.67)式变换下，反世界场变为正世界场。下面只对旋量场做出证明。电磁场变换显而易见，为节省篇幅，不做证明。令

$$\underset{\vee}{\psi}(\underset{\cdot\cdot}{x}, \underset{\cdot\cdot}{P}) = S\,\underset{\wedge}{\psi}(\underset{\cdot}{x}, \underset{\cdot}{P}) \tag{7.68}$$

则反世界方程$(\gamma_{\mu}\underset{\cdot\cdot}{\partial}_{\mu} + km)\underset{\vee}{\psi}(\underset{\cdot\cdot}{x}, \underset{\cdot\cdot}{P}) = 0$变为

$$(-\gamma_{\mu} i_1 i_2\, \underset{\cdot}{\partial}_{\mu} + km)S\,\underset{\wedge}{\psi}(\underset{\cdot}{x}, \underset{\cdot}{P}) = 0 \tag{7.69}$$

用S^{-1}左乘(7.69)式，令

$$-S^{-1}\gamma_{\mu}Si_1i_2=\gamma_{\mu} \tag{7.70}$$

可以将（7.70）式写成

$$S^{-1}\gamma_{\mu}S=-i_1i_2\gamma_{\mu} \tag{7.71}$$

则（7.69）式变为正世界方程

$$(\gamma_{\mu}\underset{\cdot}{\partial}_{\underset{\cdot}{\mu}}+km)\underset{\wedge}{\psi}(\underset{\cdot}{x},\ \underset{\cdot}{P})=0$$

下面来证明，满足上述（7.71）式要求的 S 和 S^{-1} 为

$$S=i^{\frac{1}{2}}E_1E_2E_3E_4\gamma_5,\ S^{-1}=(-i)^{\frac{1}{2}}\gamma_5E_4^{-1}E_3^{-1}E_2^{-1}E_1^{-1} \tag{7.72}$$

其中

$$E_1=\begin{bmatrix}\dfrac{-\vec{\sigma}\cdot\vec{P}}{\underset{\wedge}{E}-m} & O\\ O & \dfrac{\vec{\sigma}\cdot\vec{P}}{\underset{\vee}{E}+im}\end{bmatrix},\ E_2=\begin{bmatrix}\dfrac{\vec{\sigma}\cdot\vec{P}}{\underset{\vee}{E}+im} & O\\ O & \dfrac{-\vec{\sigma}\cdot\vec{P}}{\underset{\wedge}{E}-m}\end{bmatrix},\ E_3=\begin{bmatrix}\dfrac{-\vec{\sigma}\cdot\vec{P}}{\underset{\vee}{E}+im}\dfrac{\vec{\sigma}\cdot\vec{P}}{\underset{\wedge}{E}+m} & O\\ O & I\end{bmatrix},$$

$$E_4=\begin{bmatrix}I & O\\ O & \dfrac{-\vec{\sigma}\cdot\vec{P}}{\underset{\vee}{E}+im}\dfrac{\vec{\sigma}\cdot\vec{P}}{\underset{\wedge}{E}+m}\end{bmatrix},\ E_1^{-1}=\begin{bmatrix}\dfrac{-\vec{\sigma}\cdot\vec{P}}{\underset{\wedge}{E}+m} & O\\ O & \dfrac{\vec{\sigma}\cdot\vec{P}}{\underset{\vee}{E}-im}\end{bmatrix},\ E_2^{-1}=\begin{bmatrix}\dfrac{\vec{\sigma}\cdot\vec{P}}{\underset{\vee}{E}-im} & O\\ O & \dfrac{-\vec{\sigma}\cdot\vec{P}}{\underset{\wedge}{E}+m}\end{bmatrix},$$

$$E_3^{-1}=\begin{bmatrix}\dfrac{-\vec{\sigma}\cdot\vec{P}}{\underset{\vee}{E}-im}\dfrac{\vec{\sigma}\cdot\vec{P}}{\underset{\wedge}{E}-m} & O\\ O & I\end{bmatrix},\ E_4^{-1}=\begin{bmatrix}I & O\\ O & \dfrac{-\vec{\sigma}\cdot\vec{P}}{\underset{\vee}{E}-im}\dfrac{\vec{\sigma}\cdot\vec{P}}{\underset{\wedge}{E}-m}\end{bmatrix},\ \gamma_5=\begin{bmatrix}O & -I\\ -I & O\end{bmatrix},$$

I 是 2×2 单位矩阵，0 是 2×2 零矩阵。不难证明 $E_1E_2E_3E_4\gamma_{\mu}=\gamma_{\mu}E_1E_2E_3E_4(\mu=1,\ 2,\ 3,\ 4,\ 5)$，$E_1$、$E_2$、$E_3$、$E_4$ 之间也可以交换位置。于是有

$$S^{-1}S=(-i)^{\frac{1}{2}}i^{\frac{1}{2}}=(-ii)^{\frac{1}{2}}=1$$

再利用 $\gamma_{\mu}\gamma_5=-\gamma_5\gamma_{\mu}(\mu=1,\ 2,\ 3,\ 4)$则有

$$S^{-1}\gamma_{\mu}S=-S^{-1}S\gamma_{\mu}=-(-i)^{\frac{1}{2}}i^{\frac{1}{2}}\gamma_{\mu}=-(-i_1i_2)^{\frac{1}{2}}(i_1i_2)^{\frac{1}{2}}\gamma_{\mu}=-(-i_1i_2i_1i_2)^{\frac{1}{2}}\gamma_{\mu}=$$
$$-[-(i_1i_1)(i_2i_2)]^{\frac{1}{2}}\gamma_{\mu}=-(-1)^{\frac{1}{2}}\gamma_{\mu}=-i\gamma_{\mu}=-i_1i_2\gamma_{\mu}$$

因而证明了（7.72）式的 S 和 S^{-1} 满足了（7.71）式。

令

$$\overline{\underset{\vee}{\psi}}(\underset{\cdot\cdot}{x},\ \underset{\cdot\cdot}{P})=\overline{\underset{\wedge}{\psi}}(\underset{\cdot}{x},\ \underset{\cdot}{P})S^{-1} \tag{7.73}$$

则反世界共轭方程 $\overline{\underset{\vee}{\psi}}(\underset{\cdot\cdot}{x},\ \underset{\cdot\cdot}{P})(\gamma_{\mu}\overset{\leftarrow}{\underset{\cdot\cdot}{\partial}}_{\mu}-km)=0$ 变为

$$\overline{\underset{\wedge}{\psi}}(\underset{\cdot}{x},\ \underset{\cdot}{P})S^{-1}(-\gamma_{\mu}i_1i_2\overset{\leftarrow}{\underset{\cdot}{\partial}}_{\mu}-km)=0 \tag{7.74}$$

用 S 右乘（7.74）式，令

$$-S^{-1}\gamma_\mu S i_1 i_2=\gamma_\mu \text{ 即 } S^{-1}\gamma_\mu S=-i_1 i_2\gamma_\mu$$

则（7.74）式变为正世界共轭方程

$$\underset{\wedge}{\bar\psi}(\underset{\cdot}{x},\ \underset{\cdot}{P})(\gamma_\mu\overleftarrow{\partial}\underset{\cdot}{\mu}-km)=0$$

下面来证明 $S\underset{\wedge}{u}_{\vec P,\sigma}=\underset{\vee}{U}_{-\vec P,\sigma}$ 和 $\underset{\wedge}{\bar u}_{\vec P,\sigma}S^{-1}=\underset{\vee}{\bar U}_{-\vec P,\sigma}$。由第三章第二节§2已知

$$\underset{\wedge}{u}_{\vec P,\sigma}=\underset{\wedge}{A}\underset{\wedge}{u}^{\circ}_{\vec P,\sigma},\quad \underset{\wedge}{\bar u}_{\vec P,\sigma}=\underset{\wedge}{A}\underset{\wedge}{\bar u}^{\circ}_{\vec P,\sigma},\quad \underset{\vee}{U}_{-\vec P,\sigma}=\underset{\vee}{A}\underset{\vee}{U}^{\circ}_{-\vec P,\sigma},\quad \underset{\vee}{\bar U}_{-\vec P,\sigma}=\underset{\vee}{A}\underset{\vee}{\bar U}^{\circ}_{-\vec P,\sigma},$$

其中

$$\underset{\wedge}{u}^{\circ}_{\vec P,\sigma}=\begin{bmatrix}\varphi_\sigma\\ \dfrac{\vec\sigma\cdot\vec P}{\underset{\wedge}{E}+m}\varphi_\sigma\end{bmatrix},\quad \underset{\vee}{U}^{\circ}_{-\vec P,\sigma}=\begin{bmatrix}\varphi_\sigma\\ \dfrac{-\vec\sigma\cdot\vec P}{\underset{\vee}{E}+im}\varphi_\sigma\end{bmatrix},$$

$$\underset{\wedge}{\bar u}^{\circ}_{\vec P,\sigma}=\left[\varphi_\sigma^{+},\ -\varphi_\sigma^{+}\frac{\vec\sigma\cdot\vec P}{\underset{\wedge}{E}+m}\right],\quad \underset{\vee}{\bar U}^{\circ}_{-\vec P,\sigma}=\sigma i\left[-\varphi_\sigma^{+}\frac{\vec\sigma\cdot\vec P}{\underset{\vee}{E}-im},\ -\varphi_\sigma^{+}\right],$$

$\underset{\wedge}{A}=\left(\dfrac{\underset{\wedge}{E}+m}{2m}\right)^{\frac{1}{2}}$ 和 $\underset{\vee}{A}=\left(\dfrac{|\vec P|}{2m}\right)^{\frac{1}{2}}$ 则是保证 $\underset{\wedge}{\bar u}_{\vec P,\sigma}\underset{\wedge}{u}_{\vec P,\sigma'}=\underset{\vee}{\bar U}_{-\vec P,\sigma}\underset{\vee}{U}_{-\vec P,\sigma'}=\delta_{\sigma\sigma'}$ 成立的归一化常数。不难证明

$$S\underset{\wedge}{u}^{\circ}_{\vec P,\sigma}=i^{\frac{1}{2}}E_2E_3E_4\underset{\vee}{U}^{\circ}_{-\vec P,\sigma},\quad \underset{\wedge}{\bar u}^{\circ}_{\vec P,\sigma}S^{-1}=\underset{\vee}{\bar U}^{\circ}_{-\vec P,\sigma}(-i)^{\frac{1}{2}}(-\sigma i)E_4^{-1}E_2^{-1}E_1^{-1}\tag{7.75}$$

为了保证（7.75）式满足归一化条件，需要引进归一化协调因子 $N=N_1N_2$，使得

$$S\underset{\wedge}{u}^{\circ}_{\vec P,\sigma}=N_1 i^{\frac{1}{2}}E_2E_3E_4\underset{\vee}{U}^{\circ}_{-\vec P,\sigma},\quad \underset{\wedge}{\bar u}^{\circ}_{\vec P,\sigma}S^{-1}=\underset{\vee}{\bar U}^{\circ}_{-\vec P,\sigma}N_2(-i)^{\frac{1}{2}}(-\sigma i)E_4^{-1}E_2^{-1}E_1^{-1},$$

$$\underset{\wedge}{\bar u}^{\circ}_{\vec P,\sigma}S^{-1}S\underset{\wedge}{u}^{0}_{\vec P,\sigma'}=\underset{\vee}{\bar U}^{\circ}_{-\vec P,\sigma}N(-\sigma i)E_1^{-1}E_3\underset{\vee}{U}^{\circ}_{-\vec P,\sigma'}$$

只要选取 $N=\dfrac{\underset{\vee}{A}^2}{\underset{\wedge}{A}^2}\sigma iE_3^{-1}E_1$，就可以将上式写为

$$\underset{\wedge}{\bar u}^{\circ}_{\vec P,\sigma}S^{-1}S\underset{\wedge}{u}^{\circ}_{\vec P,\sigma'}=\frac{\underset{\vee}{A}^2}{\underset{\wedge}{A}^2}\underset{\vee}{\bar U}^{\circ}_{-\vec P,\sigma}\underset{\vee}{U}^{\circ}_{-\vec P,\sigma'}$$

或写为

$$(\underset{\wedge}{A}\underset{\wedge}{\bar u}^{\circ}_{\vec P,\sigma})S^{-1}S(\underset{\wedge}{A}\underset{\wedge}{u}^{\circ}_{\vec P,\sigma'})=(\underset{\vee}{A}\underset{\vee}{\bar U}^{\circ}_{-\vec P,\sigma})(\underset{\vee}{A}\underset{\vee}{U}^{\circ}_{-\vec P,\sigma'})=\delta_{\sigma\sigma'}$$

即 $\underset{\wedge}{\bar u}_{\vec P,\sigma}S^{-1}S\underset{\wedge}{u}_{\vec P,\sigma'}=\underset{\wedge}{\bar u}_{\vec P,\sigma}\underset{\wedge}{u}_{\vec P,\sigma'}=\underset{\vee}{\bar U}_{-\vec P,\sigma}\underset{\vee}{U}_{-\vec P,\sigma'}=\delta_{\sigma\sigma'}$ （7.76）

因而有

$$S\underset{\wedge}{u}_{\vec P,\sigma}=\underset{\vee}{U}_{-\vec P,\sigma},\quad \underset{\wedge}{\bar u}_{\vec P,\sigma}S^{-1}=\underset{\vee}{\bar U}_{-\vec P,\sigma}\tag{7.77}$$

要强调的是，（7.77）式是在满足正交、归一条件（7.76）式的意义上成立的。依照上述方法，还可以证明

$$S\underset{\wedge}{U}_{\vec{P},\sigma}=\underset{\vee}{u}_{-\vec{P},\sigma},\ \bar{\underset{\wedge}{U}}_{\vec{P},\sigma}S^{-1}=\bar{\underset{\vee}{u}}_{-\vec{P},\sigma} \tag{7.78}$$

其中$\underset{\wedge}{U}_{\vec{P},\sigma}$、$\bar{\underset{\wedge}{U}}_{\vec{P},\sigma}$、$\underset{\vee}{u}_{-\vec{P},\sigma}$和$\bar{\underset{\vee}{u}}_{-\vec{P},\sigma}$的表示式见第三章第二节§2，它们的归一化常数也是$\underset{\wedge}{A}$和$\underset{\vee}{A}$，但正交、归一化条件是

$$\bar{\underset{\wedge}{U}}_{\vec{P},\sigma}\underset{\wedge}{U}_{\vec{P},\sigma'}=\bar{\underset{\vee}{u}}_{-\vec{P},\sigma}\underset{\vee}{u}_{-\vec{P},\sigma'}=-\delta_{\sigma\sigma'} \tag{7.79}$$

（2）同一个惯性系中正、反世界量子场的变换 R。

与上述经典场的变换相对应，定义量子场的变换 R 如下：

$$\left.\begin{aligned}&\text{电磁场}\ R\underset{..}{A}_{\mu}(\underset{..}{x},\ \underset{..}{k})R^{-1}=R\underset{..}{A}_{\mu}(\underset{.}{x},\ \underset{.}{k})R^{-1}=(\pm\eta_1)[-i_1i_2\underset{.}{A}_{\mu}(\underset{.}{x},\ \underset{.}{k})]\\&\text{旋量场}\ R\underset{\vee}{\psi}(\underset{..}{x},\ \underset{..}{P})R^{-1}=R\underset{\vee}{\psi}(\underset{.}{x},\ \underset{.}{P})R^{-1}=(\pm\eta_2)S\underset{\wedge}{\psi}(\underset{.}{x},\ \underset{.}{P})\\&R\bar{\underset{\vee}{\psi}}(\underset{..}{x},\ \underset{..}{P})R^{-1}=R\bar{\underset{\vee}{\psi}}(\underset{.}{x},\ \underset{.}{P})R^{-1}=(\pm\eta_3)\bar{\underset{\wedge}{\psi}}(\underset{.}{x},\ \underset{.}{P})S^{-1}\end{aligned}\right\} \tag{7.80}$$

因而有

$$\begin{aligned}R^{-1}R\underset{..}{A}_{\mu}(\underset{..}{x},\ \underset{..}{k})R^{-1}R&=(\pm\eta_1)[-i_1i_2R^{-1}\underset{.}{A}_{\mu}(\underset{.}{x},\ \underset{.}{k})R]=\pm\eta_1[-i_1i_2(\pm\eta_1)i_1i_2\underset{..}{A}_{\mu}(\underset{..}{x},\ \underset{..}{k})]\\&=\pm\eta_1^2\underset{..}{A}_{\mu}(\underset{..}{x},\ \underset{..}{k})\end{aligned}$$

$$\begin{aligned}R^{-1}R\underset{\vee}{\psi}(\underset{..}{x},\ \underset{..}{P})R^{-1}R&=\pm\eta_2SR^{-1}\underset{\wedge}{\psi}(\underset{.}{x},\ \underset{.}{P})R=\pm\eta_2S(\pm\eta_2)S^{-1}\underset{\vee}{\psi}(\underset{..}{x},\ \underset{..}{P})\\&=\pm\eta_2^2\underset{\vee}{\psi}(\underset{..}{x},\ \underset{..}{P})\end{aligned}$$

$$\begin{aligned}R^{-1}R\bar{\underset{\vee}{\psi}}(\underset{..}{x},\ \underset{..}{P})R^{-1}R&=\pm\eta_3R^{-1}\bar{\underset{\wedge}{\psi}}(\underset{.}{x},\ \underset{.}{P})RS^{-1}=+\eta_3(\pm\eta_3)\bar{\underset{\vee}{\psi}}(\underset{..}{x},\ \underset{..}{P})SS^{-1}\\&=\pm\eta_3^2\bar{\underset{\vee}{\psi}}(\underset{..}{x},\ \underset{..}{P})\end{aligned}$$

因而要求

$$\pm\eta_1^2=1,\ \eta_1=\pm1,\ \pm i;\ \ \pm\eta_2^2=1,\ \eta_2=\pm1,\ \pm i;\ \ \pm\eta_3^2=1,\ \eta_3=\pm1,\ \pm i \tag{7.81}$$

①电磁场。

利用前面（4.142）式，可写出（7.80）式第一式左边 $R\underset{..}{A}_{\mu}(\underset{.}{x},\ \underset{.}{k})R^{-1}$的表示式

$$R\underset{..}{A}_{\mu}(\underset{.}{x},\ \underset{.}{k})R^{-1}=\sum_{\vec{k},\lambda}\frac{1}{\sqrt{2V\omega}}e_{\mu}^{\lambda}[R\underset{..}{b}_{-\vec{k},\lambda}R^{-1}e^{i\underset{.}{k}\underset{.}{x}}+R\bar{\underset{..}{b}}_{-\vec{k},\lambda}R^{-1}e^{-i\underset{.}{k}\underset{.}{x}}],$$

利用前面(4.116)式，可写出(7.80)式第一式右端的 $-i_1i_2\eta_1\underset{.}{A}_{\mu}(\underset{.}{x},\ \underset{.}{k})$的表示式(选取 $\eta_1=-i$)

$$-i_1i_2\eta_1\underset{.}{A}_{\mu}(\underset{.}{x},\ \underset{.}{k})=-i(-i)\underset{.}{A}_{\mu}(\underset{.}{x},\ \underset{.}{k})=\sum_{\vec{k},\lambda}\frac{1}{\sqrt{2V\omega}}e_{\mu}^{\lambda}[(-\underset{.}{a}_{\vec{k},\lambda})e^{i\underset{.}{k}\underset{.}{x}}+(-\bar{\underset{.}{a}}_{\vec{k},\lambda})e^{-i\underset{.}{k}\underset{.}{x}}].$$

因此有

$$\left.\begin{array}{l} R\underset{\cdot\cdot}{b}_{-\vec{k},\lambda}R^{-1}=-\underset{\cdot}{a}_{\vec{k},\lambda},\ R\underset{\cdot\cdot}{\bar{b}}_{-\vec{k},\lambda}R^{-1}=-\underset{\cdot}{\bar{a}}_{\vec{k},\lambda},\ \text{即}\ R\underset{\vee}{b}_{-\vec{k},i_1}R^{-1}=i\underset{\wedge}{a}_{\vec{k},i_1} \\ R\underset{\vee}{b}_{-\vec{k},0}R^{-1}=-i\underset{\wedge}{a}_{\vec{k},0},\ R\underset{\vee}{b}^{+}_{-\vec{k},i_1}R^{-1}=i\underset{\wedge}{a}^{+}_{\vec{k},i_1},\ R\underset{\vee}{b}^{+}_{-\vec{k},0}R^{-1}=-i\underset{\wedge}{a}^{+}_{\vec{k},0} \\ \text{其中脚标}\ i_1=1,\ 2,\ 3 \end{array}\right\}\qquad(7.82)$$

（7.82）式保证了反世界理论中$\underset{\cdot\cdot}{b}_{-\vec{k},\lambda}$与$\underset{\cdot\cdot}{\bar{b}}_{-\vec{k},\lambda}$的对易关系变换为正世界理论中$\underset{\cdot}{a}_{\vec{k},\lambda}$与$\underset{\cdot}{\bar{a}}_{\vec{k},\lambda}$的对易关系，即保证了反世界理论中$\underset{\vee}{b}_{-\vec{k},i_1}$、$\underset{\vee}{b}^{+}_{-\vec{k},i_1}$、$\underset{\vee}{b}_{-\vec{k},0}$、$\underset{\vee}{b}^{+}_{-\vec{k},0}$的对易关系变换为正世界理论中$\underset{\wedge}{a}_{\vec{k},i_1}$、$\underset{\wedge}{a}^{+}_{\vec{k},i_1}$、$\underset{\wedge}{a}_{\vec{k},0}$、$\underset{\wedge}{a}^{+}_{\vec{k},0}$的对易关系。

因此有

$$\left.\begin{array}{l} R\underset{\vee}{b}^{+}_{-\vec{k},i_1}\left|0\right\rangle=R\underset{\vee}{b}^{+}_{-\vec{k},i_1}R^{-1}R\left|0\right\rangle=i\underset{\wedge}{a}^{+}_{\vec{k},i_1}\left|0\right\rangle \\ \left\langle 0\right|\underset{\vee}{b}_{-\vec{k},i_1}R^{-1}=\left\langle 0\right|R^{-1}R\underset{\vee}{b}_{-\vec{k},i_1}R^{-1}=i\left\langle 0\right|\underset{\wedge}{a}_{\vec{k},i_1} \\ \text{脚标}\ i_1=1,\ 2 \end{array}\right\}\qquad(7.83)$$

②旋量场。

利用前面（4.88）式第一式，可写出（7.80）式第二式左边$R\underset{\vee}{\psi}(\underset{\cdot}{x},\ \underset{\cdot}{P})R^{-1}$的表示式

$$R\underset{\vee}{\psi}(\underset{\cdot}{x},\underset{\cdot}{P})R^{-1}=\sum_{\vec{P},\sigma}\sqrt{\frac{mk}{VE}}\left[R\underset{\vee}{b}_{-\vec{P},\sigma}R^{-1}\underset{\vee}{U}_{-\vec{P},\sigma}e^{i\underset{\cdot}{P}\underset{\cdot}{x}}+R\underset{\vee}{a}^{+}_{-\vec{P},\sigma}R^{-1}\underset{\vee}{u}_{-\vec{P},\sigma}e^{-i\underset{\cdot}{P}\underset{\cdot}{x}}\right]$$

利用前面（4.59）式第一式和上面（7.77）、（7.78）式，可写出（7.80）式第二式右边$\eta_2 S\underset{\wedge}{\psi}(\underset{\cdot}{x},\ \underset{\cdot}{P})$的表示式

$$\eta_2 S\underset{\wedge}{\psi}(\underset{\cdot}{x},\ \underset{\cdot}{P})=\sum_{\vec{P},\sigma}\sqrt{\frac{mk}{VE}}\left[i\underset{\wedge}{a}_{\vec{P},\sigma}\underset{\vee}{U}_{-\vec{P},\sigma}e^{i\underset{\cdot}{P}\underset{\cdot}{x}}+i\underset{\wedge}{b}^{+}_{\vec{P},\sigma}\underset{\vee}{u}_{-\vec{P},\sigma}e^{-i\underset{\cdot}{P}\underset{\cdot}{x}}\right]\ (\text{选取}\ \eta_2=i)$$

因此有

$$R\underset{\vee}{b}_{-\vec{P},\sigma}R^{-1}=i\underset{\wedge}{a}_{\vec{P},\sigma},\ R\underset{\vee}{a}^{+}_{-\vec{P},\sigma}R^{-1}=i\underset{\wedge}{b}^{+}_{\vec{P},\sigma}\qquad(7.84)$$

类似地，由前面（4.88）式第二式、（4.59）第二式和上面（7.77）、（7.78）、（7.80）式，可得到

$$R\underset{\vee}{b}^{+}_{-\vec{P},\sigma}R^{-1}=i\underset{\wedge}{a}^{+}_{\vec{P},\sigma},\ R\underset{\vee}{a}_{-\vec{P},\sigma}R^{-1}=i\underset{\wedge}{b}_{\vec{P},\sigma}\qquad(7.85)$$

（7.84）和（7.85）式保证了反世界理论中$\underset{\vee}{b}_{-\vec{P},\sigma}$、$\underset{\vee}{b}^{+}_{-\vec{P},\sigma}$、$\underset{\vee}{a}_{-\vec{P},\sigma}$、$\underset{\vee}{a}^{+}_{-\vec{P},\sigma}$的对易关系变换为正世界理论中$\underset{\wedge}{a}_{\vec{P},\sigma}$、$\underset{\wedge}{a}^{+}_{\vec{P},\sigma}$、$\underset{\wedge}{b}_{\vec{P},\sigma}$、$\underset{\wedge}{b}^{+}_{\vec{P},\sigma}$的对易关系。因此有

$$\left.\begin{array}{l} R\underset{\vee}{b}^{+}_{-\vec{P},\sigma}\left|0\right\rangle=R\underset{\vee}{b}^{+}_{-\vec{P},\sigma}R^{-1}R\left|0\right\rangle=i\underset{\wedge}{a}^{+}_{\vec{P},\sigma}\left|0\right\rangle,\ R\underset{\vee}{a}^{+}_{-\vec{P},\sigma}\left|0\right\rangle=R\underset{\vee}{a}^{+}_{-\vec{P},\sigma}R^{-1}R\left|0\right\rangle=i\underset{\wedge}{b}^{+}_{\vec{P},\sigma}\left|0\right\rangle \\ \left\langle 0\right|\underset{\vee}{b}_{-\vec{P},\sigma}R^{-1}=\left\langle 0\right|R^{-1}R\underset{\vee}{b}_{-\vec{P},\sigma}R^{-1}=i\left\langle 0\right|\underset{\wedge}{a}_{\vec{P},\sigma},\ \left\langle 0\right|\underset{\vee}{a}_{-\vec{P},\sigma}R^{-1}=\left\langle 0\right|R^{-1}R\underset{\vee}{a}_{-\vec{P},\sigma}R^{-1}=i\left\langle 0\right|\underset{\wedge}{b}_{\vec{P},\sigma} \end{array}\right\}$$

（7.86）

③量子电动力学中的基矢和散射矩阵的变换。

设 $\left|\underset{\wedge}{i}\right\rangle$和$\left|\underset{\wedge}{f}\right\rangle$是正世界理论的始态和终态，$\left|\underset{\vee}{i}\right\rangle$和$\left|\underset{\vee}{f}\right\rangle$是反世界理论的始态和终态,则有

$$R\left|\underset{\vee}{i}\right\rangle = \pm\xi_1\left|\underset{\wedge}{i}\right\rangle \tag{7.87}$$

$$R^{-1}R\left|\underset{\vee}{i}\right\rangle = \pm\xi_1 R^{-1}\left|\underset{\wedge}{i}\right\rangle = \pm\xi_1(\pm\xi_1)\left|\underset{\vee}{i}\right\rangle = \pm\xi_1^2\left|\underset{\vee}{i}\right\rangle,\ \text{即}\left|\underset{\vee}{i}\right\rangle = \pm\xi_1^2\left|\underset{\vee}{i}\right\rangle$$

因而有

$$(\pm\xi_1)^2 = \pm\xi_1^2 = 1,\ \text{即}\ \xi_1 = \pm 1,\ \pm i \tag{7.88}$$

还有

$$\left\langle\underset{\vee}{f}\right|R^{-1} = \pm\xi_2\left\langle\underset{\wedge}{f}\right| \tag{7.89}$$

$$\left\langle\underset{\vee}{f}\right|R^{-1}R = \pm\xi_2\left\langle\underset{\wedge}{f}\right|R = \pm\xi_2(\pm\xi_2)\left\langle\underset{\vee}{f}\right| = \pm\xi_2^2\left\langle\underset{\vee}{f}\right|,\ \text{即}\left\langle\underset{\vee}{f}\right| = \pm\xi_2^2\left\langle\underset{\vee}{f}\right|$$

因而有

$$(\pm\xi_2)^2 = \pm\xi_2^2 = 1,\ \text{即}\ \xi_2 = \pm 1,\ \pm i \tag{7.90}$$

散射矩阵的变换为

$$R\underset{\vee}{S}R^{-1} = \pm\xi_3\underset{\wedge}{S} \tag{7.91}$$

因而有

$$R^{-1}R\underset{\vee}{S}R^{-1}R = \pm\xi_3 R^{-1}\underset{\wedge}{S}R = \pm\xi_3(\pm\xi_3)\underset{\vee}{S} = \pm\xi_3^2\underset{\vee}{S},\ \text{即}\underset{\vee}{S} = \pm\xi_3^2\underset{\vee}{S}$$

因而有

$$(\pm\xi_3)^2 = \pm\xi_3^2 = 1,\ \text{即}\ \xi_3 = \pm 1,\ \pm i \tag{7.92}$$

由此可得

$$[(\pm\xi_1)(\pm\xi_2)(\pm\xi_3)]^W = 1(W\text{为任意偶数}) \tag{7.93}$$

§3　用非重正化方法消除量子电动力学中的发散困难

可将反世界理论的散射矩阵元变换为正世界理论的矩阵元：

$$\left\langle\underset{\vee}{f}\right|\underset{\vee}{S}^{(n)}\left|\underset{\vee}{i}\right\rangle = \left\langle\underset{\vee}{f}\right|R^{-1}R\underset{\vee}{S}^{(n)}R^{-1}R\left|\underset{\vee}{i}\right\rangle = (\pm\xi_1)(\pm\xi_2)(\pm\xi_3)\left\langle\underset{\wedge}{f}\right|\underset{\wedge}{S}^{(n)}\left|\underset{\wedge}{i}\right\rangle$$

利用（7.93）式，可将上式写成

$$\left\langle\underset{\vee}{f}\right|\underset{\vee}{S}^{(n)}\left|\underset{\vee}{i}\right\rangle = [(\pm\xi_1)(\pm\xi_2)(\pm\xi_3)]^W\left\langle\underset{\wedge}{f}\right|\underset{\wedge}{S}^{(n)}\left|\underset{\wedge}{i}\right\rangle\ (W\ \text{为任意奇数}) \tag{7.94}$$

这样就保证了$[(\pm\xi_1)(\pm\xi_2)(\pm\xi_3)]^W\left\langle\underset{\wedge}{f}\right|\underset{\wedge}{S}^{(n)}\left|\underset{\wedge}{i}\right\rangle$中每个发散量都有乘子$(\pm\xi_1)(\pm\xi_2)(\pm\xi_3)$（简称 a 乘子）以及每个有限部分都有乘子$(\pm\xi_1)(\pm\xi_2)(\pm\xi_3)$（简称 b 乘子），而多余的$(\pm\xi_1)(\pm\xi_2)(\pm\xi_3)$则令它取值为1。选择 a 乘子 $= -1$，b 乘子 $=1$，就保证了$[(\pm\xi_1)(\pm\xi_2)(\pm\xi_3)]^W\left\langle\underset{\wedge}{f}\right|\underset{\wedge}{S}^{(n)}\left|\underset{\wedge}{i}\right\rangle$与正世界理论原有的$\left\langle\underset{\wedge}{f}\right|\underset{\wedge}{S}^{(n)}\left|\underset{\wedge}{i}\right\rangle$除对应的发散量差个负号外所有对应的有限部分都相同，将

$[(\pm\xi_1)(\pm\xi_2)(\pm\xi_3)]^W\left\langle \underset{\frown}{f}\left|\underset{\frown}{S}^{(n)}\right|\underset{\frown}{i}\right\rangle$ 与 $\left\langle \underset{\frown}{f}\left|\underset{\frown}{S}^{(n)}\right|\underset{\frown}{i}\right\rangle$ 相加即可消除发散困难。对于含有 N 个基本单圈发散部分的 n 级图形来讲，用 $\left\langle \underset{\frown}{f}\left|\underset{\frown}{S}^{(n)}\right|\underset{\frown}{i}\right\rangle^X$ 代表正世界理论中已经消除发散困难的 n 级矩阵元，则有

$$\left\langle \underset{\frown}{f}\left|\underset{\frown}{S}^{(n)}\right|\underset{\frown}{i}\right\rangle^X=\left(\frac{1}{2}\right)^N\left\{[(\pm\xi_1)(\pm\xi_2)(\pm\xi_3)]^W\left\langle \underset{\frown}{f}\left|\underset{\frown}{S}^{(n)}\right|\underset{\frown}{i}\right\rangle+\left\langle \underset{\frown}{f}\left|\underset{\frown}{S}^{(n)}\right|\underset{\frown}{i}\right\rangle\right\} \tag{7.95}$$

其中W是任意奇数。要强调的是，(7.95)式右边的加法不同于一般的加法，它是有针对性的加法，用例子给出它的定义如下：

$$A(-E_0+E_1)B(-F_0+F_1)C+A(E_0+E_1)B(F_0+F_1)C=A[(-E_0+E_1)+(E_0+E_1)]B[(-F_0+F_1)+(F_0+F_1)]C \tag{7.96}$$

其中 A、B、C、E_1、F_1 等都是有限部分，而 E_0 和 F_0 则是发散量。此加法定义可推广到含有任意多个发散量的情况。只要将（7.96）式右边展开即可看出此加法定义的实质：

$$A[(-E_0+E_1)+(E_0+E_1)]B[(-F_0+F_1)+(F_0+F_1)]C=A(E_0+E_1)B(F_0+F_1)C+A(-E_0+E_1)B(-F_0+F_1)C+A(E_0+E_1)B(-F_0+F_1)C+A(-E_0+E_1)B(F_0+F_1)C \tag{7.97}$$

这表明（7.96）式的加法定义实质上就是（7.97）式右边四项相加，但为方便计，可用简化记法简写为（7.97）式右边头两项相加。(7.97）式右边四项中，第一项属于正世界理论，其余三项都是从反世界理论变来的 $A[(\pm\xi_1)(\pm\xi_2)(\pm\xi_3)E_0+E_1]B[(\pm\xi_1)(\pm\xi_2)(\pm\xi_3)F_0+F_1]C$(已令 b 乘子 $=1$)，不过要令其中两个 a 乘子按顺序取下列三组数值：$(\pm\xi_1)(\pm\xi_2)(\pm\xi_3)=-1$，$(\pm\xi_1)(\pm\xi_2)(\pm\xi_3)=-1$；$(\pm\xi_1)(\pm\xi_2)(\pm\xi_3)=1$，$(\pm\xi_1)(\pm\xi_2)(\pm\xi_3)=-1$；$(\pm\xi_1)(\pm\xi_2)(\pm\xi_3)=-1$，$(\pm\xi_1)(\pm\xi_2)(\pm\xi_3)=1$。上面所谓“选择 a 乘子 $=-1$ 和 b 乘子 $=1$ 即可消除发散困难”是对代表加法定义的（7.96）式来讲的，而不是对(7.97)式来讲的。

(7.95)式应用举例：

(1)将前面正世界理论中含有一个单圈正电子自能部分的（7.31）式简写为

$$\left\langle \underset{\frown}{f}\left|\underset{\frown}{S}^{(4)}\right|\underset{\frown}{i}\right\rangle=\underset{\frown}{F}\underset{\frown}{\sum}{}^{(2)}(\underset{\cdot}{P})\underset{\frown}{G}=\underset{\frown}{F}\left[-(2\pi)^4\frac{\alpha}{2\pi}km\frac{3}{2}D-(2\pi)^4\frac{\alpha}{2\pi}km\frac{9}{4}-\frac{\alpha}{4\pi}\left(D-4\int_0^1\frac{\mathrm{d}x}{x}\right)\underset{\frown}{S}_F^{-1}(\underset{\cdot}{P})-\frac{\alpha}{4\pi}\frac{11}{2}\underset{\frown}{S}_F^{-1}(\underset{\cdot}{P})+\underset{\frown}{S}_F^{-2}(\underset{\cdot}{P})\underset{\frown}{\sum}{}_F^{(2)}(\underset{\cdot}{P})\right]\underset{\frown}{G} \tag{7.98}$$

将前面反世界理论中含有一个单圈反电子自能部分的（7.37）式变换成为正世界理论的矩阵元，并且简写为

$$[(\pm\xi_1)(\pm\xi_2)(\pm\xi_3)]^3\left\langle \underset{\frown}{f}\left|\underset{\frown}{S}^{(4)}\right|\underset{\frown}{i}\right\rangle=[(\pm\xi_1)(\pm\xi_2)(\pm\xi_3)]^3\underset{\frown}{F}\underset{\frown}{\sum}{}^{(2)}(\underset{\cdot}{P})\underset{\frown}{G}=\underset{\frown}{F}\left[(2\pi)^4\frac{\alpha}{2\pi}km\frac{3}{2}D-(2\pi)^4\frac{\alpha}{2\pi}km\frac{9}{4}+\frac{\alpha}{4\pi}\left(D-4\int_0^1\frac{\mathrm{d}x}{x}\right)\underset{\frown}{S}_F^{-1}(\underset{\cdot}{P})-\frac{\alpha}{4\pi}\frac{11}{2}\underset{\frown}{S}_F^{-1}(\underset{\cdot}{P})+\underset{\frown}{S}_F^{-2}(\underset{\cdot}{P})\underset{\frown}{\sum}{}_F^{(2)}(\underset{\cdot}{P})\right]\underset{\frown}{G} \tag{7.99}$$

将（7.98）和（7.99）式代入 $N=1$ 的（7.95）式，得

$$\left\langle \underset{\wedge}{f}\middle|\underset{\wedge}{S}^{(4)}\middle|\underset{\wedge}{i}\right\rangle^{X}=\underset{\wedge}{F}[-(2\pi)^{4}\frac{\alpha}{2\pi}km\frac{9}{4}-\frac{\alpha}{4\pi}\frac{11}{2}\underset{\wedge}{S}_{F}^{-1}(\underset{\cdot}{P})+\underset{\wedge}{S}_{F}^{-2}(\underset{\cdot}{P})\underset{\wedge}{\sum}{}_{F}^{(2)}(\underset{\cdot}{P})]\underset{\wedge}{G} \quad (7.100)$$

(2)将前面正世界理论中含有一个单圈真空极化部分的（7.43）式简写为

$$\left\langle \underset{\wedge}{f}\middle|\underset{\wedge}{S}^{(4)}\middle|\underset{\wedge}{i}\right\rangle=\underset{\cdot}{H}_{1\mu}\cap_{\mu\nu}^{(2)}(\underset{\cdot}{k})\underset{\cdot}{H}_{2\nu}=-\underset{\cdot}{H}_{1\mu}(\underset{\cdot}{k}_{\mu}\underset{\cdot}{k}_{\nu}-\underset{\cdot}{k}^{2}\delta_{\mu\nu})\frac{1}{\underset{\cdot}{k}^{2}}[-\frac{\alpha}{3\pi}D\underset{\wedge}{D}_{F}^{-1}(\underset{\cdot}{k})-\frac{\alpha}{3\pi}\frac{5}{6}\underset{\wedge}{D}_{F}^{-1}(\underset{\cdot}{k})+\underset{\wedge}{\cap}_{F}^{(2)}(\underset{\cdot}{k}^{2})\underset{\wedge}{D}_{F}^{-2}(\underset{\cdot}{k})]\underset{\cdot}{H}_{2\nu} \quad (7.101)$$

将前面反世界理论中含有一个单圈真空极化部分的（7.50）式变换成为正世界理论的矩阵元，并且简写为

$$[(\pm\xi_{1})(\pm\xi_{2})(\pm\xi_{3})]^{3}\left\langle \underset{\wedge}{f}\middle|\underset{\wedge}{S}^{(4)}\middle|\underset{\wedge}{i}\right\rangle=[(\pm\xi_{1})(\pm\xi_{2})(\pm\xi_{3})]^{3}\underset{\cdot}{H}_{1\mu}\cap_{\mu\nu}^{(2)}(\underset{\cdot}{k})\underset{\cdot}{H}_{2\nu}=-\underset{\cdot}{H}_{1\mu}(\underset{\cdot}{k}_{\mu}\underset{\cdot}{k}_{\nu}-\underset{\cdot}{k}^{2}\delta_{\mu\nu})\frac{1}{\underset{\cdot}{k}^{2}}[\frac{\alpha}{3\pi}D\underset{\wedge}{D}_{F}^{-1}(\underset{\cdot}{k})-\frac{\alpha}{3\pi}\frac{5}{6}\underset{\wedge}{D}_{F}^{-1}(\underset{\cdot}{k})+\underset{\wedge}{\cap}_{F}^{(2)}(\underset{\cdot}{k}^{2})\underset{\wedge}{D}_{F}^{-2}(\underset{\cdot}{k})]\underset{\cdot}{H}_{2\nu} \quad (7.102)$$

将（7.101）和（7.102）式代入 $N=1$ 的（7.95）式，得

$$\left\langle \underset{\wedge}{f}\middle|\underset{\wedge}{S}^{(4)}\middle|\underset{\wedge}{i}\right\rangle^{X}=-\underset{\cdot}{H}_{1\mu}(\underset{\cdot}{k}_{\mu}\underset{\cdot}{k}_{\nu}-\underset{\cdot}{k}^{2}\delta_{\mu\nu})\frac{1}{\underset{\cdot}{k}^{2}}[-\frac{\alpha}{3\pi}\frac{5}{6}\underset{\wedge}{D}_{F}^{-1}(\underset{\cdot}{k})+\underset{\wedge}{\cap}_{F}^{(2)}(\underset{\cdot}{k}^{2})\underset{\wedge}{D}_{F}^{-2}(\underset{\cdot}{k})]\underset{\cdot}{H}_{2\nu} \quad (7.103)$$

(3)将前面正世界理论中含有一个单圈顶角因子部分的（7.57）式简写为

$$\left\langle \underset{\wedge}{f}\middle|\underset{\wedge}{S}^{(4)}\middle|\underset{\wedge}{i}\right\rangle=\underset{\wedge}{\bar{u}}_{2}(\underset{\cdot}{P}_{2})\underset{\cdot}{\wedge}_{\mu}^{(2)}(\underset{\cdot}{q},\hat{\underset{\cdot}{P}}_{1})\underset{\wedge}{u}_{1}(\underset{\cdot}{P}_{1})\underset{\cdot}{H}_{\mu}=\underset{\wedge}{\bar{u}}_{2}(\underset{\cdot}{P}_{2})[\frac{\alpha}{4\pi}(D-4\int_{0}^{1}\frac{dx}{x})\gamma_{\mu}+\frac{\alpha}{4\pi}\frac{11}{2}\gamma_{\mu}+\underset{\cdot}{\wedge}_{1\mu}^{(2)}(\underset{\cdot}{q},\hat{\underset{\cdot}{P}}_{1})]\underset{\wedge}{u}_{1}(\underset{\cdot}{P}_{1})\underset{\cdot}{H}_{\mu} \quad (7.104)$$

将前面反世界理论中含有一个单圈顶角因子部分的（7.62）式变换为正世界理论的矩阵元，并且简写为

$$[(\pm\xi_{1})(\pm\xi_{2})(\pm\xi_{3})]^{3}\left\langle \underset{\wedge}{f}\middle|\underset{\wedge}{S}^{(4)}\middle|\underset{\wedge}{i}\right\rangle=[(\pm\xi_{1})(\pm\xi_{2})(\pm\xi_{3})]^{3}\underset{\wedge}{\bar{u}}_{2}(\underset{\cdot}{P}_{2})\underset{\cdot}{\wedge}_{\mu}^{(2)}(\underset{\cdot}{q},\hat{\underset{\cdot}{P}}_{1})\underset{\wedge}{u}_{1}(\underset{\cdot}{P}_{1})\underset{\cdot}{H}_{\mu}=\underset{\wedge}{\bar{u}}_{2}(\underset{\cdot}{P}_{2})[-\frac{\alpha}{4\pi}(D-4\int_{0}^{1}\frac{dx}{x})\gamma_{\mu}+\frac{\alpha}{4\pi}\frac{11}{2}\gamma_{\mu}+\underset{\cdot}{\wedge}_{1\mu}^{(2)}(\underset{\cdot}{q},\hat{\underset{\cdot}{P}}_{1})]\underset{\wedge}{u}_{1}(\underset{\cdot}{P}_{1})\underset{\cdot}{H}_{\mu} \quad (7.105)$$

将（7.104）和(7.105）式代入 $N=1$ 的（7.95）式，得

$$\left\langle \underset{\wedge}{f}\middle|\underset{\wedge}{S}^{(n)}\middle|\underset{\wedge}{i}\right\rangle^{X}=\underset{\wedge}{\bar{u}}_{2}(\underset{\cdot}{P}_{2})[\frac{\alpha}{4\pi}\frac{11}{2}\gamma_{\mu}+\underset{\cdot}{\wedge}_{1\mu}^{(2)}(\underset{\cdot}{q},\hat{\underset{\cdot}{P}}_{1})]\underset{\wedge}{u}_{1}(\underset{\cdot}{P}_{1})\underset{\cdot}{H}_{\mu} \quad (7.106)$$

(4)如果 $n=6$ 的康普顿散射图中含有由两个单圈电子自能部分组成的直链部分，则有

$$\left\langle \underset{\wedge}{f}\middle|\underset{\wedge}{S}^{(6)}\middle|\underset{\wedge}{i}\right\rangle^{X}=(\frac{1}{2})^{2}\left\{[(\pm\xi_{1})(\pm\xi_{2})(\pm\xi_{3})]^{5}\left\langle \underset{\wedge}{f}\middle|\underset{\wedge}{S}^{(6)}\middle|\underset{\wedge}{i}\right\rangle+\left\langle \underset{\wedge}{f}\middle|\underset{\wedge}{S}^{(6)}\middle|\underset{\wedge}{i}\right\rangle\right\}=\underset{\wedge}{F}_{1}\frac{1}{2}[(\pm\xi_{1})(\pm\xi_{2})(\pm\xi_{3})\underset{\wedge}{\sum}{}^{(2)}(\underset{\cdot}{P})+\underset{\wedge}{\sum}{}^{(2)}(\underset{\cdot}{P})]\underset{\wedge}{S}_{F}(\underset{\cdot}{P})\frac{1}{2}[(\pm\xi_{1})(\pm\xi_{2})(\pm\xi_{3})\underset{\wedge}{\sum}{}^{(2)}(\underset{\cdot}{P})+\underset{\wedge}{\sum}{}^{(2)}(\underset{\cdot}{P})]G_{1} \quad (7.107)$$

以上例子都是一次使用（7.95）式即可解决问题，但有时候要先后多次使用

不同 N 值的（7.95）式才能解决问题，而要使用（7.95）式多少次则由具体的图形结构情况决定。

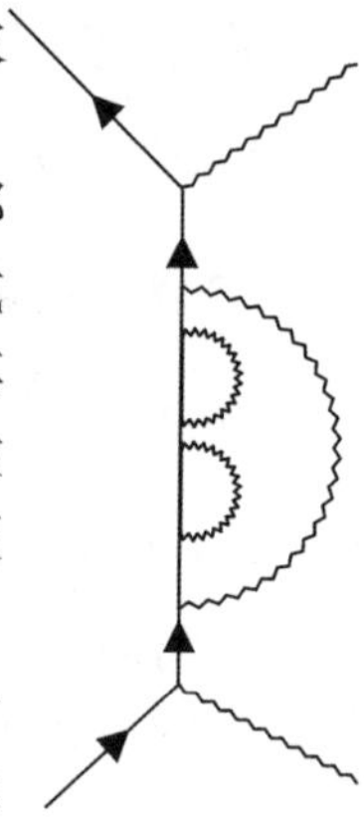

（5）这里 $n=8$ 的康普顿散射图中含有一个可约的电子自能部分，要先后两次使用（7.95）式。第一次使用 $N=2$ 的（7.95）式消除其中由两个单圈电子自能部分组成的直链部分的发散（这时其余部分都采用 b 乘子），但由此得到的电子自能骨架仍然是发散的。第二次使用 $N=1$ 的（7.95）式消除电子自能骨架的发散，便可完全消除发散。

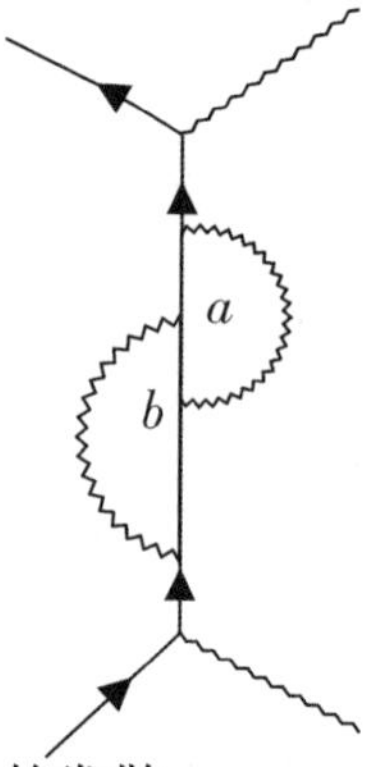

（6）这里 $n=6$ 的康普顿散射图中含有一个可约的交缠发散的电子自能部分。过去的重正化方法要求平等对待其两个顶角 a 和 b，使它们的发散交缠起来，因而成为最令人头痛的问题。我们这里的非重正化方法无须平等对待这两个顶角（认为一旦认定其中任一个顶角是单圈发散的顶角，则另一个顶角就是不发散的简单顶角），不存在交缠发散困难，因而变成了容易处理的问题。只需两次使用（7.95）式即可解决问题。第一次使用 $N=1$ 的（7.95）式消除其中任一个顶角的发散，第二次使用 $N=1$ 的（7.95）式消除电子自能骨架的发散。

有一点应当指出，上面（7.100）式右边第一项和第二项，（7.103）式右边方括号内第一项和（7.106）式右边第一项，过去重正化方法将它们和发散量一起重正掉了，现在我们的非重正化方法将它们保留下来。

第三节　电子偶素·亚光速正质量化与超光速负质量化·强子模型与夸克幽禁·真空

§1　电子偶素·亚光速正质量化与超光速负质量化

先讲正世界电子偶素 e^+e^-。按双时空相对论的要求，它必须是个亚光速正质量体系，因而要求其中的反粒子 e^+ 已经变成亚光速正质量化的反粒子。所谓“无法使反粒子变成亚光速正质量粒子”，只是相对于它处于反世界物质环境或自由真空环境中而言的。因为在这样的环境中无论用什么方法使它减速，都只能导致它的负质量随速度减小而无限增加。在这样的环境中，减速办法行不通，又找不到其他方法。但如果反粒子处于正世界物质环境，只要它被迫（例如由于与较重的正粒子碰撞）静止于一个极短暂的极小的亚光速体系，就会使它变成正质量亚光速粒子（这时它可以从正世界物质或从真空中吸取足够的正质量），并且在完成了亚光速正质量化后一般会分离出来。因为这极短暂的亚光速体系会利用“亚光速粒子必须是正质量粒子”来迫使其中的反粒子亚光速正质量化。换个说法，因为此时的亚光速负质量反粒子已经成为正世界物质环境中的最低质能处，而在正世界物质环境中正质能倾向于从高质能处流向低质能处。因此，正世界物质环境可以迫使反粒子亚光速正质量化，迫使它服从正粒子的波动方程。

要强调的是，一个尚未亚光速正质量化的反粒子不可能与它的对偶正粒子组成亚光速正质量粒子偶素，一个已经亚光速正质量化的反粒子才有可能与它的对偶正粒子组成亚光速正质量粒子偶素。而在正世界物质环境中所有正、反粒子对必须先组成亚光速正质量粒子偶素然后才有可能湮没，尚未亚光速正质量化的反粒子碰到它的对偶粒子时不会湮没。在正世界中，参与粒子反应的所有反粒子都是已经亚光速正质量化了的反粒子。

在正世界物质环境中，高能量粒子的强烈碰撞（特别是对撞）形成的粒子反应体系是一个正质量高度集中的极小的极短暂的亚光速体系，最有利于处于其中的反粒子亚光速正质量化，故反应过程中的入口处和出口处的反粒子都是已经被亚光速正质量化了的反粒子。

要强调指出的是，正世界物质环境虽然可以迫使反粒子 e^+ 亚光速正质量化，但并不改变它的反粒子的固有本质，只是使它松散地披上一层并不稳定的永久属于它的零自旋正质量，换句话说，它的超光速负质量本质只是暂时隐藏起来，因而使其余那些能反映其反粒子本质的基本参数或量子数（例如自旋在其运动方向上的投影、电荷……）保持不变(见第四章第二节 §1 的 2)。它一旦进入反世界物质环境或自由真空，就会自动摆脱亚光速正质量化，将那层本来不属于它的正质量释放出来，恢复它超光速负质量的本来面目。

如果 e^+ 亚光速正质量化后不保持其固有的反粒子本质，则正世界电子偶素将会像正世界的正氢原子那样是个稳定的正粒子，但事实上它很快就会湮没，一般转化为一对正光子。

下面讲反世界电子偶素。因它必须是个超光速负质量体系，故其中的正粒子 e^- 必须已经变成超光速负质量化的正粒子。所谓“无法使正粒子变成超光速负质量粒子”，只是相对于它处于正世界物质环境或自由真空环境中而言的。因为在这样的环境中无论用什么方法使它加速都只能导致它的正质量随速度增加而无限地增加。加速办法行不通，又找不到其他办法。但如果正粒子处于反世界物质环境，只要它被迫（例如由于与较大的反粒子碰撞）静止于一个极短暂的极小的超光速体系，就会使它变成负质量超光速正粒子（这时它可以从反世界物质或从真空中吸取足够的负质量），并且在完成了超光速负质量化后一般会分离出来。因为这极短暂的超光速体系会利用“超光速粒子必须是负质量粒子”来迫使其中的正粒子超光速负质量化。换个说法，因为此时的超光速正质量正粒子已经成为反世界物质环境中的最高质能处，而在反世界物质环境中负质能倾向于从低质能处流向高质能处。因此，反世界物质环境可以迫使正粒子超光速负质量化，迫使它服从反粒子的波动方程。在反世界物质环境中，唯有已经超光速负质量化的正粒子 e^- 才能与对偶反粒子 e^+ 组成反世界电子偶素，因而才会湮没，故尚未超光速负质量化的 e^- 碰到 e^+ 时不会湮没。在反世界中，参与粒子反应的所有正粒子都是已经超光速负质量化的正粒子。

在反世界物质环境中，强烈的粒子碰撞形成的粒子反应体系是一个负质量高度集中的极小的极短暂的超光速体系，最有利于处于其中的正粒子超光速负质量化，故反应过程中的入口处和出口处的正粒子都是已经被超光速负质量化的正粒子。

反世界物质环境虽然可以迫使 e^- 超光速负质量化，但并不改变它的正粒子固有的本质——它的亚光速正质量本质只是暂时隐藏起来，因而能使其余那些能反映其正粒子本质的基本参数或量子数（例如自旋在其运动方向上的投影、电荷……）保持不变。它一旦进入正世界物质环境或自由真空，会自动恢复其亚光速正质量的本来面目。

如果 e^- 超光速负质量化后不保持其固有的正粒子本质，则反世界电子偶素将会像反世界的反氢原子那样是个稳定的反粒子，但事实上它很快就会湮没，一般转化为一对反光子。

§2　亚光速正质量化与超光速负质量化的理论描述

正世界物质环境中的反粒子大抵都已亚光速正质量化，反世界物质环境中的正粒子大抵都已超光速负质量化。但在双时空相对论性理论中，存在两类极不一样的理论结构，其中第一类能够反映亚光速正质量化和超光速负质量化的存在（第三章第三节 §1 的 4，第三章第三节 §3 的 3 和正、反世界量子场论属于第一类），第二类不能够反映亚光速正质量化和超光速负质量化的存在［正、反世界相对论量子力学属于第二类（详见第四章第二节 §1 的 2）］。第三章第三节 §3 的 3 的反映方式是如实的顺时描述，第三章第三节 §1 的 4 和量子场论的反映方式是等效的逆时描述（逆时描述是个非常重要的概念，详见第二章第三节 §1 的 2、第三章第三节 §1 的 4 和第四章第二节 §1 的 2）：在正世界理论中将顺时运动的亚光速正质量化反粒子当做逆时运动的对偶正粒子（这就是对反粒子亚光速正质量化的逆时描述），在反世界理论中将顺时运动的超光速负质量化正粒子当做逆时运动的对偶反粒子（这就是对正粒子的超光速负质量化的逆时描述）。因此，正世界量子场论中的反粒子都是已经亚光速正质量化的反粒子，反世界量子场论中的正粒子都是已经超光速负质量化的正粒子。但是，正世界相对论量子力学中的反粒子都是尚未亚光速正质量化的反粒子，反世界相对论量子力学中的正粒子都是尚未超光速负质量化的正粒子。值得注意的是，正世界相对论量子力学中的反粒子尚未亚光速正质量化，正是产生 Klein 佯谬的物理根源（详见第四章第二节 §3）。而正世界物质环境中的反粒子大抵都已经亚光速正质量化，则是我们长期未能在实验上发现超光速粒子的物理根源。

§3　物理环境可以改变粒子的有效物理性质

例子除反粒子的亚光速正质量化和正粒子的超光速负质量化外，下面还可举出正世界中的不少例子。自由真空中的正粒子 e^- 做加速运动时会辐射电磁波，但在正原子内部处于定态（特别是基态）的 e^- 虽有加速但不辐射，环形导体内恒定的环形电流也不辐射。自由真空中的正中子不稳定，一些不稳定核素中的正中子更不稳定，但稳定原子核中的正中子却是稳定的，正中子的稳定性强烈受环境的影响。金属内部的环境可以使 e^- 的有效质量与它在自由真空中的质量有所不同。……但以上所有例子都证实了这样一个事实：环境虽然可以改变粒子的有效物理性质，但不会改变它们固有的本质，它们一旦回到自由真空，就会恢复（有些甚至是立即恢复）其本来面目。

§4　强子模型与夸克幽禁

这里只讲正世界理论中的强子模型与夸克幽禁，容易推广到反世界理论中，故反世界理论中的情况可省略不讲。

我认为夸克的本来面目就是轻子。只因轻子在组成强子时需要吸入大量正能量（正质量），使强子内部环境相对于一般的正世界物质环境或自由真空发生了重大变化，因而使轻子的有效物理性质发生了重大变化（包括有效质量……的变化）。其中最重大的变化是，这异常强大的正能量环境可以迫使三个处于最低状态的全同轻子的自旋同向。量子色动力学用抽象语言描述这种重大变化时说，它们这时候已经变成了三个带不同颜色的同味夸克，因而并不违反泡里不相容原理。正世界重子 $\Delta^{++}(uuu)$ 内部三个带不同颜色的 u 夸克的自旋同向（它们组成相互间没有轨道角动量的最低状态），就是一个很好的例子。在由一对正、反轻子组成的 $c\,\bar{c}$ 夸克偶素中，$\bar{c}$ 已被亚光速正质量化。要强调的是，强子内部的环境虽然可以使轻子变成带色夸克，但并不改变轻子的固有本质，它一旦回到一般的正世界物质环境或自由真空，就会立即恢复轻子的本来面目。

强子在形成过程中吸入大量正质量是产生强相互作用的源泉。其中一部分正质量用来构成一个代表强相互作用主体的有一定厚度的正质量流体球壳的实体，正质量流体沿着球壳不停地流动着，按准经典近似，可称之为球壳势——它是组成强子的第一个虚粒子真空。另一部分正质量用来充满球壳实体所包围的球腔——它是组成强子的第二个虚粒子真空。所谓虚粒子真空其实就是虚粒子场。这两个虚粒子真空保证了轻子能够变成带色夸克。球壳实体把第二个虚粒子真空和色夸克一起封闭起来，便成为正世界强子。

用量子色动力学的抽象语言来描述，可以称这球壳状实体为带色虚胶子场（带色虚胶子场其实就是沿着球壳不停地流动着的正质量流体场），带色虚胶子沿着球壳绕着两个色夸克旋转，可以说成这两个色夸克在不断地交换带色虚胶子，因而产生了主体强相互作用。第二个虚粒子真空就是第二个虚胶子场（带色虚胶子场其实就是以球状漩涡形式环绕着球壳实体的球心不停地旋转着的正质量流体场），代表着另一部分强相互作用。显然，过去的粒子结构概念（常说会消耗被结合粒子的质量）在这个模型中派不上用场，这里无须要求轻子很重，也无须要求夸克比相应的轻子轻。至于这个球壳状实体是怎样构成的，本书下集才能做出交代。

虽然色夸克在被球壳状实体包围住的内部空间中渐近自由，但我们休想看到自由夸克，因为：①只要强子不解体或不变成另一种强子，就不会有夸克从强子内部跑出来；②即使在强子解体或变成另一种强子时有夸克跑出来，但它们一旦跑出来，便立即还原为轻子。这两种情况合起来，便构成了所谓夸克被永久幽禁的看法。夸克从强子内部跑出来时立即还原为轻子，与在强子内部夸克不可能衰变为轻子是性质上极不一样的两回事(因为物理环境大不相同了)。上述第②种情况在正世界粒子反应中有很多例子。例如在弱作用衰变 $\pi^+(u,\ \bar{d})\rightarrow\nu_e+e^+$ 中，正夸克 u 和反夸克 $\bar{d}$ 虽然跑出来了，但立即还原为正轻子 ν_e 和反轻子 e^+，其中并没有破坏色荷守恒、重子数守恒、电荷守恒……但能量、动量守恒定律迫使反夸克 $\bar{d}$ 的亚光速正质量化遗留给反轻子 e^+。例子还有 $\pi^+(u,\ \bar{d})\rightarrow\nu_\mu+\mu^+\rightarrow\nu_\mu+\bar{\nu}_\mu+\nu_e+e^+$，…重子弱作用衰变也都是放出 $\mu^\pm$、$e^\pm$ 和 ν_e、ν_μ、$\bar{\nu}_e$、$\bar{\nu}_\mu$ 等轻子。

正世界理论中的 MIT 口袋模型虽然与上述模型的准经典近似之间还有相当大的距离，但因它意味着色作用力只在有一定体积的袋中存在，并且宣称袋内要从真空中吸入很多正能量，以及其袋表面的边界条件又对应于上述关于夸克幽禁的第①种情况，正是因为它含有这些合理因素，所以它可以解释正世界低能态强子的静态行为。而上述强子模型的准经典近似则可以解释更多的强子行为，其中包括了一些根本性质的强子行为。

§5 真空

根据双时空相对论，在正世界中 e^- 不可能处于超光速负质量态或跃迁到超光速负质量态，故狄拉克真空概念所描述的真空是不存在的。

真空包括自由真空和虚粒子真空(前者只是相对于后者而言的)，它们都是充满了正、负质量真空物质的容器。虚粒子真空容器有大有小，自由真空则是个极为巨大的容器，可以说，正、负质量的自由真空物质充满了整个宇宙。虚粒子真空是自由真空与波性粒子相互联系的桥梁，因此虚粒子和虚过程概念是一个非常重要的概念，是量子物理学中一项带根本性的重大变革。

但真空并非只与微观领域关系密切，它与宏观领域或宇观领域的关系同样很密切。

真空是质点之间交换能量（或质量，简称质能）和动量的媒体。例如一个正世界电子偶素湮没时一般不可能转化为一个正光子，因为这种过程虽然能满足能量守恒定律，却与动量守恒定律发生矛盾。但只要它附近有一个正粒子（例如一个正原子核）与它交换动量，就可以保证它湮没时满足动量守恒定律因而可以转化为一个正光子。虽然其间它并非直接与这个正原子核交换动量，因为它湮没时并没有接触到这个正原子核，故这份动量是靠真空来传递的。在正世界，在正质点 A 弹性碰撞正质点 B 的过程中，功和冲量只是促使它们交换能量、动量的推动力，而真空则是它们交换能量、动量的桥梁或媒体，其中一个正质点减少了速度而将损失了的正质量交给真空，另一个正质点增加了速度而从真空中得到了同样多的正质量。在正世界，燃料的燃烧使火箭获得高速度，但火箭此时增加的正质量并非来自燃料因燃烧而损失的正质量而是来自真空。故在正世界，当质点的速度增加时，它从真空那里得到额外的正质量，当它的速度减少时，它又将这部分正质量归还给真空。

值得注意的是，在某种特殊情况下，真空也可以将本身的能量提供给有需要的粒子，而我们此时则惊呼能量不守恒，如果我们不知道真空原来是个可以参与各种物理过程的物质系统的话。无论在正世界或反世界，真空的能量水平都被视为零（此零只意味着它所含正、负质量真空物质的数量相同），故在正世界物质环境中它的正质能可以流入亚光速的负质量反粒子（因为在正世界物质环境中正质能倾向于从高质能处流向低质能处），在反世界物质环境中它的负质能可以流入超光速的正质量正粒子（因为在反世界物质环境中负质能倾向于从低质能处流向高质能处）。前面已经指出，正世界物质环境中的反粒子被亚光速正质量化时会从真空中吸取正质能（包括了真空本身或邻近正物质通过真空将这份正质能输送给它），反世界物质环境中的正粒子被超光速负质量化时会从真空中吸取负质能（包括了真空本身或邻近反物质通过真空将这份负质能输送给它）。从这个意义上说，上面提到的正世界 MIT 口袋模型假定口袋要从真空吸入很多正质量，这个假定基本上是可取的。

真空是个实实在在的常参与各种物理过程的物质系统，没有它的参与，许多物理学问题将无法解释。

支配着物质运动的相互作用大体上有隐形和非隐形两种。虽然两者都与真空关系密切，但它们支配的对象不同。非隐形相互作用就是平常所说的动力学相互作用，支配着非自由质点的运动规律，现身于动力学方程中，因而是一类可以捉摸的相互作用。隐形相互作用（不妨称为运动学相互作用）则支配着运动学规律、自由质点运动规律，但它只是幕后操控，并不现身，最为隐蔽，是一类难以捉摸的相互作用，故受它支配的物理现象或规律最难理解，这样的内容在经典力学、相对论和量子物理中都有，例如经典力学中的惯性的起源，相对论中的运动学规律，量子物理的粒子的波性的起源、量子纠缠等。虽然动力学规律与运动学规律、自由质点运动规律等方面的内容都与真空血肉相连，但运动学、自由质点运动学是动力学的基础。

总之，真空是个宏伟的充满了正、负质量真空物质的实实在在的基本物质系统，有它自身的独特的运动规律，是滋生出各种物理现象和物理规律的母体，许多奥秘都隐藏在真空之中。

附　录

简要介绍书中若干问题

一、1 =1 与 1 = -1 是否可以相容

在过去实数域的整个传统代数学中，只容许1 =1 型等式存在，不容许 1 = -1 型等式存在。但在《双时空相对论及其应用》(上集）中创立的超复数的以既结合又交换的四元数代数为核心的八元数代数中，存在着一个对于乘法只具有两种不同结合方式的非结合代数，其中一种结合方式导致 1 =1 型等式存在，另一种结合方式导致 1 = -1 型等式存在。① 由于这两类性质上截然不同的等式（1 =1 型等式和 1 = -1 型等式）分别来自上述超复数非结合代数的两种不同结合方式，所以它们相互独立，不能要求由 1 =1 型导出 1 = -1 型，或者反过来。它们之间不存在逻辑上的矛盾，可以相容而共存。

上述超复数非结合代数的两种不同结合方式导致实数范畴中两类性质上截然不同的分别以 1 =1 等式和 1 = -1 等式为代表的代数学可以相容而共存。1 =1 可以自由移项为 1 -1 =0，是过去实数域的整个传统代数学的重大特征；1 =1 描述量值相同、性质也相同的两个事物之间的关系，只能反映量的相等，不能反映质的突变。1 = -1 不可以自由移项为 1 +1 =0（不可以自由移项是严格的新生规则），是实数范畴中的新生代数的重大特征；1 = -1 描述量值相同、性质相互突变的两个事物之间的关系，既能反映量的相等，又能反映质的突变。② 例如现今可以将正电荷 e 与负电荷 $-e$ 之间的关系写为 $e = -e$，这类等式有重大物理意义，但如果将它自由移项为 $e + e = 0$，就变成极端荒谬的事情了。欲真正弄清这项数学变革的数理根源，除看第一章的第一、二、三节外，还非看“引言”中涉及数学方面的内容不可。

---

① B 代数的两种不同结合方式是：(1) i_2 优先与 i_2 相结合，或其他基元优先与其他基元相结合；(2) i_2 优先与其他基元相结合，或其他基元优先与 i_2 相结合。

② 本书所讲“量值相同性质相反的两个事物”，本书倾向于将其中“性质相反”(把性质的正与负之差异称为性质相反)改为“性质相突变”(把性质的正与负之差异称为性质相“突变”)，其用意在于强调“这类问题需要用处理突变问题的数学来处理”。

《双时空相对论及其应用》(上集) 中所有双时空四维矢变换的定量描述都采用上述超复数非结合代数描述，化为实数描述时可化为 $1=1$ 型描述和 $1=-1$ 型描述，其中 $1=-1$ 型描述只占极少数，但极为重要，如果没有它，双时空相对论就无法建立起来 (引言中有说明)。

二、书稿中摘要

本文主要介绍怎样导出 $1=-1$ 及怎样利用它解决了实时空度规突变困难。

在 A 中任取一组基向量 (或称为基元):

$e=(1, 0, 0, 0, 0, 0, 0, 0)$, $i=(0, 1, 0, 0, 0, 0, 0, 0)$, $j=(0, 0, 1, 0, 0, 0, 0, 0)$, $k=(0, 0, 0, 1, 0, 0, 0, 0)$, $i_1=(0, 0, 0, 0, 1, 0, 0, 0)$, $i_2=(0, 0, 0, 0, 0, 1, 0, 0)$, $i_3=(0, 0, 0, 0, 0, 0, 1, 0)$, $i_4=(0, 0, 0, 0, 0, 0, 0, 1)$

e 显然是单位元且可用普通的整数 1 来表示。由乘法定义可写出其余七个基元之间的乘法表:

$$i^2=j^2=i_1^2=i_3^2=-1$$

$$k^2=i_2^2=i_4^2=1$$

$$①\begin{cases} ij=ji=-k \\ ik=ki=j \\ jk=kj=i \end{cases} \quad ②\begin{cases} ii_1=i_1i=-i_2 \\ ii_2=i_2i=i_1 \\ i_1i_2=i_2i_1=i \end{cases} \quad ③\begin{cases} ii_3=i_3i=-i_4 \\ ii_4=i_4i=i_3 \\ i_3i_4=i_4i_3=i \end{cases}$$

$$④\begin{cases} ki_3=-i_3k=i_2 \\ i_3i_2=-i_2i_3=k \\ ki_2=-i_2k=i_3 \end{cases} \quad ⑤\begin{cases} i_4i_1=-i_1i_4=k \\ i_1k=-ki_1=i_4 \\ i_4k=-ki_4=i_1 \end{cases} \quad ⑥\begin{cases} i_2j=-ji_2=i_4 \\ ji_4=-i_4j=i_2 \\ i_2i_4=-i_4i_2=j \end{cases}$$

$$⑦\begin{cases} i_1j=-ji_1=i_3 \\ ji_3=-i_3j=i_1 \\ i_1i_3=-i_3i_1=-j \end{cases}$$

A 中任一向量可用基元来表示:

$\alpha=(a_0, a_1, a_2, a_3, a_4, a_5, a_6, a_7)=a_0+a_1i+a_2j+a_3k+a_4i_1+a_5i_2+a_6i_3+a_7i_4$。$B$ 代数与 A 代数的乘法表，除 B 代数的 $i^2=j^2=i_1^2=i_2^2=i_3^2=-1$，$k^2=i_4^2=1$ 与 A 代数的 $i^2=j^2=i_1^2=i_3^2=-1$，$k^2=i_2^2=i_4^2=1$ 有点差异外，两者的其余部分都是表①、②、③、④、⑤、⑥、⑦。这么一点点差异就导致 A 代数是结合代数，B 代数是非结合代数，特别是令 B 代数可以容许"$1=1$ 型等式与 $1=-1$ 型等式同时存在"，这就是"i_2^2 既可以等于 -1 又可以等于 $+1$ 产生出来的奇特效应"。

让我们举个应用乘法表②、④、⑥进行计算的简单例子，看看从 B 代数算得的结果与从 A 代数算得的结果有什么同、异之处。计算用 i 左乘 $i=i_1i_2$ 两边，从 B 代数算得 $ii=ii_1i_2=(ii_1)i_2=-i_2i_2$，即 $-1=1$ 和 $ii=ii_1i_2=i_1(ii_2)=i_1i_1$ 即 $-1=$

-1，从 A 代数算得 $ii=ii_1i_2=(ii_1)i_2=-i_2i_2$，即 $-1=-1$ 和 $ii=ii_1i_2=i_1(ii_2)=i_1i_1$ 即 $(-1)=-1$。

如果我们用 $\underset{\cdot}{x}'_1=kx'$，$\underset{\cdot}{x}'_2=ky'$，$\underset{\cdot}{x}'_3=kz'$ 和 $\underset{\cdot}{x}'_4=jct'$ 表示惯性系 K' 中亚光速区的空间坐标和时间坐标，用 $\underset{\cdot\cdot}{x}_1=jx$，$\underset{\cdot\cdot}{x}_2=jy$，$\underset{\cdot\cdot}{x}_3=jz$ 和 $\underset{\cdot\cdot}{x}_4=kct$ 表示惯性系 K 中超光速区的空间坐标和时间坐标，而 K' 相对于 K 以超光速运动，则特殊的双时空变换中将含有

$$\underset{\cdot}{x}'_2=-i_1i_2\ \underset{\cdot\cdot}{x}_2 \tag{1}$$

$$\underset{\cdot}{x}'_3=-i_1i_2\ \underset{\cdot\cdot}{x}_3 \tag{2}$$

不难求出（1）、（2）两式的实数形式，由(1)式有

$$ky'=-i_1i_2jy=-ijy=ky$$

因而有

$$y'=y \tag{3}$$

同样，由（2）式得 $kz'=kz$，因而有

$$z'=z \tag{4}$$

不难求出变换（3)和（4)满足的度规张量分量突变关系，由（1）式有 $\underset{\cdot}{x}'_2\,\underset{\cdot}{x}'_2=-i_1i_2\ \underset{\cdot\cdot}{x}_2(-i_1i_2\ \underset{\cdot\cdot}{x}_2)=i_1i_2i_1i_2\ \underset{\cdot\cdot}{x}_2\ \underset{\cdot\cdot}{x}_2=(i_1i_1)(i_2i_2)\ \underset{\cdot\cdot}{x}_2\ \underset{\cdot\cdot}{x}_2=(-1)(-1)\ \underset{\cdot\cdot}{x}_2\ \underset{\cdot\cdot}{x}_2=\underset{\cdot\cdot}{x}_2\ \underset{\cdot\cdot}{x}_2$，即 $k^2y'^2=j^2y^2$，因而有

$$y'^2=-y^2 \tag{5}$$

同样，由（2）式得 $\underset{\cdot}{x}'_3\underset{\cdot}{x}'_3=\underset{\cdot\cdot}{x}_3\ \underset{\cdot\cdot}{x}_3$ 即 $k^2z'^2=j^2z^2$，因而有

$$z'^2=-z^2 \tag{6}$$

请注意，其中用了交换规则 $\underset{\cdot\cdot}{x}_2i_1i_2=\underset{\cdot\cdot}{x}_2i=i\ \underset{\cdot\cdot}{x}_2=i_1i_2\ \underset{\cdot\cdot}{x}_2$。正交变换要求时空坐标之间可交换以及变换系数与时空坐标之间可交换，故常常用到交换规则。B 代数能给出所需交换规则与它能克服实时空度规张量分量突变困难相比较是同样重要的不可分割的两件事。这就是我一开始就决心要建立一个对于乘法既结合又交换的四元数代数的根本原因。

三、负质量问题

请容许我为负质量问题讲几句。过去所谈论的负质量，都是指亚光速负质量物质的负质量，亚光速的负质量确实存在着“负质量困难”（又称“负能量困难”）和“负质量佯谬”，不但过去的理论不容许亚光速负质量物质存在，双时空相对论也不容许亚光速负质量物质存在。双时空相对论只容许超光速负质量物质存在，书中已严格定量证明了超光速的负质量不存在“负质量困难”和“负质量佯谬”。断定超光速的负质量存在是双时空相对论的重要预言之一，意义重大，影响深远，如果没有超光速的负质量，许多物理学重大难题都无法得到解决。

四、双时空

速度是相对论效应大小的重要标志。时空是物质存在的基本形式，时空的性质与物质运动速度不可分割。亚光速区时空的性质和超光速区时空的性质分别起源于物质运动速度的亚光速和超光速。于是实时空发展成为上述两类时空（时空观念发生了革命性变化），即每个实时空点 x、y、z、ct 上面都容许安装上“时空性质相互突变的亚光速区时空和超光速区时空”的坐标（$\underset{.}{x}_1=kx$，$\underset{.}{x}_2=ky$，$\underset{.}{x}_3=kz$，$\underset{.}{x}_4=jct$ 和 $\underset{..}{x}_1=jx$，$\underset{..}{x}_2=jy$，$\underset{..}{x}_3=jz$，$\underset{..}{x}_4=kct$），其中的虚量 j 和 k 是表示时空性质的重要角色（$j^2=-1$，$k^2=+1$）。这样，实时空就发展成为时空性质相互突变的两套时空（时空性质二重性），称为双时空。如果有亚光速质点穿过双时空，就用亚光速区时空 $\underset{.}{x}_1$、$\underset{.}{x}_2$、$\underset{.}{x}_3$、$\underset{.}{x}_4$ 来描述；如果有超光速质点穿过双时空，就用超光速区时空 $\underset{..}{x}_1$、$\underset{..}{x}_2$、$\underset{..}{x}_3$、$\underset{..}{x}_4$ 来描述。[①]

五、双时空相对论的物理基础和数学基础

本书中第二章第一节 §4 已经证明，双时空变换全体组成了群论数学中的一个大群（双时空变换群，其子群中的亚光速区成分就是洛伦兹变换群），其证明过程中还协同导出了一个以双时空相对论为依据的适用于亚光速区和超光速区的普遍同向速度相加定理 $v_3=\dfrac{v_1+v_2}{1+\dfrac{v_1v_2}{c^2}}$，因而导致了双时空变换群的存在与此普遍同向速度相加定理的存在构成了不可分割的整体。面对如此严密的逻辑体系，真令人赞叹不已。

双时空变换群的存在，有力地证实了宇宙间物质的亚光速运动与超光速运动构成了不可分割的整体——宇宙间如果有亚光速物质存在就必定有超光速物质存在，反之，宇宙间如果有超光速物质存在就必定有亚光速物质存在。

而利用这个普遍速度相加定理则可回过头来证明：

(1) 当惯性系 K' 相对于惯性系 K 的速度是亚光速 $v_{亚}$ 时，一道相对于 K' 的速度是 c 的光，相对于 K 的速度仍是 c（$v_3=\lim\limits_{\xi\to0}\dfrac{v_{亚}+(c-\xi)}{1+\dfrac{v_{亚}(c-\xi)}{c^2}}=c$，详细证明见书中第二章第一节 §4）。其等效表述是“c 与亚光速 $v_{亚}$ 经典相加时具有无限大速度的性质”（即 $v_{亚}$ + 无限大速度 = 无限大速度，这是过去常用来等效地表述光速不变原理的语言）。

---

① 统一地讲，狭义相对论时空与牛顿时空都是实时空因而都是不表示时空性质的旧形式的亚光速区时空。

(2)当K'相对于K的速度是超光速$v_{超}$时，一道相对于K'的速度是c的光，相对于K的速度仍是c($v_3=\lim\limits_{\xi\to 0}\dfrac{v_{超}+(c-\xi)}{1+\dfrac{v_{超}(c-\xi)}{c^2}}=c$，详细证明见书中第二章第一节§4)。其等效表述是“c与超光速$v_{超}$经典相加时具有无限大速度的性质”(即$v_{超}$+无限大速度=无限大速度，现在这种等效语言已被突破性推广到超光速区)。这就回过头来证明了“无论惯性系相对速度是亚光速还是超光速，光速不变原理都成立”。

举两个特殊速度$v_{亚}=c-\varepsilon$和$v_{超}=c+\varepsilon$(ε是一个非常微小的数值)，即可清楚看到，如果有人由于不知道已经有上述证明结果，于是主观地认为“惯性系相对速度是亚光速时光速不变原理成立”但“惯性系相对速度是超光速时光速不变原理不成立”，即“c与亚光速($c-\varepsilon$)经典相加时具有无限大速度的性质”但“c与超光速($c+\varepsilon$)经典相加时不具有无限大速度的性质”，这才真正令人百思而不得其解，因为($c+\varepsilon$)与($c-\varepsilon$)之差2ε只是个非常微小的数值。

双时空变换群的存在和普遍同向速度相加定理的存在，有力地证实了双时空相对论的物理基础和数学基础都是正确的，因为只要其中有一个不正确，就绝对不可能会导致双时空变换群存在和普遍同向速度相加定理存在。欲真正弄清楚双时空相对论的数学基础的数理根源，除看第一章中的第一、二、三节外，还非看“引言”中涉及数学方面的内容不可。

六、再讲“群的存在”

(1)近代理论物理学家常利用“群的存在”作为证明其新提出的理论的正确性的有力武器。只要证明有个什么群存在，这个新理论就可以立足于国际论坛。

(2)双时空变换群的逻辑体系非常严密，因为在证明“双时空变换群存在”的过程中必须引入同向速度相加定理$v_3=\dfrac{v_1+v_2}{1+\dfrac{v_1v_2}{c^2}}$并且向它提出要求，举一例即可，其中有一处，要求“两个超光速相加得到的总速度是亚光速”，不满足此要求，双时空变换群就不可能存在，虽然此要求似乎违反常识，但严密的逻辑体系提出的要求是一定可以实现的，容易验证如下：

令$v_1=(1+\xi_1)c$，$v_2=(1+\xi_2)c$，($\xi_1>0$，$\xi_2>0$)，代入得

$$v_3=\frac{2+\xi_1+\xi_2}{2+\xi_1+\xi_2+\xi_1\xi_2}c\text{，即 }v_3<c\text{。}$$

(3)过去洛伦兹变换群与同向速度相加定理$v_3=\dfrac{v_1+v_2}{1+\dfrac{v_1v_2}{c^2}}$是狭义相对论的灵魂，现在双时空变换群(洛伦兹变换群充当了其子群中的一部分)与同向速度相

加定理 $v_3 = \frac{v_1 + v_2}{1 + \frac{v_1 v_2}{c^2}}$ 以及“物质的超光速运动满足因果律”是双时空相对论的灵魂。

（4）洛伦兹变换群的存在是论证了“狭义相对论是亚光速区的正确理论”的严密数理逻辑体系。双时空变换群的存在是论证了“双时空相对论是亚光速区和超光速区的正确理论”的严密数理逻辑体系，它同时论证了双时空相对论包含了整个狭义相对论。

七、当代物理学最根本最重大的统一性是建立双区统一理论

不少资深理论物理学家认为：“发展相对论要解决好宇宙模式与奇点疑难两大问题”，这确实是百年来无法解决的两大难题，现在终于被双时空相对论解决了。其中，在解决好宇宙模式的同时协同地解决了另外两大难题：①宇宙冷、热源互相调制，很自然地解决了奥伯斯佯谬问题，无须牵强地引进那个错误的不可思议的宇宙膨胀论。宇宙冷、热源互相调制达致平衡，就会给出微波辐射背景。②由于宇宙冷、热源永远并存于宇宙，故轻易地推翻了那个长期困扰着物理学的认为全宇宙各处的温度将会变成一样因而导致全宇宙热死亡的“热寂说”。

物理规律的统一性问题（例如光、电、磁规律的统一性等）在物理学中占据头等重要位置，近代物理前沿还沉醉于大谈未来的统一性，但实际上所有统一性中，最务实的最根本最重要的也是包容最广泛的统一性，是建立起一个将亚光速区物理规律与超光速区物理规律统一起来的双区统一理论（成功建立这双区统一理论就必然会协同地解决好宇宙模式、奇点疑难两大难题和其他理论物理“老大难题”：长期困扰着量子场论尚未真正解决好的发散困难问题等）。但百年未见出现这个双区统一理论，说明了解决好这个双区统一性问题极端艰难。时至今日，这个双区统一理论终于被双时空相对论建立起来了。